应用技术型高等教育“十三五”精品规划教材

材料力学
（第二版）

主　编　胡庆泉　高曦光

副主编　侯善芹　杨尚阳　崔　泽　李　琳

·北　京·

内 容 提 要

本教材是根据高等学校理工科非力学专业《材料力学课程教学基本要求》，结合创建应用型本科院校并依据“材料力学”课程教学大纲的内容和要求编写的。

本书共12章，包括：绪论、轴向拉伸与压缩、剪切、扭转、弯曲内力、弯曲应力、弯曲变形、应力状态分析和强度理论、组合变形、压杆稳定、能量法、动载荷及交变应力等，另设有附录Ⅰ、Ⅱ。本书重视讲解基本概念和基本分析方法，注重学生分析解决问题能力的培养。除绪论外，各章均有一定数量的例题和习题，并附有习题答案。

本书可作为高等学校工科各相关专业的“材料力学”课程教材，也可供大专院校、成人高校以及相关工程技术人员参考。

本书配有免费电子教案，读者可以从中国水利水电出版社网站下载，网址为：**http://www.waterpub.com.cn/softdown/**。

图书在版编目（CIP）数据

材料力学 / 胡庆泉，高曦光主编. -- 2版. -- 北京：中国水利水电出版社，2018.7（2022.1重印）
应用技术型高等教育“十三五”精品规划教材
ISBN 978-7-5170-6682-8

Ⅰ. ①材… Ⅱ. ①胡… ②高… Ⅲ. ①材料力学－高等学校－教材 Ⅳ. ①TB301

中国版本图书馆CIP数据核字(2018)第166153号

策划编辑：宋俊娥　责任编辑：宋俊娥

书　　名	应用技术型高等教育“十三五”精品规划教材 **材料力学　CAILIAO LIXUE（第二版）**
作　　者	主　编　胡庆泉　高曦光 副主编　侯善芹　杨尚阳　崔　泽　李　琳
出版发行	中国水利水电出版社 （北京市海淀区玉渊潭南路1号D座　100038） 网址：www.waterpub.com.cn E-mail：sales@waterpub.com.cn 电话：（010）68367658（发行部）
经　　售	北京科水图书销售中心（零售） 电话：（010）88383994、63202643、68545874 全国各地新华书店和相关出版物销售网点
排　　版	北京智博尚书文化传媒有限公司
印　　刷	三河市龙大印装有限公司
规　　格	170mm×240mm　16开本　16.25印张　358千字
版　　次	2014年8月第1版 2018年7月第2版　2022年1月第3次印刷
印　　数	6001—7000册
定　　价	38.00元

第二版前言

本教材根据教育部高等学校力学教学指导委员会最新颁布的力学类课程教学的基本要求，结合创建应用型本科院校，并依据“材料力学”课程教学大纲的内容和要求编写。

全书共 12 章，包括材料力学的基本理论，构件在拉伸与压缩、剪切、扭转、弯曲四种基本变形形式下的强度计算和刚度计算，应力状态与强度理论，组合变形构件的强度计算，压杆的稳定性计算，交变应力和动载荷，能量法等。除绪论外，每章后均有习题并附有习题答案。

在编写过程中，编者总结多年来的教学经验，结合目前创建应用型本科院校及课程理论教学时数逐渐减少的实际情况，注意理论联系实际的方针和把握够用精炼的原则，充分吸取各高等院校近年来“材料力学”课程教学改革的经验，在内容的选择上以必需和够用为原则，内容编排由浅入深、循序渐进。考虑到土木、汽车和机械等专业在做弯曲内力图时的差别，在书中进行说明。并在弯曲变形、强度理论及组合变形中兼顾考虑，便于教师根据不同的专业选用。

本书由胡庆泉、高曦光等编写。其中胡庆泉编写绪论，刘隆编写第 1 章，崔泽编写第 2 章，刘建忠编写第 3 章，高华编写第 4 章，倪正银编写第 5 章，高曦光编写第 6 章，侯善芹编写第 7 章，李琳编写第 8 章，马昌红编写第 9 章，杨尚阳编写第 10 章，王继燕编写第 11 章，蒋彤编写附录。参加本书编写的人员都是多年担任“材料力学”课程教学的教师，包括教授、副教授等专业技术人员，他们都有较深的理论造诣和较丰富的教学经验。

全书由胡庆泉、高曦光统编定稿，侯善芹、杨尚阳、崔泽、李琳等对全书进行了详细审阅。

由于编者水平有限，难免有不足和欠妥之处，敬请广大教师和读者批评指正。

编　者

2018 年5 月

第一版前言

本教材根据教育部高等学校力学教学指导委员会最新颁布的力学类课程教学的基本要求，结合创建应用型本科院校，并依据“材料力学”课程教学大纲的内容和要求编写。

全书共12章，包括材料力学的基本理论，构件在拉伸与压缩、剪切、扭转、弯曲四种基本变形形式下的强度计算和刚度计算，应力状态与强度理论，组合变形构件的强度计算，压杆的稳定性计算，交变应力和动载荷，能量法等。除绪论外，每章后均有习题并附有习题答案。

在编写过程中，编者总结多年来的教学经验，结合目前创建应用型本科院校及课程理论教学时数逐渐减少的实际情况，注意理论联系实际的方针和把握够用精炼的原则，充分吸取各高等院校近年来“材料力学”课程教学改革的经验，在内容的选择上以必需和够用为原则，内容编排由浅入深、循序渐进。考虑到土木、汽车和机械等专业在做弯曲内力图时的差别，在书中进行说明。并在弯曲变形、强度理论及组合变形中兼顾考虑，便于教师根据不同的专业选用。

本书由胡庆泉、蒋彤等编写。其中胡庆泉编写绪论，刘隆编写第 1 章，崔泽编写第 2 章，刘建忠编写第 3 章，高华编写第 4 章，倪正银编写第 5 章，高曦光编写第 6 章，侯善芹编写第 7 章，李琳编写第 8 章，马昌红编写第 9 章，杨尚阳编写第 10 章，王继燕编写第 11 章，蒋彤编写附录。参加本书编写的人员都是多年担任“材料力学”课程教学的教师，包括教授、副教授等专业技术人员，他们都有较深的理论造诣和较丰富的教学经验。

全书由胡庆泉、蒋彤统编定稿，杨尚阳、刘隆、高曦光等对全书进行了详细审阅。

由于编者水平有限，难免有不足和欠妥之处，敬请广大教师和读者批评指正。

编 者

2014 年5 月

目　录

绪　论

材料力学是固体力学的一个基础分支，广泛应用于各个工程领域中，如飞机、火车、汽车、轮船、挖掘机、拖拉机、杆塔、井架、锅炉、房屋、桥梁等机器、设备或建筑结构的工程设计中，都必须用到材料力学的基本知识。对于高等工科院校的学生和各工程领域的工程师们，材料力学是必须具备的理论工具之一。

0.1　材料力学的基本任务

任何机械或工程结构，都由构件组成。如图 1 所示为桥式起重机的主梁、吊钩、钢丝绳；图 2 所示为悬臂吊车架的横梁 AB、斜杆 CD 都是构件。在正常工作状态下，构件都要直接或间接受到相邻构件传递来的载荷作用，如建筑物的梁承受自身重力和其他物体的作用。构件一般由固体制成。在外力作用下，固体具有抵抗破坏的能力，但载荷过大，构件就会断裂；同时，在外力的作用下，固体的尺寸和形状会发生变化，称为变形。

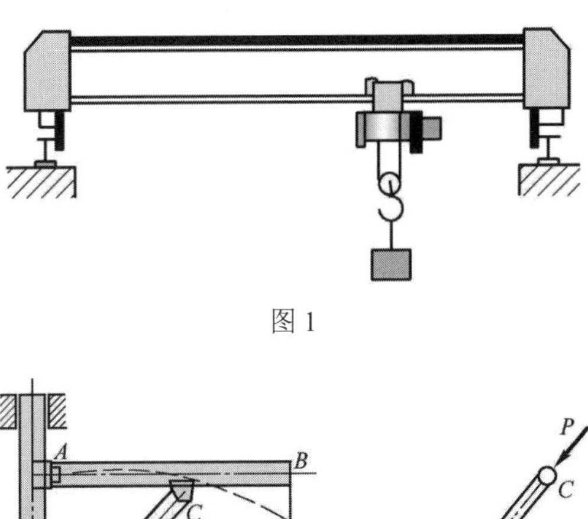

图 1

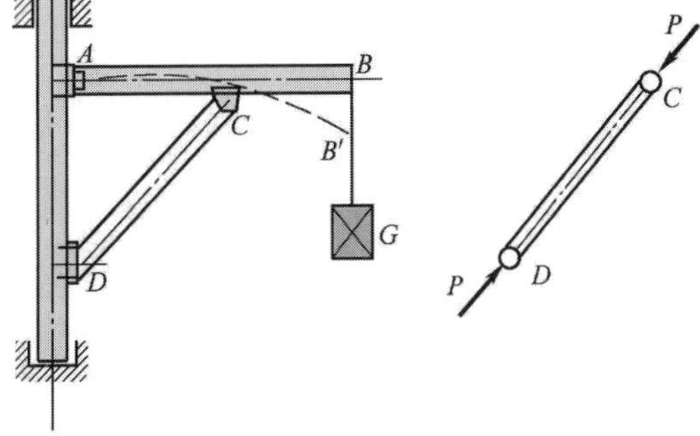

图 2

为保证正常工作，构件应具有足够的能力负担所承受的载荷，即具备足够的承载能力。因此，构件应当满足以下要求。

0.1.1　强度要求

强度要求是指构件在确定的外力作用下，不发生断裂或过量的塑性变形。例如储气罐不应爆破；机器中的齿轮轴不应断裂失效；建筑物的梁和板不应发生较大塑性变形。强度要求就是指构件应有足够抵抗破坏的能力。

0.1.2　刚度要求

刚度要求是指构件在确定的外力作用下，其弹性变形或位移不超过工程允许的范围。例如图 3 中机床主轴不应变形过大，否则影响加工精度。图 4 是简易桥梁在车载或人群载荷作用下的计算简图，在设计时要保证简支梁的变形在许可的范围内。

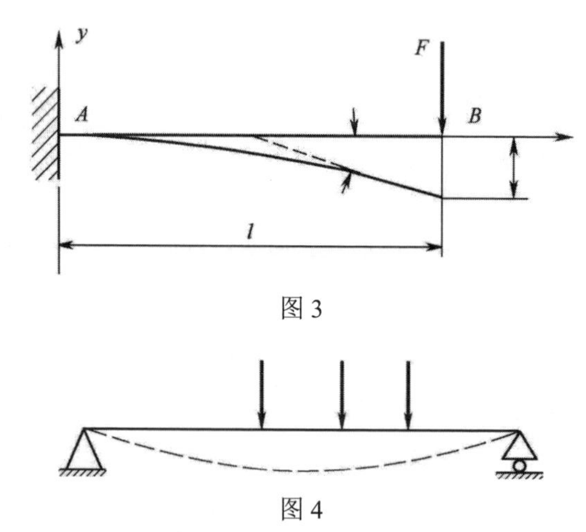

图 3

图 4

再如图 1 中吊车大梁变形过大，会使跑车出现爬坡，引起振动；铁路桥梁变形过大，会引起火车脱轨，翻车。刚度要求就是指构件应有足够抵抗变形的能力。

0.1.3　稳定性要求

构件在某种受力方式下，其平衡形式不会发生突然转变。例如细长的杆件受压时，工程中要求它们始终保持直线的平衡形态。可是若受压力过大，达到某一数值时，压杆的直线平衡形态会变成不稳定平衡而失去进一步承载的能力，这种现象称之为压杆的失稳。又如受均匀外压力的薄壁圆筒，当外压力达到某一数值时，它由原来的圆筒形的平衡变成椭圆形的平衡，此为薄圆筒的失稳。失稳往往是突然发生而造成严重的工程事故。稳定性要求就是构件应具有足够保持原有平衡形态的能力。

一般来说，选用高强度的材料或增加构件的截面尺寸，可使构件具有足够的承载能力。但过分强调安全，构件的尺寸选得过大或不恰当地选用质量较好的材料，又会使构件的承载能力得不到充分发挥，从而浪费了材料，又增加了机械的重量和成本。为此材料力学的任务就是在满足强度、刚度、稳定性的要求下，为设计既安全又经济的构件，提供必要的理论基础和计算方法。

构件的强度、刚度和稳定性问题均与所用材料的力学性能有关，同样尺寸、形状的构件，当分别用不同的材料来制成时，它们的强度、刚度和稳定性也各不相同，构件的强度、刚度和稳定性的研究离不开对材料的力学性质的研究，而材料的力学性质需要通过试验的方法来测定，因此实验研究和理论分析是完成材料力学的任务所必需的手段。

0.2 变形固体的基本假设

理论力学中，所研究的固体都是刚体，就是说在外力作用下物体的大小和形状都保持不变。实际上，自然界中所有的固体都是变形体。即在外力作用下，一切固体都将发生变形，故称为变形固体。

由于变形固体种类繁多，工程材料中有金属与合金、工业陶瓷、聚合物等，其性质很复杂，对用变形固体制成的构件进行强度、刚度和稳定性计算时，为了使计算简化，经常略去材料的次要性质，对其做下列假设：

0.2.1 连续性假设

连续性假设认为整个物体在所占空间内毫无空隙地充满物质。实际上，由物质的微观结构知道，物体内部是存在空隙的，但这些空隙的大小与构件的尺寸相比非常微小，因此，认为材料密实不会影响对其宏观力学性能的研究。即固体在其整个体积内是连续的。可把力学量表示为固体点的位置坐标的连续函数。

0.2.2 均匀性假设

均匀性假设认为物体内的任何部分，其力学性能相同，与其所在位置无关。即从固体内任意取出一部分，无论从何处取也无论取多少其性能总是一样的。

如果物体是由两种或者两种以上介质组成的，例如混凝土构件由水泥、石子、沙子均匀搅拌而成，那么在只有石子处与只有沙子处其强度应是不同的，但是只要每一种物质的颗粒远远小于物体的几何形状，并且在物体内部均匀分布，从宏观意义上讲，也可以视为均匀材料，因此认为混凝土构件各处有相同的强度。当然对于明显的非均匀物体，例如环氧树脂基碳纤维复合材料，不能处理为均匀材料。

0.2.3 各向同性假设

各向同性假设认为，材料沿各方向的力学性质均相同。例如由晶体构成的金属材料，由于单晶体是各向异性的，微观上显然不是各向同性的。但是由于晶体尺寸极小，而且排列是随机的，因此宏观上，材料性能可认为各向同性。沿不同方向的力学性质不相同的材料，称为各向异性材料。例如木材，顺纹方向与横纹方向的力学性质有显著的差别。材料力学所研究的对象只限于各向同性的可变形固体。

构件在外力作用下将发生变形。当外力不超过一定限度时，构件在外力去掉后均能恢复原状，外力去掉后能消失的变形称为弹性变形。当外力超过某一限度时，则在外力去掉后只能部分地复原而残留一部分不能消失的变形，不能消失而残留下来的变形称为塑性变形。大多数构件在正常工作条件下均要求其材料仅发生弹性变形。所以在材料力学中所研究的大部分问题局限在弹性变形范围内。

综上所述，材料力学是研究连续、均匀、各向同性的变形固体，在微小的弹性变形内的强度、刚度、稳定性问题的一门学科。

0.3 研究对象（杆件）的几何特征

实际构件有各种不同的形状。材料力学所研究的构件主要是杆件，杆件是纵向（长度方向）尺寸远比横向（垂直于长度方向）尺寸要大得多的构件。房屋的梁、柱及传动轴等一般都被抽象为杆件。杆件的几何要素是横截面和轴线，其中横截面是与轴线垂直的截面，轴线是横截面形心的连线。

杆件按轴线的形状可分为直杆和曲杆，其中轴线为直线的杆件为直杆，如图 5 所示，轴线为曲线的杆件为曲杆，如图 6 所示。按截面的形状进行分类，杆件可分为等截面杆和变截面杆，横截面形状和大小不变的杆称为等截面杆，其他的则称为变截面杆。材料力学研究的多是等截面的直杆，简称为等直杆。

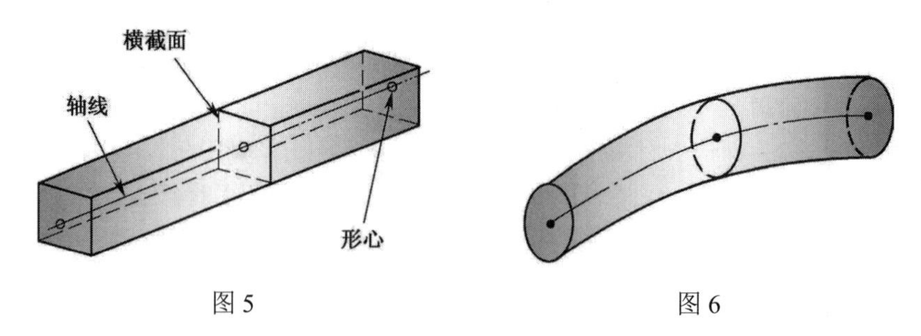

图 5　　　　图 6

0.4 内力、截面法和应力的概念

0.4.1 内力（附加内力）

物体在受外力变形时，其内部各部分之间由于相对位置发生改变而引起的相互作用就是内力。

当物体不受外力作用时，内部各质点之间存在着相互作用力，也称为内力。但材料力学中所指的内力是与外力和变形有关的内力。即随着外力的作用而产生，随着外力的增加而增大，当达到一定数值时会引起构件破坏的内力，此力称为附加内力。为简便起见，今后统称为内力。

0.4.2　截面法

进行强度、刚度计算必须由已知的外力确定未知的内力，内力分布在横截面的各点上（在截面上是连续分布的），只有用假想的截面将杆件截成两部分时才能表现出来，这种显示内力的方法称为截面法。截面法的步骤可用截、取、代、平四个字代替。

（1）截：欲求某一截面上的内力，用一假想平面将物体分为两部分。

（2）取：取其中任意一部分为研究对象，而弃去另一部分。

（3）代：用作用于截面上的内力，代替舍弃部分对留下部分的作用力。

（4）平：建立留下部分的平衡方程，由外力确定未知的内力。

图 7 为截面法的求解过程，内力表示为连续分布力，用平衡方程，可求其分布内力的合力。

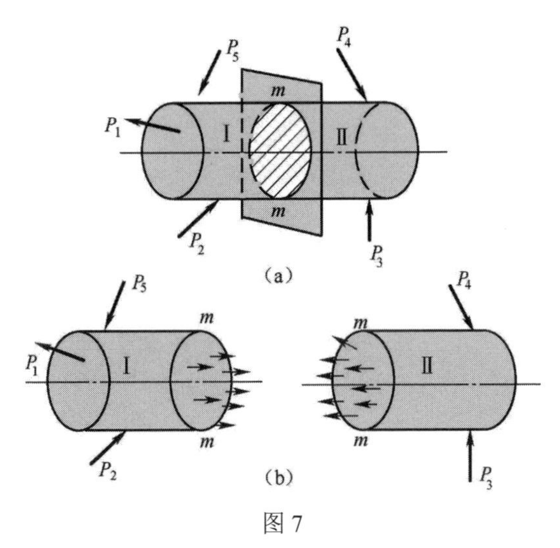

图 7

截面法的概念非常重要，其关键是截开杆件取脱离体，使得杆件的截面内力转化为脱离体上的外力，再运用平衡条件对未知内力进行分析和计算。

0.4.3　应力

用截面法求得的内力，不能说明分布内力系在截面内某一点处的强弱程度，要研究内力在截面上的分布规律需引入内力集度的概念。

如图 8 所示，围绕 M 点取微小面积 ΔA 。根据均匀连续假设，ΔA 上必存在分布内力，设它的合力为 ΔF ，ΔF 与 ΔA 的比值为

$$p_m = \frac{\Delta F}{\Delta A}$$

p_m 是一个矢量，代表在 ΔA 范围内，单位面积上内力的平均集度，称为平均应力。当 ΔA 趋于0时，p_m 的大小和方向都将趋于一定极限，如图 9 所示，即

$$p = \lim_{\Delta A \to 0} p_m = \lim_{\Delta A \to 0} \frac{\Delta F}{\Delta A} = \frac{dF}{dA}$$

p 称为 M 点处的（全）应力。通常把应力 p 分解成垂直于截面的分量 σ 和切于截面的分量 τ，σ 称为正应力，τ 称为剪应力或切应力。

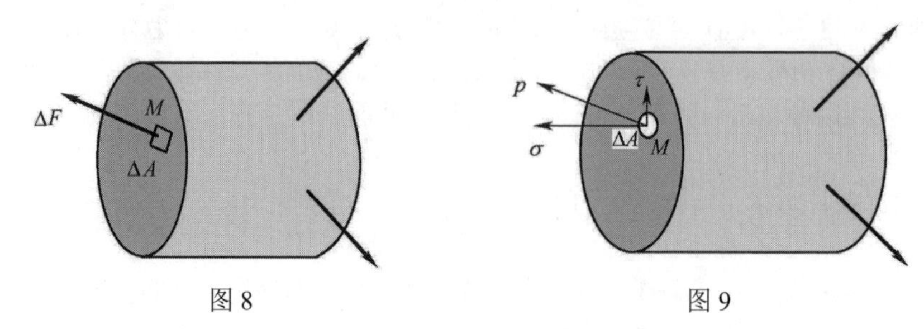

图 8　　　图 9

应力即单位面积上的内力，表示某微截面积 $\Delta A \to 0$ 处内力的密集程度。

在国际单位制中，应力的单位是 N/m^2，$1N/m^2 = 1Pa$（帕斯卡）。实际应用中，由于应力数值较大，故常用的单位有 MPa 和 GPa，其中 $1MPa = 10^6Pa$，$1GPa = 10^9Pa$。

0.5　杆件变形的基本形式

由于杆件受力情况的不同，相应的变形就有各种不同形式，在工程结构中，杆件的基本变形有以下四种。

0.5.1　轴向拉伸（或压缩）

在一对作用线与直杆轴线重合且大小相等、方向相反的外力作用下，直杆的主要变形是长度的伸长或缩短，这种变形形式称为轴向拉伸，如图 10 所示，或称为轴向压缩，如图 11 所示。

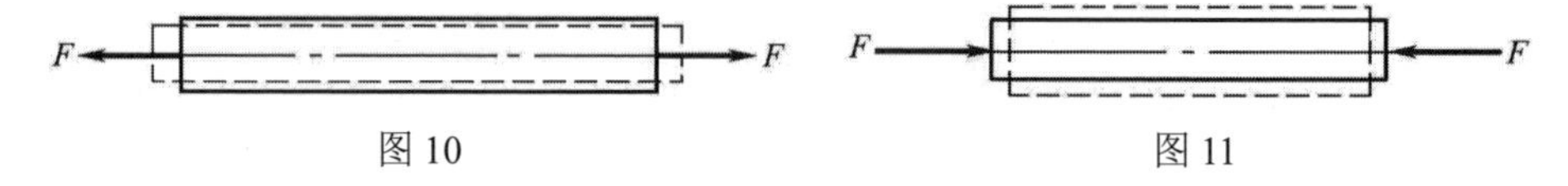

图 10　　　图 11

0.5.2　剪切

如图 12 所示，变形形式是由大小相等、方向相反、作用线相互平行且相距很近的一对力引起的。表现为受剪杆件的两部分沿外力作用方向发生相对错动，这种变形形式称为剪切。

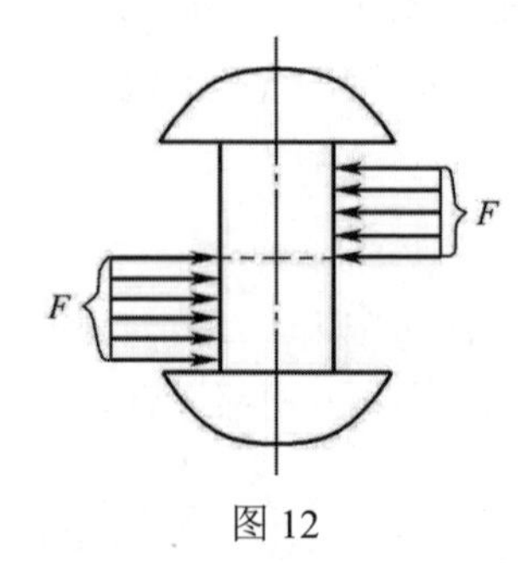

图 12

0.5.3 扭转

如图 13 所示，在一对转向相反且作用在与杆轴线相垂直的两平面内的外力偶作用下，直杆的相邻横截面将绕轴线发生相对转动，而轴线仍维持直线，这种变形形式称为扭转。

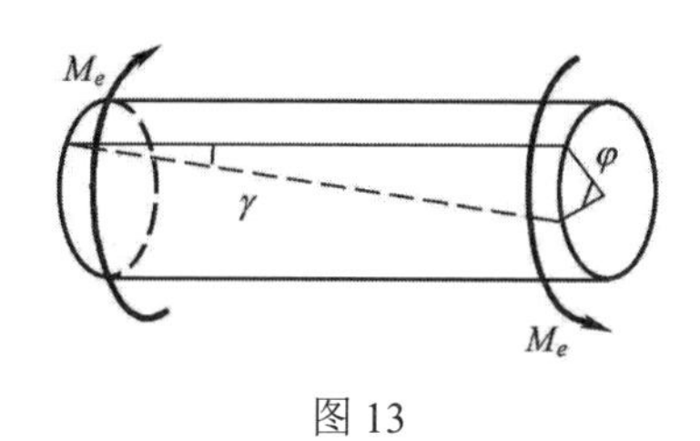

图 13

0.5.4 弯曲

如图 14 所示，变形形式是由垂直于杆件轴线的横向力，或由作用于包含杆轴的纵向平面内的一对大小相等、方向相反的力偶引起的，表现为杆件轴线由直线变为受力平面内的曲线，这种变形形式称为弯曲。

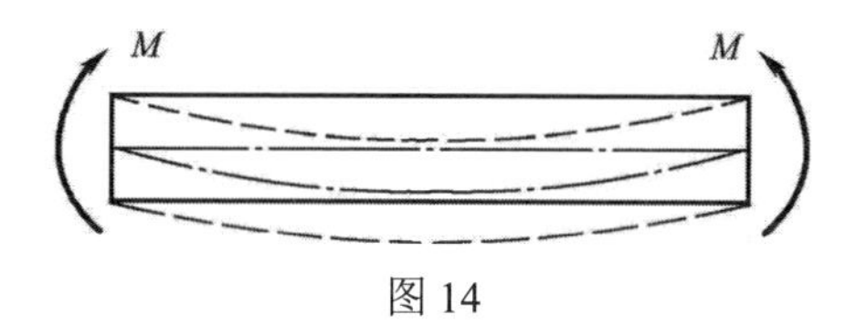

图 14

组合变形：杆件同时发生几种基本变形，称为组合变形。

第 1 章

轴向拉伸与压缩

1.1 轴向拉伸与压缩的概念

在工程实际中，经常有杆件承受轴向拉伸或压缩，例如图 1.1 所示桁架中的拉杆和压杆；图 1.2 所示为用于连接的螺栓；图 1.3 所示为气缸工作时的活塞杆；图 1.4 所示为组成起重机塔架的杆件。虽然杆件的外形各有差异，加载形式也不同，但这类杆件的受力特点是：外力或外力合力的作用线与杆轴线重合；其变形特点是：杆件沿着杆轴向方向伸长或缩短。这种变形形式称为轴向拉伸或压缩，这类构件称为拉杆或压杆。本章只研究直杆的拉伸与压缩。可将这类杆件的形状和受力情况进行简化，得到如图 1.5 所示的受力与变形的示意图，图中的实线为受力前的形状，虚线为变形后的形状。

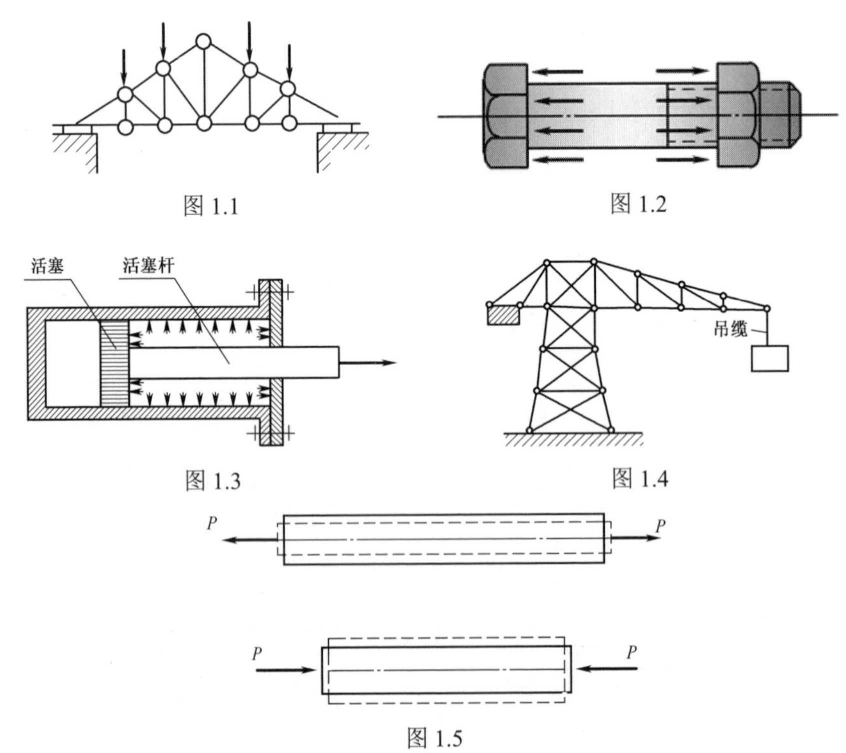

图 1.1

图 1.2

图 1.3

图 1.4

图 1.5

1.2 拉（压）杆的内力计算

1.2.1 轴力

取一等直杆，在它两端施加一对大小相等、方向相反、作用线与直杆轴线相重合的外力，使其产生轴向拉伸变形，如图 1.6（a）所示。为了显示拉杆横截面上的内力，采用绪论中介绍的截面法，取横截面 *m-m* 将拉杆分成两段。分别取左半部分或右半部分为研究对象，杆件的任意部分均应保持平衡，设内力为 F_N，如图 1.6（b）、（c）所示。由于外力 F 的作用线与杆轴线相重合，所以 F_N 的作用线也与杆轴线相重合，故称 F_N 为轴力。由静力平衡方程 $\sum F_x = 0$，有：$F_N + (-F) = 0$，得 $F_N = F$。

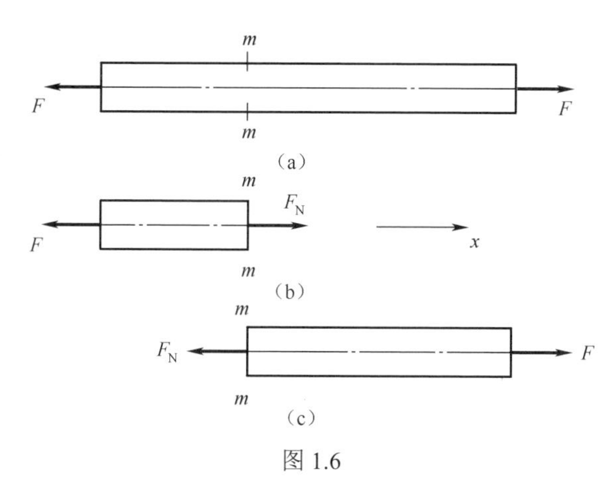

图 1.6

为了使左右两部分求得同一横截面上的轴力具有相同的结果，对轴力的符号做如下规定：使杆件产生纵向伸长的轴力为正（轴力离开截面），称为拉力；使杆件产生纵向缩短的轴力为负（轴力指向截面），称为压力。

1.2.2 轴力图

如果杆件受到的外力多于两个，则杆件不同部分的横截面上有不同的轴力，为表明横截面轴力沿杆横截面位置的变化情况，以与杆件轴线平行的坐标轴表示各横截面的位置，以垂直于该坐标轴的方向表示相应的轴力值，这样作出的图形称为轴力图。轴力图能够直观地表示出杆件各横截面的轴力的变化情况，习惯上将正值的轴力画在上侧，负的轴力画在下侧。

例 1.1 一等直杆，其受力情况如图 1.7 所示，试作其轴力图。

解：如图 1.8（a）所示，在 *AB* 之间任取一横截面 1-1，使用截面法，取左半部分为研究对象，画受力图，由静力平衡条件 $\sum F_x = 0$ 列方程：

$$F_{N1} - 6 = 0\text{，}\quad F_{N1} = 6\text{kN}$$

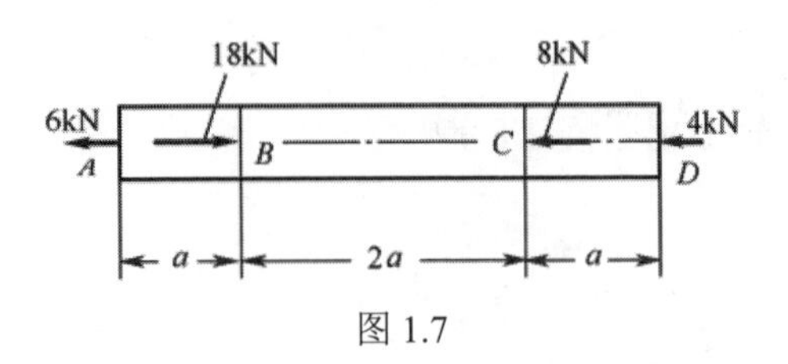

图 1.7

在BC之间任取一横截面2-2，使用截面法，取左半部分为研究对象，画受力图，由静力平衡条件列方程

$$\sum F_x = 0\text{，}\quad F_{N2} + 18 - 6 = 0\text{，}\quad F_{N2} = -12\text{kN}$$

在 CD 之间任取一横截面 3-3，使用截面法，取右半部分为研究对象，画受力图，由静力平衡条件列方程

$$\sum F_x = 0\text{，}\quad F_{N3} + 4 = 0\text{，}\quad F_{N3} = -4\text{kN}$$

由 AB、BC、CD 段内轴力的大小和符号，画出轴力图，如图 1.8（d）所示。

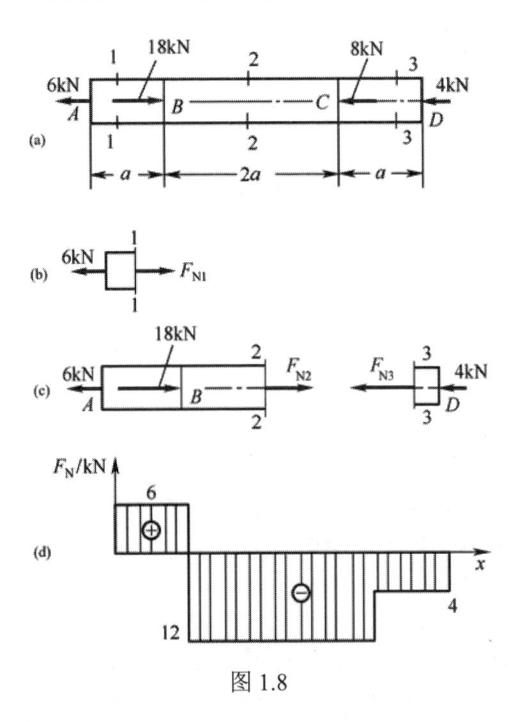

图 1.8

1.3 拉（压）杆横截面及斜截面上的应力

1.3.1 横截面上的应力

1.2 节介绍了杆件轴力的求法，但是仅知道杆件横截面上的轴力，并不能判断杆在外力作用下是否会因强度不足而破坏。例如，两根材料相同但粗细不同的直杆，在同样大小的拉力作用下，两杆横截面上的轴力也相同，随着拉力逐渐增大，

细杆必定先被拉断。这说明杆件强度不仅与轴力大小有关，还与杆件横截面面积有关，即用横截面上的内力分布集度（应力）来度量杆件的强度。

如图 1.9 所示的等直杆，在其侧面上做两条垂直于轴线的横线 ab 和 cd，在两端施加轴向拉力 F，观察发现，在杆件变形过程中，ab 和 cd 保持为直线，且仍然与轴线垂直，只是分别平移到了 $a'b'$ 和 $c'd'$（图 1.9（a）中的虚线）。根据此现象，从变形的可能性出发，可以作出假设：原为平面的横截面变形后仍保持为平面，且垂直于轴线，这个假设称为平面假设。该假设意味着杆件变形后任意两个横截面之间所有纵向线段的伸长相等。根据材料的均匀连续性假设，由此推断：横截面上的应力均匀分布，且方向垂直于横截面，即横截面上只有正应力 σ 且均匀分布，如图 1.9（b）所示。

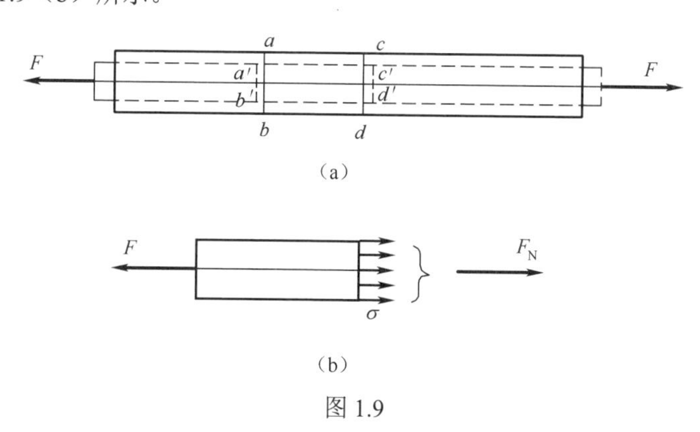

图 1.9

设杆的横截面面积为 A，微面积 dA 上的内力分布集度为 σ，由静力关系得

$$F_{\mathrm{N}}=\int_{A}\sigma\mathrm{d}A=\sigma\int_{A}\mathrm{d}A=\sigma A$$

拉杆横截面上正应力 σ 的计算公式为

$$\sigma=\frac{F_{\mathrm{N}}}{A} \tag{1.1}$$

式中，σ 为横截面上的正应力，A 为横截面面积，F_{N} 为横截面上的轴力。公式（1.1）也同样适用于轴向压缩的情况。当 F_{N} 为拉力时，σ 为拉应力；当 F_{N} 为压力时，σ 为压应力，根据内力正负号的规定，拉应力为正，压应力为负。

需要说明，正应力均匀分布的结论只在杆上离外力作用点较远的部分才成立，在载荷作用点附近的截面上有时是不成立的。这是因为在实际构件中，载荷以不同的加载方式作用于构件，这对截面上的应力分布是有影响的。实验研究表明，加载方式的不同，只对作用力附近截面上的应力分布有影响，这个结论称为圣维南原理。根据这一原理，在拉（压）杆中，离外力作用点稍远的横截面上，应力分布为均匀分布。在拉（压）杆的应力计算中一般直接用公式（1.1）。

当杆件受多个外力作用时，可通过上节作轴力图的方法求得最大轴力 F_{Nmax}，如果是等截面直杆，利用公式（1.1）就可求出杆内最大正应力 $\sigma_{\max}=F_{\mathrm{Nmax}}/A$；如果是变截面杆件，则需要求出每段杆件的轴力，然后利用公式（1.1）分别求出每段杆件上的正应力，经过比较确定最大正应力 $\sigma_{\max}$。

例 1.2 变截面杆受力如图 1.10（a）所示，$A_1 = 400\text{mm}^2$，$A_2 = 300\text{mm}^2$，$A_3 = 200\text{mm}^2$。试求：（1）绘出杆的轴力图；（2）计算杆内各段横截面上的正应力。

解：（1）杆的轴力图如图 1.10（b）所示，各段的轴力为

$$F_{N1} = -10\text{kN}，\ F_{N2} = -40\text{kN}，\ F_{N3} = 10\text{kN}$$

（2）各段横截面上的正应力为

$$\sigma_1 = \frac{F_{N1}}{A_1} = \frac{-10\times10^3}{400\times10^{-6}} = -2.5\times10^7\,\text{Pa} = -25\text{MPa}$$

$$\sigma_2 = \frac{F_{N2}}{A_2} = \frac{-40\times10^3}{300\times10^{-6}} = -13.3\times10^7\,\text{Pa} = -133\text{MPa}$$

$$\sigma_3 = \frac{F_{N3}}{A_3} = \frac{10\times10^3}{200\times10^{-6}} = 5\times10^7\,\text{Pa} = 50\text{MPa}$$

其中负号表示为压应力。

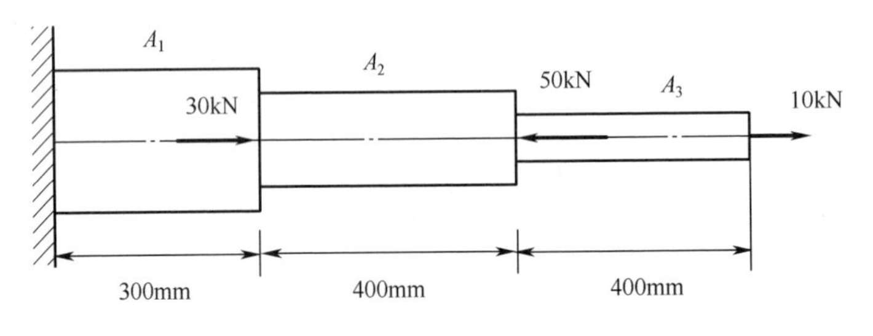

（a）

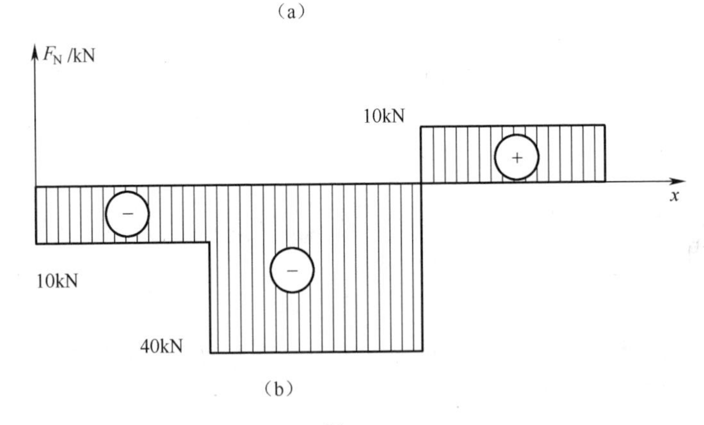

（b）

图 1.10

1.3.2 斜截面上的应力

实验表明，拉（压）杆的破坏并不总在横截面上发生，有些拉（压）杆的破坏发生在斜截面。为了全面研究杆件的强度，还需要讨论斜截面上的应力情况。

设等直杆受到轴向拉力 F 的作用，横截面面积为 A，用任意斜截面 $m\text{-}m$ 将杆件假想的切开，设斜截面的面积为 A_α，斜截面的外法线与 x 轴的夹角为 α，如图 1.11（a）所示。A 与 A_α 之间有

$$A_\alpha = \frac{A}{\cos\alpha}$$

设 $F_{N\alpha}$ 为 m-m 截面上的内力，由左段平衡求得 $F_{N\alpha}=F$，如图 1.11（b）所示。依照横截面上应力的推导方法，可知斜截面上各点处应力均匀分布。用 p_α 表示其上的应力，则

$$p_\alpha = \frac{F_{N\alpha}}{A_\alpha} = \frac{F\cos\alpha}{A} = \sigma\cos\alpha$$

式中，σ 为横截面上的正应力。将应力 p_α 分解成沿斜截面法线方向的正应力 σ_α 和沿斜截面切线方向的切应力 τ_α，如图 1.11（c）所示。规定切应力对研究对象内任意点绕顺时针转动时为正，反之为负。规定 α 由 x 轴转到斜截面外法线方向逆时针为正，反之为负。

由图 1.11（c）可知

$$\sigma_\alpha = p_\alpha\cos\alpha = \sigma\cos^2\alpha \tag{1.2}$$

$$\tau_\alpha = p_\alpha\sin\alpha = \frac{\sigma}{2}\sin 2\alpha \tag{1.3}$$

讨论式（1.2）和（1.3）：

（1）当 $\alpha=0$ 时，横截面 $\sigma_{\alpha\max}=\sigma$，$\tau_\alpha=0$。

（2）当 $\alpha=45°$ 时，斜截面 $\sigma_\alpha=\dfrac{\sigma}{2}$，$\tau_{\alpha\max}=\dfrac{\sigma}{2}$。

（3）当 $\alpha=90°$ 时，纵向截面 $\sigma_\alpha=0$，$\tau_\alpha=0$。

结论：对于轴向拉（压）杆，最大正应力发生在横截面上；最大切应力发生在沿逆时针转 45° 角的斜截面上。同样大小的剪应力也发生在 $\alpha=-45°$ 的斜面上。

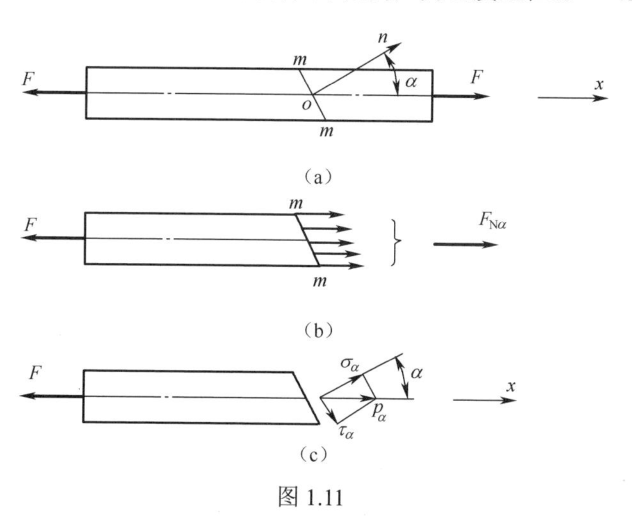

图 1.11

1.4 拉（压）杆的变形

轴向拉（压）杆的变形特点是：杆件沿着杆轴向方向伸长或缩短。即杆件在

轴向拉伸或压缩时，其轴线方向的尺寸和横向尺寸将发生改变。杆件沿轴线方向的变形称为纵向变形，杆件沿垂直于轴线方向的变形称为横向变形。

设等直杆的原长为 l，横截面面积为 A，如图 1.12 所示。在轴向拉力 F 的作用下，杆件的长度由 l 变为 l_1，其纵向伸长量为

$$\Delta l = l_1 - l$$

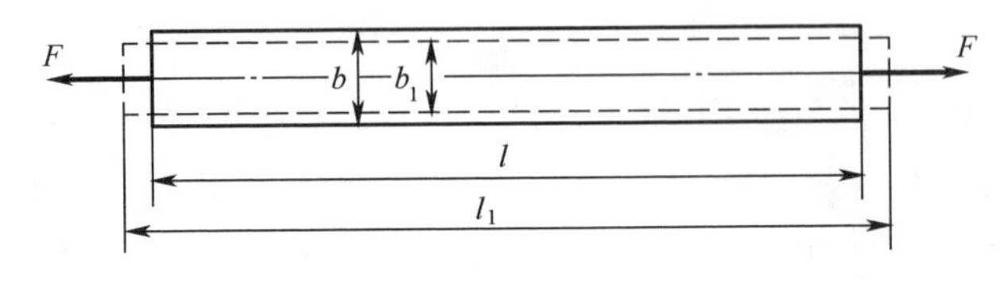

图 1.12

Δl 称为绝对伸长，它反映杆件总变形量，无法说明杆的变形程度。由于杆内各段伸长是均匀的，所以轴向线应变为杆件的伸长 Δl 除以原长 l，即每单位长度的伸长或缩短，用 ε 表示，即

$$\varepsilon = \frac{\Delta l}{l} \tag{1.4}$$

拉杆在纵向变形的同时还有横向变形，设拉杆变形前的横向尺寸为 b，变形后的尺寸为 b_1（图 1.12），则横向变形为

$$\Delta b = b_1 - b$$

故横向线应变为

$$\varepsilon' = \frac{\Delta b}{b} \tag{1.5}$$

实验结果表明，当应力不超过材料的比例极限时，横向正应变与纵向正应变之比的绝对值为一常数，该常数称为泊松比，用 μ 来表示，它是一个无量纲的量，可表示为

$$\mu = \left|\frac{\varepsilon'}{\varepsilon}\right| \tag{1.6}$$

考虑到纵向线应变和横向线应变正负号总是相反，有

$$\varepsilon' = -\varepsilon\mu \tag{1.7}$$

工程中大多数材料，其应力与应变关系的初始阶段都是线弹性的。即当材料应力不超过比例极限时，应力与应变成正比，这就是胡克定律。胡克定律表示为

$$\sigma = E\varepsilon \tag{1.8}$$

式中，E 为弹性模量，单位与 σ 相同。

泊松比 μ 和弹性模量 E 均为材料的弹性常数，随材料的不同而不同，由试验测定。对于绝大多数各向同性材料，μ 介于 0～0.5 之间。几种常用材料的 E 和 μ 值，列于表 1.1 中。

将式（1.1）和（1.4）代入式（1.8）中，变形得

$$\Delta l = \frac{F_{\text{N}} l}{EA} = \frac{Fl}{EA} \tag{1.9}$$

公式（1.9）是胡克定律的另一种表达式。由该式可以看出，若杆长及外力不变，EA 值越大，则变形 Δl 越小，因此，EA 反映杆件抵抗拉伸（或压缩）变形的能力，称为杆件的抗拉（抗压）刚度。若 F_N 为压力，是负值，伸长量 Δl 也是负值，说明杆件缩短。

表 1.1　材料的弹性模量和泊松比

材料名称	牌号	E / GPa	μ
低碳钢	Q235	200～210	0.24～0.28
中碳钢	35 号，45 号	205～209	0.26～0.30
低合金钢	16Mn	200	0.25～0.30
合金热强钢	40CrNiMoA	210	0.28～0.32
合金预应力钢筋	45MnSiV	220	0.23～0.25
灰口铸铁		60～162	0.23～0.27
球墨铸铁		150～180	0.24～0.27
铝合金	LY12	72	0.33
铜合金		100～110	0.31～0.36

例 1.3　变截面杆如图 1.13 所示。已知：$A_1=8\text{cm}^2$，$A_2=4\text{cm}^2$，$E=200\text{GPa}$。求杆件的总伸长 Δl。

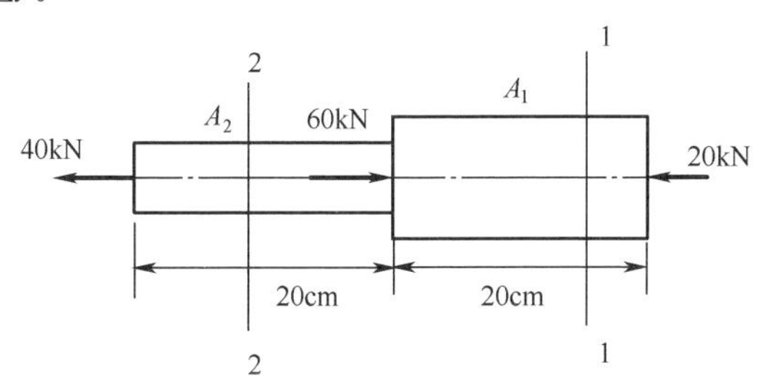

图 1.13

解：如图作截面 1-1、2-2，由截面法可求得

$$F_{N1}=-20\text{kN}，F_{N2}=40\text{kN}$$

所以杆件的总伸长

$$\Delta l=\frac{F_{N1}L_1}{EA_1}+\frac{F_{N2}L_2}{EA_2}=-\frac{20\times10^3\times200}{200\times10^3\times800}+\frac{40\times10^3\times200}{200\times10^3\times400}=0.075\text{mm}$$

例 1.4　在图 1.14 所示的简单杆系中，AB 和 AC 分别是直径为 20mm 和 24mm 的圆截面杆，$E=200\,\text{GPa}$，$P=5\,\text{kN}$。试求 A 点的垂直位移。

解：(1)以铰 A 为研究对象，如图 1.15 所示，设杆 AC 和 AB 的轴力分别为 F_{NAC} 和 F_{NAB}，有

$$\sum F_x=0，\quad F_{NAC}\cos30°-F_{NAB}\cos45°=0$$

$$\sum F_y=0，\quad F_{NAC}\sin30°+F_{NAB}\sin45°-P=0$$

$$F_{\mathrm{N}AB}=4.48\mathrm{kN}，F_{\mathrm{N}AC}=3.66\mathrm{kN}$$

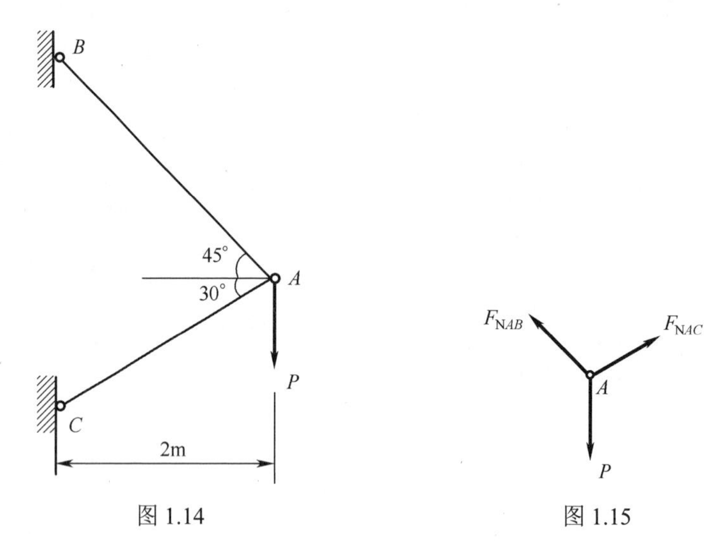

图 1.14　　　　图 1.15

（2）两杆的变形为

$$\Delta l_{AB}=\frac{F_{\mathrm{N}AB}l_{AB}}{EA_{AB}}=\frac{4.48\times10^3\times\dfrac{2000}{\cos45^\circ}}{200\times10^3\times\dfrac{\pi\times20^2}{4}}=0.201\mathrm{mm}$$

$$\Delta l_{AC}=\frac{F_{\mathrm{N}AC}l_{AC}}{EA_{AC}}=\frac{3.66\times10^3\times\dfrac{2000}{\cos30^\circ}}{200\times10^3\times\dfrac{\pi\times24^2}{4}}=0.0934\mathrm{mm}\ （缩短）$$

（3）已知Δl_{AB}为拉伸变形，Δl_{AC}为压缩变形。设想将托架在节点 A 拆开，AB 杆伸长变形后变为BA_2，AC 杆压缩变形后变为CA_1。分别以 C 点和 B 点为圆心，$\overline{CA_1}$ 和 $\overline{BA_2}$ 为半径，作圆弧相交于 A'。A' 点即为托架变形后 A 点的位置。因为是小变形，A_1A' 和 A_2A' 是两段极其微小的短弧，因而可用分别垂直于 AC 和 AB 的直线段来代替，这两段直线的交点即为 A'。AA' 即为 A 点的位移。这种作图法称为“切线代圆弧”法，如图 1.16 所示。A 点受力后将位移至 A'，所以 A 点的垂直位移为 AA''。

在图 1.16 中，$AA_1=\Delta l_{AC}$，$AA_2=\Delta l_{AB}$，$\Delta A'A_3A_4$ 中有

$$A_4A_3=AA_3-AA_4=AA_2/\cos45^\circ-AA_1/\sin30^\circ=0.097\mathrm{mm}$$

$$A_4A_3=A'A''\cot30^\circ+A'A''\cot45^\circ$$

可得：$A'A''=0.035\mathrm{mm}$。

可求 A 点的垂直位移为

$$y_A=AA''=AA_3-A_3A''=\Delta l_{AB}/\sin45^\circ-A'A''\cot45^\circ=0.249\mathrm{mm}$$

从上述计算可得，先由静力平衡条件计算杆件的轴力，再由胡克定律计算杆件的变形，最后由变形的几何协调条件求得节点的位移。

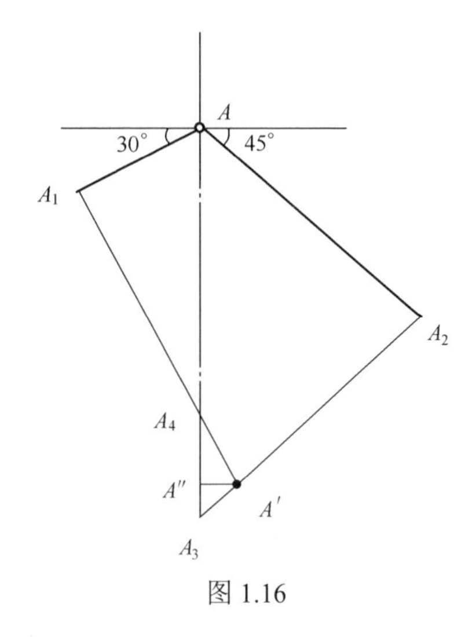

图 1.16

1.5　拉（压）超静定问题

在前面讨论的问题中，杆件的约束反力、内力可用静力平衡方程求解，这类问题称为静定问题，这类结构称为静定结构。图 1.17（a）所示的结构即为一静定结构。

但在工程中，有时为了提高强度和刚度，或由于结构上的需要，往往给杆件或结构增加一些约束，如在 1.17（a）所示的结构中增加一根杆，变为图 1.17（b）所示的结构，此时结构的约束力和内力的个数已超过静力平衡方程的个数，故不能由静力平衡方程求出全部这些约束力和内力，这样的杆件和结构称为超静定杆件和结构。全部未知力的个数与独立平衡方程个数的差值，称为超静定的次数。图 1.17（b）所示结构为一次超静定。

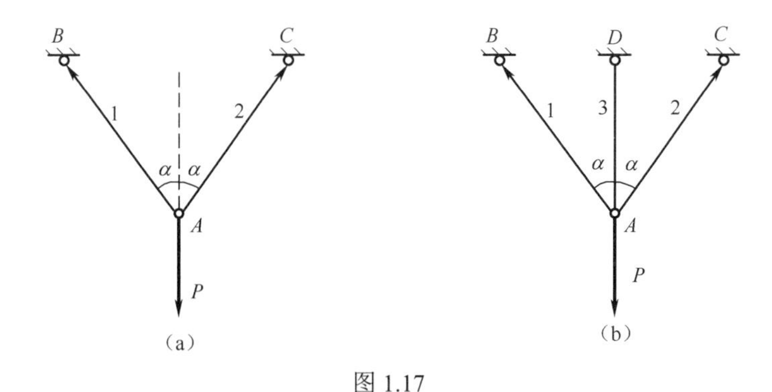

图 1.17

为了求解超静定问题的未知力，除应利用平衡方程外，还必须研究变形，并借助变形与内力之间的关系，建立足够数量的补充方程。

一般可按以下步骤进行计算：

（1）静力学平衡条件列出应有的平衡方程；

（2）变形协调条件列出变形几何方程；

（3）力与变形间的物理关系建立补充方程。

以图 1.18（a）所示的超静定杆系为例，介绍此类问题的求解。设杆 1 与杆 2 的抗拉刚度相同，均为 E_1A_1，杆 3 的抗拉刚度为 E_3A_3，杆 1 和杆 3 的长度分别为 l_1 和 l_3，试求在力 P 作用下各杆的内力。

在载荷作用下，节点 A 铅垂地移到 A_1，AA_1 即为杆 3 的伸长 Δl_3，节点 A 的受力如图 1.18（b）所示，其平衡方程为

$$\Sigma F_x = 0，F_{N2}\sin\alpha - F_{N1}\sin\alpha = 0 \qquad (a)$$

$$\Sigma F_y = 0，F_{N3} + F_{N1}\cos\alpha + F_{N2}\cos\alpha - P = 0 \qquad (b)$$

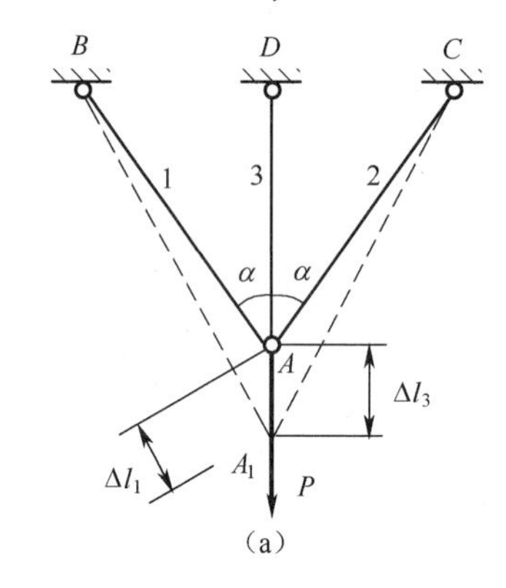

（a）

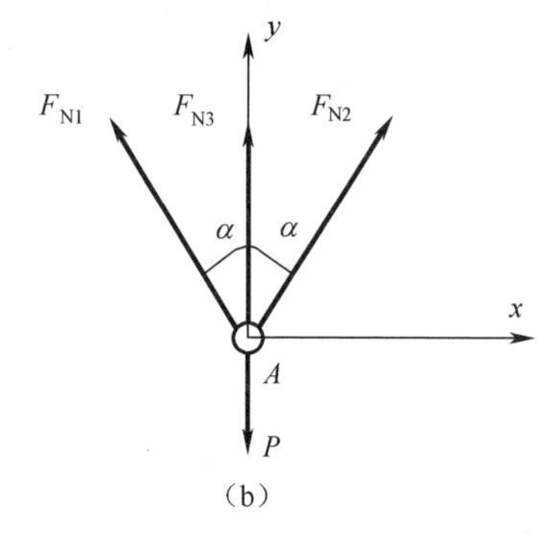

（b）

图 1.18

三杆原交于一点，变形后杆 1 应在虚线 A_1B 的位置。以 B 为圆心，杆 1 的原长为半径作圆弧，圆弧以外的线段长为杆 1 的伸长 Δl_1，由于变形量很小，以 1.4 节介绍的垂线代替弧线，即有

$$\Delta l_1 = \Delta l_3 \cos\alpha \qquad (c)$$

这就是杆 1、2、3 变形必须满足的关系，称为变形协调条件或变形协调方程。设三杆均处于弹性范围，则由胡克定律可知

$$\Delta l_1 = \frac{F_{N1}l_1}{E_1A_1}$$

$$\Delta l_3 = \frac{F_{N3}l_3}{E_3A_3} = \frac{F_{N3}l_1\cos\alpha}{E_3A_3}$$

将上述关系代入（c）式，得到用轴力表示的变形协调方程，即补充方程为

$$\frac{F_{N1}l_1}{E_1A_1} = \frac{F_{N3}l_1\cos\alpha}{E_3A_3}\cos\alpha \qquad (d)$$

联立方程（a）、（b）、（d），解得

$$F_{N1} = F_{N2} = \frac{F\cos^2\alpha}{2\cos^3\alpha + \dfrac{E_3A_3}{E_1A_1}}，\quad F_{N3} = \frac{F}{1 + 2\dfrac{E_1A_1}{E_3A_3}\cos^3\alpha}$$

所得结果均为正，说明各杆轴力均为拉力的假设正确。

例 1.5 在图 1.19 结构中，设 AC 梁为刚杆，杆件 1、2、3 的横截面面积相等，

材料不同。试求三杆的轴力。

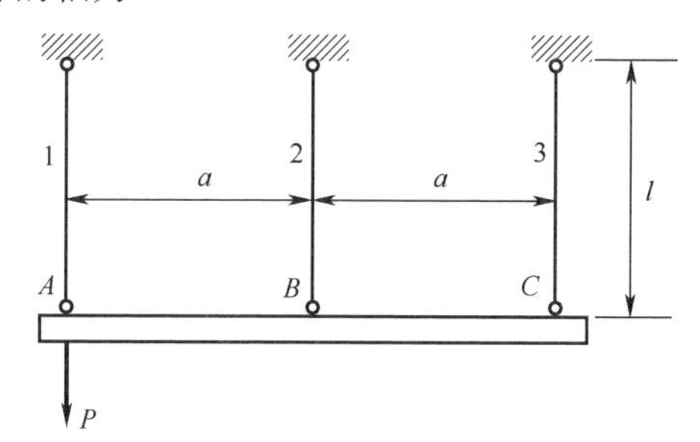

图 1.19

解： 以刚杆 AC 为研究对象，其受力和变形情况如图 1.20 所示。

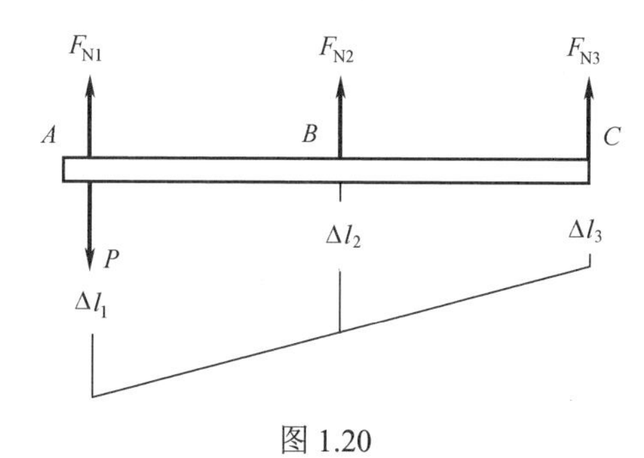

图 1.20

各力组成平面平行力系，由平衡方程得

$$\sum F_y = 0,\ F_{N1} + F_{N2} + F_{N3} - P = 0 \tag{a}$$

$$\sum M_A = 0,\ F_{N2}a + 2F_{N3}a = 0 \tag{b}$$

用两个方程求解三个未知轴力，还需要补充一个方程。AC 为刚体，三根杆件的变形必须保证一定的协调关系，三杆变形之间的关系为

$$\Delta l_1 + \Delta l_3 = 2\Delta l_2 \tag{c}$$

设三杆的弹性模量分别为 E_1、E_2、E_3，则由胡克定律得

$$\Delta l_1 = \frac{F_{N1}l}{E_1A},\ \Delta l_2 = \frac{F_{N2}l}{E_2A},\ \Delta l_3 = \frac{F_{N3}l}{E_3A} \tag{d}$$

联立方程（a）、（b）、（c）、（d）得

$$F_{N1} = \frac{4E_1E_3 + E_1E_2}{4E_1E_3 + E_1E_2 + E_2E_3}P,\ F_{N2} = \frac{2E_2E_3}{4E_1E_3 + E_1E_2 + E_2E_3}P$$

$$F_{N3} = \frac{-E_2E_3}{4E_1E_3 + E_1E_2 + E_2E_3}P$$

超静定结构（杆）各部分的内力不仅与载荷有关，而且与各部分的刚度之比有关，其本身的刚度越大，内力也越大。这也是超静定问题与静定问题的区别之一。

在工程中，杆件构件制成后，其尺寸的微小误差是常见的，在静定结构中，装配时会引起结构几何形状的微小改变，不会引起内力。但在超静定结构中，由于加工存在微小误差，装配时，将在结构内引起应力，这种应力称为装配应力。

例 1.6 在图 1.21 所示的结构中，1、2 两杆的抗拉刚度同为 E_1A_1，杆 3 的抗拉刚度为 E_3A_3。杆 3 的长度为 $l+\delta$，其中 δ 为加工误差。试求将杆 3 装入 AC 位置后，杆 1、2、3 的内力。

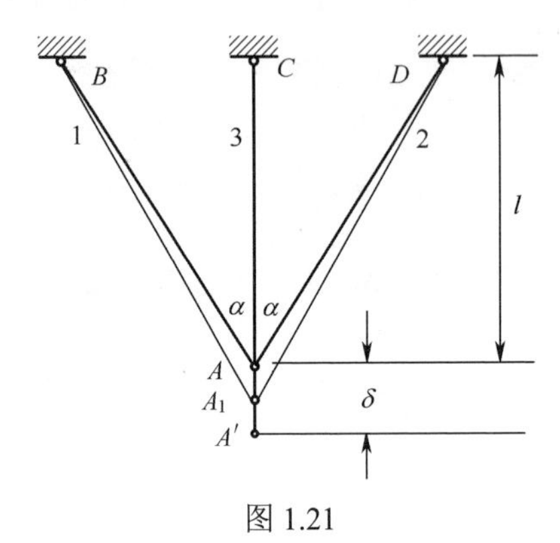

图 1.21

解： 杆 3 装入后，三杆的铰接点为 A_1，此时杆 3 将缩短，而杆 1 和杆 2 将伸长，节点 A_1 受力分析如图 1.22（a）所示。

此力系为平面汇交力系，由平衡方程得

$$\sum F_x = 0，\ F_{N2}\sin\alpha - F_{N1}\sin\alpha = 0 \quad \text{(a)}$$

$$\sum F_y = 0，\ F_{N1}\cos\alpha + F_{N2}\cos\alpha - F_{N3} = 0 \quad \text{(b)}$$

由图 1.22（b）得变形协调条件为

$$\Delta l_1 = (\delta - \Delta l_3)\cos\alpha \quad \text{(c)}$$

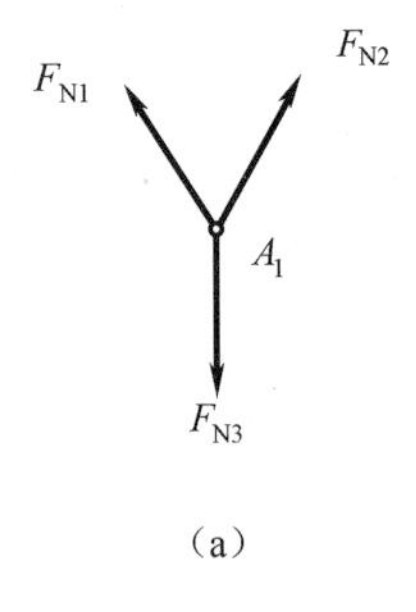

（a）

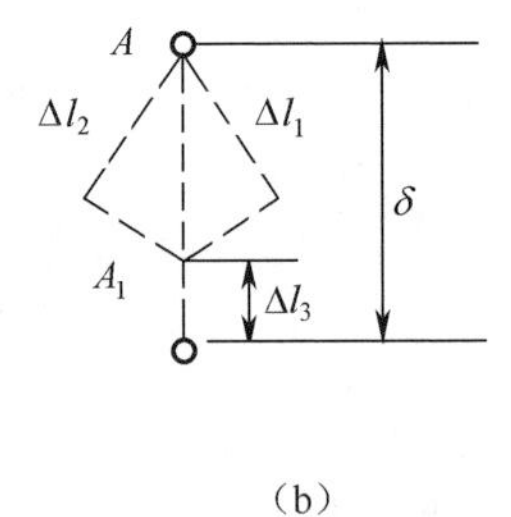

（b）

图 1.22

由物理关系有

$$\Delta l_1 = \frac{F_{N1}l_1}{E_1A_1}，\ \Delta l_2 = \frac{F_{N2}l_2}{E_1A_1}，\ \Delta l_3 = \frac{F_{N3}l_3}{E_3A_3}$$

$$l_1 = l_2 = \frac{l_3}{\cos\alpha}$$

得补充方程为

$$\frac{F_{N1}l_1}{E_1A_1}=\left(\delta-\frac{F_{N3}l_3}{E_3A_3}\right)\cos\alpha \tag{d}$$

联立求解三根杆的内力得

$$F_{N1}=F_{N2}=\frac{\delta E_1A_1E_3A_3\cos^2\alpha}{l(2E_1A_1\cos^2\alpha+E_3A_3)}$$

$$F_{N3}=\frac{2\delta E_1A_1E_3A_3\cos^2\alpha}{l(2E_1A_1\cos^2\alpha+E_3A_3)}$$

装配应力的存在，有时是不利的，应加以避免；但有时也可利用它达到一定目的。例如土木工程中的预应力钢筋混凝土构件和机械制造中的紧配合等，就是利用装配应力以提高构件承载能力的例子。

温度变化会引起物体的膨胀或收缩，对于超静定结构由于胀缩变形受到约束，则会产生内应力。因温度变化而引起的内应力，称为温度应力。例如图 1.23（a）所示两端固定的杆件，由于温度变形被固定端所阻止，杆内即引起温度应力。

为了分析该杆的温度应力，假想地把 B 端的约束解除，并以支反力 F_B 代替其作用，如图 1.23（b）所示，其静力学平衡方程为

$$\sum F_x=0\,,\quad F_{RA}-F_{RB}=0 \tag{a}$$

一个平衡方程求解两个未知力，因此为一次超静定问题。

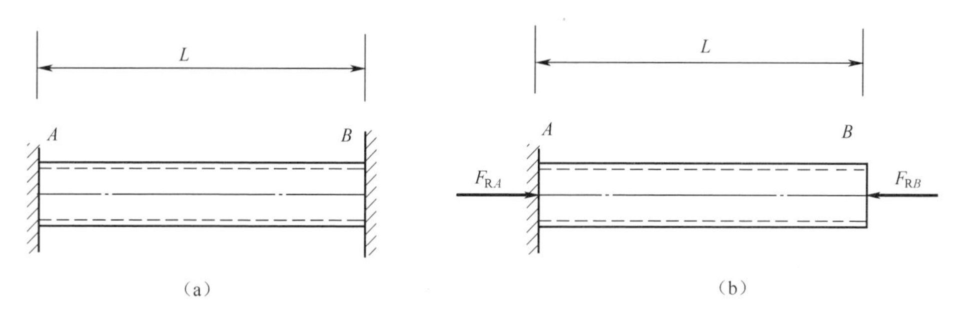

图 1.23

杆件因为温度升高而产生的变形（伸长）为

$$\Delta L_T=\alpha\cdot\Delta T\cdot L \tag{b}$$

式中，α 为材料的线膨胀系数。杆件在两端约束力作用下产生的变形为

$$\Delta L_N=-\frac{F_BL}{EA} \tag{c}$$

杆件两端约束，杆件的总长度不变，故有

$$\alpha\cdot\Delta T\cdot L-\frac{F_BL}{EA}=0 \tag{d}$$

$$F_B=\alpha\cdot\Delta T\cdot E\cdot A$$

得杆内横截面上的正应力，即温度应力为

$$\sigma=\frac{F_B}{A}=\alpha\cdot\Delta T\cdot E$$

在超静定结构中，温度应力不容忽视。铁路轨道接头处、混凝土路面中，通

常均需留适当的空隙；桥桁架一端采用活动铰链支座等，都是考虑温度变化引起伸缩而采取的措施；否则，将会导致破坏或妨碍结构的正常工作。

1.6 材料在拉伸压缩时的力学性能

所谓力学性能是指材料在外力作用下表现出的强度和变形方面的特性。例如弹性模量 E、泊松比 μ 等。它是通过各种试验测定得出的，研究材料力学性能的目的是确定在变形和破坏情况下的一些重要性能指标，作为选用材料、计算材料强度、刚度的依据。因此材料力学试验是材料力学课程重要的组成部分。

为便于比较不同材料的试验结果，对试样的形状、加工精度、加载速度、试验环境等国家标准有统一规定。本节主要介绍材料在缓慢加载、室温下拉伸（压缩）时的力学性能。对于金属材料，拉伸通常采用圆柱形试件，其形状如图 1.24 所示，长度 l 为标距。标距一般有两种，即 $l=5d$ 和 $l=10d$ ，前者称为短试件，后者称为长试件，式中的 d 为试件的直径。金属的压缩试样一般为很短的圆柱，以避免被压弯，其形状如图 1.25 所示，$h=(1.5\sim3)d$ 。这里采用混凝土、石料等为立方形的试块，如图 1.26 所示。

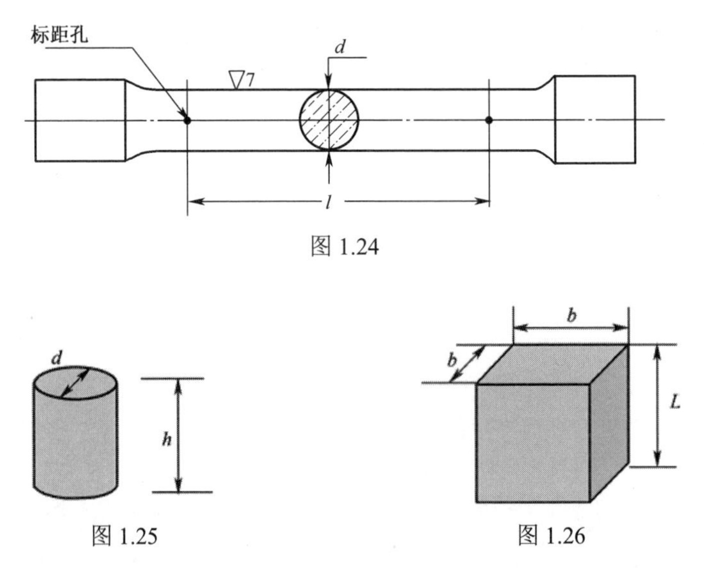

图 1.24

图 1.25

图 1.26

工程中所用材料品种很多，本节以低碳钢和铸铁为代表，介绍材料在拉伸和压缩时的力学性能。

1.6.1 低碳钢拉伸时的力学性能

低碳钢是指含碳量低于 0.3%的碳素钢。其在拉伸试验中表现出来的力学性能比较典型。将低碳钢试件两端装入试验机上，缓慢加载，使其受到拉力产生变形，利用试验机的自动绘图装置，可以画出试件在试验过程中标距为 l 段的伸长量 Δl 和拉力 F 之间的关系曲线。该曲线的横坐标为 Δl ，纵坐标为 F，称之为试件的拉伸图，如图 1.27 所示。

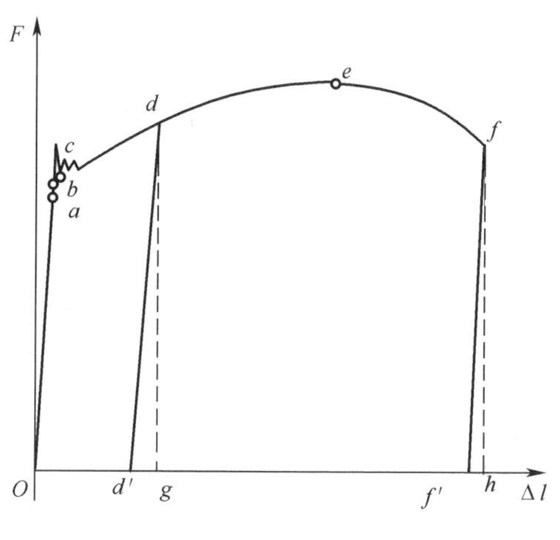

图 1.27

拉伸图与试样的几何尺寸有关，把拉力 F 除以试件的原横截面面积 A，得到横截面上的正应力 σ，作为纵坐标；将伸长量 Δl 除以标距的原始长度 l，得到纵向应变 ε，作为横坐标；获得 $\sigma-\varepsilon$ 曲线，如图 1.28 所示，称为应力－应变图。此曲线与试件的尺寸无关。

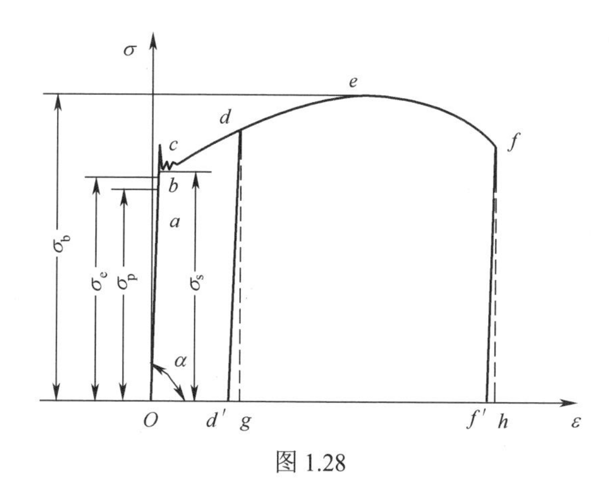

图 1.28

由低碳钢的 $\sigma-\varepsilon$ 曲线可见，低碳钢拉伸时的力学性能如下：

（1）弹性阶段 Ob。初始为一斜直线 Oa，这表示当应力小于 a 点相应的应力时，应力与应变成正比，即

$$\sigma = E\varepsilon$$

即前面介绍过的胡克定律，由公式可知，弹性模量 E 为斜线 Oa 的斜率。与 a 点相应的应力用 σ_p 表示，它是应力与应变成正比的最大应力，称为比例极限。当应力 σ 小于 b 点所对应的应力时，如果卸去外力，变形全部消失，这个阶段的变形为弹性变形。因此，这一阶段称为弹性阶段。相应于 b 点的应力用 σ_e 表示，它是材料只产生弹性变形的最大应力，称为弹性极限。弹性阶段内，在 $\sigma-\varepsilon$ 曲线上，超过

a 点后 ab 段的图线微弯，a 与 b 极为接近，因此工程中对弹性极限和比例极限并不严格区分。

当应力超过弹性极限后，若卸去外力，材料的变形只能部分消失，另一部分将残留下来，残留下来的那部分变形称为残余变形或塑性变形。

（2）屈服阶段 bc。当应力达到 b 点的相应值时，应力在一微小范围内波动，但变形却继续增大，$\sigma-\varepsilon$ 曲线上出现一条近似水平的小锯齿形线段，这种应力几乎保持不变而应变显著增加的现象，称为屈服或流动，bc 阶段称为屈服阶段。在屈服阶段内的最高应力和最低应力分别称为上屈服极限和下屈服极限。由于上屈服极限一般不如下屈服极限稳定，故规定下屈服极限为材料的屈服强度，用 σ_s 表示。在工程实际中，某些构件发生的塑性变形将影响结构的正常工作，所以屈服极限 σ_s 是衡量材料强度的重要指标。

若试件表面经过磨光，当应力达到屈服极限时，可在试件表面看到与轴线成约 45°的一系列条纹，如图 1.29 所示为低碳钢在屈服时表面出现的滑移线。这可能是材料内部晶格间相对滑移而形成的，故称为滑移线。轴向拉压时，在与轴线成 45°的斜截面上，有最大的切应力。可见，滑移现象与最大切应力有关。

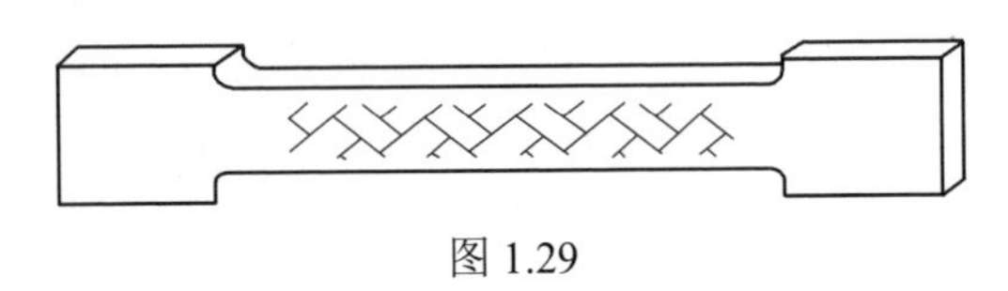

图 1.29

（3）强化阶段 ce。经过屈服阶段后，材料又恢复了抵抗变形的能力，只有增加载荷才能使杆件继续变形，这种现象称为材料的强化。从 c 点到曲线的最高点 e，即 ce 阶段为强化阶段。e 点对应的应力是材料所能承受的最大应力，称为强度极限，用 σ_b 表示。它是衡量材料强度的另一个重要指标。在这一阶段中，试件发生明显的横向尺寸的缩小。

（4）局部变形阶段 ef。试件伸长到一定程度，载荷读数反而逐渐减小，此时某一段处横截面面积迅速减小，形成颈缩现象。如图 1.30 所示为低碳钢试件的颈缩。由于局部的截面收缩，使试件继续变形所需的拉力逐渐减小，直到 f 点试件断裂。

图 1.30

若在强化阶段中的任意一点 d 处停止加载，并逐渐卸掉载荷，此时应力一应变关系将沿着斜直线 dd' 回到 d' 点，线 dd' 近似平行于 Oa。卸载时载荷与伸长量之间按直线关系的规律称为材料的卸载规律。由此可见，在强化阶段，材料产生大的塑性变形，横坐标中的 Od' 表示残留的塑性应变，$d'g$ 则表示弹性应变。如果卸载后立即重新加载，应力一应变关系大体上沿卸载时的斜直线 dd' 变化，到 d 点后又沿曲线 def 变化，直至断裂。从图 1.28 中看出，在重新加载过程中，直到 d 点以前，材料的变形是弹性变形，过 d 点后才开始有塑性变形。重新加载时其比例极限得到提高，但塑性变形却有所降低。这种现象称为冷作硬化。工程中常利用冷作硬化提高钢筋和钢缆绳等构件在线弹性范围内所能承受的最大载荷。冷作硬化经退火处理后又可消除。

材料产生塑性变形的能力称为材料的塑性性能。塑性性能是工程中评定材料力学性能的重要指标，拉断后标距的残余伸长 l_1-l 与原始标距 l 之比的百分率，称为延伸率 δ，即

$$\delta=\frac{l_1-l}{l}\times 100\% \tag{1.10}$$

δ 越大，材料的塑性变形能力越强，因此延伸率是衡量材料塑性的指标，衡量材料塑性的另一个指标是断面收缩率 ψ，其定义为断裂后试件颈缩处面积的最大缩减量 $A-A_1$ 与原始横截面面积 A 之比的百分率

$$\psi=\frac{A-A_1}{A}\times 100\% \tag{1.11}$$

对于低碳钢：$\delta=20\%\sim30\%$，$\psi=60\%$。这两个值越大，说明材料塑性越好。工程上通常按延伸率的大小把材料分为两类：$\delta\geqslant 5\%$的材料称为塑性材料，如碳钢、铝合金等；$\delta<5\%$的材料称为脆性材料，如灰铸铁、玻璃、陶瓷等。

1.6.2 铸铁拉伸时的力学性能

铸铁拉伸的 $\sigma-\varepsilon$ 曲线如图 1.31 所示。$\sigma-\varepsilon$ 关系从很低的拉力开始就不是直线了，直到拉断时，试件变形仍然很小，且没有屈服、强化和局部变形阶段。工程中，在较低的拉应力下，可以近似地认为变形服从胡克定律，通常用一条割线来代替曲线，如图 1.31 中的虚线所示，并用它确定弹性模量 E。这样确定的弹性模量称为割线弹性模量。由于铸铁没有屈服现象，因此强度极限 σ_b 是衡量强度的唯一指标。

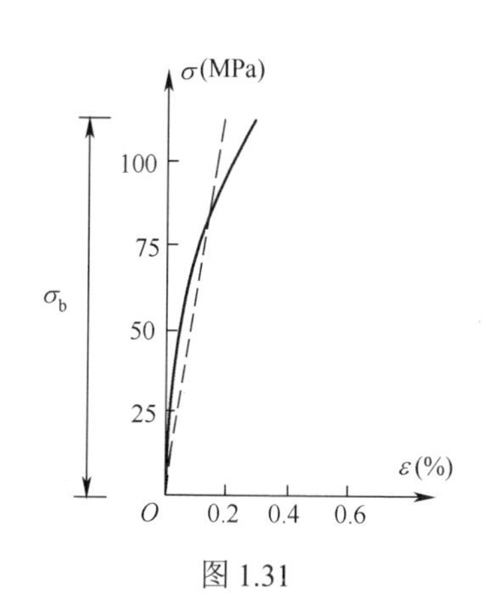

图 1.31

1.6.3 其他塑性材料拉伸时的力学性能

工程中常用的塑性材料，除低碳钢外，还有中碳钢、高碳钢、合金钢、铝合金、黄铜、青铜等。图 1.32（a）中给出了几种塑性材料拉伸时的 $\sigma-\varepsilon$ 曲线，它们有一个共同特点是拉断前均有较大的塑性变形，然而它们的应力－应变规律却大不相同，除 16Mn 钢和低碳钢一样有明显的弹性阶段、屈服阶段、强化阶段和局部变形阶段外，其他材料并没有明显的屈服阶段。对于没有明显屈服阶段的塑性材料，可以将产生的塑性应变为 0.2%时的应力作为屈服极限，并称为名义屈服极限，用 $\sigma_{0.2}$ 来表示，这是一个人为规定的极限应力，作为衡量材料强度的指标，如图 1.32（b）所示。

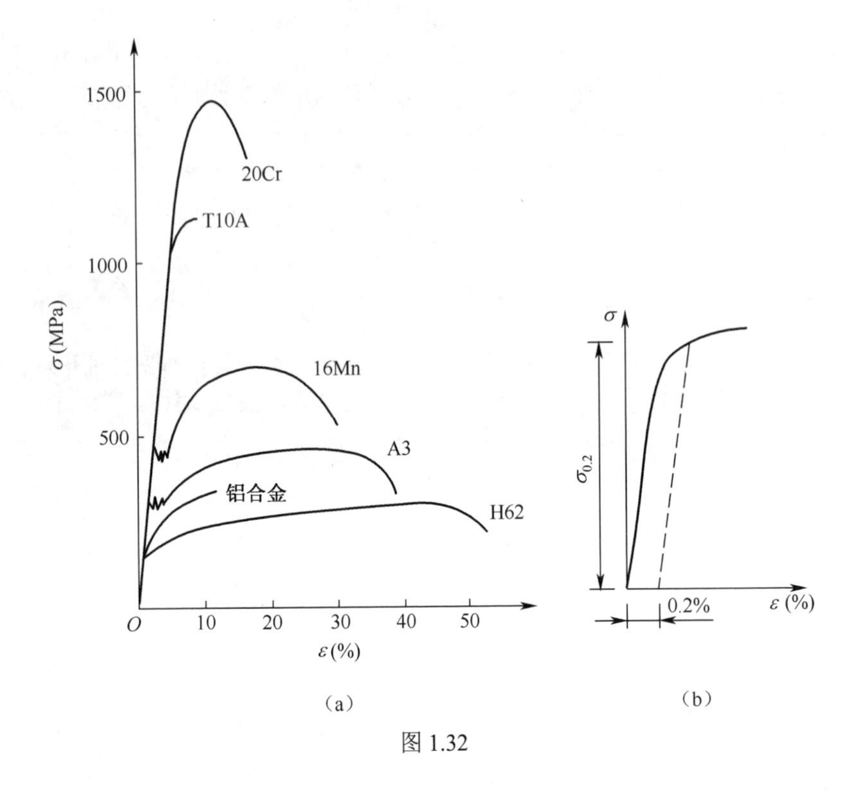

（a） （b）

图 1.32

1.6.4 材料在压缩时的力学性能

金属材料的压缩之所以作成 $h=(1.5\sim3)d$ 的短圆柱，是避免被压弯。低碳钢压缩时的应力－应变曲线如图 1.33 所示。为了便于比较，图中还画出了其拉伸时的应力－应变曲线，用虚线表示。试验表明低碳钢压缩时的弹性模量 E、屈服极限 σ_s 等都与拉伸时基本相同。不同的是，进入屈服阶段以后，试件越压越扁，横截面积不断增大，试件抗压能力也继续增强，但并不断裂，如图 1.34 所示。由于无法测出压缩时的强度极限，所以对低碳钢压缩实验的实用性不强，主要力学性能由拉伸实验确定。类似情况在一般的塑性金属材料中也存在，但有的塑性材料，如铬钼硅合金钢，在拉伸和压缩时的屈服极限并不相同，因此对这些材料还要做压缩试验，以测定其压缩屈服极限。

脆性材料压缩时的力学性能与拉伸时有较大区别。例如铸铁，其压缩和拉伸时的应力－应变曲线分别如图 1.35 中的实线和虚线所示。比较两条曲线可知，铸铁压缩时的强度极限和延伸率都比拉伸时大得多，压缩时强度极限约为拉伸时强度极限的 3～5 倍。故铸铁适宜做承压构件。破坏断面的法线与轴线成 45°～55°的斜面，如图 1.36 所示，说明是切应力达到极限值而破坏。拉伸破坏时是沿横截面断裂，说明是拉应力达到极限值而破坏。其他脆性材料，如混凝土和石料，抗压强度也远高于抗拉强度。

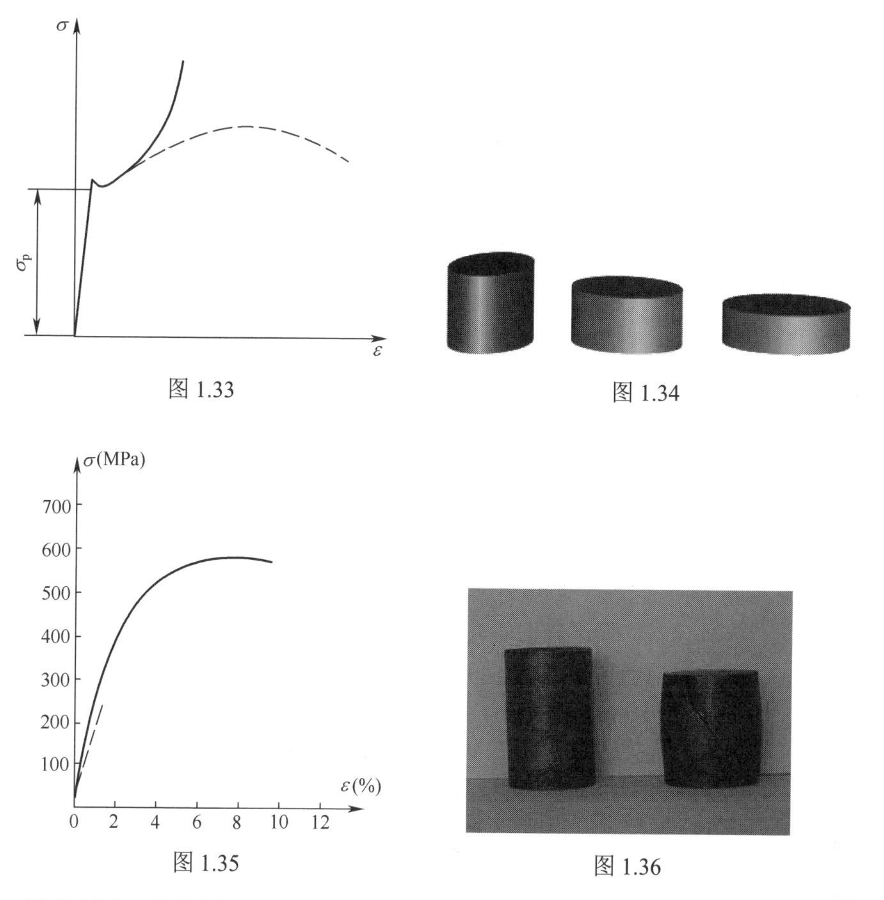

图 1.33

图 1.34

图 1.35

图 1.36

综上所述，塑性材料与脆性材料的力学性能有以下区别：

（1）塑性材料在断裂前延伸率大，塑性性能好；而脆性材料直至断裂，变形都很小，塑性性能很差。其断裂破坏总是突然的，而塑性材料通常是在明显的形状改变后破坏。在工程中，需经锻压、冷加工的构件或承受冲击载荷的构件，宜采用塑性材料。

（2）多数塑性材料抵抗拉压变形时，其弹性模量和屈服应力基本一致，所以其应用范围广，既可用于受拉构件，也可用于受压构件。在土木工程中，出于经济性的考虑，常用塑性材料制作受拉构件。而脆性材料抗压强度远高于其抗拉强度，因此用脆性材料制作受压构件，如建筑物的基础、机器的底座等。

1.7 轴向拉（压）杆的强度计算

由 1.6 节材料的拉伸和压缩试验可知：脆性材料的应力达到强度极限 σ_b 时，会发生断裂；塑性材料的应力达到屈服极限 σ_s 时，会发生明显的塑性变形。断裂当然是不允许的，但是构件发生较大的变形也是不允许的。由于各种原因使结构丧失其正常工作能力的现象，称为失效。因此，断裂和屈服或出现较大变形都是破坏的形式。材料失效时的应力称为极限应力，塑性材料通常以屈服应力 σ_s 作为极限应力，脆性材料以强度极限 σ_b 作为极限应力。

构件在载荷作用下的实际应力称为工作应力。保证构件有足够的强度，要求构件的工作应力必须小于材料的极限应力。为了保证有一定的强度储备，在强度计算中，引进一个大于 1 的安全系数，设定构件工作时的最大允许值，即许用应力，用 $[\sigma]$ 表示。

塑性材料：
$$[\sigma]=\frac{\sigma_s}{n_s} \tag{1.12}$$

脆性材料：
$$[\sigma]=\frac{\sigma_b}{n_b} \tag{1.13}$$

式中，n_s、n_b 分别为塑性材料和脆性材料的安全系数。确定安全系数时，应考虑以下因素：①材质的均匀性、质地好坏、是塑性还是脆性；②实际构件简化过程和计算方法的精确程度；③载荷情况，包括对载荷的估算是否准确、是静载还是动载；④构件的重要性、工作条件等。一般在常温、静载条件下，对塑性材料取 $n_s=1.2\sim2.5$，对脆性材料取 $n_b=2\sim3.5$，甚至更大。

于是得到轴向拉（压）杆的强度条件为

$$\sigma_{max}\leqslant[\sigma] \tag{1.14}$$

对于轴向拉伸和压缩的等直杆，强度条件可以表示为

$$\sigma_{max}=\frac{F_{Nmax}}{A}\leqslant[\sigma] \tag{1.15}$$

式中，σ_{max} 为杆件横截面上的最大正应力；F_{Nmax} 为杆件的最大轴力，A 为横截面面积；$[\sigma]$ 为材料的许用应力。

如对截面变化的拉（压）杆件（如阶梯形杆），则需要求出每一段内的正应力，找出最大值，再应用强度条件。

根据强度条件，可以解决以下三方面问题。

（1）强度校核：若已知拉压杆的截面尺寸、载荷大小以及材料的许用应力，即可用公式（1.15）验算不等式是否成立，确定强度是否足够。

（2）设计截面：若已知拉压杆承受的载荷和材料的许用应力，则强度条件变成

$$A\geqslant\frac{F_{Nmax}}{[\sigma]} \tag{1.16}$$

可确定构件所需要的横截面面积的最小值。

（3）确定承载能力：若已知拉压杆的截面尺寸和材料的许用应力，则强度条件变成

$$F_{Nmax}\leqslant A[\sigma] \tag{1.17}$$

由此可确定构件所能承受的最大轴力。

例 1.7 图 1.37（a）为简易三角形托架的示意图，BC 为圆截面钢杆，AB 为木杆，$P=10\text{kN}$，钢杆 BC 的横截面积为 $A_{BC}=600\text{mm}^2$，许用应力 $[\sigma]_{BC}=160\text{MPa}$，木杆 AB 的横截面面积 $A_{AB}=10000\text{mm}^2$，许用应力 $[\sigma]_{AB}=7\text{MPa}$。

1）校核各杆的强度。

2）求许可载荷[P]。

3）根据许可载荷，设计钢杆 BC 所需的直径。

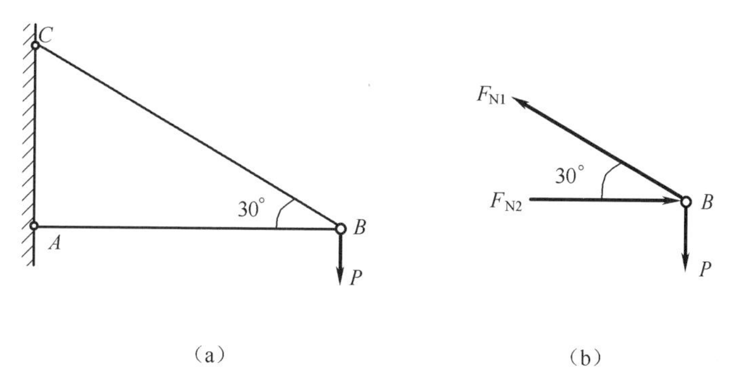

图 1.37

解： 1）校核各杆的强度，先计算 AB、BC 杆的轴力。

设 BC 杆的轴力为 F_{N1}，AB 杆的轴力为 F_{N2}，根据结点 B 的平衡（图 1.37（b））有

$$\sum F_x = 0\text{，}\quad F_{N2} - F_{N1}\cos 30° = 0$$

$$\sum F_y = 0\text{，}\quad F_{N1}\sin 30° - P = 0$$

解得
$$F_{N1} = 2P\ （拉），\quad F_{N2} = \sqrt{3}P\ （压）$$

$$\sigma_{AB} = \frac{F_{N2}}{A_{AB}} = \frac{1.73\times10^4}{10000\times10^{-6}} = 1.73\times10^6\,\text{Pa} < 7\text{MPa}$$

$$\sigma_{BC} = \frac{F_{N1}}{A_{BC}} = \frac{20\times10^3}{600\times10^{-6}} = 33.3\times10^6\,\text{Pa} < 160\text{MPa}$$

两杆内的正应力都远低于材料的许用应力，结构安全。

2）求许可载荷。

由公式（1.17）可知，当 AB 杆达到许用应力时

$$F_{N2} = \sqrt{3}P \leqslant A_{AB}[\sigma]_{AB} = 7\times10^6\times10000\times10^{-6} = 70000\text{N} = 70\text{kN}$$

得 $[P] \leqslant 40.4\text{kN}$。

当 BC 杆达到许用应力时

$$F_{N1} = 2P \leqslant A_{BC}[\sigma]_{BC} = 160\times10^6\times600\times10^{-6} = 96000\text{N} = 96\text{kN}$$

得 $[P] \leqslant 48\text{kN}$。

取两者中较小值，因此该托架的最大许可载荷为 $[P] = 40.4\,\text{kN}$。

3）设计钢杆 BC 所需的直径。由以上计算可知，$[P] = 40.4\text{kN}$ 时，BC 杆未达到强度极限，所以可减少其截面面积。

$$F_{N1} = 2[P] = 2\times40.4 = 80.8\text{kN}$$

由公式（1.16）

$$A_{BC} \geqslant \frac{F_{N1}}{[\sigma]_{BC}} = \frac{80.8\times10^{3}}{160\times10^{6}} = 5.05\times10^{-4}\,\text{m}^{2}$$

所以 BC 杆的直径为

$$d_{BC} = \sqrt{\frac{4A_{BC}}{\pi}} = \sqrt{\frac{4\times5.05\times10^{-4}}{\pi}} = 2.54\times10^{-2}\,\text{m} = 25.4\text{mm}$$

1.8 应力集中的概念

1.3 节推导的正应力计算公式仅适用于等截面直杆，其横截面上的应力是均匀分布的。对于横截面平缓变化的轴向拉压杆，应力可近似地按等截面计算。由于实际需要，有些零件必须有切口、切槽、油孔、螺纹、轴肩等，以致在这些部位上截面尺寸发生突然变化。如开有切口的板条（图 1.38）受拉时，在通过切口的横截面上应力的分布就不再是均匀的，在切口附近的局部区域内，应力的数值剧烈增加，而在离开这一区域稍远的地方，应力迅速下降而趋于均匀。由于杆件外形突然变化，而引起局部应力骤增的现象，称为应力集中。

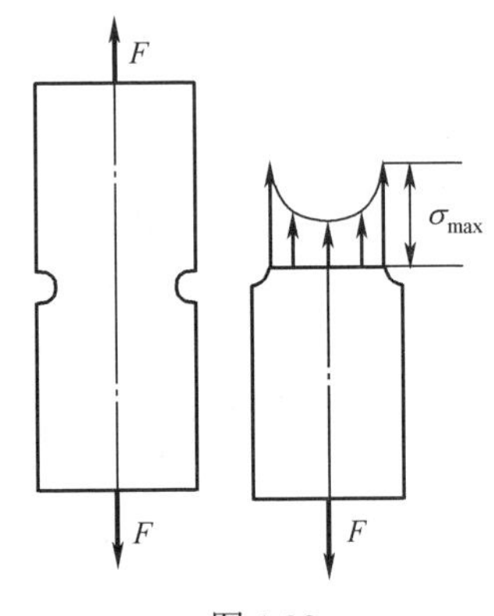

图 1.38

若发生应力集中的截面上最大正应力为 σ_{max}，同一截面上的平均应力为 σ_0，则比值

$$k = \frac{\sigma_{max}}{\sigma_0} \qquad (1.18)$$

称为理论应力集中因数。试验结果表明：截面尺寸变化越急剧，孔越小，角越尖，应力集中的程度就越严重，局部出现的最大应力 σ_{max} 就越大。鉴于应力集中往往会削弱杆件的强度，因此在设计零件时应尽量避免带尖角的孔和槽，对阶梯轴的过渡圆弧，半径应尽量大一些。尽可能避免或降低应力集中的影响。

不同的材料对应力集中的敏感程度不同。塑性材料存在屈服阶段，当局部的最大应力达到材料的屈服强度时，若继续增大载荷，则应力不再增大，应变可以继续增长，增加的载荷由截面上尚未屈服的材料来承担，从而使截面上其他部分的应力相继增大到屈服极限，直至整个截面上的应力都达到屈服极限时，杆件才会因屈服而丧失正常工作的能力，如图 1.39 所示。因此，由塑性材料制成的零件在静载作用下，可以不考虑应力集中的影响。对于脆性材料，由于没有屈服阶段，当局部最大应力达到强度极限时就在该处裂开。所以对组织均匀的脆性材料，应力集中将极

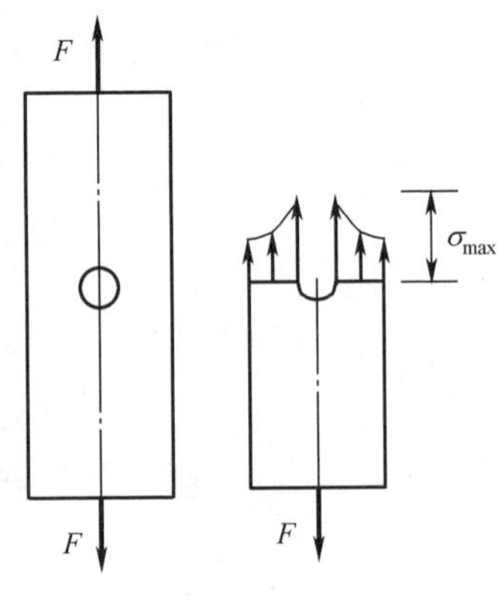

图 1.39

大地降低构件的强度。对组织不均匀的脆性材料，如铸铁，在它内部有许多片状石墨（不能承担载荷），这相当于材料内部有许多小孔穴，材料本身就具有严重的应力集中，因此由于截面尺寸改变引起的应力集中，对这种材料构件的承载能力没有明显的影响。

习题 1

1.1　试求题 1.1 图示各杆 1-1、2-2、3-3 截面的轴力，并作轴力图。

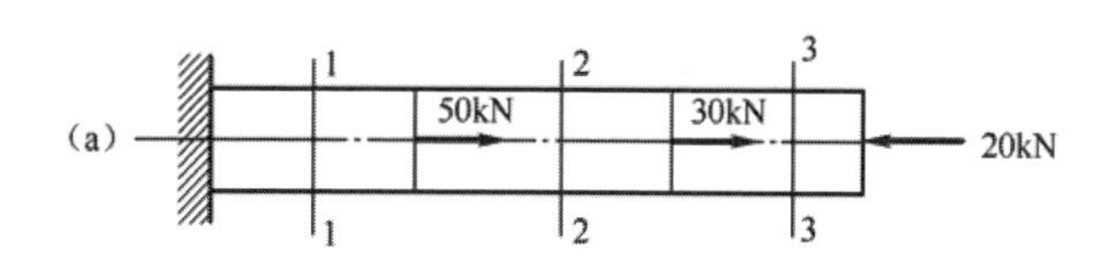

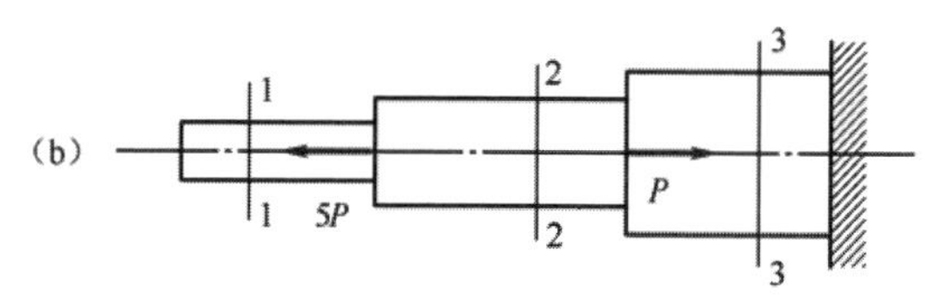

题 1.1 图

1.2　题 1.2 图示阶梯状直杆，受力如图，已知横截面面积 $A_1 = 200\text{mm}^2$，$A_2 = 300\text{mm}^2$，$A_3 = 400\text{mm}^2$，$a = 200\text{mm}$，试求横截面上的最大、最小应力。

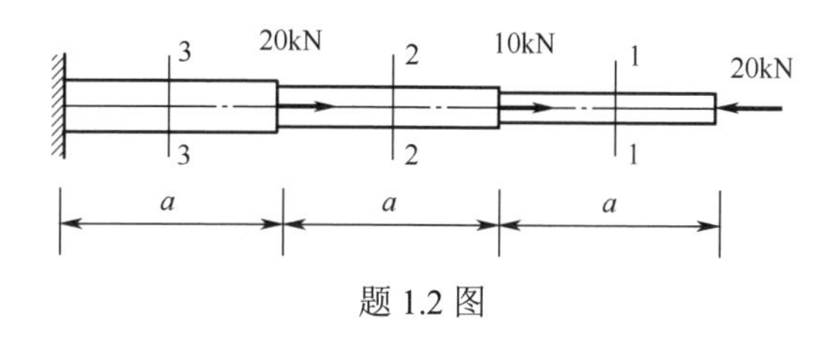

题 1.2 图

1.3　题 1.3 图示等直杆，受轴向拉力 $P = 20\text{kN}$，已知杆的横截面积 $A = 100\text{mm}^2$，试求出 $\alpha = 0°$、30°、45°、90° 时各斜截面上的正应力和切应力。

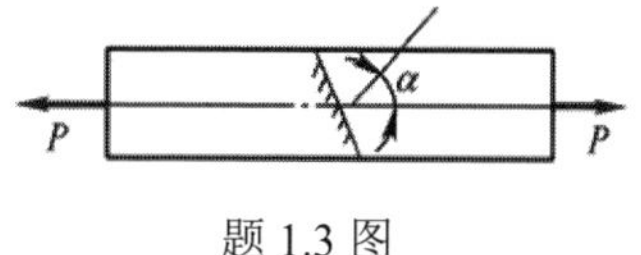

题 1.3 图

1.4　木立柱承受压力 P，上面放有钢块。如题 1.4 图所示，钢块截面积 A_1 为 5cm^2，$\sigma_{钢} = 35\,\text{MPa}$，木柱截面积 $A_2 = 65\,\text{cm}^2$，求木柱顺纹方向剪应力大小及指向。

1.5　题 1.5 图示等直杆，受轴向压力，横截面为 $75\text{mm} \times 55\text{mm}$，欲使杆任意截面正应力不超过 2.5MPa，切应力不超过 0.75MPa，试求最大载荷 F。

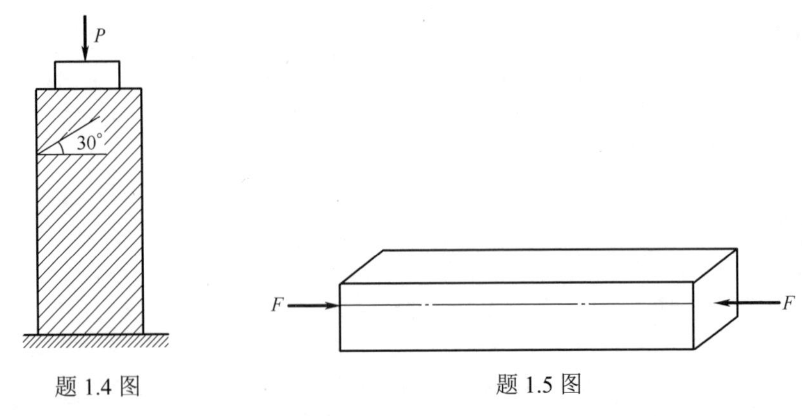

题 1.4 图　　　　题 1.5 图

1.6　题 1.2 图示杆中，材料常数 $E=200\,\text{GPa}$，试求杆件的总变形量。

1.7　横截面为正方形的木桩，其受力情况和各段长度如题 1.7 图所示。*AC* 段边长为 100mm，*CB* 段边长为 200mm，材料可认为符合胡克定律，其纵向弹性模量 $E=10\,\text{GPa}$。不计柱的自重，求：柱端 *A* 截面的位移。

1.8　某拉伸试验机的示意图如题 1.8 图所示。设试验机的 *CD* 杆与试样 *AB* 同为低碳钢制成，$\sigma_p=200\,\text{MPa}$，$\sigma_s=250\,\text{MPa}$，$\sigma_b=500\,\text{MPa}$。试验机的最大拉力为 10kN。试求：

（1）用此试验机做拉断试验时试样最大直径可达多少？

（2）设计时若取安全系数 $n=2$，则 *CD* 杆的截面面积为多少？

（3）若试样的直径 $d=10\text{mm}$，今欲测弹性模量 *E*，则所加拉力最大不应超过多少？

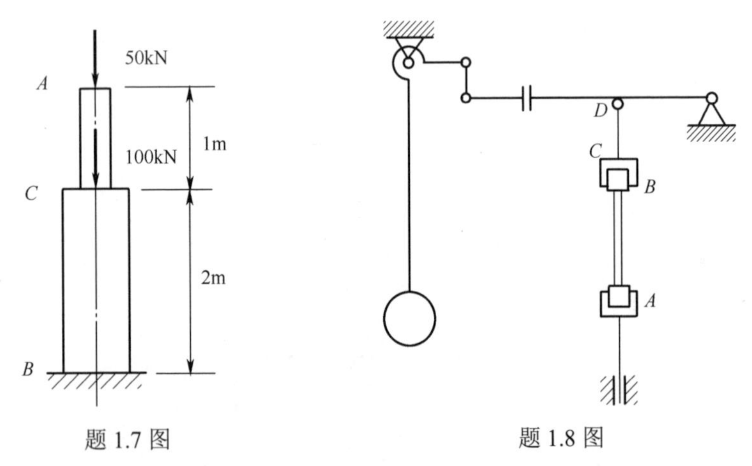

题 1.7 图　　　　题 1.8 图

1.9　冷镦机的曲柄滑块机构如题 1.9 图所示。镦压工件时连杆接近水平位置，承受的镦压力 $P=1100\text{kN}$。连杆的截面为矩形，高 *h* 与宽 *b* 之比为 1:5。材料许用应力为 $[\sigma]=58\text{MPa}$，试确定截面尺寸 *h* 和 *b*。

1.10　题 1.10 图示为一个三角形托架，已知：杆 *AB* 是圆截面钢杆，$[\sigma]=170\text{MPa}$，杆 *AC* 是正方形截面木杆，许用压应力 $[\sigma]=12\text{MPa}$，载荷 $F=60\text{kN}$，试选择钢杆的圆截面直径 *d* 和木杆的正方形截面边长 *a*。

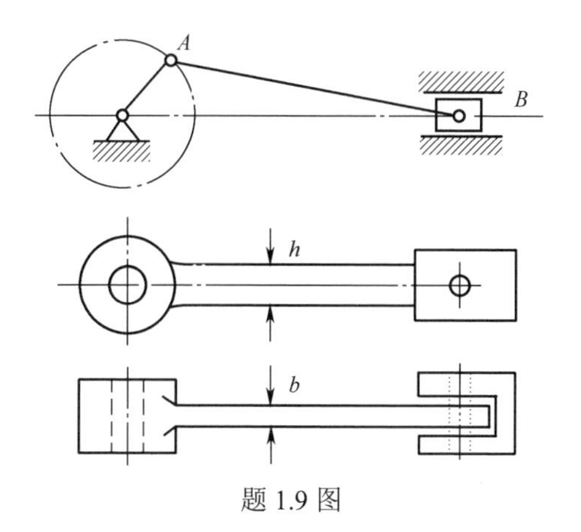

题 1.9 图

1.11　题 1.11 图示三角架由 AC 和 BC 二杆组成。杆 AC 由两根 No.12b 的槽钢组成，许用应力为$[\sigma]=160\text{MPa}$；杆 BC 为一根 No.22a 的工字钢，许用应力为$[\sigma]=100\text{MPa}$。求该结构承受的许可载荷$[P]$。

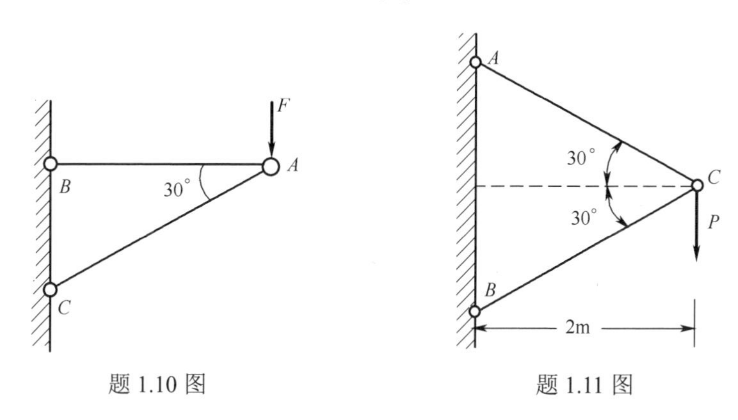

题 1.10 图　　　　题 1.11 图

1.12　题 1.12 图示拉杆沿斜截面 m-n 由两部分胶合而成。设在胶合面上许用拉应力$[\sigma_t]=100\text{MPa}$，许用切应力$[\tau]=50\text{MPa}$，并设胶合面的强度控制杆件拉力。试问：为使杆件承受最大拉力 P，α 角的值应为多少？若杆件横截面面积为 4cm^2，并规定 $\alpha\leqslant 60°$，试确定许可载荷 P。

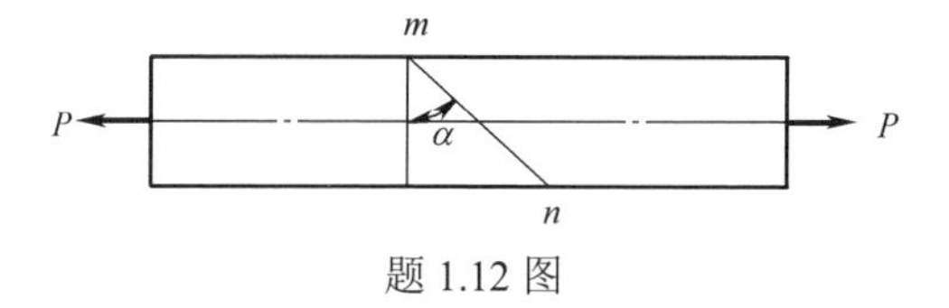

题 1.12 图

1.13　如题 1.11 所示结构，试求节点 C 的水平位移，设 EA 为常数。

1.14　有一两端固定的钢杆，其截面面程为 $A=1000\text{mm}^2$，载荷如题 1.14 图所示。试求各段杆内的应力。

1.15　在题 1.15 图示结构中，假设 AC 横梁为刚体，杆 1、2、3 的横截面面积相等，材料相同。试求三杆的轴力。

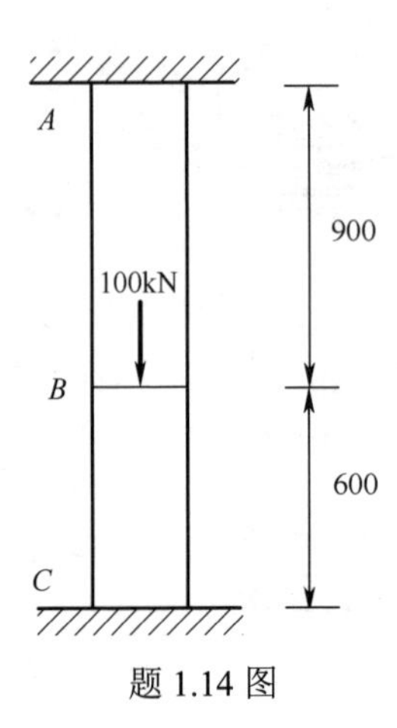

题 1.14 图

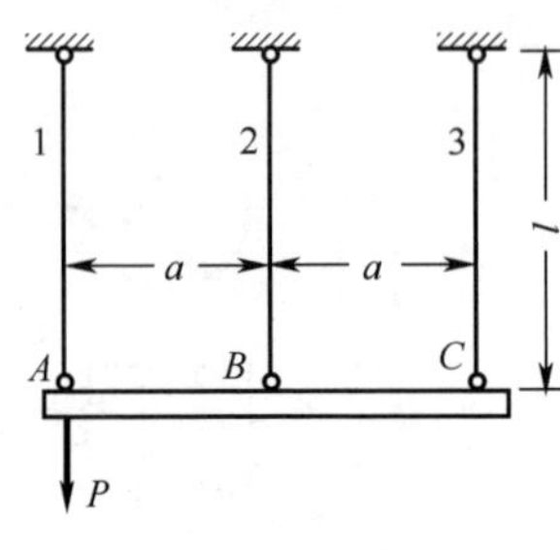

题 1.15 图

第 2 章
剪　切

2.1　剪切变形的概念

在工程中，起连接作用的部件统称为连接件，如图 2.1 中连接构件的销钉、铆钉、螺栓、键和木结构中的榫等。这些连接件主要发生剪切变形。

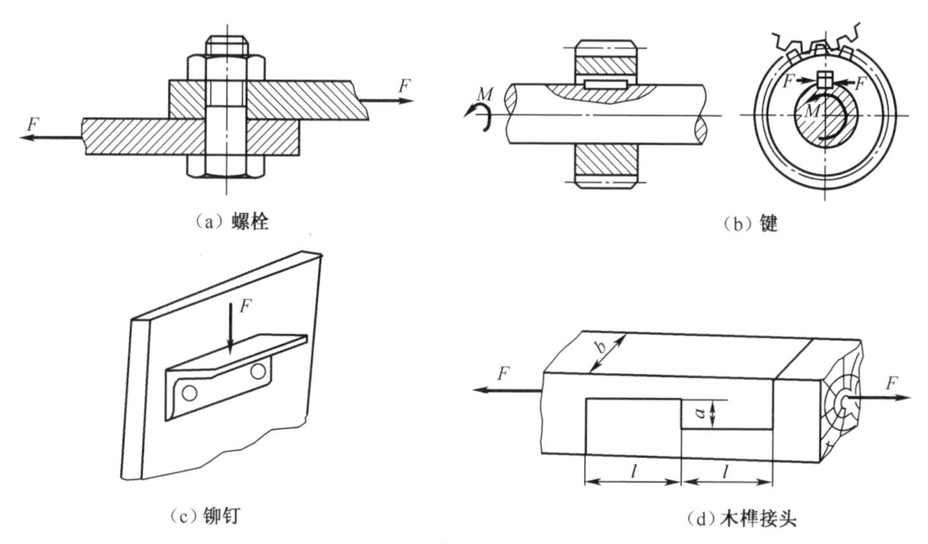

图 2.1

剪切变形是杆件的基本变形之一。当杆件受到一对大小相等、方向相反、垂直于杆轴且作用线相距很近的外力作用时，在力作用线之间的横截面将发生相对错动的变形（图 2.2），此即为剪切变形。若此时外力过大，杆件就可能在两力之间的某一截面处被剪断。

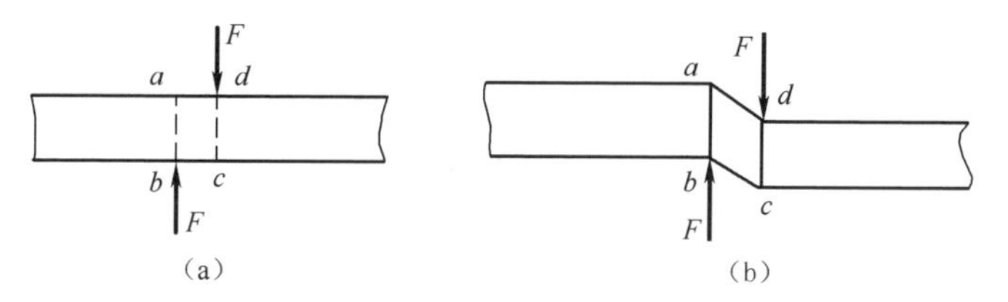

图 2.2

连接件的尺寸一般很小，其剪切变形又很复杂，同时在连接件和被连接件间又有局部挤压现象，所以很难做出精确的理论分析。工程设计中通常采用实用的计算方法。

2.2 剪切的实用计算

现以连接件铆钉为例，讲述剪切的有关概念及实用计算方法。

如图 2.3（a）所示的铆钉连接，很显然，铆钉在两个侧面上分别受到大小相等、方向相反、作用线相距很近的两组平行的外力系作用（图 2.3（b））。在这样的外力作用下，铆钉将沿两侧外力之间的某个截面 *m-m* 发生相对的错动，即发生剪切变形，*m-m* 截面称为剪切面。

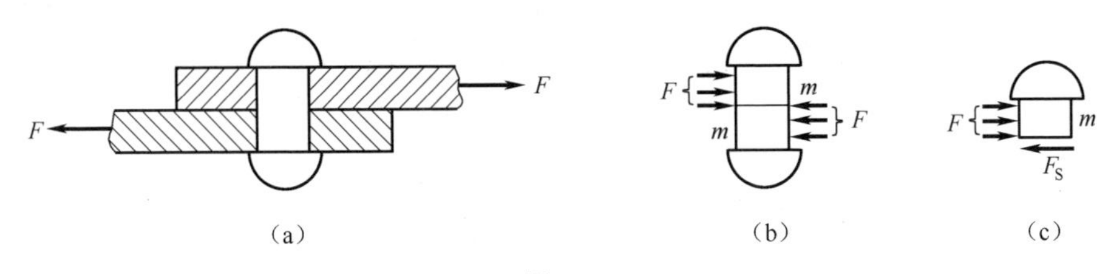

图 2.3

求解剪切面上的内力仍采用截面法，沿截面 *m-m* 把铆钉截开并取其上部分为研究对象（图 2.3（c）），由平衡可知，截面 *m-m* 上的内力必然是一个平行于 F 的力，用符号 F_S 表示，由平衡方程有

$$\Sigma F_x = 0\text{，}\quad F - F_S = 0$$

$$F_S = F$$

F_S 的方向与剪切面相切，称为截面上的剪力。

剪力 F_S 在横截面的实际分布规律是很复杂的，在工程的实用计算中，通常假设剪切面上的切应力均匀分布，于是，剪切面上的切应力为

$$\tau = \frac{F_S}{A_S} \tag{2.1}$$

式中，F_S 为剪切面上的剪力，A_S 为剪切面的面积。

建立剪切实用计算的强度条件为

$$\tau = \frac{F_S}{A_S} \leqslant [\tau] \tag{2.2}$$

式中，$[\tau]$为材料的许用切应力。运用式（2.1）和（2.2）的强度条件，可进行剪切强度计算。

需要说明的是，按式（2.1）算出的切应力 τ 实质上是截面上的平均切应力值，称为名义切应力。确定许用切应力的极限切应力 τ_u 也是由试样剪切破坏时的剪力除以剪切面面积得到的，并且试样的受力尽可能接近实际连接件的情况，再考虑适当的安全因数 n，得材料的许用切应力为 $[\tau] = \frac{\tau_u}{n}$。

例 2.1 如图 2.4 所示，连接钢板的销钉直径 $d=40\text{mm}$，材料的许用切应力 $[\tau]=60\text{MPa}$，$F=120\text{kN}$，试校核销钉的剪切强度。

解：销钉受力如图 2.4（b）所示。根据受力情况可知，其分别在 B、C 两处发生相对错动，有两个剪切面，称为双剪切。用截面法沿销钉的剪切面切开，由平衡条件得

$$F_S=\frac{F}{2}$$

销钉剪切面上的切应力为

$$\tau=\frac{F_S}{A_S}=\frac{120\times10^3\text{N}}{2\times\frac{\pi}{4}\times(40\times10^{-3}\text{m})^2}=47.8\text{MPa}<[\tau]$$

故该销钉满足强度要求。

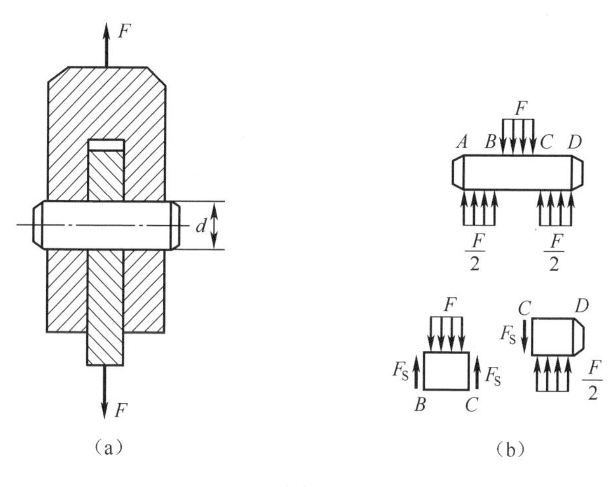

图 2.4

2.3 挤压的实用计算

连接件除了发生剪切变形外，在连接件和被连接件之间还存在着局部压紧的现象，称为挤压。

如图 2.1（c）所示的铆钉连接中，除铆钉发生剪切变形外，在钢板与铆钉的接触面上必然相互压紧，这样在接触面附近的局部区域内发生了挤压，局部受压处的压缩力称为挤压力，挤压面上的应力称为挤压应力。挤压力可以根据被连接件所受的外力情况，利用静力平衡条件计算。当挤压力过大时，接触的局部区域将产生过量的塑性变形，如铆钉压扁或钢板在孔缘被压皱，从而导致连接产生松动而失效，如图 2.5（a）所示。

挤压接触面上的应力分布同样也是很复杂的，与剪切一样，挤压也是采用实用计算方法，即假设挤压应力在挤压面上均匀分布。于是，可得名义挤压应力为

$$\sigma_{bs}=\frac{F_{bs}}{A_{bs}} \tag{2.3}$$

式中，F_{bs}为挤压面上的挤压力；A_{bs}为挤压面面积。当挤压面为平面时，挤压面面积A_{bs}即为实际承压的面积（如平键）；当挤压面为圆柱面（如螺栓、销钉等）时，挤压面面积为实际承压面积在直径平面上的投影面积（图 2.5（b）），所得应力大致上与实际最大应力接近。

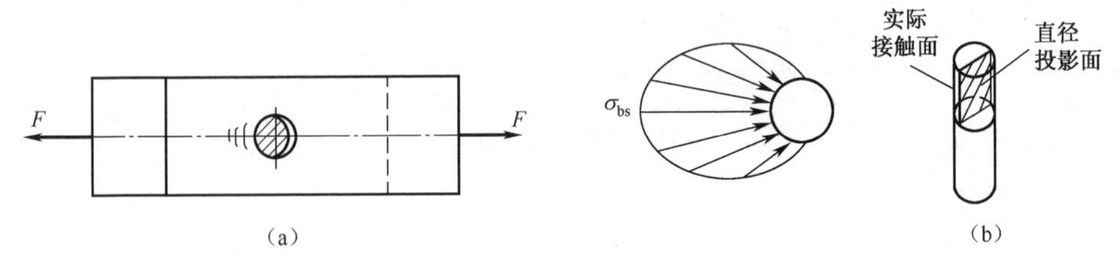

图 2.5

建立挤压实用计算强度条件

$$\sigma_{bs}=\frac{F_{bs}}{A_{bs}}\leqslant[\sigma_{bs}] \tag{2.4}$$

式中，$[\sigma_{bs}]$为材料的许用挤压应力，确定方法与$[\tau]$相似。

值得注意的是，当连接件和被连接件两者的材料不同时，应校核两者中许用挤压应力较低的材料的挤压强度。

例 2.2 在图 2.6（a）所示铆接接头中，载荷 $F=80$kN，板宽 $b=100$mm，板厚 $t=10$mm，铆钉直径 $d=18$mm，许用切应力$[\tau]=100$MPa，许用挤压应力$[\sigma_{bs}]=200$MPa，试校核该接头的强度。

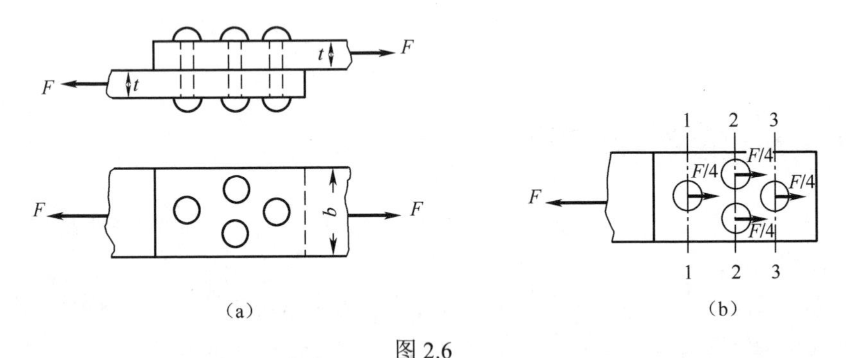

图 2.6

解：（1）铆钉的剪切强度校核。

外力的作用线通过铆钉群横截面的形心，并且各铆钉的材料与直径均相同，则每个铆钉的受力都相等。这样，对于图 2.6（a）所示铆钉群，各个铆钉剪切面上的剪力均为

$$F_S=\frac{F}{4}=\frac{80}{4}=20\text{kN}$$

剪切面的切应力为

$$\tau=\frac{F_S}{A_S}=\frac{4F_S}{\pi d^2}=\frac{4\times20\times10^3}{\pi\times0.018^2}=78.6\text{MPa}<[\tau]$$

故铆钉的剪切强度足够。

（2）铆钉的挤压强度校核。

铆钉所受的挤压力等于剪切面上的剪力，即 $F_{bs}=F_S=20\text{kN}$，所以铆钉的挤压应力为

$$\sigma_{bs}=\frac{F_{bs}}{A_{bs}}=\frac{F_{bs}}{td}=\frac{20\times10^3}{0.01\times0.018}=111.1\text{MPa}<[\sigma_{bs}]$$

故铆钉的挤压强度也足够。

习题 2

2.1　试确定题 2.1 图示连接或接头中的剪切面积和挤压面积。

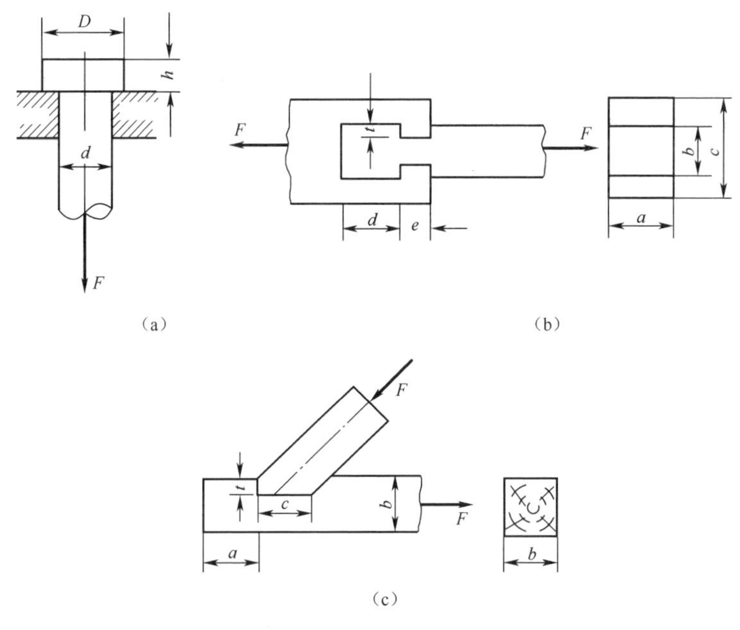

题 2.1 图

2.2　夹剪如题 2.2 图所示。销钉 B 的直径 $d=8\text{mm}$，当加力 $F=200\text{N}$ 时，剪直径为 5mm 的铜丝时，求铜丝和销钉横截面上的平均切应力。

2.3　测定材料剪切强度的剪切器的示意图如题 2.3 图所示。圆试件的直径 $d=15\text{mm}$，当压力 $F=31.6\text{kN}$ 时，试件被剪断，试求材料的名义极限应力。若剪切的许用应力 $[\tau]=80\text{MPa}$，试问安全系数为多大？

2.4　题 2.4 图示冲床的最大冲击力为 400kN，被冲钢板的厚度 $t=12\text{mm}$，其剪切极限应力为 $\tau_u=300\text{MPa}$，求在最大冲力作用下所能冲剪的圆孔的最大直径 d。

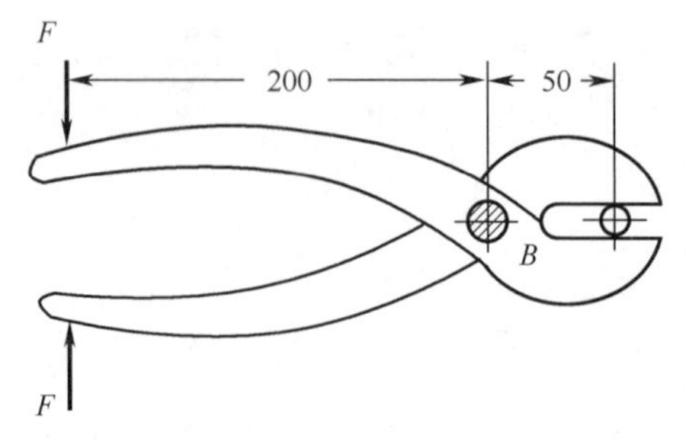

题 2.2 图

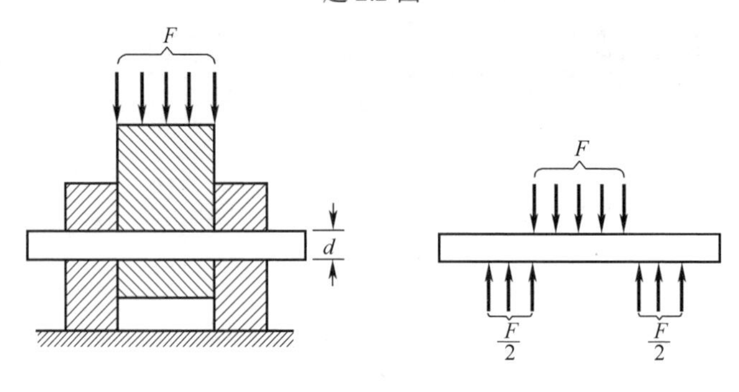

题 2.3 图

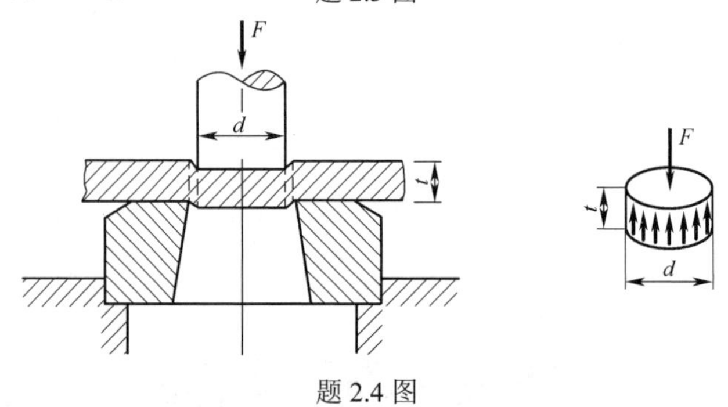

题 2.4 图

2.5　题 2.5 图示凸缘联轴节传递的力偶为 $M=200\text{N}\cdot\text{m}$，凸缘之间用四只螺栓联接，螺栓内径 $d\approx 10\,\text{mm}$，对称地分布在 $D=80\text{mm}$ 的圆周上。如螺栓的许用剪切应力为 $[\tau]=60\text{MPa}$，试校核螺栓的剪切强度。

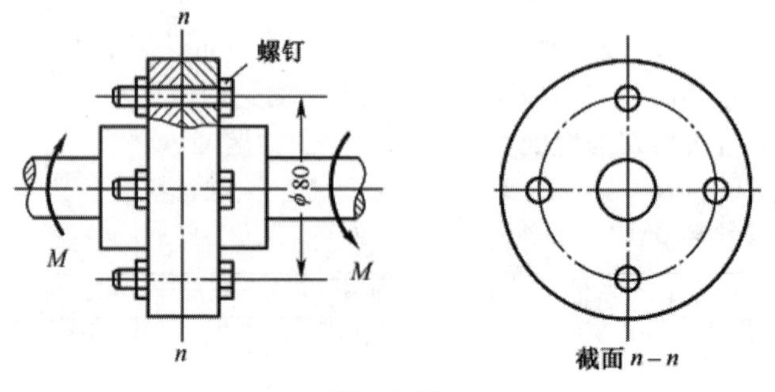

题 2.5 图

2.6 如题 2.6 图所示摇臂，所用材料的许用应力 $[\tau]=100\text{MPa}$，$[\sigma_{bs}]=240\text{MPa}$，试计算其轴销 B 的直径 d。

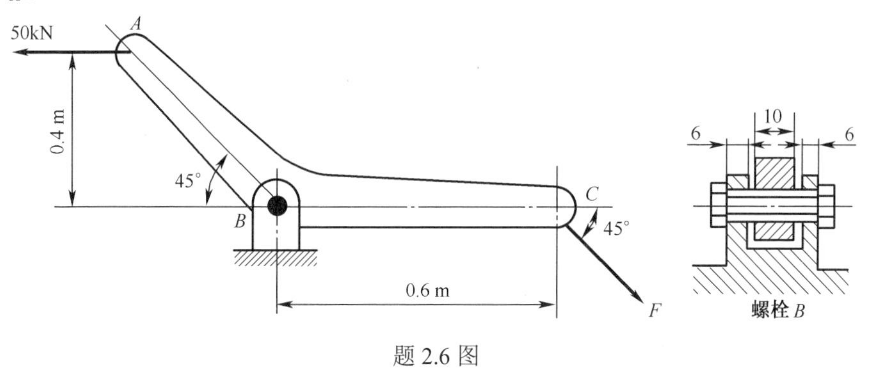

题 2.6 图

2.7 螺栓将拉杆与厚为 8mm 的两块盖板相联接，如题 2.7 图所示。拉杆的厚度 $t=15\text{mm}$，拉力 $F=120\text{kN}$，各零件材料相同，许用应力均为 $[\sigma]=80\text{MPa}$，$[\tau]=60\text{MPa}$，$[\sigma_{bs}]=160\text{MPa}$。试计算螺栓直径 d 及拉杆宽度 b。

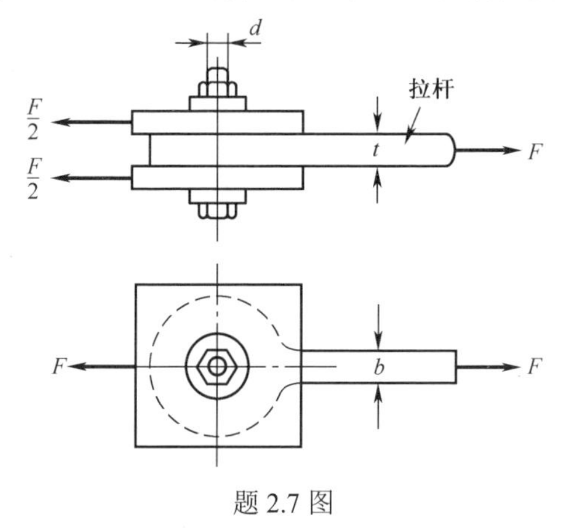

题 2.7 图

2.8 如题 2.8 图所示木质拉杆接头部分。已知接头处的尺寸 $l=h=18\text{cm}$，$b=12\text{cm}$，材料的许用应力 $[\sigma]=5\text{MPa}$，$[\sigma_{bs}]=10\text{MPa}$，$[\tau]=2\text{MPa}$，试求许可拉力 $[F]$。

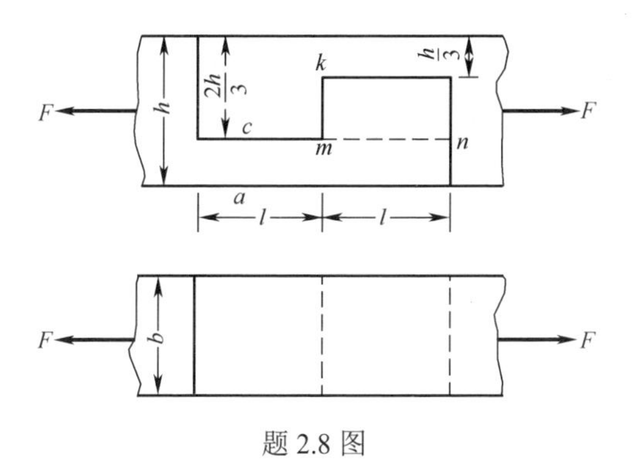

题 2.8 图

2.9　如题 2.9 图所示两根矩形截面木杆，截面宽度 $b=25\text{cm}$，沿木材顺纹方向的许用拉应力 $[\sigma]=6\text{MPa}$，许用切应力 $[\tau]=1\text{MPa}$，许用挤压应力 $[\sigma_{\text{bs}}]=10\text{MPa}$。现用两块钢板连接在一起，并受轴向载荷 $F=45\text{kN}$ 的作用。试确定接头的尺寸 h、l 和 δ。

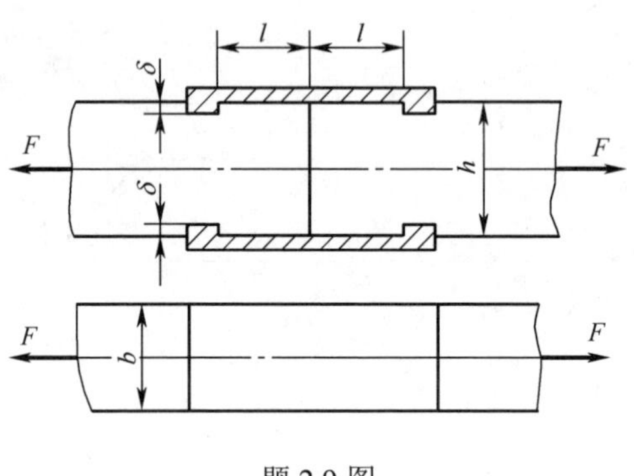

题 2.9 图

第 3 章 扭　转

3.1　扭转问题的基本概念

工程实际中有很多的扭转问题，当一根直杆受到与杆轴线垂直平面内转动力偶作用时，杆会发生扭转。例如用螺丝刀拧一个木螺丝时（图 3.1（a）），需要在把手上作用一个力偶使它转动（图 3.1（b）），同时在螺丝刀的另一端则受到木螺丝对它的反抗，即反力偶作用，螺丝刀杆受到扭转作用。

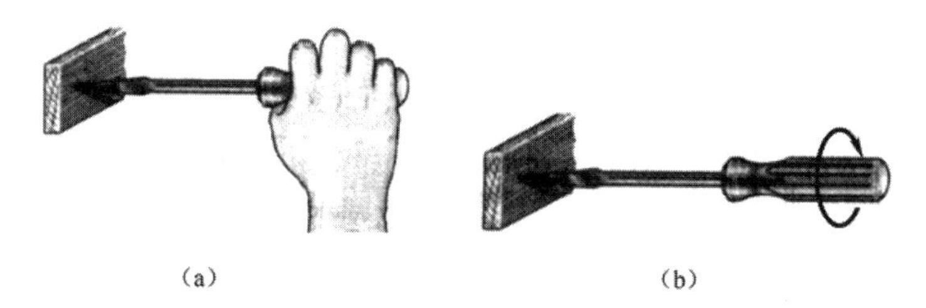

（a）　　（b）

图 3.1

又如汽车方向盘的操纵杆（图 3.2）和在机械设备中普遍使用的传动轴（图 3.3）都是杆件受到扭转作用的实例。

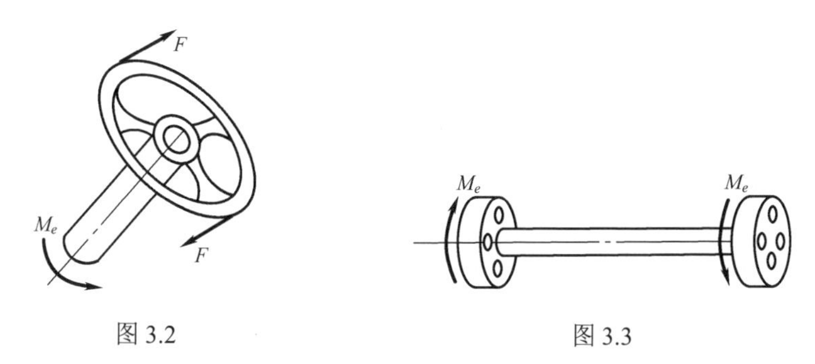

图 3.2　　图 3.3

仔细观察工程中受到扭转作用的杆件，其受力特点是：在杆件的两端受到一对大小相等、转向相反、作用面垂直于杆轴线的力偶作用。杆件的变形特点是：轴线保持为直线、各横截面绕杆轴线做相对转动（图 3.4）。杆件发生的这种变形称之为扭转变形。以扭转变形为主的杆件通常称为轴，通常工程中轴类构件的横截面为圆形，分别为实心圆轴和空心圆轴。

本章主要讨论等直圆截面杆的扭转问题，包括圆轴所受外力偶矩、横截面内力、应力和扭转变形的计算，在此基础上研究圆轴的强度计算和刚度计算，最后简单介绍非圆截面杆的扭转问题。

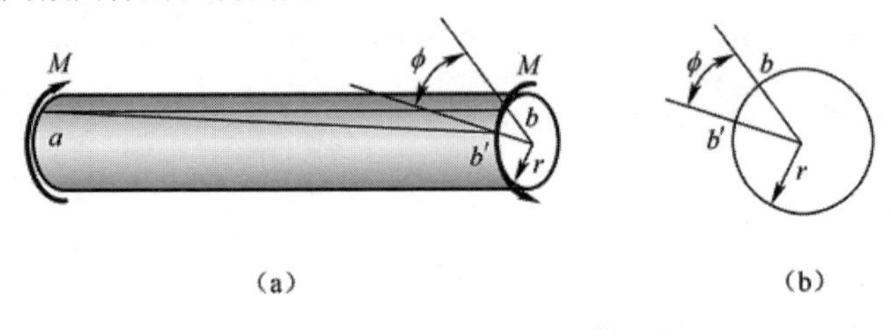

图 3.4

3.2 圆轴扭转的内力

3.2.1 外力偶矩计算

工程实际中，圆轴经常用来传递力偶所做的功，例如汽车的驱动轴和车床的齿轮轴等。而功的大小取决于作用在轴上力偶的矩和轴的转速。依据力学中力偶对转动刚体做功的计算，如果轴匀速转动，转速是 n（r/min），传递的力偶矩是 M（N·m），功率是 P（kW），则轴的转动角速度 ω（rad/s）是

$$\omega = \frac{2\pi n}{60} = \frac{n\pi}{30}$$

传递力偶的功，即

$$P \times 1000 = M \times \frac{n\pi}{30}$$

由此，就可以换算出作用在轴上的外力偶矩为

$$M = 9549\frac{P}{n}\ \ (\mathrm{N \cdot m}) \tag{3.1}$$

3.2.2 横截面上的内力——扭矩

用截面法求圆轴横截面的内力。如图 3.5（a）所示的圆轴，两端受到一对大小相等、转向相反的外力偶作用，力偶矩是 M_e，显然圆轴处于平衡状态。为了求出轴横截面上的内力，在轴内的任意一个横截面 m-m 处将轴切开，分成两个部分，它们的受力分析分别如图 3.5（b）、（c）所示。根据平衡原则，截面上的内力必定只是一个力偶，将该力偶称之为扭矩，用 $\boldsymbol{T}$ 表示（图中双箭头表示扭矩的矢量方向）。

显然，左右两截面上的扭矩是一对作用和反作用力，它们的大小相等而转向相反。扭矩的大小和实际转向可以通过两部分的平衡方程得到。

$$\sum M_x = 0,\ T = M_e$$

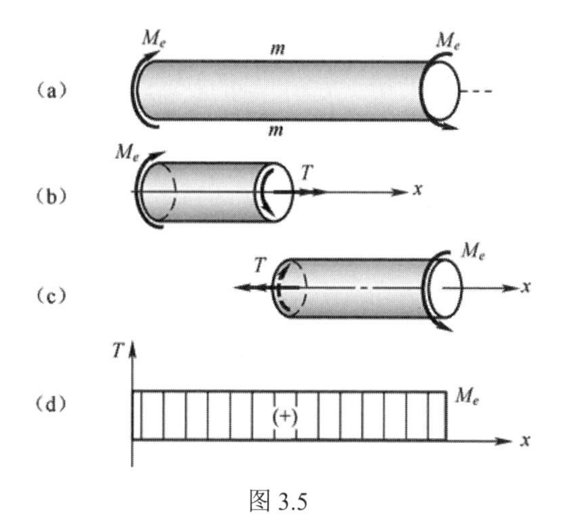

图 3.5

为消除在分别使用截面法时研究左右部分所带来的内力符号的差异，现对扭矩符号做如下规定：按照右手螺旋法则，如果实际扭矩矢量的方向与扭矩所在截面的外法线方向一致，则定义扭矩的符号为正，反之为负。

截面上的扭矩在未求出之前其转向可以任意假设，真实转向（或方向）由平衡方程解出的结果确定。

3.2.3 扭矩图

为了直观地表示圆轴截面上扭矩沿轴线变化的规律，可用扭矩图的形式来实现，具体做法为，做一坐标系，横轴表示截面位置，纵轴表示截面上的扭矩。如图 3.5（a）所示的圆轴在两端受外力偶作用下，其扭矩图如图 3.5（d）所示。下面通过一例题来说明扭矩图的绘制。

例 3.1 一等截面传动轴如图 3.6（a）所示，转速 $n=5\text{r/s}$，主动轮 A 的输入功率 $P_1=221\text{kW}$，从动轮 B、C 的输出功率分别是 $P_2=148\text{kW}$ 和 $P_3=73\text{kW}$，分别求出 AB、BC 段的扭矩，并作扭矩图。

解：（1）求外力偶矩。根据轴的转速和输入与输出功率计算外力偶矩为

$$M_A=9549\frac{P_1}{n}=9549\times\frac{221}{5\times60}=7034\text{N}\cdot\text{m}\approx7.03\text{kN}\cdot\text{m}$$

$$M_B=9549\frac{P_2}{n}=9549\times\frac{148}{5\times60}=4710\text{N}\cdot\text{m}=4.71\text{kN}\cdot\text{m}$$

$$M_C=9549\frac{P_3}{n}=9549\times\frac{73}{5\times60}=2323\text{N}\cdot\text{m}\approx2.32\text{kN}\cdot\text{m}$$

（2）求扭矩。在集中力偶 M_A 与 M_B 之间和 M_B 与 M_C 之间的圆轴内，扭矩是常量，分别假设为正的扭矩 T_1 和 T_2，见图3.6（b）。由平衡方程可以求得

$$T_1=M_A=7.03\text{kN}\cdot\text{m}$$

$$T_2=M_C=2.32\text{kN}\cdot\text{m}$$

由结果可知扭矩的符号都为正。

（3）扭矩图。根据上述结果画出扭矩图（图 3.6（c）），扭矩值最大值发生在

AB 段。

讨论：若将 *A* 轮与 *B* 轮相互调换，则轴的左右两段内的扭矩分别是

$$T_1 = M_B = -4.71\text{kN} \cdot \text{m}$$

$$T_2 = M_C = 2.32\text{kN} \cdot \text{m}$$

此时轴的扭矩图见图 3.6（d），可见轴内的最大扭矩值比原来减小了。

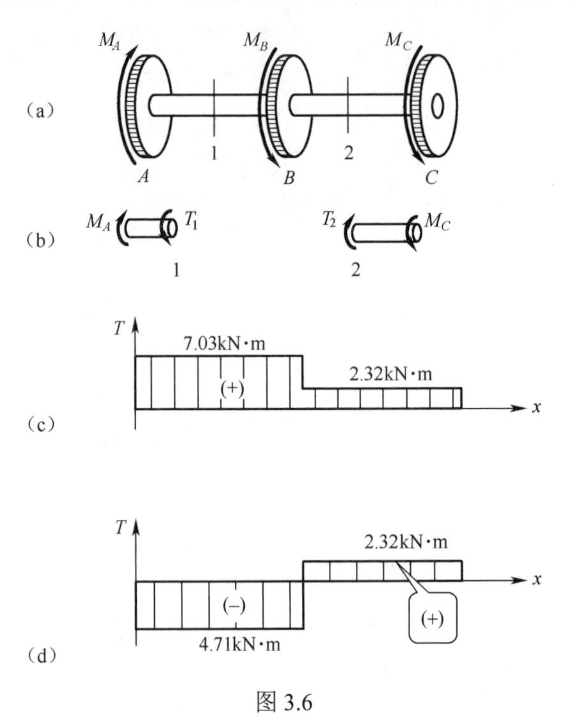

图 3.6

3.3 圆轴扭转横截面上的切应力

3.3.1 切应力互等定理

图 3.7（a）表示等厚度薄壁圆筒承受扭转。未受扭时在表面上用圆周线和纵向线画成方格。扭转试验结果表明，在小变形条件下，截面 *m-m* 和 *n-n* 发生相对转动，造成方格两边相对错动（图 3.7（b）），但方格沿轴线的长度及圆筒的半径长度均不变。这表明，圆筒横截面和包含轴线的纵向截面上都没有正应力，横截面上只有切应力，因圆筒很薄，可认为切应力沿厚度均匀分布（图 3.7（c））。

从薄壁圆筒中取微体，边长分别为 d*x*、d*y*、δ（图 3.7（d）），左、右侧面上有切应力，它们等值、反向，组成力偶，因微体是平衡的，故上、下侧面上必定存在方向相反的切应力组成力偶与左、右侧面切应力组成的力偶相平衡。根据平衡方程有

$$(\tau \text{d}y \cdot \delta) \cdot \text{d}x = (\tau' \text{d}x \cdot \delta) \cdot \text{d}y$$

$$\tau = \tau' \tag{a}$$

式（a）表示微体的两个正交面上如果有切应力的话，则切应力的数值相等，方向与两个正交面的交线垂直，共同指向或共同背离交线。这就是切应力互等定理。上面微体的四个侧面上只有切应力没有正应力，这种应力状态称为纯剪切。

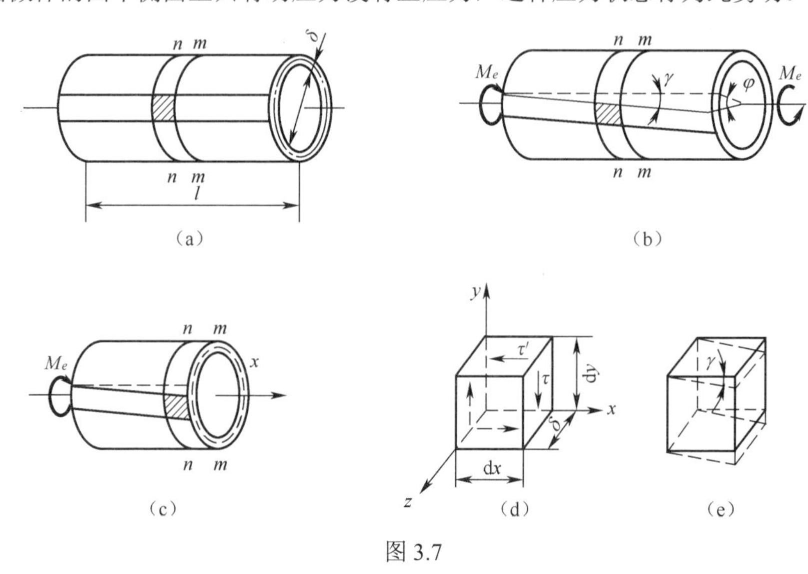

图 3.7

3.3.2 剪切胡克定律

发生纯剪切的微体由原来的正六面体变形成平行六面体（图 3.7（e））。原来互相正交的棱边由于变形发生了一个角度的改变，就是切应变γ（微体左右截面相互错动，两垂直棱边夹角为直角的改变量）。实验表明，对于线弹性的材料，当切应力τ不超过材料的剪切比例极限τ_ρ时，切应力τ与切应变γ成正比。即

$$\tau = G\gamma \tag{3.2}$$

式中，比例常数 G 称为剪切弹性模量，它与拉压弹性模量 E 一样是反映材料特性的弹性常数。上面的关系式称为剪切胡克定律。对于各向同性材料，拉压弹性模量 E、剪切弹性模量 G 和泊松比 μ 之间存在如下关系：

$$G = \frac{E}{2(1+\mu)} \tag{3.3}$$

3.3.3 圆轴扭转时横截面上的应力

求解横截面上的应力属于超静定问题，需要从三个方面进行分析。

1．变形几何关系

为了研究圆轴横截面上的应力情况，可进行圆轴扭转实验，实验前在圆轴表面画若干垂直于轴线的圆周线和平行于轴线的纵向线（图 3.8（a））。然后在轴的两端施加一对反向的外力偶 M_e，使圆轴发生扭转。当扭转变形较小时，可观察到各圆周线的形状、大小、间距保持不变，仅绕轴线做相对转动，纵向线倾斜了一

个相同的角度γ，仍保持直线。原来的矩形变形为平行四边形，端面的半径转过了角度 φ（图 3.8（b））。

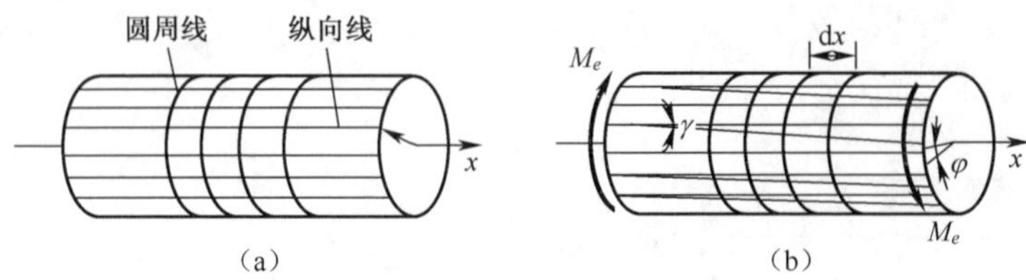

图 3.8

根据圆轴外部变形来推断其内部的变形，可认为平面假设依然成立：圆轴的横截面在变形后仍为平面，其大小和形状不变。由此导出横截面上沿半径方向无应力作用。又相邻横截面的间距不变，故横截面上无正应力。但由于相邻横截面发生绕轴线的相对转动，纵向线倾斜了同一角度γ，产生切应变，因此横截面上必然有垂直于半径方向的切应力存在。

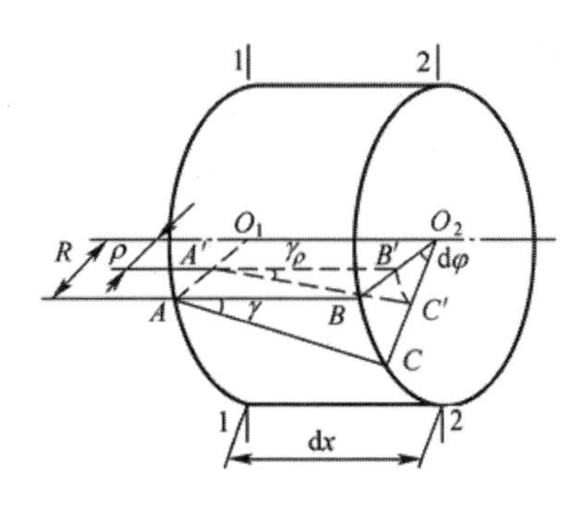

图 3.9

在圆轴上截取长为 dx 的微段（图 3.9），横截面 2-2 相对于 1-1 转过了一个角度 dφ，半径 O_2B 转至 O_2C 处。由于纵向线倾斜 γ 角度，即 A 点的切应变为γ，且 $\gamma=\tan\gamma=\dfrac{BC}{AB}=R\dfrac{\mathrm{d}\varphi}{\mathrm{d}x}$。同样可推得在距轴线为 ρ 的 A' 点处的切应变为

$$\gamma_\rho \approx \tan\gamma_\rho = \frac{\overset{\frown}{B'C'}}{\overline{A'B'}} = \rho\frac{\mathrm{d}\varphi}{\mathrm{d}x} \tag{3.4}$$

显然，切应变γ、γ_ρ均发生在垂直于半径 O_2B 的平面内，$\dfrac{\mathrm{d}\varphi}{\mathrm{d}x}$在同一截面上为一常数。式（3.4）表明，横截面上任一点的切应变γ_ρ与该点到轴线的距离 ρ 成正比。

2. 物理关系

将式（3.4）代入剪切胡克定律式（3.2），可得出图 3.10 中 A 点处的切应力为

$$\tau_\rho = G\gamma_\rho = G\rho\frac{\mathrm{d}\varphi}{\mathrm{d}x} \tag{3.5}$$

由此可见，圆截面上各点的切应力分布与该点到圆心的距离成正比，显然，截面上最大切应力位于圆截面的外边缘上，其大小为

$$\tau_{\max} = GR\frac{\mathrm{d}\varphi}{\mathrm{d}x} \tag{3.6}$$

因切应变发生在垂直于半径的平面内，切应力最大值的位置应与圆周边缘相切。

3. 静力学关系

在求出圆截面上的切应力分布后，现在来分析切应力与扭矩之间的关系，见

图 3.10。

在半径为 ρ 的圆周处取一个微面积 dA，上面作用微剪力 $\tau_\rho dA$，它对圆心 O 的微力矩是 $\rho\tau_\rho dA$，所有微力矩的和等于截面上的扭矩，即

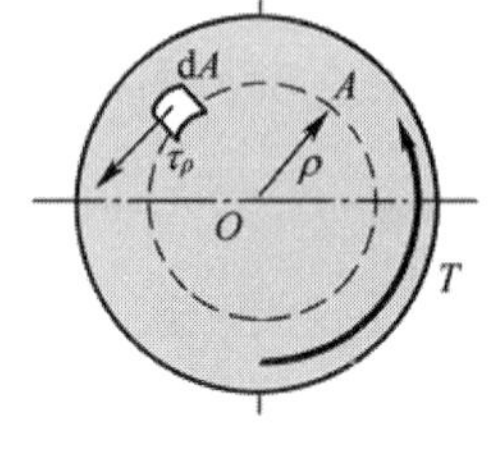

图 3.10

$$T=\int_A \rho\tau_\rho dA$$

将式（3.5）代入上式得

$$T=G\frac{d\varphi}{dx}\int_A \rho^2 dA$$

令上式中的积分为 I_p，即

$$I_p=\int_A \rho^2 dA \tag{3.7}$$

它仅与截面的大小和形状有关，称为极惯性矩，由此可以得到

$$\frac{d\varphi}{dx}=\frac{T}{GI_p} \tag{3.8}$$

把上式代入到式（3.5）中，就得到切应力计算公式为

$$\tau_\rho=\frac{T\rho}{I_p} \tag{3.9}$$

显然，横截面上的最大切应力为

$$\tau_{max}=\frac{TR}{I_p}=\frac{T}{\frac{I_p}{R}}$$

式中，$\frac{I_p}{R}$ 项也是一个仅与截面有关的量，称为抗扭截面系数，用 W_t 表示，即

$$W_t=\frac{I_p}{R} \tag{3.10}$$

所以，最大切应力计算公式又可以写成

$$\tau_{max}=\frac{T}{W_t} \tag{3.11}$$

式（3.9）和式（3.11）是圆形截面轴当 τ_{max} 不超过材料比例极限时横截面任一点和边缘点切应力计算公式，图 3.11 分别表示了实心圆截面轴和空心圆截面轴横截面上的切应力分布。

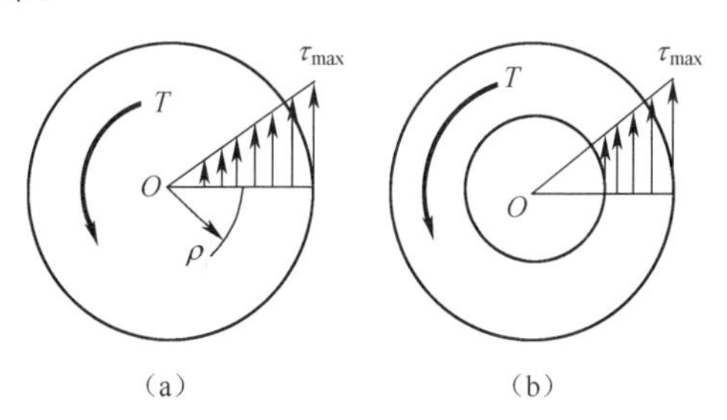

图 3.11

3.3.4 极惯性矩和抗扭截面系数的计算

用积分就可计算圆截面的极惯性矩和抗扭截面系数。一实心圆轴横截面如图 3.12 所示。

取微面积 $\mathrm{d}A=\rho\mathrm{d}\theta\mathrm{d}\rho$，代入到式（3.7）中，得到极惯性矩，即

$$I_p=\int_A\rho^2\mathrm{d}A=\int_0^{2\pi}\int_0^R\rho^3\mathrm{d}\theta\mathrm{d}\rho=\frac{\pi R^4}{2}=\frac{\pi D^4}{32} \tag{3.12}$$

把上式代入到式（3.10）中得到抗扭截面系数为

$$W_t=\frac{\pi R^3}{2}=\frac{\pi D^3}{16} \tag{3.13}$$

如果材料是空心圆截面，如图 3.13 所示。

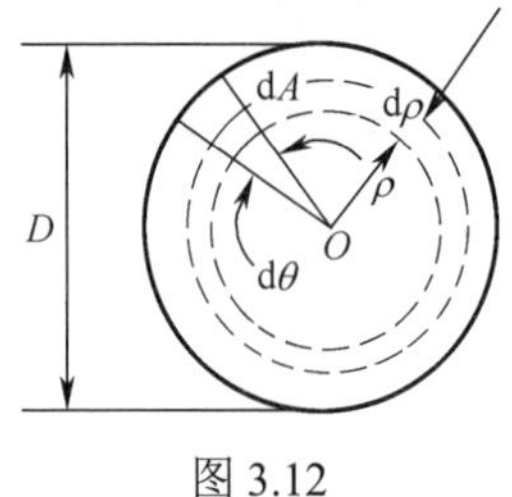

图 3.12

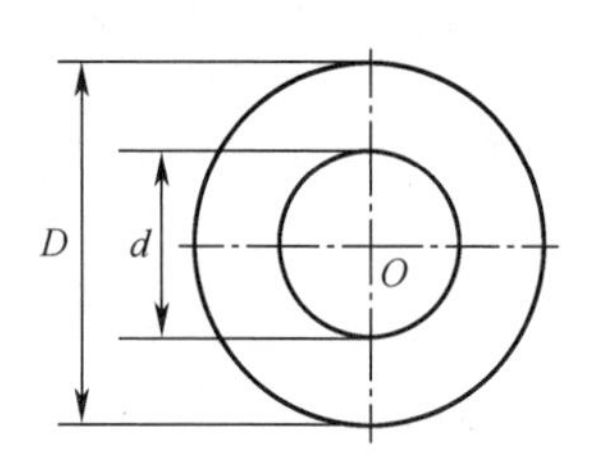

图 3.13

用以上相同的方法可以求出极惯性矩和抗扭截面系数，即

$$\begin{aligned}I_p&=\int_A\rho^2\mathrm{d}A=\int_0^{2\pi}\int_r^R\rho^3\mathrm{d}\theta\mathrm{d}\rho\\&=\frac{\pi R^4}{2}-\frac{\pi r^4}{2}=\frac{\pi R^4}{2}(1-\alpha^4)\\&=\frac{\pi D^4}{32}(1-\alpha^4)\end{aligned} \tag{3.14}$$

$$W_t=\frac{\pi R^3}{2}(1-\alpha^4)=\frac{\pi D^3}{16}(1-\alpha^4) \tag{3.15}$$

式中，α是内径与外径之比，即

$$\alpha=\frac{r}{R}=\frac{d}{D}$$

3.4 圆轴扭转的强度条件和强度计算

从扭转试验得到扭转的极限应力（材料失效时的切应力）τ_{u}，再考虑一定的强度安全储备，即将扭转极限应力除以一个安全因数 n（$n>1$），就得到扭转的许用切应力（材料安全工作时的最大切应力）为

$$[\tau]=\frac{\tau_{\mathrm{u}}}{n} \tag{3.16}$$

许用切应力是扭转的设计应力，即圆轴内的最大切应力不能超过许用切应力。

对于等截面圆轴，各个截面的抗扭截面系数相等，所以圆轴的最大切应力将发生在扭矩数值最大的截面上，强度条件就是

$$\tau_{max}=\frac{T_{max}}{W_t}\leqslant[\tau] \tag{3.17}$$

而对于变截面圆轴，则要综合考虑扭矩的数值和抗扭截面系数，所以强度条件是

$$\tau_{max}=\left|\frac{T}{W_t}\right|_{max}\leqslant[\tau] \tag{3.18}$$

例 3.2 驾驶盘杆采用圆轴（图 3.2 所示），转盘的直径$\phi=520\text{mm}$，加在其上的平行力$F=300\text{N}$，转向盘下面竖轴材料的许用切应力$[\tau]=60\text{MPa}$。求：

（1）当竖轴为实心轴时，设计轴的直径；

（2）采用空心轴，且$\alpha=0.8$，设计内外直径；

（3）比较实心轴和空心轴的重量比。

解：（1）内力计算：作用在驾驶盘上的外力偶与竖轴内的扭矩相等，有

$$T=M=F\phi=300\times0.52=156\ \text{N}\cdot\text{m}$$

设计实心竖轴的直径，有

$$\tau_{max}=\frac{T}{W_t}=\frac{16T}{\pi D_1^3}\leqslant[\tau]$$

$$D_1\geqslant\sqrt[3]{\frac{16T}{\pi[\tau]}}=\sqrt[3]{\frac{16\times156\times10^3}{\pi\times60}}=23.7\ \text{mm}$$

（2）设计空心竖轴的直径。

$$\tau_{max}=\frac{T}{W_t}=\frac{16T}{\pi D_2^3(1-\alpha^4)}\leqslant[\tau]$$

$$D_2\geqslant\sqrt[3]{\frac{16T}{\pi[\tau](1-\alpha^4)}}=\sqrt[3]{\frac{16\times156\times10^3}{\pi\times60\times(1-0.8^4)}}=28.2\ \text{mm}$$

$$d_2=\alpha\cdot D_2=0.8\times28.2=22.6\text{mm}$$

（3）实心轴与空心轴的重量之比：等于横截面面积之比。

$$\frac{G_1}{G_2}=\frac{\frac{1}{4}\pi D_1^2}{\frac{1}{4}\pi(D_2^2-d_2^2)}=\frac{D_1^2}{D_2^2(1-\alpha^2)}=\frac{23.7^2}{28.2^2\times(1-0.8^2)}=1.96$$

通过该实例可看出，在强度相等的条件下，实心轴的重量约是空心轴的 2 倍。所以在工程上，经常使用空心圆轴以提高其承载能力。

3.5 圆轴扭转的刚度条件和刚度计算

在等截面圆轴扭转时，由式（3.8）可以得到

$$\text{d}\varphi=\frac{T}{GI_p}\text{d}x$$

该式表示圆轴中相距 dx 的两个横截面之间的相对转角，所以，对其积分得到长为 l 的两个端截面之间的相对扭转角为

$$\varphi=\int_l \frac{T}{GI_p}\mathrm{d}x \tag{3.19}$$

若圆轴为同一种材料，且在 l 长度内扭矩 T 不变，则式（3.19）可以简化成

$$\varphi=\frac{Tl}{GI_p} \tag{3.20}$$

如果是阶梯形圆轴并且扭矩是分段常量，则式（3.20）的积分可以写成分段求和的形式，即圆轴两端面之间的相对扭转角是

$$\varphi=\sum_{i=1}^{n}\frac{T_i l_i}{GI_{pi}} \tag{3.21}$$

应用式（3.21）计算扭转角时要注意扭矩的符号。

在工程上，对于发生扭转变形的圆轴，除了考虑圆轴满足强度条件之外，还要控制扭转变形在允许的范围以内，这样才能满足工程机械的精度等工程要求。一般情况采用单位长度扭转角作为衡量扭转变形大小的程度，它不能超过规定的许用值，即要满足扭转变形的刚度条件

$$\theta=\frac{\varphi}{l}=\frac{T}{GI_p} \tag{3.22}$$

对于扭矩是常量的等截面圆轴，单位长度扭转角的最大值一定发生在扭矩最大的截面处，所以刚度条件可以写成

$$\theta_{\max}=\frac{T_{\max}}{GI_p}\leqslant[\theta] \tag{3.23}$$

式（3.23）中，单位长度扭转角的单位是 rad/m。如果使用单位 °/m，则式（3.23）可以写成

$$\theta_{\max}=\frac{T_{\max}}{GI_p}\times\frac{180}{\pi}\leqslant[\theta] \tag{3.24}$$

对于扭矩是分段常量的阶梯形截面圆轴，其刚度条件是

$$\theta_{\max}=\left|\frac{T}{GI_p}\right|_{\max}\leqslant[\theta] \tag{3.25}$$

或者写成

$$\theta_{\max}=\left|\frac{T}{GI_p}\right|_{\max}\times\frac{180}{\pi}\leqslant[\theta] \tag{3.26}$$

例 3.3 某机器的传动轴如图 3.14 所示，传动轴的转速 $n=300$rad/min，主动轮输入功率 $P_1=367$kW，三个从动轮的输出功率分别是：$P_2=P_3=110$kW，$P_4=147$kW。已知$[\tau]=40$MPa，$[\theta]=0.3$°/m，$G=80$GPa，试设计轴的直径。

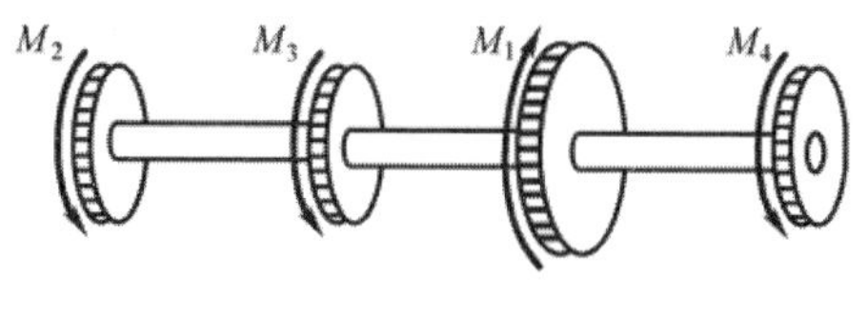

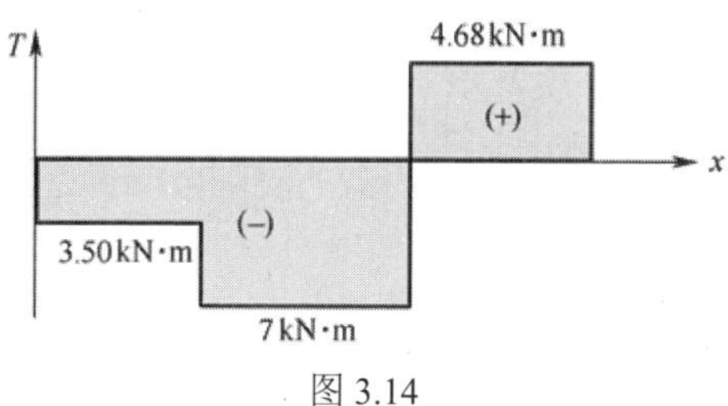

图 3.14

解：（1）外力偶矩的计算。根据轴的转速和输入与输出功率计算外力偶矩，有

$$M_1 = 9549\frac{P_1}{n} = 9549 \times \frac{367}{300} = 11.68\text{kN}\cdot\text{m}$$

$$M_2 = M_3 = 9549\frac{P_2}{n} = 9549 \times \frac{110}{300} = 3.50\text{kN}\cdot\text{m}$$

$$M_4 = 9549\frac{P_4}{n} = 9549 \times \frac{147}{300} = 4.68\text{kN}\cdot\text{m}$$

（2）画扭矩图。从扭矩图得到传动轴内的最大的扭矩值是

$$T_{\max} = 7\text{kN}\cdot\text{m}$$

（3）由扭转强度条件来确定轴的直径。

$$\tau_{\max} = \frac{T_{\max}}{W_t} = \frac{16T_{\max}}{\pi d^3} \leqslant [\tau]$$

$$d \geqslant \sqrt[3]{\frac{16T_{\max}}{\pi[\tau]}} = \sqrt[3]{\frac{16 \times 7 \times 10^6}{\pi \times 40}} = 96\text{mm}$$

（4）由扭转的刚度条件来确定轴的直径。

$$\theta_{\max} = \frac{T_{\max}}{GI_p} \times \frac{180}{\pi} = \frac{32T_{\max}}{G\pi d^4} \times \frac{180}{\pi} \leqslant [\theta]$$

$$d \geqslant \sqrt[4]{\frac{32T_{\max}}{G\pi[\theta]} \times \frac{180}{\pi}} = \sqrt[4]{\frac{32 \times 7 \times 10^6}{80 \times 10^3 \times \pi \times 0.3} \times \frac{180}{\pi}} = 20.31\text{mm}$$

（5）要同时满足强度和刚度条件，应选择上面二者中较大的，即 $d = 96\text{mm}$。

3.6 非圆截面杆扭转简述

前面讨论圆轴扭转变形时，圆轴的横截面保持为平面。如果扭转变形轴的横截面不是圆，则在发生扭转变形时，横截面就不再保持为平面。

图 3.15（a）是一根矩形截面杆，侧面上画着横向线和纵向线，横向线代表横

截面。当发生扭转变形时，如图 3.15（b）所示，可以发现横向线变成了曲线，这说明横截面已不再是平面了，发生了所谓的翘曲变形，这时横截面上的切应力计算和杆件的扭转变形计算就不能使用前面的公式。非圆截面杆件的扭转一般在弹性力学中讨论，这里只简单介绍矩形截面杆的自由扭转问题。

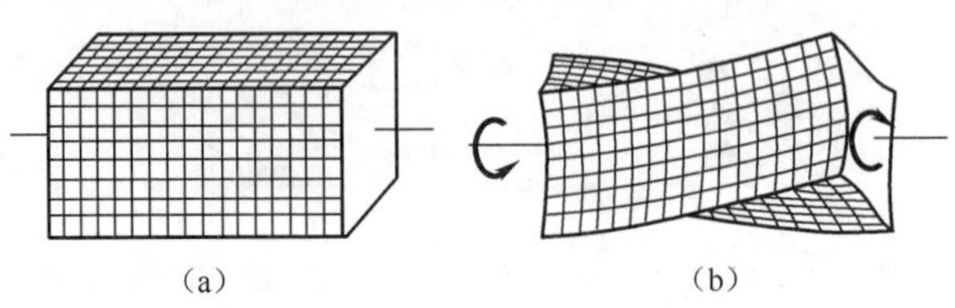

图 3.15

对于两端自由的矩形杆来说，截面的翘曲不受限制，相邻截面的翘曲程度相同，它们的间距和纵向直线的长度没有发生变化，因此横截面上没有正应力，只有切应力，这种扭转情况称为自由扭转。

根据自由表面上无切应力的事实及切应力互等定理可以得知下面结论：

（1）横截面周边上各点处的切应力的方向一定与周边相切；

（2）横截面上棱角处必定无切应力。

结论显而易见，如图 3.16 所示，如果横截面周边上某点 A 处的切应力其方向不与周边相切，则必有与周边垂直的分量，而这是与自由表面上不应有与它互等的切应力相矛盾的。同理，如果矩形截面杆受扭时横截面上棱角处存在切应力，则它的两个沿周边的分量 τ_1、τ_2 将与在自由表面的切应力形成互等关系。实际上这是不存在的。

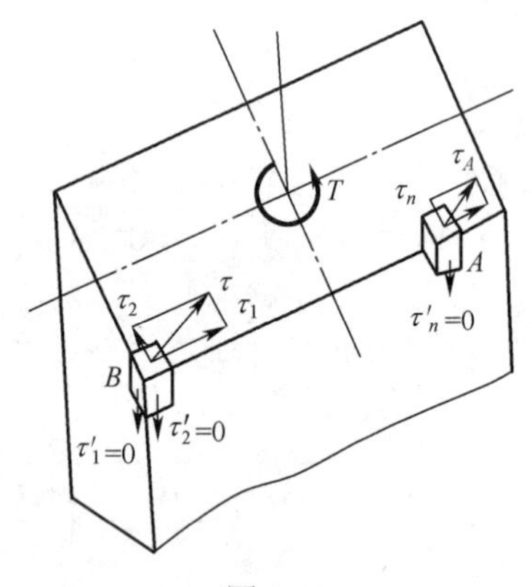

图 3.16

根据弹性力学的分析结果，矩形截面杆受自由扭转时横截面上的切应力分布规律如图 3.17 所示，边缘处各点切应力方向与周边相切，四个角处的切应力为0，最大切应力发生在长边中点，其数值为

$$\tau_{\max} = \frac{T}{\alpha h b^2} \tag{3.27}$$

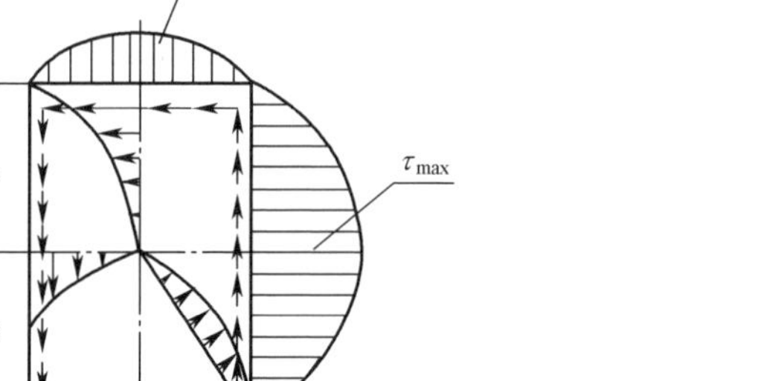

图 3.17

短边中点处的切应力为

$$\tau' = \nu\tau_{\max} \tag{3.28}$$

扭转角为

$$\varphi = \frac{Tl}{G\beta hb^3} \tag{3.29}$$

式（3.27）至式（3.29）中的因数 α、β、ν 是和矩形截面 $\frac{h}{b}$ 有关的常数，其值列于表 3.1。

表 3.1　矩形截面杆自由扭转时的因数 α、β、ν

$m=h/b$	1.0	1.2	1.5	2.0	2.5	3.0	4.0	6.0	8.0	10.0	∞
α	0.208	0.219	0.231	0.246	0.258	0.267	0.282	0.299	0.307	0.313	0.333
β	0.141	0.166	0.196	0.229	0.249	0.263	0.281	0.299	0.307	0.313	0.333
ν	1.000	0.93	0.858	0.796	0.767	0.753	0.745	0.743	0.743	0.743	0.743

注：这里的 ν 并非泊松比。

从表 3.1 所列数据可知，$\frac{h}{b}>10$ 时，$\alpha=\beta\approx\frac{1}{3}$，这种矩形截面称为狭长矩形截面，它的最大剪应力和扭转角分别为

$$\tau_{\max} = \frac{T}{\frac{1}{3}hb^2} \tag{3.30}$$

$$\varphi = \frac{Tl}{\frac{1}{3}Ghb^3} \tag{3.31}$$

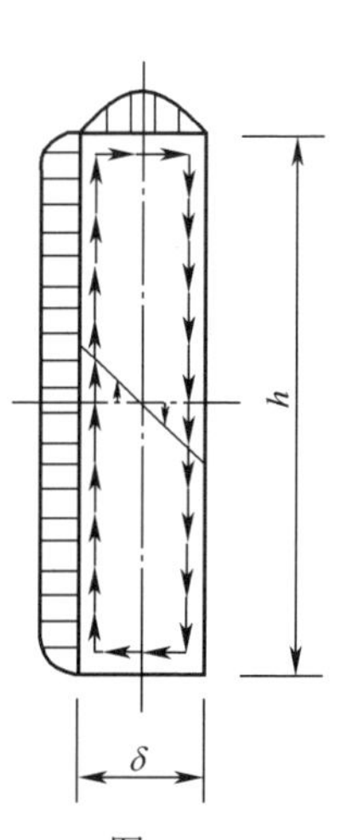

图 3.18

狭长矩形截面上扭转切应力的分布情况如图 3.18 所示，长边上各点处的切应力，除棱角附近以外，在其他处均匀分布。工程中实际的非圆截面杆扭转时，往往因约束

条件和受力条件的限制，其截面不能自由翘曲，于是在横截面上除了切应力外还将产生正应力，这种扭转情况称为约束扭转。计算表明，对于截面为矩形的实体杆件，扭转时产生的正应力值很小，可以不计，但对于薄壁杆件来说（如工字钢、槽钢等），横截面产生的正应力往往是比较大的，应当引起充分重视。

习题 3

3.1 试求题 3.1 图示各轴的扭矩，绘制扭矩图并求最大扭矩值。

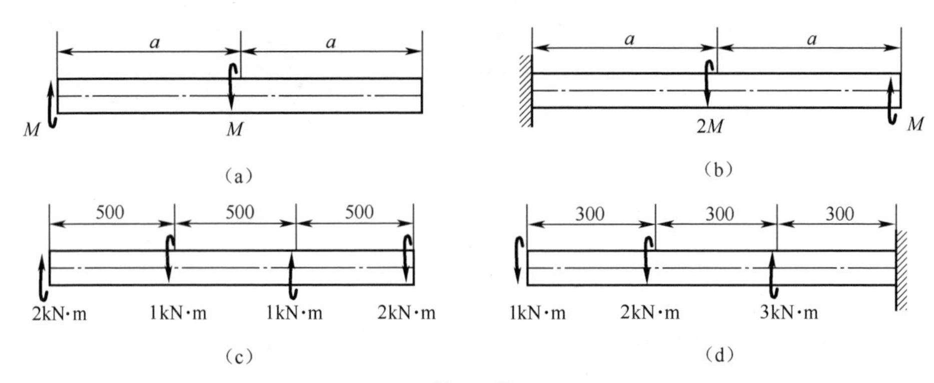

题 3.1 图

3.2 某传动轴如题 3.2 图所示，转速为 $n=300$r/min（转/分），轮 1 为主动轮，输入的功率 $P_1=50$kW，轮 2、轮 3 与轮 4 为从动轮，输出功率分别为 $P_2=10$kW，$P_3=P_4=20$kW。

（1）试画出轴的扭矩图，并求轴的最大扭矩。

（2）若将轮 1 与轮 3 的位置对调，轴的最大扭矩变为何值，对轴的受力是否有利。

3.3 题 3.3 图示空心圆截面轴，外径 $D=40$mm，内径 $d=20$mm，扭矩 $T=1$kN·m，试计算 A 点处（$\rho_A=15$mm）的扭转切应力 τ_A，以及横截面上的最大与最小扭转切应力。

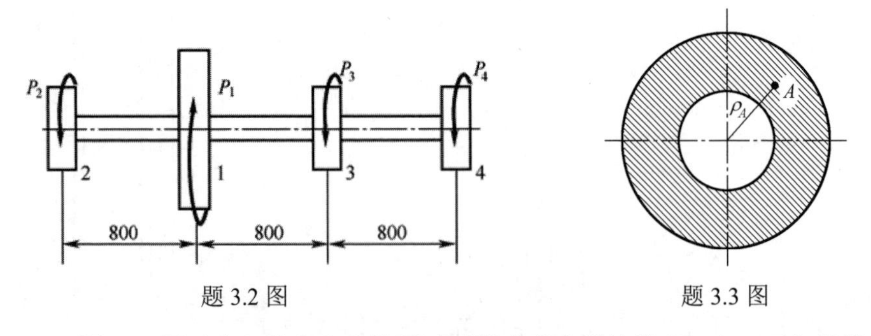

题 3.2 图　　　　题 3.3 图

3.4 题 3.4 图示实心轴和空心轴通过牙嵌式离合器连接在一起。已知轴的转速 $n=100$r/min，传递的功率 $P=7.5$kW，材料的许用切应力 $[\tau]=40$MPa，试选择实心轴的直径 D_1 和内外径比值为 0.5 的空心圆轴外径 D_2。

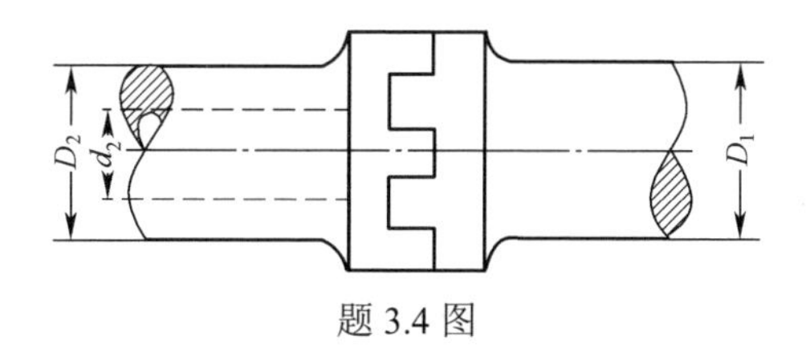

题 3.4 图

3.5　题 3.5 图示圆截面轴，AB 与 BC 段的直径分别为 d_1 与 d_2，且 $d_1=4d_2/3$，试求轴内的最大切应力与截面 C 的转角，并画出轴表面母线的位移情况（材料的切变模量为 G）。

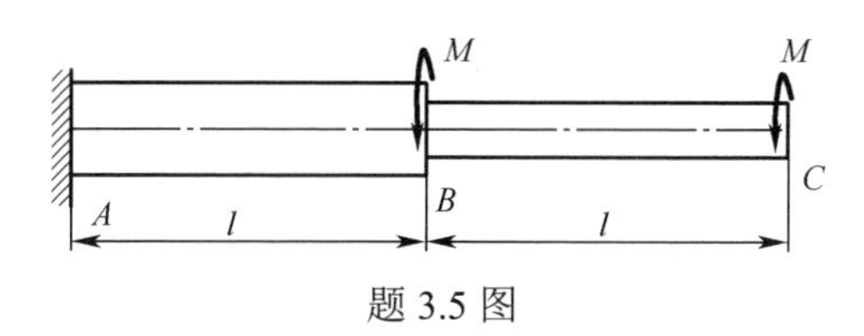

题 3.5 图

3.6　由无缝钢管制成的汽车传动轴，外径 $D=90\text{mm}$，壁厚 $t=2.5\text{mm}$，材料的许用切应力$[\tau]=60\text{MPa}$，工作时的最大扭矩为 $T=1.5\text{kN}\cdot\text{m}$。

（1）试校核该轴的强度。

（2）若改用相同材料的实心轴，并要求它和原来的传动轴的强度相同，试计算其直径 D_1。

（3）比较上述空心轴和实心轴的重量。

3.7　题 3.7 图示绞车由两人操作，若每人加在手柄上的力 $F=200\text{N}$，已知 AB 轴的许用切应力$[\tau]=40\text{MPa}$，试按照强度条件设计轴的直径，并确定绞车的最大起重量 W。

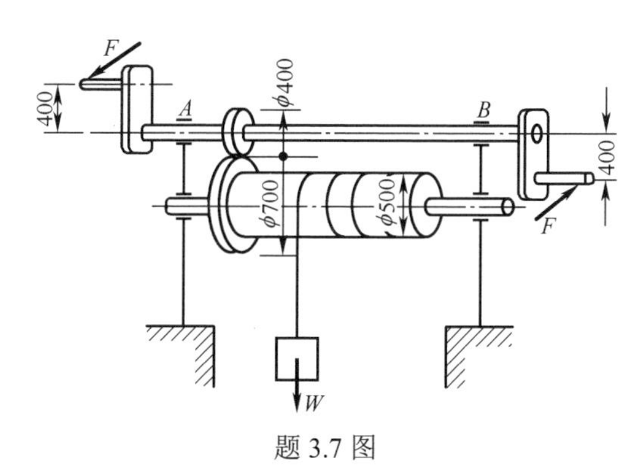

题 3.7 图

3.8　测量扭转角装置如题 3.8 图所示，已知 $L=100\text{mm}$，$d=10\text{mm}$，$h=100\text{mm}$，当外力偶矩增量 $\Delta M_e=2\text{N}\cdot\text{m}$ 时，百分度的读数增量为 25 分度（1 分度$=0.01\text{mm}$）。试计算材料的切变模量 G。

3.9　有一外径为 $D=100\text{mm}$、内径为 $d=80\text{mm}$ 的空心圆轴，如题 3.9 图所示，它与一直径为 $d=80\text{mm}$ 的实心圆轴用键相连接，这根轴在 A 处由电动机带动，输

入功率 $P_1=150\text{kW}$；在 B、C 处分别输出功率 $P_2=75\text{kW}$，$P_3=75\text{kW}$。已知轴的转速为 $n=300\text{r/min}$，许用切应力$[\tau]=40\text{MPa}$；键的尺寸为 10mm×10mm×30mm，键的许用应力$[\tau]=100\text{MPa}$，$[\sigma_{bs}]=280\text{MPa}$。试校核轴和键的强度。

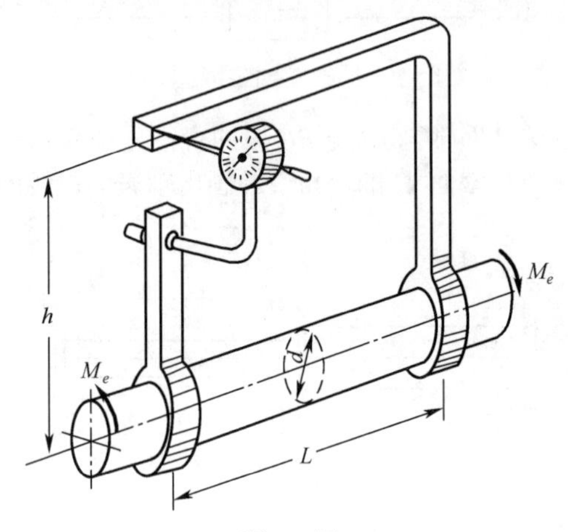

题 3.8 图

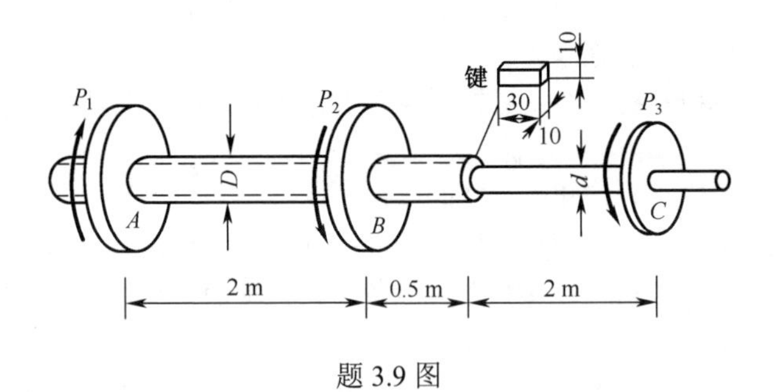

题 3.9 图

3.10　桥式起重机传动轴如题 3.10 图所示，若传动轴内扭矩为 $T=1.08\text{kN·m}$，材料的许用切应力为$[\tau]=40\text{MPa}$，$G=80\text{GPa}$，同时规定$[\theta]=0.5°/\text{m}$，试设计轴的直径。

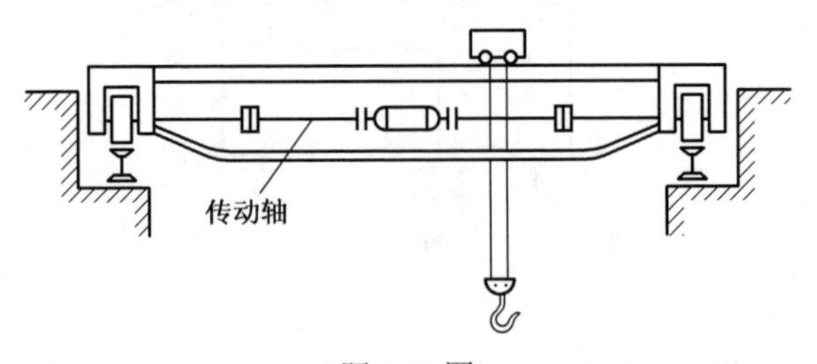

题 3.10 图

3.11　如题 3.11 图所示传动轴的转速为 $n=500\text{r/min}$，轮 A 输入功率 $P_1=368\text{kW}$，轮 B、轮 C 分别输出功率 $P_2=147\text{kW}$，$P_3=221\text{kW}$。若$[\tau]=70\text{MPa}$，$G=80\text{GPa}$，$[\theta]=1°/\text{m}$。

（1）试确定 AB 段的直径 d_1 和 BC 段的直径 d_2。

（2）若 AB 段和 BC 两段选用同一直径，试确定直径 d。

（3）主动轮和从动轮应如何布置才比较合理？

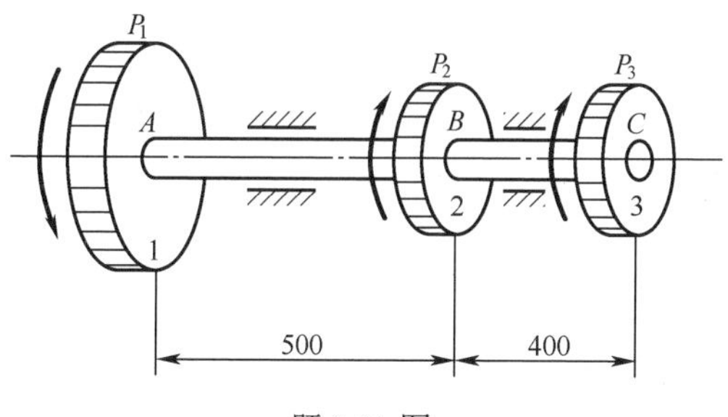

题 3.11 图

3.12　题 3.12 图示阶梯轴 ABC，其 BC 段为实心轴，直径 $d=100\text{mm}$，AB 段 AE 部分为空心轴，外径 $D=141\text{mm}$，内径 $d=100\text{mm}$，轴上装有三个皮带轮。已知作用在皮带轮上的外力偶的力偶矩 $M_{eA}=18\text{kN}\cdot\text{m}$，$M_{eB}=32\text{kN}\cdot\text{m}$，$M_{eC}=14\text{kN}\cdot\text{m}$，材料的切变模量 $G=80\text{GPa}$，许用切应力 $[\tau]=80\text{MPa}$，单位长度许用扭转角 $[\theta]=1.2°/\text{m}$，试校核轴的强度和刚度。

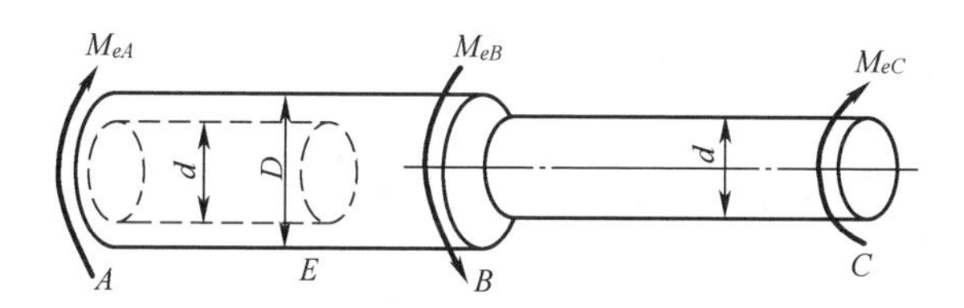

题 3.12 图

第 4 章

弯曲内力

4.1 弯曲的概念

工程上经常遇到这样一类直杆，它们所承受的外力是垂直于杆轴线的横向力或位于杆轴平面内的外力偶。在这些外力及外力偶的作用下，杆的轴线将由原来的直线变形为曲线。这种形式的变形称为弯曲变形，以弯曲变形为主的杆件习惯上称为梁。

如桥式起重机大梁（图 4.1（a））、火车轮轴（图 4.1（b））都是以弯曲为主要变形的杆件。

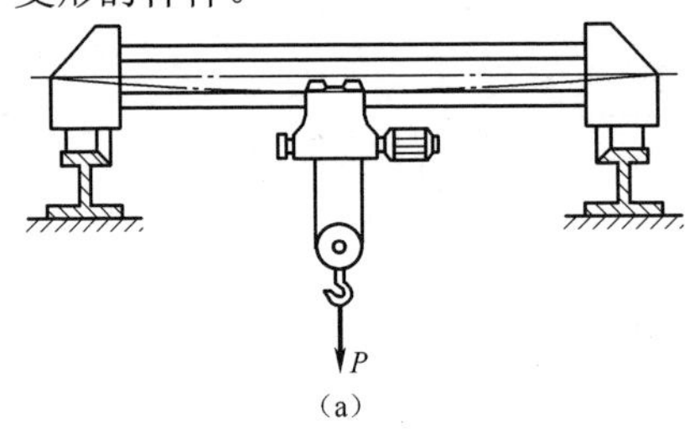

（a）

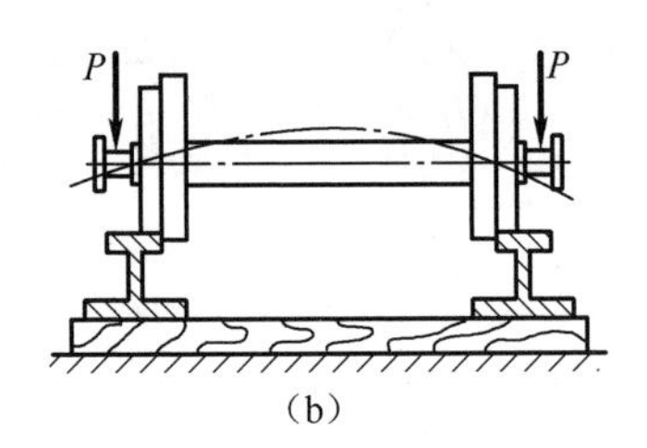

（b）

图 4.1

工程中常见的梁，大部分横截面都有一根对称轴，因而整个杆件有一个包含轴线的纵向对称面。上面提到的桥式起重机大梁和火车轮轴都属于这种情况。若梁上所有的横向力及力偶均作用在包含该对称轴的纵向对称面内，则弯曲变形后的轴线必定是在该纵向对称面内的平面曲线，这种弯曲形式称为对称弯曲，亦称为平面弯曲，如图 4.2 所示。若梁不具有纵向对称面，或虽具有纵向对称面但横向力或力偶不作用在纵向对称面内，这种弯曲称为非对称弯曲。对称弯曲是弯曲问题中最常见的情况。本章只讨论梁在平面弯曲时的内力计算。

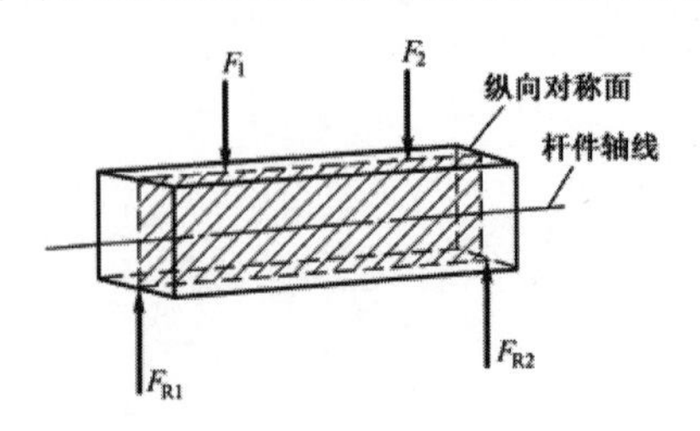

图 4.2

4.2 受弯杆件的简化

梁的支座和载荷有各种情况，必须做一些简化才能得到计算简图。

在几何结构方面，一般以梁的轴线来代替梁，忽略构造上的枝节，如键槽、销孔、阶梯等。载荷按作用方式可以简化成三类：集中力、分布载荷和集中力偶。把支承简化为最接近的约束，约束主要有三种基本形式：滚动铰支座、固定铰支座和固定端。经过上面的简化，静定梁有以下三种基本形式：

（1）简支梁：一端为固定铰支座，而另一端为滚动铰支座的梁，如图4.3（a）所示。

（2）悬臂梁：一端为固定端，另一端为自由端的梁，如图4.3（b）所示。

（3）外伸梁：简支梁的一端或两端伸出支座之外的梁，如图4.3（c）所示。

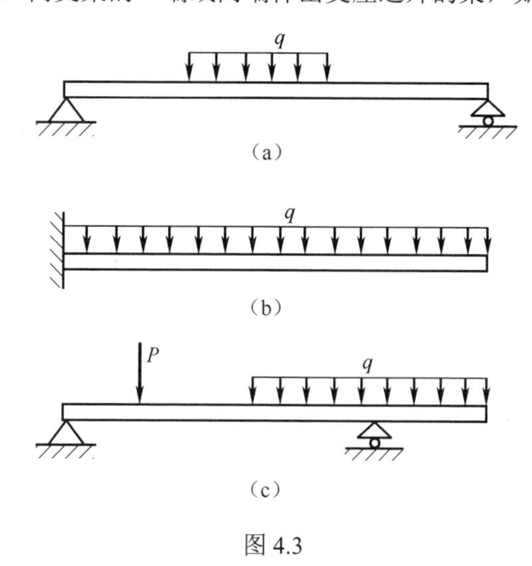

图 4.3

4.3 剪力和弯矩

为建立梁的强度和刚度条件，应先确定梁在外力作用下任一横截面上的内力。根据平衡方程，可求得静定梁在载荷作用下的支座反力，于是作用在梁上的外力均为已知量，进一步利用截面法就可以求得某个截面上的内力。

如图4.4（a）所示的简支梁，其 A、B 两端的支座反力分别为 F_{RA}、F_{RB}，可由梁的静力平衡方程求得。用假想截面将梁分为两部分，并以截面以左部分为研究对象（图4.4（b））。由于梁的整体处于平衡状态，因此从中取出的各个部分也应处于平衡状态。据此，截面 $I\text{-}I$ 上将产生内力，这些内力将与外力 P_1、F_{RA} 在梁的左段构成平衡力系。由平衡方程 $\sum F_y = 0$，得

$$F_{RA} - P_1 - F_S = 0$$

$$F_S = F_{RA} - P_1 \tag{a}$$

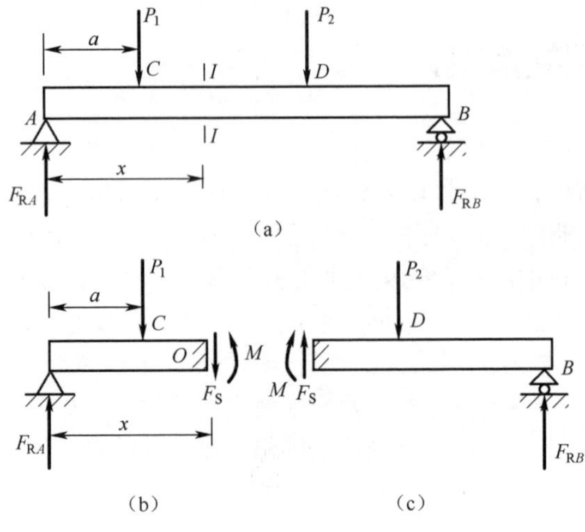

图 4.4

F_S 是与横截面相切的内力，称为横截面 *I-I* 上的剪力，它是与横截面相切的分布内力系的合力。

根据平衡条件，若把左段上的所有外力和内力对截面 *I-I* 的形心 *O* 取矩，其力矩总和应为零，即 $\sum M_O = 0$ ，则

$$M + P_1(x-a) - F_{RA}x = 0$$

$$M = F_{RA}x - P_1(x-a) \qquad \text{(b)}$$

内力偶矩 *M* 称为横截面 *I-I* 上的弯矩，它是与横截面垂直的分布内力系的合力偶矩。

剪力和弯矩均为梁横截面上的内力，实际上是右段梁对左段梁的作用，根据作用与反作用原理，右段梁在同一横截面上必有数值上分别与（a）、（b）相等，而指向和转向相反的剪力和弯矩。

为使左右两段梁上算得的同一横截面上的剪力和弯矩在正负号上也相同，结合变形情况，对剪力、弯矩的正负号做如下规定：使梁产生顺时针转动的剪力规定为正，反之为负，如图 4.5（a）所示；使梁的下部产生拉伸而上部产生压缩的弯矩规定为正，反之为负，如图 4.5（b）所示。

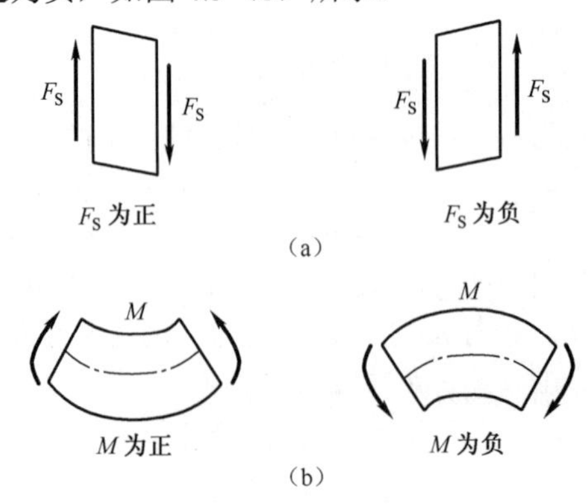

图 4.5

例 4.1 求图 4.6 所示简支梁 1-1 与 2-2 截面的剪力和弯矩。

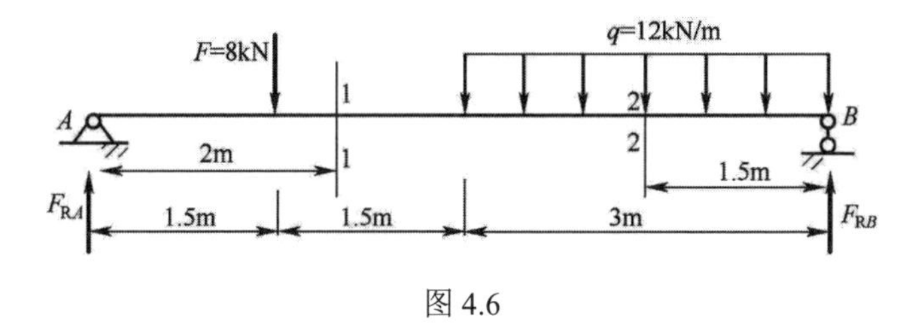

图 4.6

解： 1）求支座约束力。

$$\sum M_B = 0,\ \ F_{RA} \times 6 - F \times 4.5 - q \times 3 \times 1.5 = 0,\ \ F_{RA} = 15\text{kN}$$

$$\sum F_y = 0,\ \ F_{RA} + F_{RB} - F - q \times 3 = 0,\ \ F_{RB} = 29\text{kN}$$

2）计算 1-1 截面的内力。

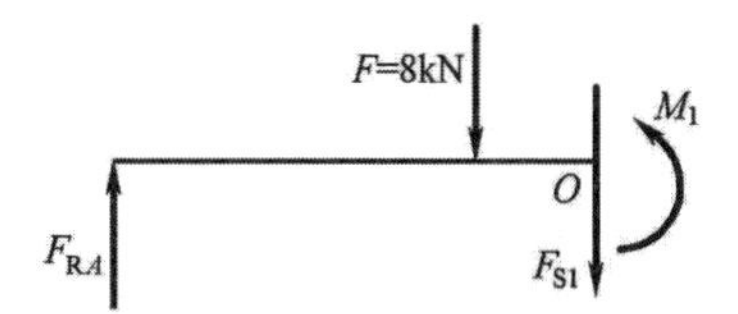

$$\sum F_y = 0,\ F_{RA} - F - F_{S1} = 0,\ \ F_{S1} = F_{RA} - F = 7\ \text{kN}$$

$$\sum M_O = 0,\ M_1 - F_{RA} \times 2 + F \times (2 - 1.5) = 0,\ \ M_1 = F_{RA} \times 2 - F \times (2 - 1.5) = 26\text{kN·m}$$

3）计算 2-2 截面的内力。

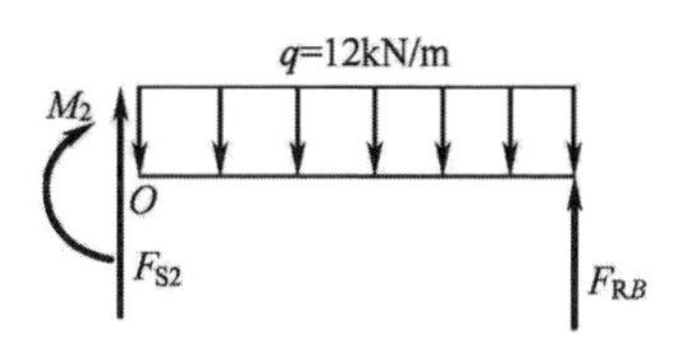

$$\sum F_y = 0,\ F_{S2} - q \times 1.5 + F_{RB} = 0,\ \ F_{S2} = q \times 1.5 - F_{RB} = -11\text{kN}$$

$$\sum M_O = 0,\ F_{RB} \times 1.5 - \frac{q}{2} \times (1.5)^2 - M_2 = 0,\ M_2 = F_{RB} \times 1.5 - \frac{q}{2} \times (1.5)^2 = 30\ \text{kN·m}$$

为简化计算，梁某一横截面上的剪力和弯矩可直接用横截面任意一侧梁上的外力进行计算，即：

（1）横截面上的剪力在数值上等于截面左侧（或右侧）梁段上横向力的代数和。在左侧梁段上向上（或右侧梁段上向下）的横向力将引起正值剪力，反之，则引起负值剪力。

（2）横截面上的弯矩在数值上等于截面的左侧（或右侧）梁段上的外力对该截面形心的力矩代数和。对于截面左侧梁段，外力对截面形心的力矩为顺时针转向的引起正值弯矩，逆时针转向的引起负值弯矩；而截面右侧梁段则相反。

4.4 剪力方程和弯矩方程、剪力图和弯矩图

一般情况下，梁横截面上的剪力和弯矩随截面位置不同而变化，将剪力和弯矩沿梁轴线的变化情况用图形表示出来，这种图形分别称为剪力图和弯矩图。若以横坐标 x 表示横截面在梁轴线上的位置，则各横截面上的剪力和弯矩可以表示为 x 的函数，即

$$F_S = F_S(x)$$
$$M = M(x)$$

上述函数表达式称为梁的剪力方程和弯矩方程。根据剪力方程和弯矩方程即可画出剪力图和弯矩图。画剪力图和弯矩图时，一般取梁的左端作为 x 坐标的原点，根据载荷情况分段列出 $F_S(x)$ 和 $M(x)$ 方程。然后将正值的剪力画在 x 轴的上侧，而正值的弯矩则画在梁的受拉侧，亦即画在 x 轴的下侧，由截面法和平衡条件可知，在集中力、集中力偶和分布载荷的起止点处，剪力方程和弯矩方程可能发生变化，所以这些点均为剪力方程和弯矩方程的分段点。求出分段点处横截面上剪力和弯矩的数值（包括正负号），并将这些数值标在坐标中相应截面位置处。分段点之间的图形可根据剪力方程和弯矩方程绘出。下面用例题说明剪力方程和弯矩方程的建立以及绘制剪力图和弯矩图的方法。

例 4.2 图 4.7（a）所示悬臂梁 AB，承受向下的均布载荷 q 作用，试建立梁的剪力方程和弯矩方程，并画剪力图和弯矩图。

解：（1）列剪力方程和弯矩方程。

选 A 为原点，并用坐标 x 表示横截面的位置，用截面法切取的左段为研究对象（图 4.7（b））。在截面上分别按正向假定剪力 $F_S(x)$ 和弯矩 $M(x)$，根据左段的平衡条件，得梁的剪力方程和弯矩方程分别为

$$F_S(x) = -qx \quad (0 \leqslant x < l) \tag{a}$$

$$M(x) = -\frac{1}{2}qx^2 \quad (0 \leqslant x < l) \tag{b}$$

（2）画剪力图和弯矩图。

式（a）表示 $F_S(x)$ 是 x 的一次函数式，且 $F_S(0) = 0$，$F_S(l) = -ql$。由此画出梁的剪力图如图 4.7（c）所示。

式（b）表示 $M(x)$ 是 x 的二次函数，弯矩图为二次抛物线，最少需要确定图形上的 3 个点，方能画出这条曲线。例如：

$$x = 0,\ M(0) = 0;\ x = \frac{l}{2},\ M\left(\frac{l}{2}\right) = -\frac{1}{8}ql^2;\ x = l,\ M(l) = -\frac{1}{2}ql^2$$

最后画出弯矩图如图 4.7（d）所示。

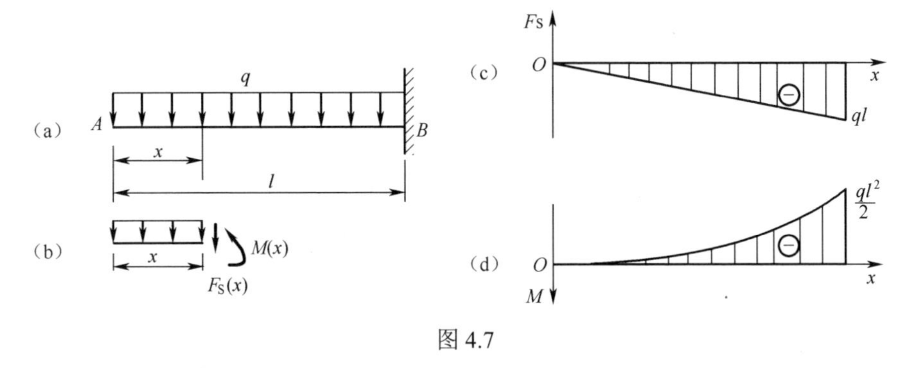

图 4.7

例 4.3 外伸梁受力如图 4.8（a）所示。试列出该梁的剪力方程与弯矩方程，并画出剪力图和弯矩图。

解：（1）求支座约束力。

以整个梁为研究对象，列平衡方程有

$$\sum M_A = 0\text{，}\quad F_{RB} = \frac{13}{6}qa$$

$$\sum F_y = 0\text{，}\quad F_{RA} = \frac{5}{6}qa$$

（2）建立剪力方程与弯矩方程。

在 AC 段取 x_1 坐标如图 4.8（b）所示，取左半部分为研究对象，并按正向假定剪力 $F_S(x_1)$ 和弯矩 $M(x_1)$，由该部分平衡条件得

$$F_S(x_1) = F_{RA} = \frac{5}{6}qa \quad (0 < x_1 \leqslant a)$$

$$M(x_1) = F_{RA}x_1 = \frac{5}{6}qax_1 \quad (0 \leqslant x_1 < a)$$

在 CB 段取 x_2 坐标如图 4.8（c）所示，同样取左半部分为研究对象，由该部分平衡条件可求得

$$F_S(x_2) = \frac{5}{6}qa - q(x_2 - a) \quad (a \leqslant x_2 < 3a)$$

$$M(x_2) = -qa^2 + \frac{5}{6}qax_2 - \frac{1}{2}q(x_2 - a)^2 \quad (a < x_2 \leqslant 3a)$$

在 BD 段取 x_3 坐标如图 4.8（d）所示，取右半部分作为研究对象，由该部分的平衡条件可求得

$$F_S(x_3) = q(4a - x_3) \quad (3a < x_3 \leqslant 4a)$$

$$M(x_3) = -\frac{1}{2}q(4a - x_3)^2 \quad (3a \leqslant x_3 \leqslant 4a)$$

（3）画剪力图和弯矩图。

依据剪力方程和弯矩方程，分段画出剪力图和弯矩图如图 4.8（e）、（f）所示。由图 4.8 中看出，沿全梁的长度最大剪力 $F_{S\max} = \frac{7}{6}qa$，最大弯矩 $M_{\max} = \frac{5}{6}qa^2$，

其值均为绝对值。另外，由图 4.8 中还可看出，在集中力作用截面的两侧，剪力值有突变，变化的数值等于集中力；在集中力偶作用截面的两侧，弯矩有突变，变化的数值就等于集中力偶之矩的数值。

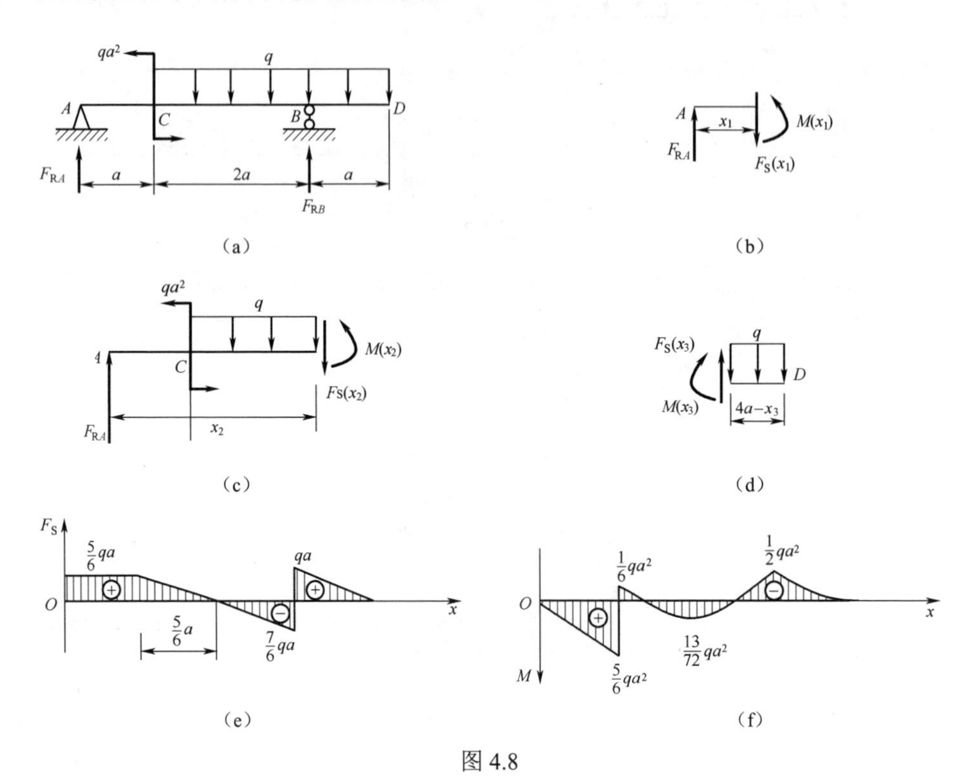

图 4.8

应该指出，土木工程中习惯于将梁的弯矩图画在梁受拉的一侧，即正的弯矩画在横坐标轴的下侧，而机械工程中通常将梁的弯矩图画在梁受压的一侧，即正的弯矩画在横坐标轴的上侧。两种表示方法表示的弯矩大小是相同的，并无本质的区别。

某些机器的机身或机架的轴线，是由在同一平面内、不同取向的杆件，通过杆端相互刚性连接而组成的，如液压机机身、钻床床架、轧钢机机架等，这种框架结构称为平面刚架。平面刚架各杆横截面上的内力分量通常有轴力、剪力和弯矩。轴力和剪力图可画在刚架轴线的任一侧，但应注明正负号，剪力和轴力符号的规定与前面章节一致；弯矩图统一画在各杆的受拉一侧，不需注明正负号。

下面以例题说明平面刚架弯矩图的绘制方法。

例 4.4 作图 4.9（a）所示刚架的弯矩图。

解： 从自由端取分离体作为研究对象写各段的弯矩方程，可不求固定端 A 处的约束力。

CB 段： $M(x)=-\dfrac{qx^2}{2}$ $(0\leqslant x\leqslant 2a)$（外侧受拉）

BD 段： $M(y)=-2qa^2$ $(0\leqslant y_1\leqslant a)$（外侧受拉）

DA 段：

$$M(y) = -2qa^2 - 2qa(y_2 - a) \quad （外侧受拉）$$
$$= -2qay_2 \quad (a \leqslant y_2 < 3a)$$

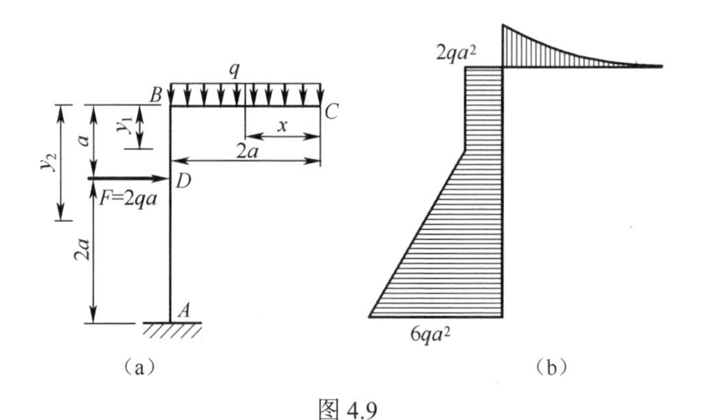

图 4.9

4.5 载荷集度、剪力和弯矩间的关系

考察图 4.10（a）所示承受任意载荷的梁，以梁的左端为坐标原点，选取坐标系如图中所示。规定分布载荷 $q(x)$ 向上（与 y 轴方向一致）为正。从梁上受分布载荷的段内截取 dx 微段，其受力如图 4.10（b）所示。作用在微段上的分布载荷可以认为是均布的。微段两侧截面上的内力均为正。若 x 截面上的内力为 $F_S(x)$、$M(x)$，则 $x+\mathrm{d}x$ 截面上的内力为 $F_S(x)+\mathrm{d}F_S(x)$、$M(x)+\mathrm{d}M(x)$。因为梁整体是平衡的，dx 微段也应处于平衡。根据平衡条件 $\sum F_y = 0$ 和 $\sum M_O = 0$，得到

$$F_S(x) + q(x)\mathrm{d}x - [F_S(x) + \mathrm{d}F_S(x)] = 0$$

$$M(x) + \mathrm{d}M(x) - M(x) - F_S(x)\mathrm{d}x - q(x)\frac{(\mathrm{d}x)^2}{2} = 0$$

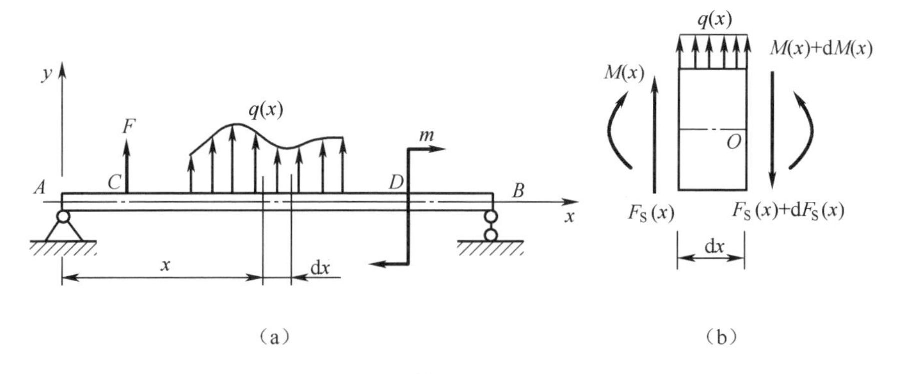

图 4.10

略去其中的高阶微量 $q(x)\frac{(\mathrm{d}x)^2}{2}$ 后得到

$$\frac{\mathrm{d}F_S(x)}{\mathrm{d}x}=q(x) \tag{4.1}$$

$$\frac{\mathrm{d}M(x)}{\mathrm{d}x}=F_{\mathrm{S}}(x) \tag{4.2}$$

利用式（4.1）和（4.2）可进一步得出

$$\frac{\mathrm{d}^2M(x)}{\mathrm{d}x^2}=\frac{\mathrm{d}F_{\mathrm{S}}(x)}{\mathrm{d}x}=q(x) \tag{4.3}$$

以上三式即为梁的剪力、弯矩与载荷集度间的微分关系式。式(4.1)和式(4.2)分别表示：剪力图中某点处的切线斜率等于梁上对应点处的载荷集度；弯矩图中某点处的切线斜率等于梁上对应截面上的剪力。显然，在梁上的集中力或集中力偶作用处上述关系式并不成立。

从式（4.1）至式（4.3），可以得出梁的剪力图和弯矩图（设 M 图画在梁的受拉一侧，即正值弯矩画在梁轴线的下侧）有如下特征：

（1）梁上某段无分布载荷作用（ $q(x)=0$ ）时，则该段梁的剪力图为一段水平直线；弯矩图为一段斜直线：当 $F_{\mathrm{S}}>0$ 时，M 图向右下方倾斜；当 $F_{\mathrm{S}}<0$ 时，M 图向右上方倾斜；当 $F_{\mathrm{S}}=0$ 时， M 图是一段水平直线。

（2）梁上某段有均布载荷 q 作用时，则该段梁的剪力图为一段斜直线，且倾斜方向与均布载荷 q 的方向一致；弯矩图为一段二次抛物线，且抛物线的开口方向与均布载荷 q 的方向相反。

（3）梁上集中力作用处，剪力图有突变，突变值等于集中力的大小，突变方向与集中力的方向一致（从左往右画 F_{S} 图）；两侧截面上的弯矩值相等，但弯矩图的切线斜率有改变，因而弯矩图在该处有折角。

（4）梁上集中力偶作用处，两侧截面上的剪力相同，剪力图无影响；弯矩图有突变，突变值等于集中力偶的大小，关于突变方向：若集中力偶为顺时针方向，则弯矩图往正向突变；反之则相反。

（5）梁端部的剪力值等于端部的集中力（左端向上或右端向下时为正）；梁端部的弯矩值等于端部的集中力偶（左端顺时针或右端逆时针时为正）。

（6）在梁的某一截面上，若 $\dfrac{\mathrm{d}M(x)}{\mathrm{d}x}=F_{\mathrm{S}}(x)=0$ ，则在这一截面上弯矩有一极值（极大或极小值）。最大弯矩值不仅可能发生于剪力等于零的截面上，也有可能发生于集中力或集中力偶作用的截面上。

利用微分关系式（4.1）和式（4.2），经过积分得

$$F_{\mathrm{S}}(x_2)-F_{\mathrm{S}}(x_1)=\int_{x_1}^{x_2}q(x)\mathrm{d}x \tag{4.4}$$

$$M(x_2)-M(x_1)=\int_{x_1}^{x_2}F_{\mathrm{S}}(x)\mathrm{d}x \tag{4.5}$$

以上两式表明，在 $x=x_2$ 和 $x=x_1$ 两截面上的剪力值之差，等于两截面间分布载荷图的面积；两截面上的弯矩值之差，等于两截面间剪力图的面积。应该注意，由于 $q(x)$、 $F_{\mathrm{S}}(x)$ 有正负，故它们的面积就有“正面积”与“负面积”两种情况。此外，式（4.4）与式（4.5）在包含有集中力或集中力偶的两截面间不适用，在集

中力或集中力偶作用处应分段。

利用以上特征，除可以校核已作出的剪力图和弯矩图是否正确外，还可以利用微分关系绘制剪力图和弯矩图，而不必再建立剪力方程和弯矩方程，其步骤如下：

（1）求支座约束力；

（2）分段确定剪力图和弯矩图的形状；

（3）求控制截面上的内力，根据微分关系绘制剪力图和弯矩图。

通常将这种利用剪力、弯矩与载荷集度间的关系作梁的剪力图和弯矩图的方法，称为简易法。

上述关系可汇总于表4.1中。

表4.1 梁上载荷与剪力、弯矩间关系

载荷	$q=0$		$q=$正常量		$q=$负常量		↓ F ↑	M_O
F_S							↓ 突变 ↑	无变化
	$F_S>0$	$F_S<0$	$F_S>0$	$F_S<0$	$F_S>0$	$F_S<0$		
M							转折	↓ 突变 ↑

例4.5 用简易法作图4.11（a）所示简支梁的剪力图和弯矩图。

解：1）求支座约束力。利用整体的平衡条件可求得两支座的约束力分别为

$$F_{RA}=\frac{1}{2}qa\text{，}\quad F_{RD}=\frac{1}{2}qa$$

2）画剪力图。首先利用积分关系式（4.4）及突变规律计算出各控制截面上的剪力值为

$$F_{SA}=-F_{RA}=-\frac{1}{2}qa$$

$$F_{SB左}=F_{SA}=-\frac{1}{2}qa$$

$$F_{SB右}=F_{SB左}+F=\frac{1}{2}qa$$

$$F_{SC}=F_{SB右}+(-qa)=-\frac{1}{2}qa$$

$$F_{SD}=F_{SC}=-\frac{1}{2}qa$$

由以上各控制截面上的剪力值，并结合由微分关系得出剪力图规律，便可画出剪力图，如图4.11（b）所示（注意应在图中标出 $F_S=0$ 的截面 E 的位置）。

3）画弯矩图。首先利用式（4.5）及突变规律计算出各控制截面上的弯矩值为

$$M_A=0$$

$$M_B=M_A+\left(-\frac{1}{2}qa\right)a=-\frac{1}{2}qa^2$$

$$M_E=M_B+\frac{1}{2}\times\left(\frac{1}{2}qa\right)\frac{a}{2}=-\frac{3}{8}qa^2$$

$$M_{C左} = M_E + \frac{1}{2}\left(-\frac{1}{2}qa\right) \times \frac{a}{2} = -\frac{1}{2}qa^2$$

$$M_{C右} = M_{C左} + qa^2 = \frac{1}{2}qa^2$$

$$M_D = 0$$

由以上各控制截面上的弯矩值，并结合由微分关系得出的弯矩图图线形状规律，便可画出弯矩图，如图 4.11（c）所示。

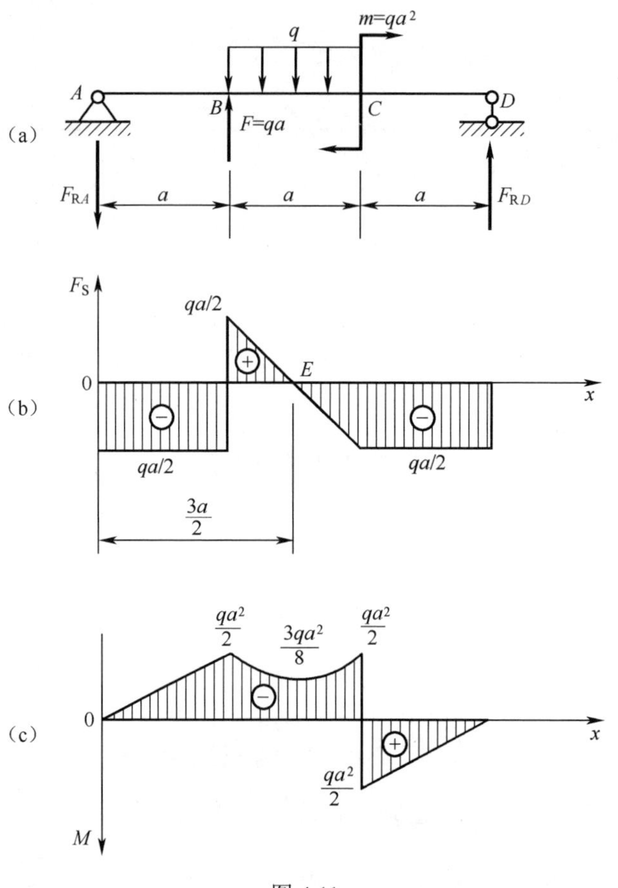

图 4.11

显然，从图 4.11 中可以看出：

（1）沿全梁的长度最大的剪力为 $F_{S\max} = \frac{1}{2}qa$，最大弯矩为 $M_{\max} = \frac{1}{2}qa^2$，其值均为绝对值。

（2）在剪力图上看到，在集中载荷作用处剪力发生突变，突变的值等于集中载荷的大小，弯矩图在该截面处有尖角，这是由于集中力作用处左、右两截面弯矩图斜率发生变化所造成的。

（3）在集中力偶作用处该截面的剪力图无变化，而弯矩图有突变，突变的绝对值大小等于该集中力偶的大小。

（4）最大弯矩可能出现的截面：①剪力 $F_S = 0$ 的截面；②剪力变号的截面；③集中力偶作用的截面。

应用剪力图和弯矩图可以确定梁的剪力和弯矩的最大值，及其所在截面的位置，为今后建立梁的强度条件奠定了基础。另外，在计算梁的位移时，也需要利用弯矩方程或弯矩图。

4.6 按叠加原理作弯矩图

叠加原理：多个载荷同时作用于结构而引起的内力等于每个载荷单独作用于结构而引起的内力的代数和。

适用条件：所求参数（内力、应力、位移）与载荷满足线性关系。即在弹性限度内满足胡克定律。

梁在小变形条件下，其跨长的改变可略去不计，因而在求梁的支座约束力、剪力和弯矩时，均可按其原始尺寸进行计算，得到的结果均与载荷成线性关系，即满足叠加原理的适用条件。因此，当梁上受几项载荷共同作用时，某一横截面上的弯矩就等于梁在各项载荷单独作用下同一横截面上弯矩的叠加。

按叠加原理作弯矩图步骤如下：

（1）分别作出各项载荷单独作用下梁的弯矩图；

（2）将其相应的纵坐标叠加即可（注意：不是图形的简单拼凑）。

例 4.6 如图 4.12（a）所示梁，试按叠加原理作该梁的弯矩图。

解：简支梁在力偶 M_A，M_B 作用下的弯矩图为图 4.12（b），简支梁在均布载荷 q 的作用下的弯矩图为图 4.12（c），叠加后简支梁的弯矩图为图 4.12（d）。

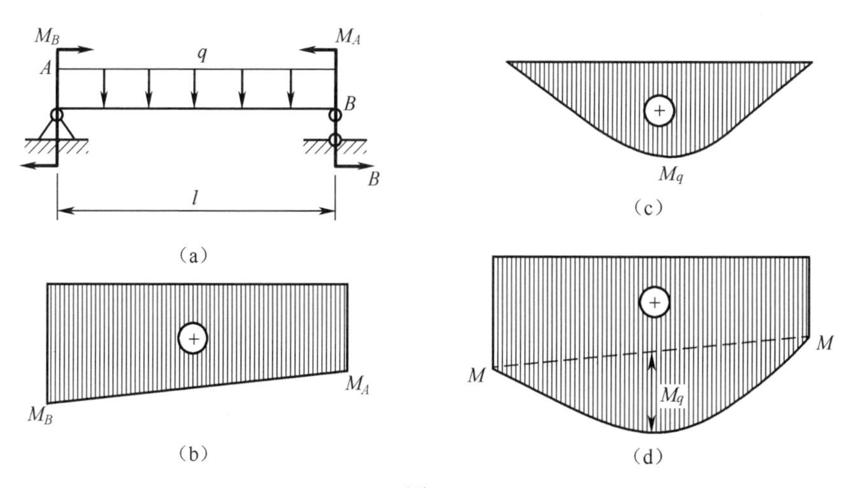

图 4.12

习题 4

4.1　试求题 4.1 图示各梁截面 1-1、2-2、3-3 上的剪力和弯矩，这些指定截面无限接近于截面 B 或 C。

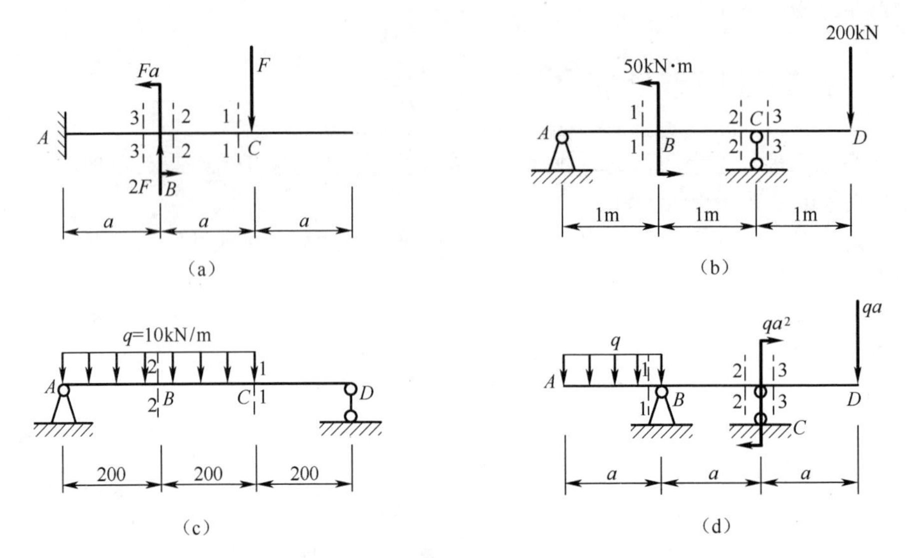

题 4.1 图

4.2　已知题 4.2 图示各梁的 F_S、q 和 a。

（1）试列出图示各梁的剪力与弯矩方程；

（2）画出剪力图与弯矩图。

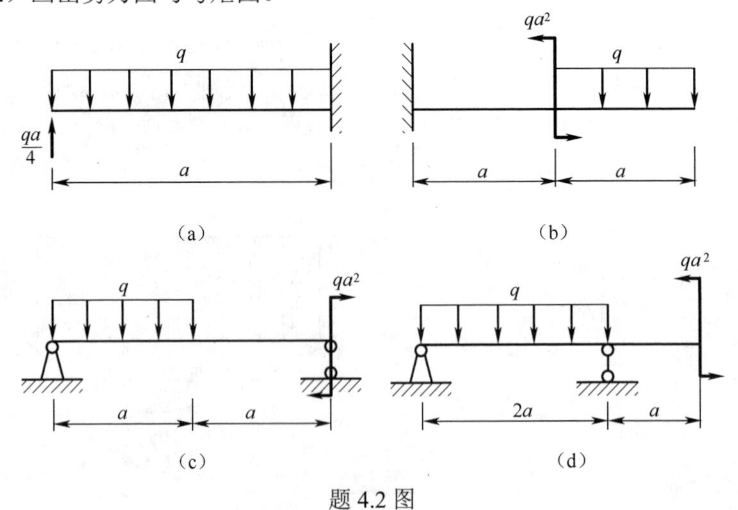

题 4.2 图

4.3　试利用剪力、弯矩与载荷集度间的关系作出题 4.3 图示梁的剪力图与弯矩图，并求出最大剪力和最大弯矩。

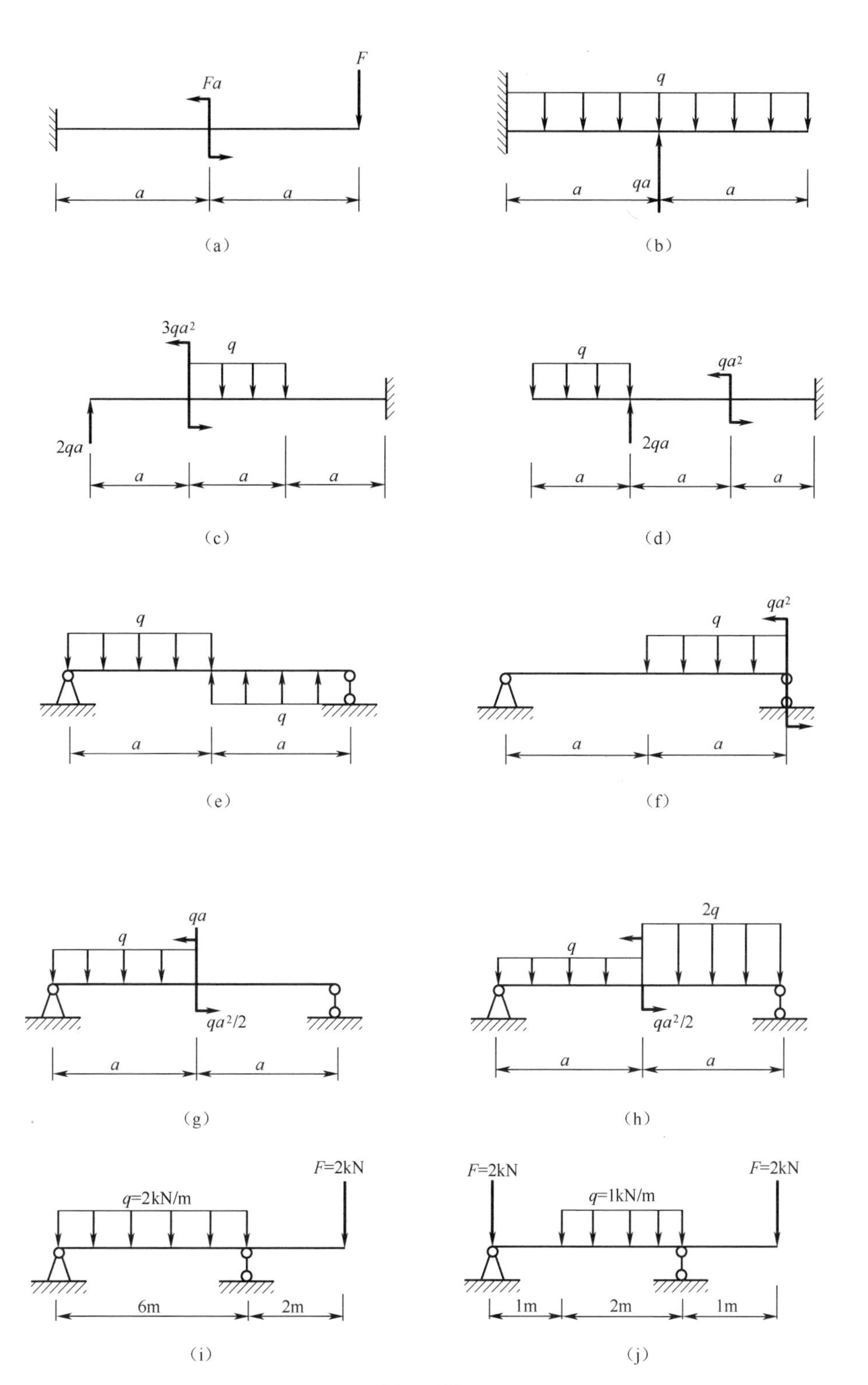
F
Fa
a
a
(a)
q
qa
a
a
(b)
3qa²
q
2qa
a
a
a
(c)
q
qa²
2qa
a
a
a
(d)
q
q
a
a
(e)
qa²
q
a
a
(f)
qa
q
qa²/2
a
a
(g)
2q
q
qa²/2
a
a
(h)
F=2kN
q=2kN/m
6m
2m
(i)
F=2kN
q=1kN/m
F=2kN
1m
2m
1m
(j)

题 4.3 图

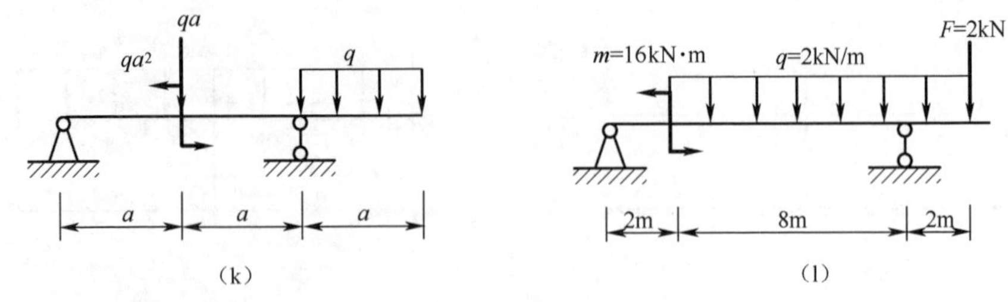

题 4.3 图（续图）

4.4　试作出题 4.4 图示具有中间铰的梁的剪力图和弯矩图。

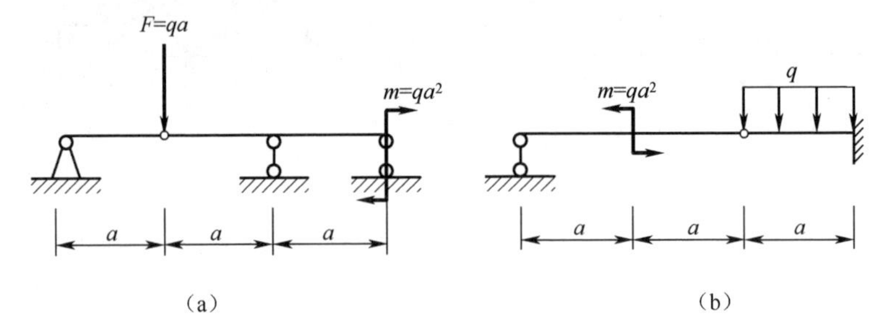

题 4.4 图

4.5　试作出题 4.5 图示刚架的弯矩图。

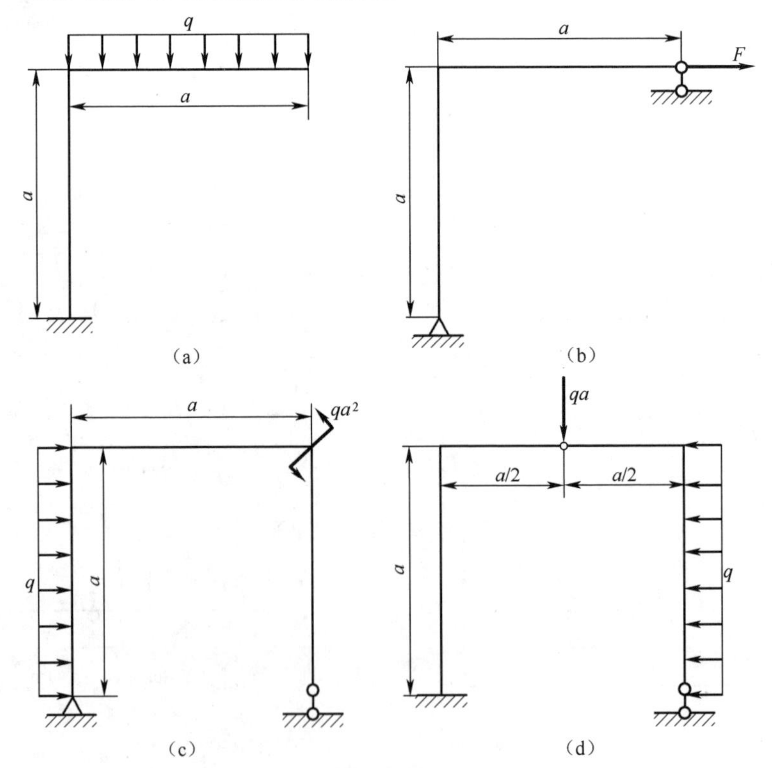

题 4.5 图

4.6　试根据弯矩、剪力与载荷集度之间的微分关系，指出并改正题 4.6 图示各剪力图和弯矩图的错误。

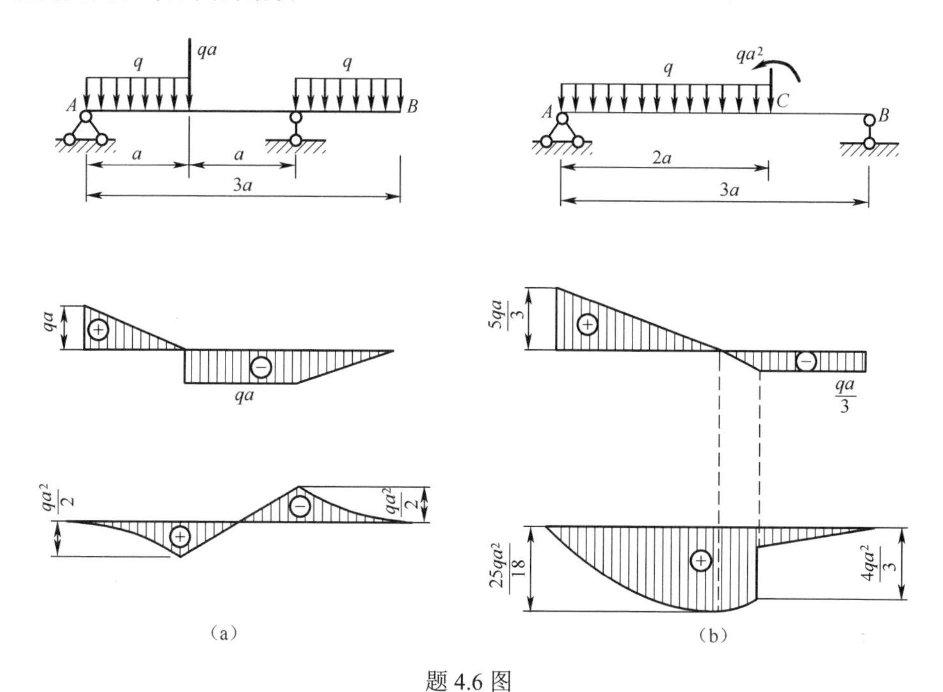

题 4.6 图

4.7　设梁的剪力图如题 4.7 图所示，试作梁的弯矩图及载荷图。已知梁上未作用集中力偶。

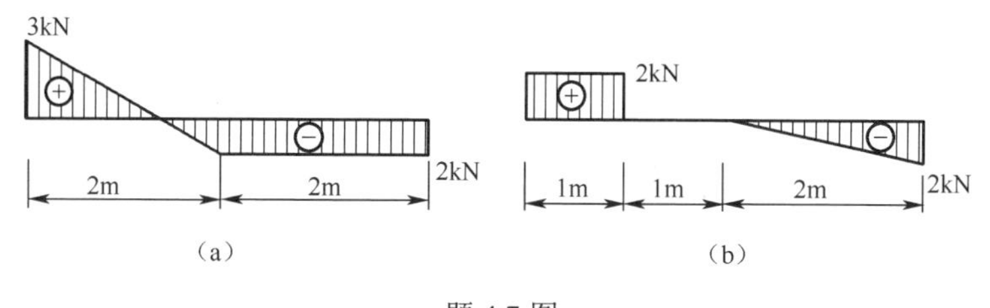

题 4.7 图

4.8　已知梁的弯矩图如题 4.8 图所示，试作梁的载荷图和剪力图。

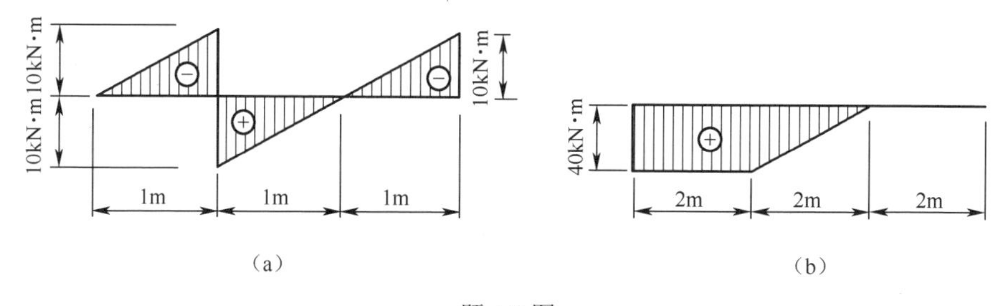

题 4.8 图

4.9　题4.9图示外伸梁，承受均布载荷q的作用。试问当a为何值时，梁的最大弯矩值（即$|M|_{\max}$）最小。

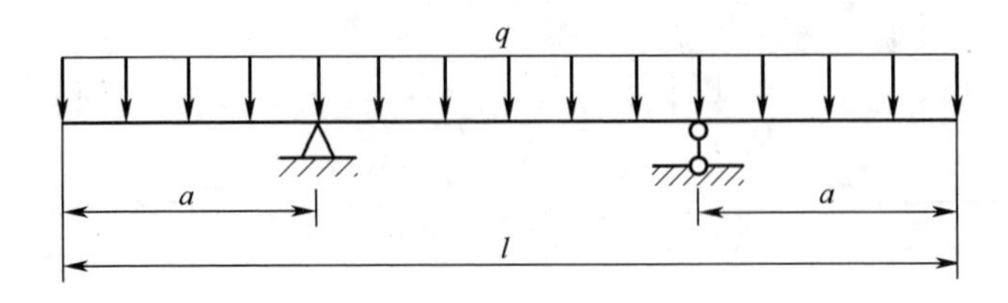

题4.9图

4.10　题4.10图示各梁，承受分布载荷作用。试建立梁的剪力、弯矩方程，并画剪力、弯矩图。

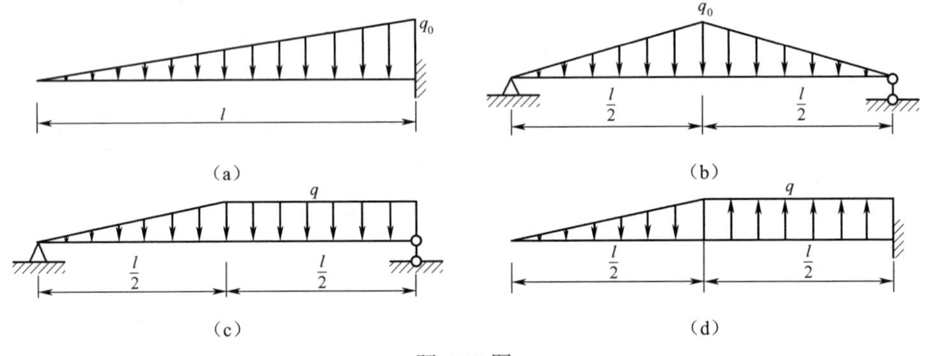

题4.10图

4.11　用叠加法绘出题4.11图示各梁的弯矩图。

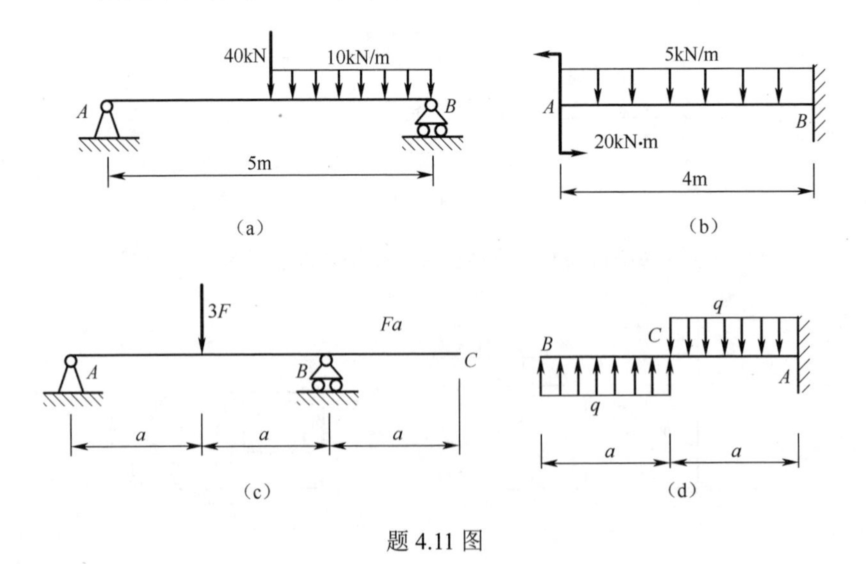

题4.11图

第 5 章

弯曲应力

5.1 纯弯曲和横力弯曲

5.1.1 纯弯曲和横力弯曲的概念

直梁弯曲变形时横截面上的内力，一般情况下既有弯矩又有剪力，如图 5.1 所示梁的 AC 段和 DB 段，这种弯曲称为横力弯曲或剪切弯曲。但是在某些特殊情况下，梁的某一段内甚至整个梁内，横截面上的内力只有弯矩没有剪力，如图示梁的 CD 段，这种梁段或这个梁的弯曲称为纯弯曲。

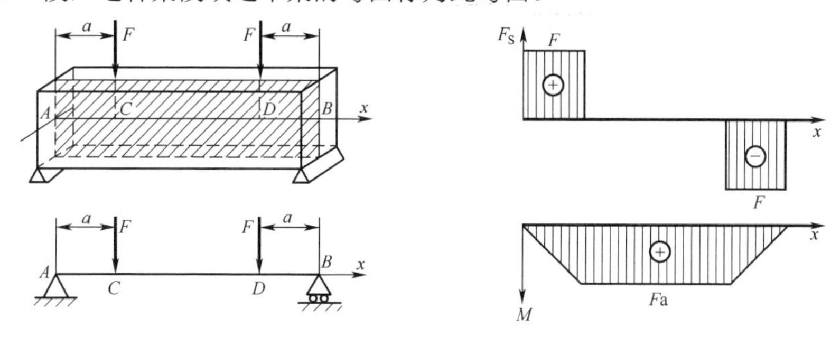

图 5.1

5.1.2 纯弯曲试验

纯弯曲在材料试验机上很容易实现。在变形前杆件的侧面上做纵向线 aa 和 bb，并做与其垂直的横向线 11 和 22（图 5.2（a））。施加一对力偶实现纯弯曲，变形后如图 5.2（b）所示。

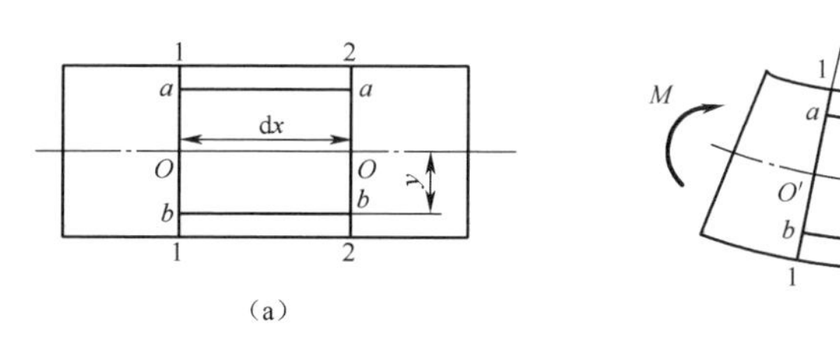

图 5.2

观察辅助线加载前后的变化，可以得到如下变形规律：

（1）梁表面的横向线仍为直线，仍与纵向线正交，只是横向线间有相对转动；

（2）纵线变为曲线，而且，靠近梁顶面的纵线缩短，靠近梁底面的纵线伸长；

（3）在纵线伸长区，梁的宽度减小，而在纵线缩短区内，梁的宽度则增加。

由以上变形规律可以做出推论：直梁在纯弯曲时，变形前为平面的横截面，变形后仍是平面，且仍垂直于变形后梁的轴线，只是各自绕着与弯曲平面垂直的某一根轴转过一个角度。这就是直梁弯曲时的平面假设。

假设梁是由平行于轴线的众多纵向纤维组成。发生弯曲变形后，因为横截面仍保持为平面，所以沿截面高度，应由底面纤维的伸长连续地逐渐变为顶面纤维的缩短，中间必有一层纤维的长度保持不变。这一层纤维称为中性层，如图 5.3 所示。中性层与横截面的交线称为中性轴。

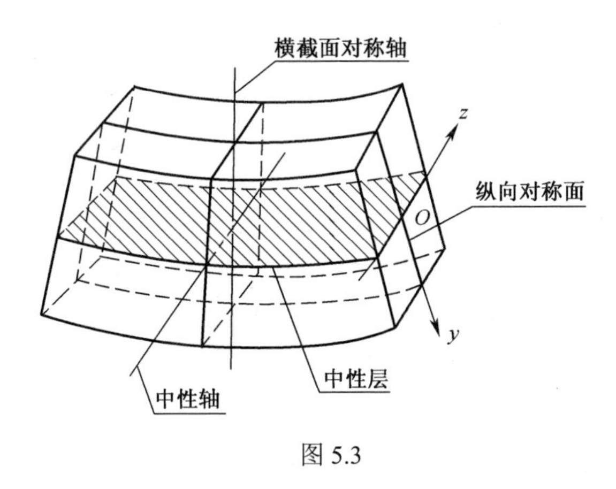

图 5.3

5.2 弯曲正应力

5.2.1 纯弯曲梁横截面上的正应力

同研究扭转的切应力一样，研究纯弯曲梁横截面上的正应力也需要综合考虑几何、物理、静力三个方面。

1．变形几何关系

考察梁上相距为 dx 的微段（图 5.4（a）），其变形如图 5.4（b）所示。其中 x 轴沿梁的轴线，y 轴与横截面的对称轴重合，z 轴为中性轴。则距中性轴为 y 处的纵向层 b-b 弯曲后的长度为 $(\rho+y)\mathrm{d}\theta$，其纵向正应变为：

$$\varepsilon=\frac{(\rho+y)\mathrm{d}\theta-\rho\mathrm{d}\theta}{\rho\mathrm{d}\theta}=\frac{y}{\rho}\tag{5.1}$$

即纯弯曲时梁横截面上各点的纵向线应变与它到中性层的距离成正比，梁横截面上各点的纵向线应变沿截面高度线性分布。

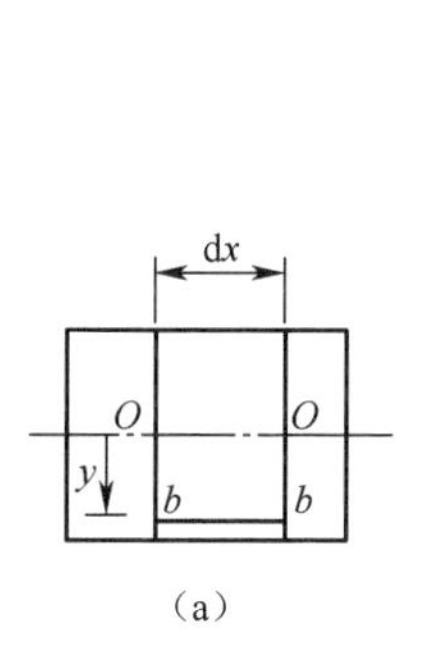

(a)

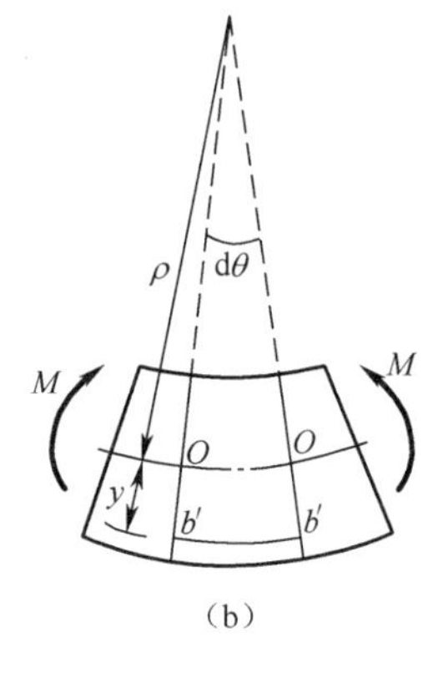

(b)

图 5.4

2．物理关系

小变形情况下，纵向纤维之间的挤压可忽略不计，即纵向纤维之间无正应力，所以可以认为材料受到单向拉伸或压缩。若材料的弹性模量 E 相同，当横截面上的弯曲正应力没有超过比例极限时，由胡克定律可得

$$\sigma = E\varepsilon = \frac{E}{\rho}y \tag{5.2}$$

即纯弯曲梁横截面上任一点处的正应力与该点到中性轴的垂直距离 y 成正比。正应力沿着截面高度按线性分布（图 5.5 所示）。

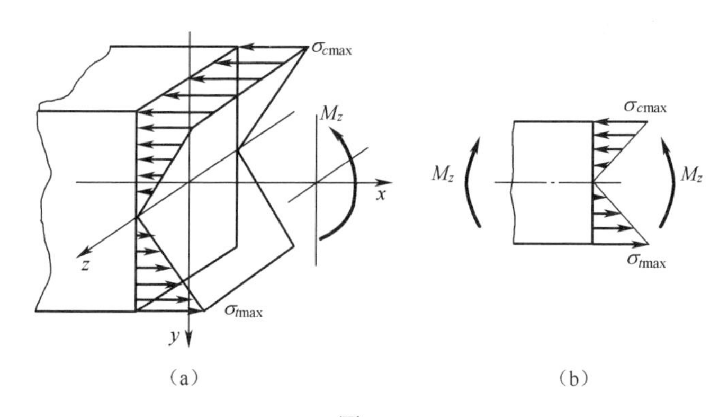

(a) (b)

图 5.5

3．静力学关系

如图 5.6 所示，横截面上的微内力 $\sigma\mathrm{d}A$ 组成垂直于横截面的空间平行力系。这一力系可能简化为三个内力分量，即

$$F_{\mathrm{N}} = \int_A \sigma\mathrm{d}A$$

$$M_{iy} = \int_A z\sigma\mathrm{d}A$$

$$M_{iz} = \int_A y\sigma\mathrm{d}A$$

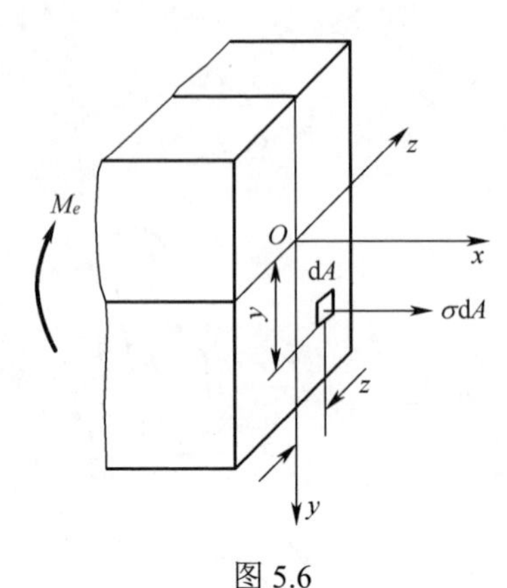

图 5.6

横截面上的内力与截面左侧的外力必须平衡。在纯弯曲情况下，截面左侧的外力只有对 z 轴的力偶矩 M_z。由于内外力必须满足平衡方程，故

（1）$\Sigma F_x = 0$，$F_N = \int_A \sigma \mathrm{d}A = 0$

得
$$F_N = \int_A \sigma \mathrm{d}A = \frac{E}{\rho}\int_A y\mathrm{d}A = \frac{E}{\rho}S_z = 0$$

式中，$\frac{E}{\rho} = \text{const}$，不为零，则必然有 $\int_A y\mathrm{d}A = S_z = 0$

结论：z 轴（中性轴）通过截面形心。

（2）$\Sigma M_y = 0$，$M_{iy} = \int_A z\sigma \mathrm{d}A = 0$

$$M_y = \int_A z\sigma \mathrm{d}A = \frac{E}{\rho}\int_A zy\mathrm{d}A = \frac{E}{\rho}I_{yz} = 0$$

得
$$\int_A yz\mathrm{d}A = I_{yz} = 0$$

结论：y 轴为截面的对称轴，上式自然满足。

（3）$\Sigma M_z = 0$，$M_e = M_{iz} = M = \int_A y\sigma \mathrm{d}A$

$$M_z = \int_A y\sigma \mathrm{d}A = \frac{E}{\rho}\int_A y^2\mathrm{d}A = \frac{E}{\rho}I_z = M$$

得
$$\frac{1}{\rho} = \frac{M}{EI_z}$$

式中，$\frac{1}{\rho}$ 为梁轴线变形后的曲率，EI_z 称为梁的抗弯刚度。

代入式（5.2）得

$$\sigma = \frac{My}{I_z} \tag{5.3}$$

对图示坐标系，在弯矩为正的情况下，y 为正时 σ 为拉应力，y 为负时 σ 为压应力。一点的正应力是拉应力还是压应力还可以直接由弯曲变形来判断。即以中性层为界，梁在凸出的一侧受拉，凹入的一侧受压。这样在计算正应力时，即

可把公式中的 y 看作是一点到中性轴的距离的绝对值。

5.2.2 横力弯曲正应力

常见的弯曲问题多为横力弯曲，梁发生横力弯曲时，其横截面上不仅有正应力，还有切应力。由于存在切应力，横截面不再保持平面，而发生“翘曲”现象。进一步的分析表明，对于细长梁（如矩形截面梁，$l/h \geqslant 5$，l 为梁长，h 为截面高度），切应力对正应力和弯曲变形的影响很小，可以忽略不计，正应力计算公式（5.3）仍然适用。当然式（5.2）和式（5.3）只适用于材料在线弹性范围，并且要求外力满足平面弯曲的受力特点：对于横截面具有对称轴的梁，只要外力作用在对称平面内，梁便产生平面弯曲；对于横截面无对称轴的梁，只要外力作用在形心主轴平面内，实心截面梁便产生平面弯曲。

式（5.3）是根据等截面直梁导出的。对于缓慢变化的变截面梁，以及曲率很小的曲梁（$h/\rho_0 \leqslant 0.2$，ρ_0 为曲梁轴线的曲率半径）也近似适用。

横力弯曲时，弯矩随截面位置而变化。对等截面梁，一般情况下，最大正应力 $\sigma_{\max}$ 发生在弯矩最大的横截面上，且在距离中性轴最远处。

$$\sigma_{\max} = \frac{M_{\max} y_{\max}}{I_z} \tag{5.4}$$

记

$$W_z = \frac{I_z}{y_{\max}}$$

则

$$\sigma_{\max} = \frac{M_{\max}}{W_z} \tag{5.5}$$

式中，W_z 称为抗弯截面系数，单位为 m^3。

若截面是高为 h、宽为 b 的矩形，则

$$W_z = \frac{bh^3/12}{h/2} = \frac{bh^2}{6} \tag{5.6}$$

若截面是直径为 d 的圆形，则

$$W_z = \frac{\pi d^4/64}{d/2} = \frac{\pi d^3}{32} \tag{5.7}$$

若截面为内径为 d，外径为 D 的空心圆形环，令 $\alpha = \dfrac{d}{D}$，则

$$W_z = \frac{\pi D^3}{32}(1-\alpha^4) \tag{5.8}$$

对于各种型钢截面，它们的抗弯截面系数可从型钢规格表中查得。

5.2.3 弯曲梁的正应力强度校核

弯曲梁的正应力强度条件为

$$\sigma_{\max} = \left(\frac{M}{W_z}\right)_{\max} \leqslant [\sigma] \tag{5.9}$$

对塑性材料，其抗拉和抗压强度相等，所以只要其绝对值最大的正应力不超

过许用应力即可

$$\sigma_{\max}=\left(\frac{My_{\max}}{I_z}\right)_{\max}\leqslant[\sigma] \tag{5.10}$$

对脆性材料，其抗拉和抗压强度不等，其拉和压的最大应力都应不超过各自的许用应力。

$$(\sigma_t)_{\max}=\left(\frac{My_t}{I_z}\right)_{\max}\leqslant[\sigma_t] \tag{5.11}$$

$$(\sigma_c)_{\max}=\left(\frac{My_c}{I_z}\right)_{\max}\leqslant[\sigma_c] \tag{5.12}$$

式中，y_t 和 y_c 分别表示梁上拉应力最大点和压应力最大点的 y 坐标；$[\sigma_t]$ 和 $[\sigma_c]$ 分别为脆性材料的弯曲许用拉应力和许用压应力。

例 5.1 求图 5.7 所示 No.10 槽钢悬臂梁的最大拉、压应力。已知：$l=1\,\text{m}$，$q=6\text{kN/m}$。

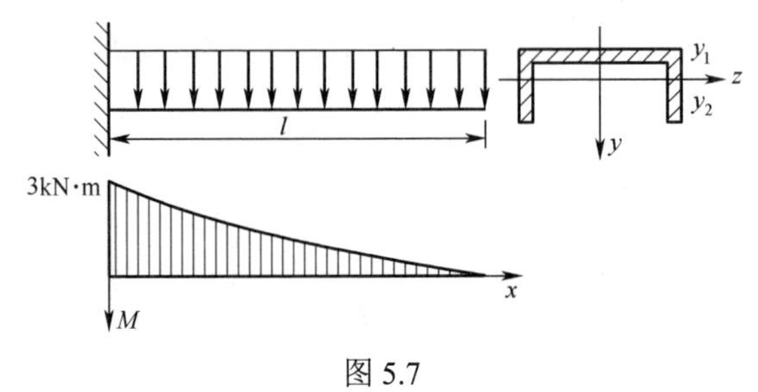

图 5.7

解：（1）画弯矩图。

$$|M|_{\max}=0.5ql^2=3\,\text{kN}\cdot\text{m}$$

（2）查型钢表。

$$I_z=25.6\text{cm}^4，\ y_1=1.52\text{cm}$$

$$y_2=4.8-1.52=3.28\text{cm}$$

（3）求应力。

$$\sigma_{t\max}=\frac{M}{I_z}y_1=\frac{3000\times1.52\text{N}}{25.6\times10^{-6}\text{m}^2}=178\text{ MPa}$$

$$\sigma_{c\max}=\frac{M}{I_z}y_2=\frac{3000\times3.28\text{N}}{25.6\times10^{-6}\text{m}^2}=384\text{ MPa}$$

$\therefore$ $$\sigma_{t\max}=178\text{ MPa}，\ \sigma_{c\max}=384\text{ MPa}$$

例 5.2 图 5.8 所示 T 形截面铸铁外伸梁，其许用拉应力 $[\sigma_t]=30\text{MPa}$，许用压应力 $[\sigma_c]=60\text{MPa}$。已知截面对中性轴的惯性矩 $I_z=25.9\times10^{-6}\text{m}^4$，试求梁的许可均布载荷 $[q]$。

解：作梁的剪力图、弯矩图如图 5.8（b）、（c）所示。最大弯矩（数值）发生在 B 截面，为负弯矩；AB 段内 D 截面处的弯矩极值虽然小于 B 截面的，但却是正弯矩。在正弯矩作用下截面的最大拉应力发生在下边缘，距中性轴较远，因此，

截面 B 和 D 都有可能是危险截面。

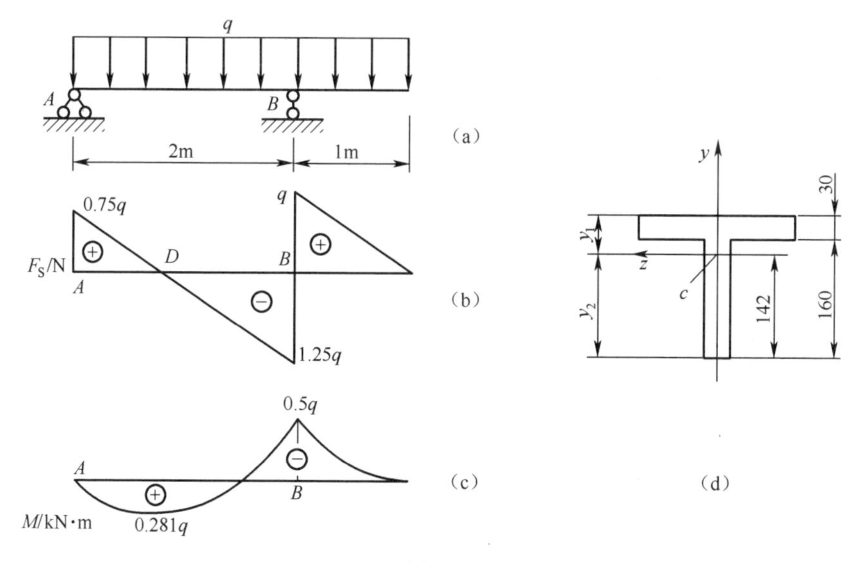

图 5.8

由截面 B 的强度条件

$$\sigma_{t\max}=\frac{M_B y_1}{I_z}=\frac{0.5q\cdot y_1}{I_z}\leqslant[\sigma_t]，\quad \sigma_{c\max}=\frac{M_B y_2}{I_z}=\frac{0.5q\cdot y_2}{I_z}\leqslant[\sigma_c]$$

分别解出

$$q\leqslant\frac{30\times10^6\times25.9\times10^{-6}}{0.5\times48\times10^{-3}}=32.4\text{kN/m}$$

$$q\leqslant\frac{60\times10^6\times25.9\times10^{-6}}{0.5\times142\times10^{-3}}=21.9\text{kN/m}$$

由截面 D 的强度条件

$$\sigma_{t\max}=\frac{M_D y_2}{I_z}=\frac{0.281q\cdot y_2}{I_z}\leqslant[\sigma_t]，\quad q\leqslant\frac{30\times10^6\times25.9\times10^{-6}}{0.281\times142\times10^{-3}}=19.5\text{kN/m}$$

所以许可载荷为 $[q]=19.5\text{kN/m}$ 。

5.3 弯曲切应力

5.3.1 梁横截面上的切应力

在横力弯曲情况下，梁的横截面上除了有弯矩还有剪力，相应地横截面上既有正应力，还有切应力。切应力的分布规律与梁的横截面形状有关，分以下几种情况讨论。

1．矩形截面梁

分析图 5.9 所示矩形截面梁截面上某点处的切应力时，先分析截面上切应力的分布规律。矩形截面上，剪力 F_S 与截面的纵向对称轴 y 轴重合（图 5.10）。在截面两侧边界处取一单元体（尺寸分别为 dx、dy、dz 的微小六面体），设在横截面上切应力 τ 的方向与边界成一角度，则可把该切应力分解为平行于边界的分量 τ_y 和垂直于边界的分量 τ_z。根据切应力互等定理，可知在此单元体的侧面必有一切应力 τ_x 和 τ_z 大小相等。但是，此面为梁的侧表面，是自由表面，不可能有切应力，即 $\tau_x = \tau_z = 0$。说明矩形截面周边处切应力的方向必然与周边相切。因对称关系，可以推知左、右边界 y 轴上各点的切应力都平行于剪力 F_S。当截面高度 h 大于宽度 b 时，矩形截面上切应力的分布规律可做如下假设：

（1）截面上任意一点的切应力都平行于剪力 F_S 的方向。

（2）切应力沿截面宽度均匀分布，即切应力的大小只与 y 坐标有关。

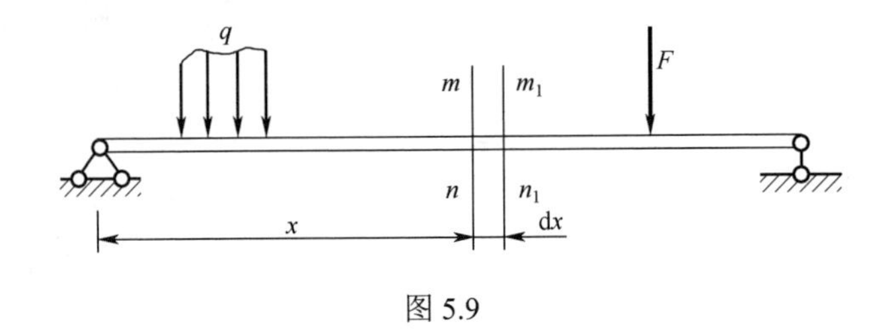

图 5.9

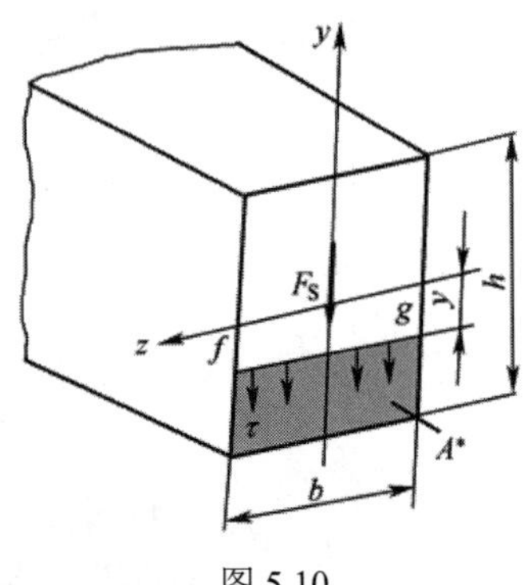

图 5.10

从图 5.9 所示横力弯曲的梁上截取长为 dx 的微段梁，设该微段左、右截面上的弯矩分别为 M 及 $M+\mathrm{d}M$，剪力均为 F_S。再在 m-n 和 m_1-n_1 两截面间距离中性层为 y 处用一水平截面将该微段截开，取截面以下部分进行研究。在六面体 $prnn_1$ 上，左侧面上作用着因弯矩 M 引起的正应力 σ_1；而在右侧面上作用着因弯矩 $M+\mathrm{d}M$ 引起的正应力 σ_2，左、右两侧面上都有切应力 τ；顶面上有与 τ 互等的切应力 τ'（图 5.11（a））。左、右侧面上的正应力分别构成了与正应力方向相同的两个合力 F_{N1}、F_{N2}（图 5.11（b））。

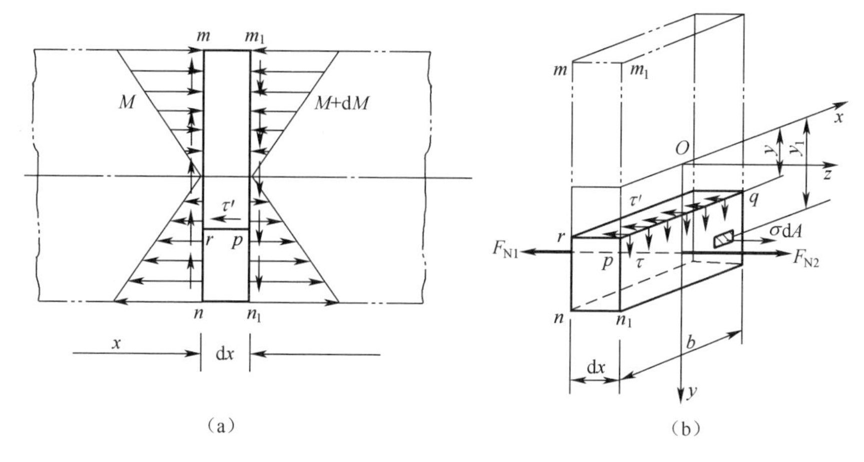

图 5.11

$$F_{N1}=\int_{A^*}\sigma\mathrm{d}A=\int_{A^*}\frac{My_1}{I_z}\mathrm{d}A=\frac{M}{I_z}\int_{A^*}y_1\mathrm{d}A=\frac{M}{I}S_z^* \qquad (a)$$

$$F_{N2}=\int_{A^*}\sigma\mathrm{d}A=\int_{A^*}\frac{(M+\mathrm{d}M)y_1}{I_z}\mathrm{d}A=\frac{M+\mathrm{d}M}{I_z}\int_{A^*}y_1\mathrm{d}A=\frac{(M+\mathrm{d}M)}{I}S_z^* \qquad (b)$$

式中，A^*为离中性轴为y的横线以下的面积，$S_z^*=\int_{A^*}y_1\mathrm{d}A$为面积$A^*$对中性轴的静矩。

考虑到微块顶面上相切的内力系的合力

$$\mathrm{d}F_S'=\tau'b\mathrm{d}x \qquad (c)$$

$$\sum F_x=0\,,\quad F_{N2}-F_{N1}-\mathrm{d}F_S'=0 \qquad (d)$$

将式（a）、（b）、（c）代入式（d），得

$$\frac{(M+\mathrm{d}M)}{I_z}S_z^*-\frac{M}{I}S_z^*-\tau'b\mathrm{d}x=0 \qquad (e)$$

$$\tau'=\frac{\mathrm{d}M}{\mathrm{d}x}\cdot\frac{S_z^*}{I_zb} \qquad (f)$$

由式（4.2）

$$\frac{\mathrm{d}M}{\mathrm{d}x}=F_S$$

得

$$\tau'=\frac{F_SS_z^*}{I_zb} \qquad (g)$$

由切应力互等定理，横截面上pq线处的切应力为

$$\tau=\frac{F_SS_z^*}{I_zb} \qquad (5.13)$$

这就是矩形截面梁弯曲切应力的计算公式。F_S为横截面上的剪力，I_z为整个截面对中性轴z的惯性矩，b为横截面在所求应力点处的宽度，S_z^*为面积A^*对中性轴的静矩。

对于矩形截面（如图 5.12），横力弯曲下梁的纵向纤维层之间存在切应力，取

$$dA = bdy_1$$

$$S_z^* = \int_{A^*} y_1 dA = \int_y^{h/2} by_1 dy_1 = \frac{b}{2}\left(\frac{h^2}{4} - y^2\right)$$

或者
$$S_z^* = A^* \cdot \left[y + \frac{1}{2}\left(\frac{h}{2} - y\right)\right] = b\left(\frac{h}{2} - y\right) \cdot \frac{1}{2}\left(\frac{h}{2} + y\right) = \frac{b}{2}\left(\frac{h^2}{4} - y^2\right)$$

则
$$\tau = \frac{F_S}{2I_z}\left(\frac{h^2}{4} - y^2\right)$$

该式表明切应力 τ 沿截面高度按抛物线规律变化。

当 $y = \pm\frac{h}{2}$ 时，$\tau = 0$，在截面上下边缘处切应力为零。

当 $y = 0$ 时，$\tau = \tau_{max} = \frac{F_S h^2}{8I_z}$，最大切应力发生在中性轴上。

考虑到 $I_z = \frac{bh^3}{12}$，得

$$\tau_{max} = \frac{3}{2} \cdot \frac{F_S}{bh} \tag{5.14}$$

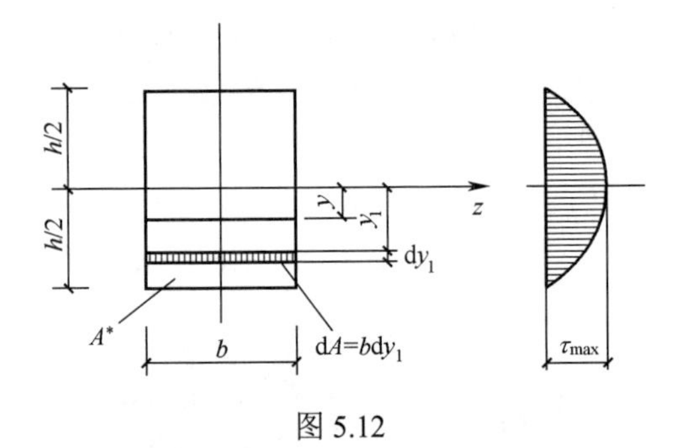

图 5.12

2．工字形截面梁

工字形截面梁如图 5.13 所示。

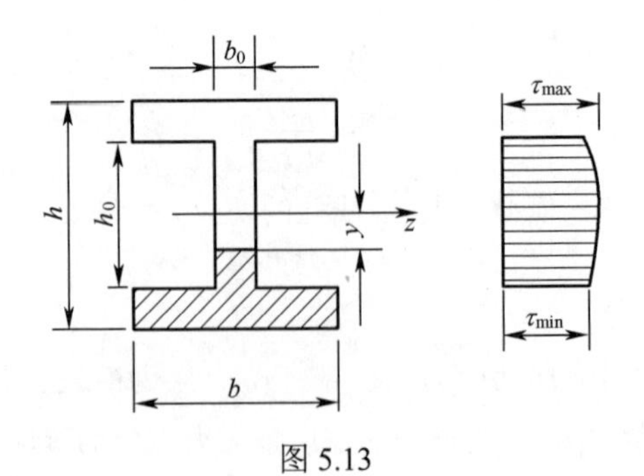

图 5.13

对工字形截面梁，翼缘中切应力分布比较复杂，且数值很小，故不予讨论。

截面上剪力 F_S 的 95%～97%是由腹板承担，故只讨论腹板上的切应力分布规律，而腹板是一个狭长矩形，矩形截面切应力两个假设均适用（τ 方向与 F_S 一致，沿宽度均布），采用矩形截面切应力计算方法可得

$$\tau=\frac{F_S S_z^*}{I_z b_0}$$

式中

$$S_z^*=\frac{b}{8}(h^2-h_0^2)+\frac{b_0}{2}\left(\frac{h_0^2}{4}-y^2\right)$$

$$\tau=\frac{F_S}{I_z b_0}\left[\frac{b}{8}(h^2-h_0^2)+\frac{b_0}{2}\left(\frac{h_0^2}{4}-y^2\right)\right] \tag{5.15}$$

以 $y=0$，$y=\pm\frac{h_0}{2}$ 代入式（5.15）得

$$\tau_{\max}=\frac{F_S S_{z\max}^*}{I_z b_0}=\frac{F_S}{\frac{I_z}{S_{z\max}^*}b_0}=\frac{F_S}{I_z b_0}\left[\frac{bh^2}{8}-(b-b_0)\frac{h_0^2}{8}\right] \tag{5.16}$$

式中，$S_{z\max}^*$ 为中性轴一侧的部分面积对中性轴的静矩。在具体计算时，对轧制工字型钢截面，式中的 $\frac{I_z}{S_{z\max}^*}$ 可以从型钢表中查出。

3．圆形截面梁

对于圆截面梁（图 5.14），已经不能假设截面上各点的切应力都平行于剪力，由切应力互等定理可知，截面边缘上各点的切应力与圆周相切。由对称性可以假设：与中性轴平行的弦 AB 上各点的切应力均汇交于一点；沿宽度各点处切应力沿 y 方向的分量 τ_y 相等。

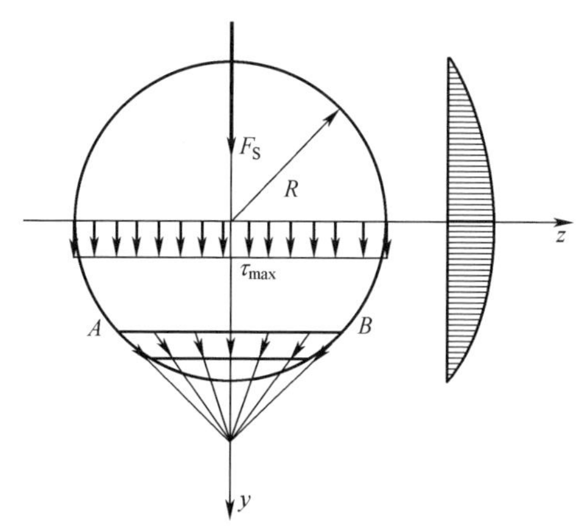

图 5.14

对于 τ_y 来说，与对矩形截面所做的假设相同，所以

$$\tau_y=\frac{F_S S_z^*}{I_z b} \tag{h}$$

式中，S_z^* 为弦 AB 以下面积对中性轴的静矩；b 为弦 AB 的长度。

在中性轴上的各点有

$$S_{z\max}^* = \frac{\pi R^2}{2}\cdot\frac{4R}{3\pi},\quad b = 2R,\quad I_z = \frac{\pi R^4}{4}$$

代入（h）式得

$$\tau_{\max} = \frac{4}{3}\cdot\frac{F_S}{\pi R^2} = \frac{4F_S}{3A} \tag{5.17}$$

5.3.2 弯曲切应力的强度校核

对于横力弯曲变形梁，其横截面上既有正应力又有切应力。则梁需要同时满足正应力和切应力的强度要求。建立切应力强度条件

$$\tau_{\max} = \frac{F_{S\max}S_{z\max}^*}{I_z b} \leqslant [\tau] \tag{5.18}$$

最大切应力发生于中性轴处，故 $S_{z\max}^*$ 为中性轴以上或以下截面面积对中性轴之静矩。

对细长梁来说，强度控制因素通常是弯曲正应力，一般只按正应力强度条件进行强度计算，不需要对弯曲切应力进行强度校核。但是在下述情况下，必须进行弯曲切应力强度校核：

（1）梁的跨度较短，或在梁的支座附近作用较大的载荷，以致梁的弯矩较小，而剪力颇大；

（2）铆接或焊接的工字梁，如腹板较薄而截面高度颇大，以致厚度与高度的比值小于型钢的相应比值；

（3）木材顺纹方向的剪切强度较差，在横力弯曲时可能因为中性层上的切应力过大而使梁沿中性层发生剪切破坏；

（4）经焊接、铆接或胶合而成的梁，对焊缝、铆钉或胶合面一般进行剪切强度计算。

例 5.3 图 5.15 所示工字型钢简支梁，其许用应力 $[\sigma] = 160\text{MPa}$，$[\tau] = 100\text{MPa}$。已知 $l = 2\text{m}$，$a = 0.3\text{m}$，$F = 200\text{KN}$，试选择其型号。

解：1）作梁的剪力图和弯矩图如图 5.15（b）、（c）所示。

$$F_{S\max} = F = 200\text{ kN},\quad M_{\max} = Fa = 200\times10^3\times0.3 = 60\text{ kN}\cdot\text{m}$$

F 较大且靠近支座，所以正应力和切应力强度都要考虑。

首先按正应力强度条件选择工字钢型号

$$W_z \geqslant \frac{M_{\max}}{[\sigma]} = \frac{60\times10^3}{160\times10^6} = 3.75\times10^{-4}\text{ m}^3 = 3.75\times10^5\text{ mm}^3$$

查附录 II 型钢表，选用 No.25a 工字钢，其 $W_z = 4.02\times10^5\text{ mm}^3$，$\dfrac{I_z}{S_{z\max}} = 215.8\text{mm}$，腹板厚度 $b = 8\text{mm}$。

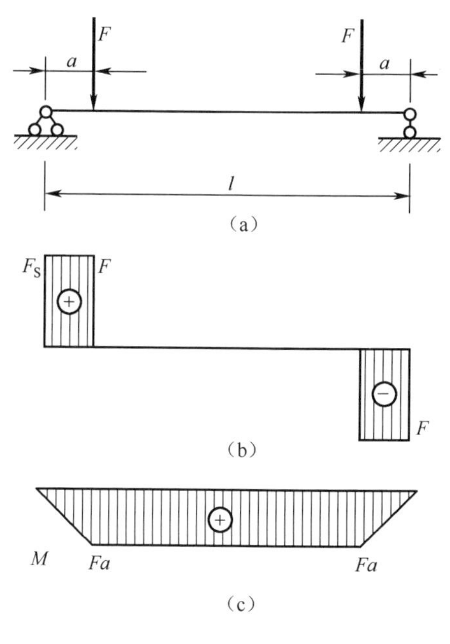

(a)

(b)

(c)

图 5.15

2）校核切应力强度。

$$\tau_{max}=\frac{F_{Smax}}{(I_z/S_{z\max})b}=\frac{200\times10^3}{215.8\times10^{-3}\times8\times10^{-3}}=116\text{MPa}>[\tau]$$

τ_{max} 超过 $[\tau]$，所以必须重选较大型号（截面）的工字钢。试选 No.25b，其 $\dfrac{I_z}{S_{z\max}}=212.7\text{mm}$，$b=10\text{mm}$，再进行切应力强度校核

$$\tau_{max}=\frac{200\times10^3}{212.7\times10^{-3}\times10\times10^{-3}}=94\text{MPa}<[\tau]$$

因此选定 No.25b 工字钢，可同时满足正应力和切应力强度条件。如果试选的型号仍不能满足要求，可依次选择下一型号再计算，直到满足强度条件为止。本着强度够、又经济的原则，不宜跳越选择型号。

5.4 梁的合理设计

弯曲正应力为控制梁强度的主要因素。由梁的正应力强度条件

$$\sigma_{max}=\frac{M_{max}}{W_z}\leqslant[\sigma]$$

可知：降低最大弯矩、提高抗弯截面系数，或局部加强弯矩较大的梁段，都能降低梁的最大正应力，从而提高梁的承载能力。另外本着经济的原则，在满足强度要求的前提下，还须合理设计梁的截面形状和尺寸。现从以下几个方面考虑。

5.4.1 合理布置载荷和支座来降低 M_{max}

合理布置梁的载荷和支座，可使梁的最大弯矩减小，从而提高梁的承载能力。例如图 5.16（a）所示的简支梁，承受均布载荷 q 作用，如果将两端的铰支座各向内移动 $0.2l$（图 5.16（b）），则后者的最大弯矩仅为前者的 1/5。龙门吊车的横梁（图 5.17）其支承不在两端，就是这个道理。将集中载荷分散，也可使梁的最大弯矩减小。

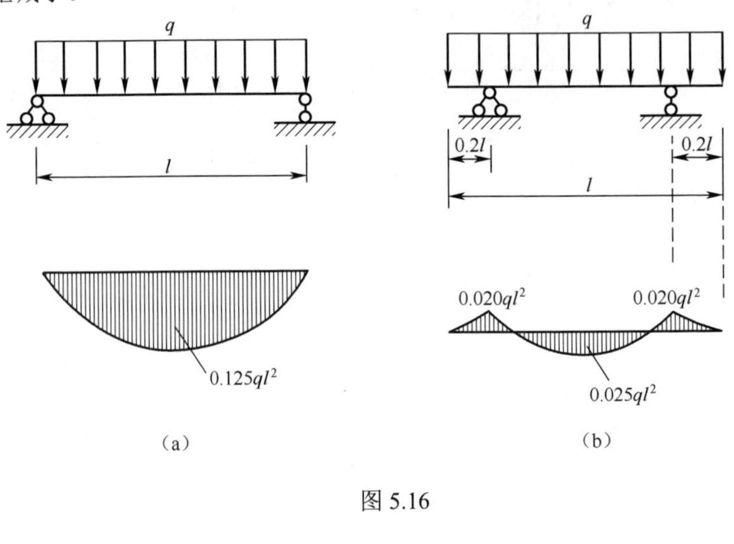

图 5.16

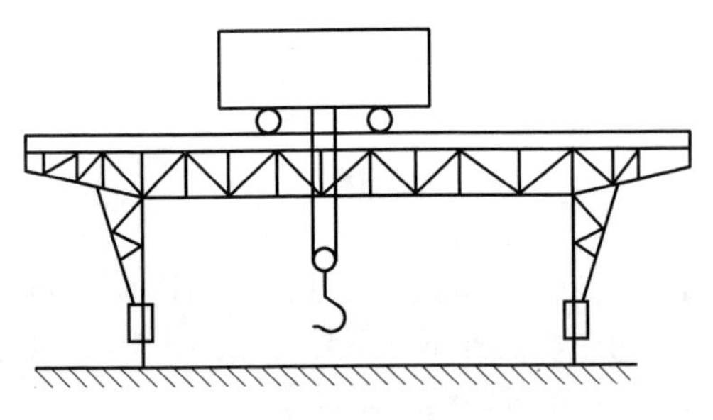

图 5.17

5.4.2 合理选取截面形状来增大 W_z

合理的截面形状，应是使用较小的截面面积，获得较大的抗弯截面系数。图 5.18 中各组的右图是较合理的截面形状。

在选择梁的合理截面形状时，还应考虑到材料的力学性质。对抗拉和抗压强度相等的材料（如碳钢），宜采用中性轴为对称轴的截面，这样可使截面上下边缘处的最大拉应力和最大压应力同时达到材料的许用应力。对抗拉和抗压强度不相等的材料，可采用关于中性轴不对称的截面，并使中性轴偏于受拉的一侧。

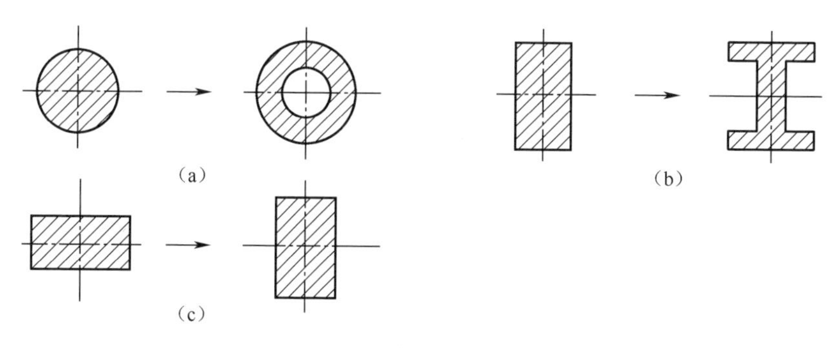

图 5.18

5.4.3 采用等强度梁

如果梁的弯矩随截面位置变化，若采用等截面梁，除最大弯矩所在的截面外，其他部分都未能充分发挥材料的作用。理想的设计应使所有横截面上的最大正应力均等于梁的许用应力，这样的梁，称为等强度梁。设梁的弯矩为$M(x)$，截面的抗弯截面系数为$W(x)$，则由等强度梁的要求，有

$$\sigma_{\max}=\frac{M(x)}{W(x)}=[\sigma] \tag{5.19}$$

下面以悬臂梁为例说明等强度梁的设计。设悬臂梁在自由端受集中力F作用，如图 5.19（a）所示。梁的截面设计成矩形，宽度为常量，高度可变。根据等强度梁的要求，解出截面高度$h(x)$随截面位置x变化的规律，即

$$\sigma_{\max}=\frac{M(x)}{W(x)}=\frac{6Fx}{b[h(x)]^2}=[\sigma]$$

$$h(x)=\sqrt{\frac{6Fx}{b[\sigma]}}$$

但在靠近自由端（$x=0$），截面的最小高度应按切应力强度条件设计（图 5.19（b）），即

$$\tau_{\max}=\frac{3F}{2bh}\leqslant[\tau]$$

$$h_{\min}=\frac{3F}{2b[\tau]}$$

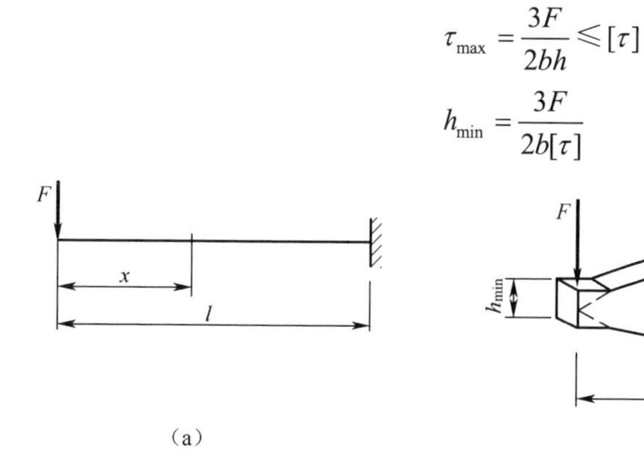

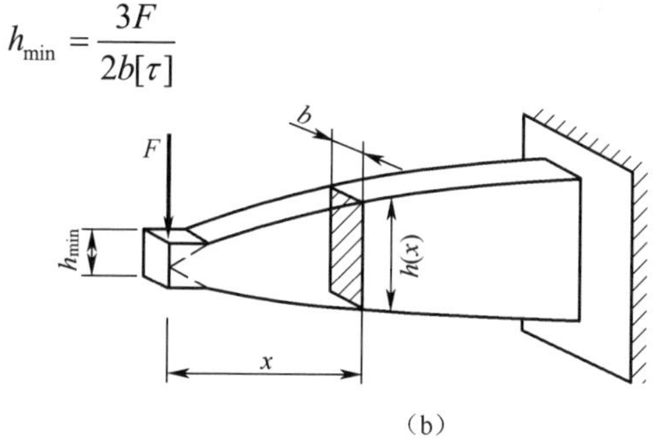

图 5.19

等强度梁是一种理想的变截面梁。考虑到制造上的便利，实际构件往往设计成近似等强度梁，如图 5.20 所示的摇臂、托架、阶梯形轴、车辆上的叠板弹簧和鱼腹梁。

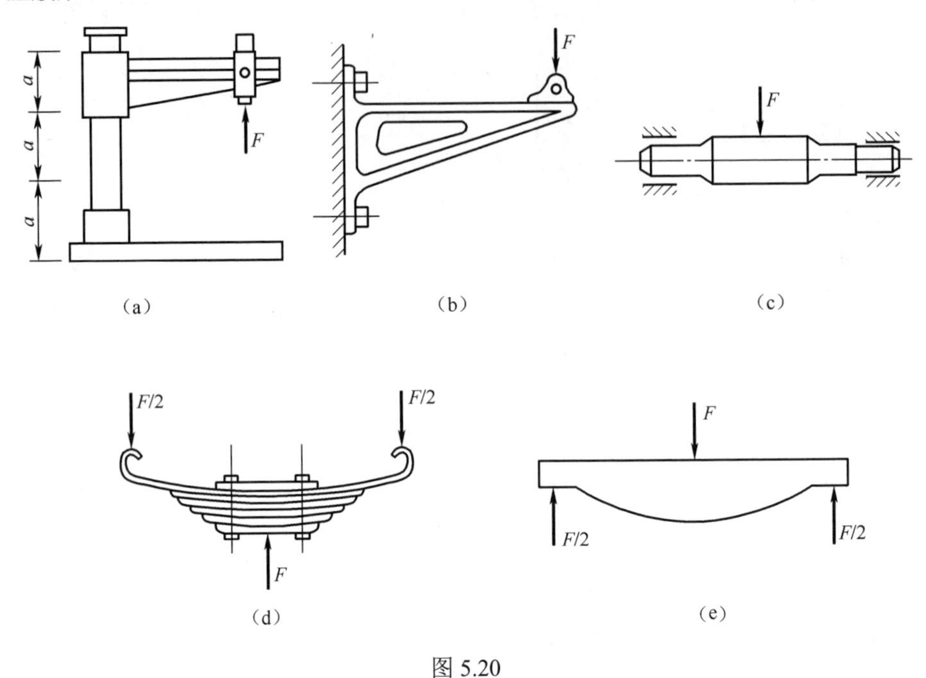

图 5.20

习题 5

5.1　直径为 d 的直金属丝，被绕在直径为 D 的轮缘上，如题 5.1 图所示，$D >> d$。求：（1）已知材料的弹性模量为 E，且金属丝保持在线弹性范围内，试求金属丝的最大弯曲正应力；（2）已知材料的屈服极限为 σ_s，如果要使已弯曲的金属丝能够完全恢复为直线形，求轮缘的最小直径。

5.2　题 5.2 图示由 16 号工字钢制成的简支梁承受集中载荷 F，在梁的截面 C-C 处下边缘上，用标距 $s = 20\text{mm}$ 的应变仪量得纵向伸长 $\Delta_s = 0.008\text{mm}$。已知梁的跨长 $l = 1.5\text{m}$，$a = 1\text{m}$，弹性模量 $E = 210\text{GPa}$。试求力 F 的大小。

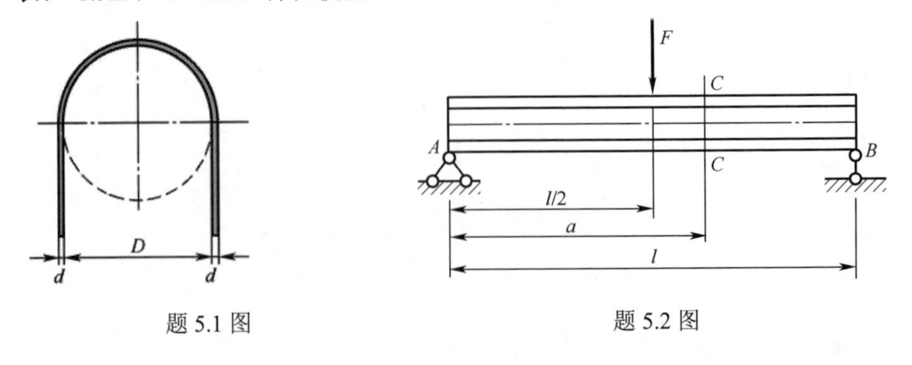

题 5.1 图　　　　题 5.2 图

5.3 试计算在题 5.3 图示均布载荷作用下，圆截面简支梁内最大正应力和最大切应力，并指出它们发生于何处。

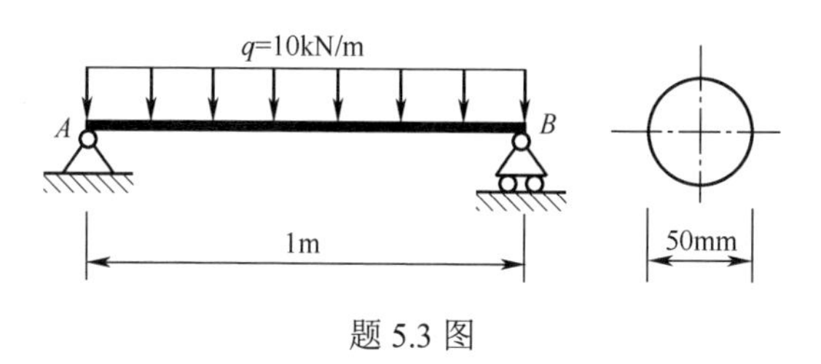

题 5.3 图

5.4 题 5.4 图示圆截面梁，外伸部分为空心管，试作其弯矩图，并求其最大弯曲正应力。

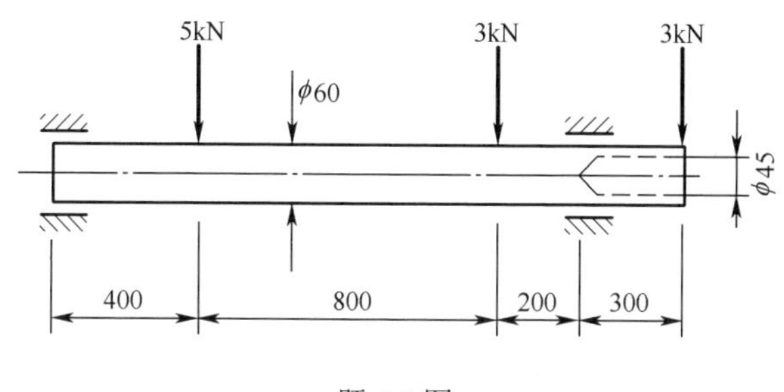

题 5.4 图

5.5 试计算题 5.5 图示矩形截面梁的 1-1 截面上 a 点和 b 点的正应力和切应力。

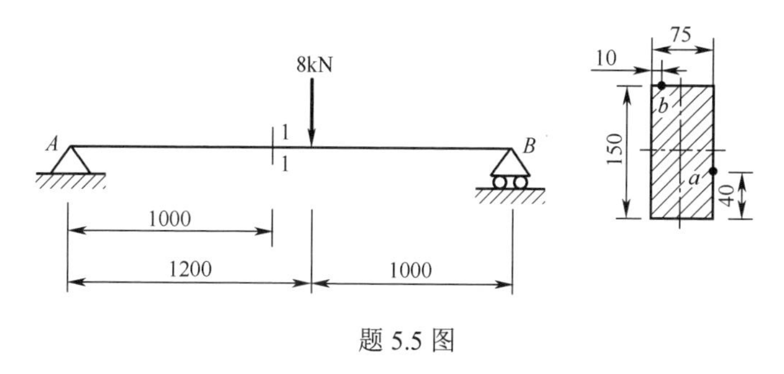

题 5.5 图

5.6 题 5.6 图示外伸梁，$q=10\text{kN}\cdot\text{m}$，$M_e=10\text{kN}\cdot\text{m}$，界面型心距离底边 $y_1=55.4\text{mm}$。试求：（1）梁的剪力图和弯矩图；（2）梁横截面上的最大拉应力和最大压应力；（3）梁横截面上的最大切应力。

5.7 矩形截面悬臂梁如题 5.7 图所示，已知 $l=4\text{m}$，$b/h=2/3$，$q=10\text{kN/m}$，$[\sigma]=10\text{MPa}$，试确定此梁横截面的尺寸。

5.8 No.20a 工字钢梁的支承和受力情况如题 5.8 图所示，若$[\sigma]=160\text{MPa}$，试求许可载荷。

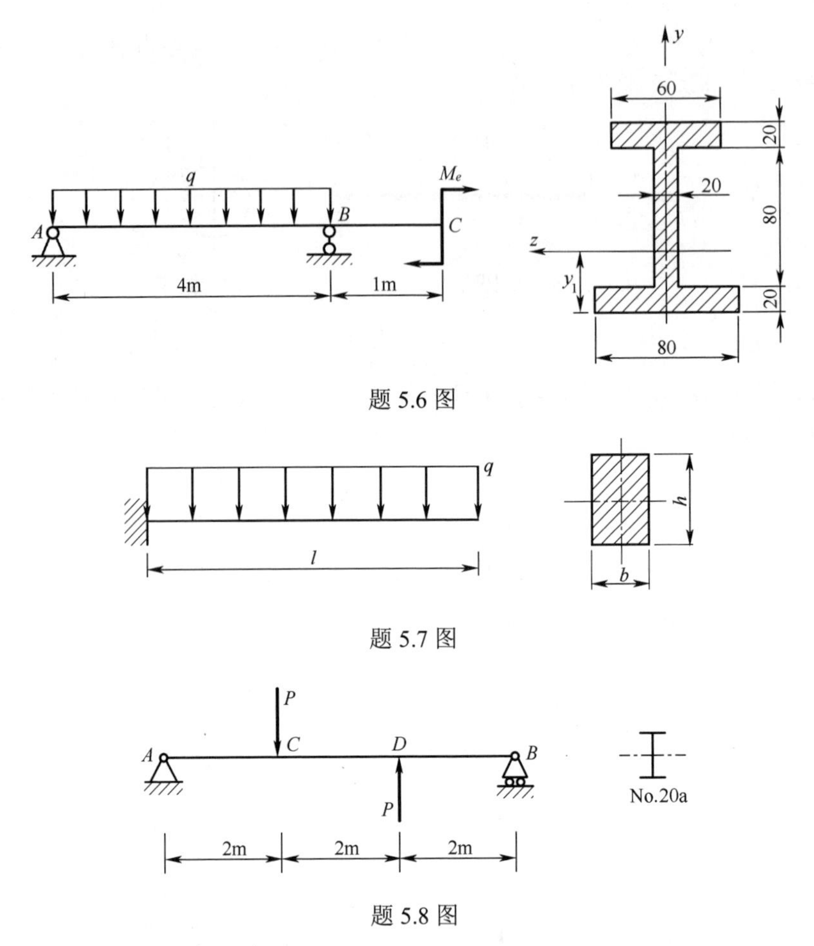

题 5.6 图

题 5.7 图

题 5.8 图

5.9　铸铁梁的载荷及横截面尺寸如题 5.9 图所示。许用拉应力$[\sigma_t]=40\text{MPa}$，许用压应力$[\sigma_c]=160\text{MPa}$。试按正应力强度条件校核该梁的强度。若载荷不变，但将 T 形梁倒置，即成为⊥形，是否合理？为什么？

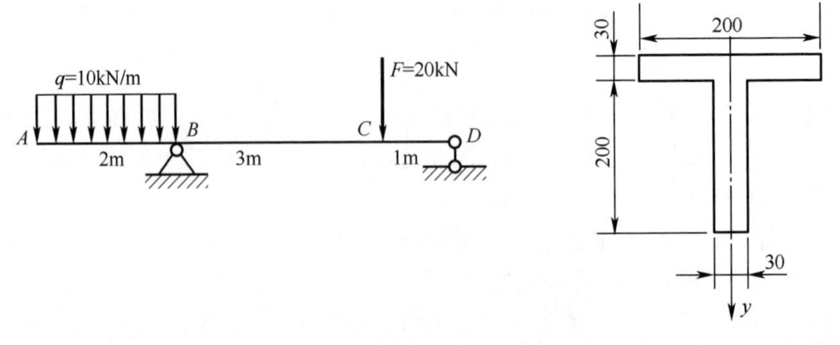

题 5.9 图

5.10　题 5.10 图示铸铁梁，载荷 F 可沿梁 AC 水平移动，其活动范围为 $0<\eta<3l/2$。试确定载荷 F 的许用值。已知许用拉应力$[\sigma_t]=35\text{MPa}$，许用压应

力$[\sigma_c]=140\text{MPa}$，$l=1\text{m}$。

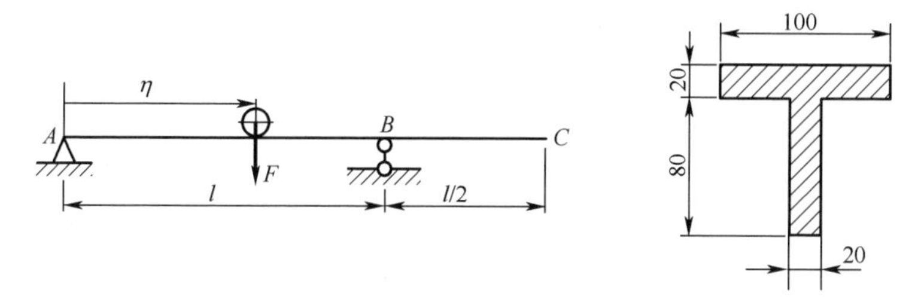

题 5.10 图

5.11　题 5.11 图示一起重机及梁，梁由两根工字钢组成，可移动的起重机自重$W=50\text{KN}$，起重机吊重$F=10\text{kN}$，若$[\sigma]=160\text{MPa}$，$[\tau]=80\text{MPa}$，试选择工字钢型号。

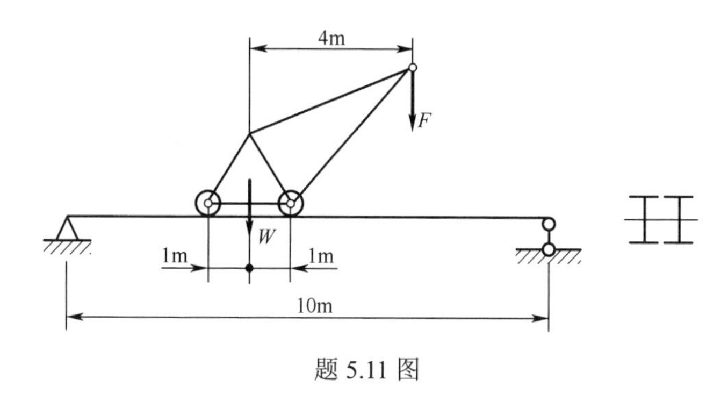

题 5.11 图

5.12　为了改善载荷分布，在主梁 AB 上安置辅助梁 CD，如题 5.12 图所示。若主梁和辅助梁的抗弯截面系数分别为W_{z1}和W_{z2}，材料相同，试求 a 的合理长度。

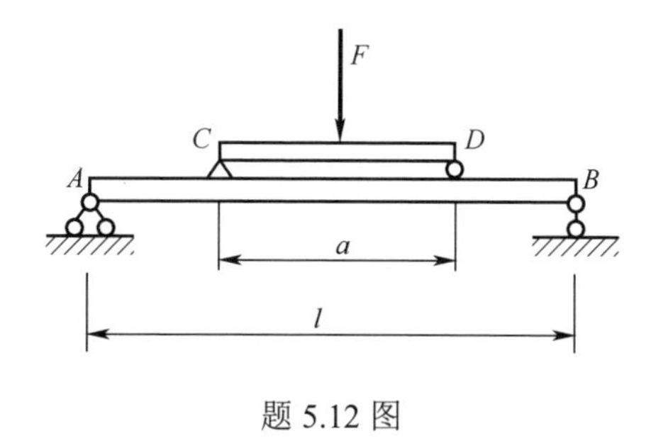

题 5.12 图

5.13　题 5.13 图示直径为d的圆木，现需从中切取一矩形截面梁，试问：

（1）如欲使所切矩形梁的弯曲强度最高，h 和 b 分别为何值；

（2）如欲使所切矩形梁的弯曲刚度最高，h 和 b 又应分别为何值。

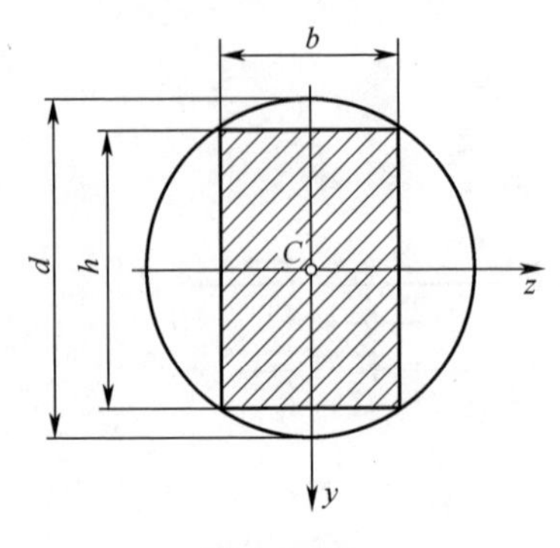

题 5.13 图

5.14　题 5.14 图示悬臂梁由三块胶合在一起，截面尺寸为：$b=100\text{mm}$，$a=50\text{mm}$。已知木材的$[\sigma]=10\text{MPa}$，$[\tau]=1\text{MPa}$，胶合面的$[\sigma_{胶}]=0.34\text{MPa}$，试求许可载荷$[P]$。

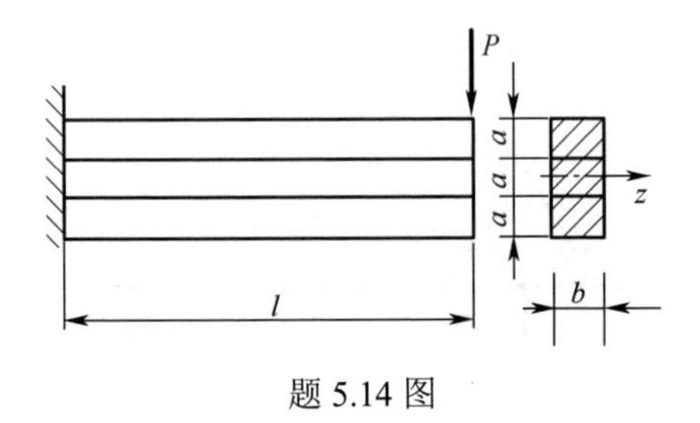

题 5.14 图

第 6 章

弯曲变形

6.1 概述

梁在正常工作时不仅要满足强度要求，还应满足刚度要求，即弯曲变形不宜过大。例如，机床主轴（图 6.1），弯曲变形过大时，会影响轴上齿轮间的正常啮合，并影响加工精度。又如，输送液体的管道，若弯曲变形过大，会影响管道内液体的正常输送，出现管道内的积液现象。

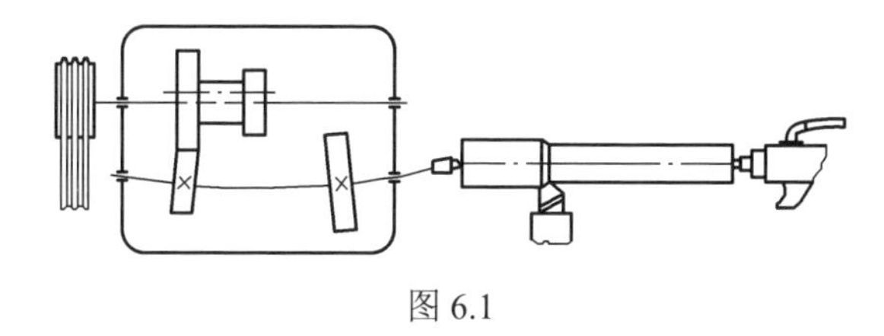

图 6.1

但是在某些情况下，也可利用弯曲变形解决工程问题。例如载重车辆上使用的叠板弹簧（图 6.2）正是利用弯曲变形以达到缓冲减振的作用。所以在工程实际中需要掌握弯曲变形的计算方法。本章将讨论梁的变形与位移的计算，建立梁的刚度条件。

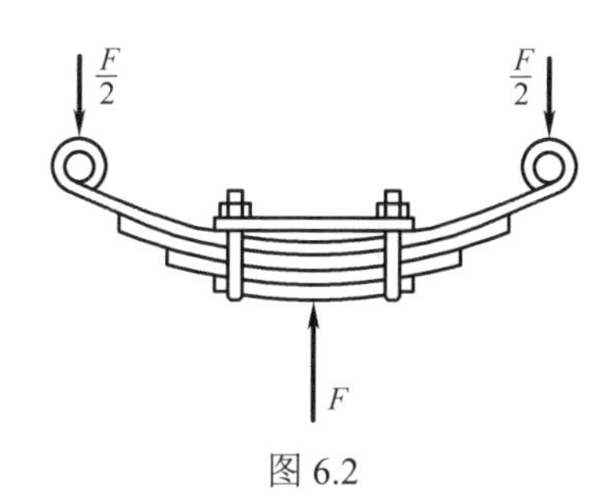

图 6.2

6.2 梁的挠曲线近似微分方程

梁在平面弯曲时，其轴线将弯曲成为一条光滑的曲线。根据图 6.3 所示的变形曲线，梁的弯曲变形可以由两个变量来度量：横截面形心沿 y 轴方向的线位移

w，称为该截面的挠度；横截面相对于原位置绕中性轴转过的角位移θ，称为该截面的转角。在图 6.3 所示坐标系下规定：挠度向下为正，向上为负；转角顺时针为正，逆时针为负。严格地说，梁的横截面形心还有 x 方向的位移，由于工程中梁的变形很小，挠曲线是一条非常平坦的曲线，故横截面形心在 x 方向的位移可略去不计。

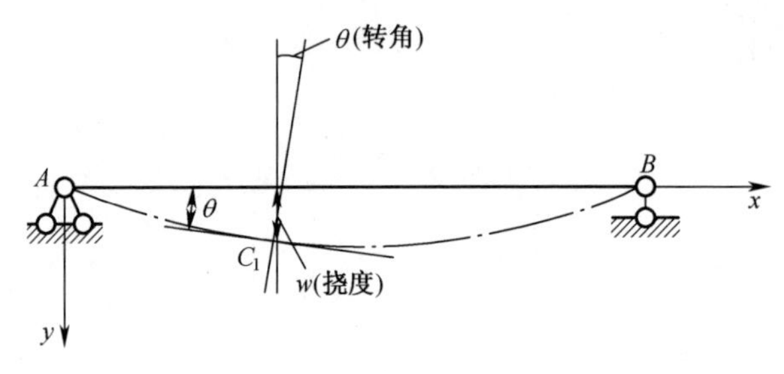

图 6.3

如图 6.3 所示的简支梁，变形后的梁轴线将成为 xy 平面内的一条光滑的曲线，该曲线称作梁的挠曲线，挠曲线方程（或称为挠度方程）可以表示为

$$w = f(x) \tag{6.1}$$

根据平面假设，梁的横截面在变形前垂直于轴线，变形后仍垂直于轴线，所以截面转角θ就是挠曲线的法线与 y 轴的夹角，亦即挠曲线的切线与 x 轴的夹角。因为挠曲线是一条非常平坦的曲线，θ是一个非常小的角度，故有

$$\theta \approx \tan\theta = \frac{\mathrm{d}w}{\mathrm{d}x} = f'(x) \tag{6.2}$$

式（6.2）说明，横截面转角近似地等于挠曲线上与该横截面对应的点处切线的斜率。

在第 5 章推导纯弯曲正应力时，曾得到梁的中性层的曲率表达式为

$$\frac{1}{\rho} = \frac{M}{EI} \tag{a}$$

对于细长梁，若忽略剪力对弯曲变形的影响，式（a）仍适用，梁的挠曲线的曲率可表示为

$$\frac{1}{\rho(x)} = \frac{M(x)}{EI} \tag{b}$$

即梁的任一截面处挠曲线的曲率与该截面上的弯矩成正比，与截面的抗弯刚度 EI 成反比。

另外，由高等数学知，曲线 $w = f(x)$ 任一点的曲率为

$$\frac{1}{\rho(x)} = \pm\frac{w''}{[1+(w')^2]^{\frac{3}{2}}} \tag{c}$$

显然，上述关系同样适用于挠曲线。比较式（b）和（c），可得

$$\pm\frac{w''}{[1+(w')^2]^{\frac{3}{2}}}=\frac{M(x)}{EI} \tag{d}$$

式（d）称为挠曲线微分方程。这是一个二阶非线性常微分方程，求解是很困难的。而在工程实际中，梁的挠度 w 和转角 θ 数值都很小，因此，$(w')^2$ 之值和 1 相比很小，可以略去不计，于是，该式可简化为

$$\pm w''=\frac{M(x)}{EI}$$

式中，左边正负号的选择，与坐标系纵轴的正向选择有关。

如图 6.4(a)所示坐标系中，当梁的弯矩 $M>0$ 时，梁的挠曲线二阶导数 $w''>0$，这种情况下上式的左边为正号；如图 6.4（b）所示坐标系中，当梁的弯矩 $M>0$ 时，梁的挠曲线二阶导数 $w''<0$，这种情况下上式的左边则为负号。本书采用图 6.4（b）所示坐标系，故上式的左边应取负号，即

$$w''=-\frac{M(x)}{EI} \tag{6.3}$$

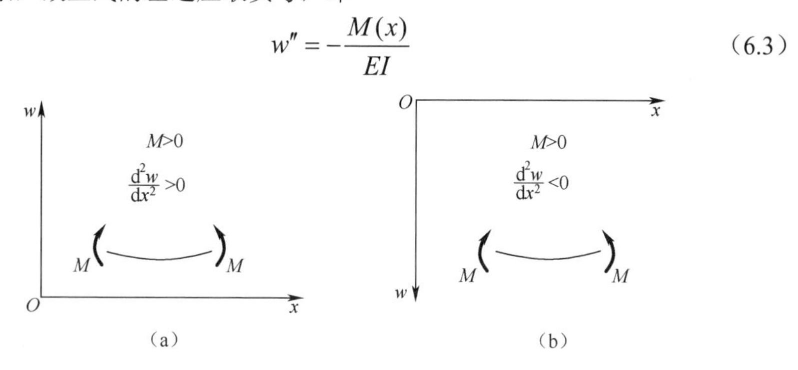

图 6.4

式（6.3）称为梁的挠曲线近似微分方程，解此方程即可求得梁的挠度，同时利用公式（6.2），又可求得梁横截面的转角。实践表明，由此方程求得的挠度和转角，对工程计算来说，已足够精确。

6.3 积分法求梁的弯曲变形

求解梁的挠曲线近似微分方程，可得到梁的挠度方程和转角方程，并可求出梁任意截面的挠度和转角。这种计算梁的弯曲变形的方法，称为积分法。

等直梁的 EI 为常数，式（6.3）又可表示为

$$EIw''=-M(x)$$

两边积分，可得梁的转角方程为

$$EIw'=EI\theta=-\int M(x)\mathrm{d}x+C$$

再次积分，即可得到梁的挠曲线方程

$$EIw=-\int\left(\int M(x)\mathrm{d}x\right)\mathrm{d}x+Cx+D$$

式中，C 和 D 为积分常数，它们可由梁的边界条件（即支座对梁的挠度和转角的

限制）确定。两种典型的边界条件如下：①固定端约束限制线位移和角位移，$w=0$ 和 $\theta=0$；②铰支座只限制线位移，$w=0$。

由第 4 章的弯矩方程可知，不同的梁段，弯矩方程的表达式可能是不相同的，所以对式（6.3）需要分段积分，分别解出各段的挠度方程和转角方程。在这种情况下，为了确定各个积分常数，除了需要利用梁的边界条件外，还需要利用梁分段点处的连续性条件。由于梁的挠曲线是一条连续光滑曲线，在分段点处，相邻两段梁交界处的挠度和转角必然相等。于是每增加一段就多提供两个确定积分常数的条件，这就是连续性条件。

例 6.1 等截面悬臂梁受均布载荷作用，抗弯刚度为 EI，如图 6.5 所示，求自由端 B 处的挠度与转角。

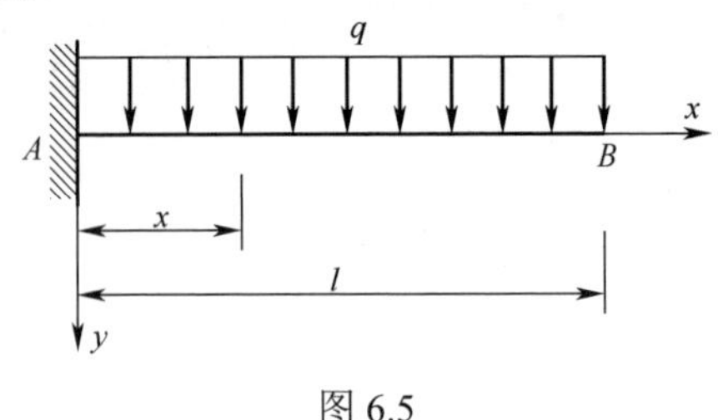

图 6.5

解：（1）列出弯矩方程。

$$M(x)=-\frac{1}{2}ql^2+qlx-\frac{1}{2}qx^2$$

（2）建立挠曲线近似微分方程并积分。

$$EIw''=\frac{1}{2}ql^2-qlx+\frac{1}{2}qx^2$$

积分一次得转角方程

$$EIw'=\frac{1}{2}ql^2x-\frac{1}{2}qlx^2+\frac{1}{6}qx^3+C$$

再积分一次得挠曲线方程

$$EIw=\frac{1}{4}ql^2x^2-\frac{1}{6}qlx^3+\frac{1}{24}qx^4+Cx+D$$

（3）确定积分常数。

由边界条件 $x=0$ 时：$w=0$，$w'=\theta=0$，求解得积分常数 $C=D=0$。

（4）确定挠度方程和转角方程。

$$EIw=\frac{1}{4}ql^2x^2-\frac{1}{6}qlx^3+\frac{1}{24}qx^4$$

$$EI\theta=\frac{1}{2}ql^2x-\frac{1}{2}qlx^2+\frac{1}{6}qx^3$$

（5）计算自由端 B 处的挠度和转角。

将 $x=l$ 代入挠度方程和转角方程中，得自由端 B 处的挠度和转角为

$$w_B=\frac{ql^4}{8EI},\quad \theta_B=\frac{ql^3}{6EI}$$

例 6.2 如图 6.6 所示悬臂梁，抗弯刚度为 EI，求梁的挠度方程、转角方程以及自由端 A 处的挠度和转角。

解：（1）建立坐标如图 6.7 所示，列出弯矩方程。

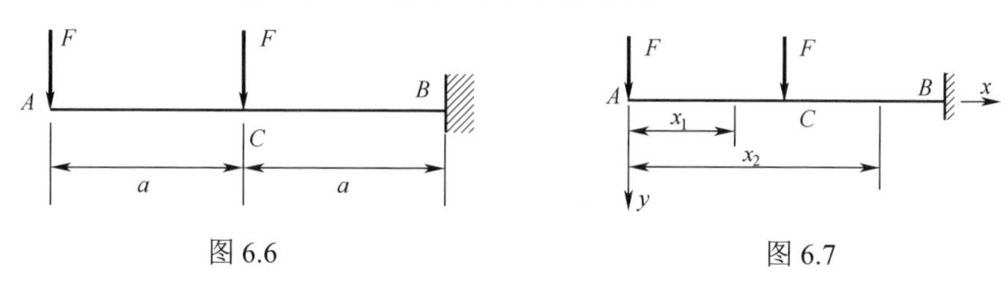

图 6.6　　　　图 6.7

AC 段：
$$M_1(x_1)=-Fx_1\ (0\leqslant x_1\leqslant a)$$

CB 段：
$$M_2(x_2)=-Fx_2-F(x_2-a)\ (a\leqslant x_2\leqslant 2a)$$

（2）建立挠曲线近似微分方程并积分。

AC 段：
$$EIw_1''=-M_1(x_1)=Fx_1\ (0\leqslant x_1\leqslant a)$$

CB 段：
$$EIw_2''=-M_2(x_2)=Fx_2+F(x_2-a)\ (a\leqslant x_2\leqslant 2a)$$

积分一次得转角方程

AC 段：
$$EI\theta_1=\frac{F}{2}x_1^2+C_1\ (0\leqslant x_1\leqslant a)$$

CB 段：
$$EI\theta_2=\frac{F}{2}x_2^2+\frac{F}{2}(x_2-a)^2+C_2\ (a\leqslant x_2\leqslant 2a)$$

再积分一次得挠度方程

AC 段：
$$EIw_1=\frac{F}{6}x_1^3+C_1x_1+D_1\ (0\leqslant x_1\leqslant a)$$

CB 段：
$$EIw_2=\frac{F}{6}x_2^3+\frac{F}{6}(x_2-a)^3+C_2x_2+D_2\ (a\leqslant x_2\leqslant 2a)$$

（3）确定积分常数。

由边界条件 $x_2=2a$ 时，$w_2=0$，$\theta_2=0$；连续性条件 $x_1=x_2=a$ 时，$w_1=w_2$，$\theta_1=\theta_2$，求解得积分常数 $C_1=C_2=-\frac{5}{2}Fa^2$，$D_1=D_2=\frac{7}{2}Fa^3$。

（4）确定挠度方程和转角方程。

AC 段：
$$w_1=\frac{1}{EI}\left(\frac{F}{6}x_1^3-\frac{5}{2}Fa^2x_1+\frac{7}{2}Fa^3\right)\ (0\leqslant x_1\leqslant a)$$
$$\theta_1=\frac{1}{EI}\left(\frac{F}{2}x_1^2-\frac{5}{2}Fa^2\right)\ (0\leqslant x_1\leqslant a)$$

CB 段：
$$w_2=\frac{1}{EI}\left[\frac{F}{6}x_2^3+\frac{F}{6}(x_2-a)^3-\frac{5}{2}Fa^2x_2+\frac{7}{2}Fa^3\right]\ (a\leqslant x_2\leqslant 2a)$$
$$\theta_2=\frac{1}{EI}\left[\frac{F}{2}x_2^2+\frac{F}{2}(x_2-a)^2-\frac{5}{2}Fa^2\right]\ (a\leqslant x_2\leqslant 2a)$$

（5）计算自由端 A 处的挠度和转角。

将 $x_1=0$ 代入 AC 段挠度方程和转角方程中，得自由端的挠度和转角分别为

$$w_A = \frac{7Fa^3}{2EI}，\ \theta_A = -\frac{5Fa^2}{2EI}。$$

6.4 叠加法求梁的弯曲变形

积分法是求梁弯曲变形的基本方法，但当梁上载荷复杂时，由于弯矩方程式分段较多，积分常数也就愈多，确定积分常数就变得十分冗繁，积分法就显得比较繁琐。实际工程中常常只需确定某些特定截面的转角和挠度，因此需要一种更加简便易行的方法。在材料服从胡克定律和小变形情况下，挠曲线微分方程是线性的，线性方程的解可以用叠加法求得。

设梁上作用着两种载荷，第一种载荷引起的弯矩为 $M_1(x)$，挠度为 $w_1(x)$；第二种载荷引起的弯矩为 $M_2(x)$，挠度为 $w_2(x)$。在材料服从胡克定律和小变形情况下，两种载荷共同作用时所引起的弯矩为 $M(x) = M_1(x) + M_2(x)$。当两种载荷单独作用时的挠曲线微分方程分别为

$$EIw_1'' = -M_1(x)$$
$$EIw_2'' = -M_2(x)$$

将以上两个式子相加，得

$$EI(w_1 + w_2)'' = -M_1(x) - M_2(x) \tag{a}$$

两种载荷同时作用时的挠曲线微分方程为

$$EIw'' = -M(x) \tag{b}$$

比较（a）、（b）两式，得

$$w(x) = w_1(x) + w_2(x)$$

两边同时求导得

$$\theta(x) = \theta_1(x) + \theta_2(x)$$

由此可知，梁上几种载荷共同作用时的挠度或转角，等于几种载荷各自单独作用时的挠度或转角的代数和。这就是求挠度或转角的叠加法。为了方便使用，将梁在简单载荷作用下的变形汇总于表6.1中。

表 6.1　梁在简单载荷作用下的挠度和转角

序号	梁的简图	挠曲线方程	转角和挠度
①	A　B　m　θ_B　w_B　l	$w = \frac{mx^2}{2EI_z}$	$\theta_B = \frac{ml}{EI_z}$ $w_B = \frac{ml^2}{2EI_z}$
②	A　B　m　θ_B　w_B　a　l	$w = \frac{mx^2}{2EI_z}$　$(0 \leqslant x \leqslant a)$ $w = \frac{ma}{EI_z}\left[(x-a) + \frac{a}{2}\right]$ $(a \leqslant x \leqslant l)$	$\theta_B = \frac{ma}{EI_z}$ $w_B = \frac{ma}{EI_z}\left(l - \frac{a}{2}\right)$

续表

序号	梁的简图	挠曲线方程	转角和挠度
③	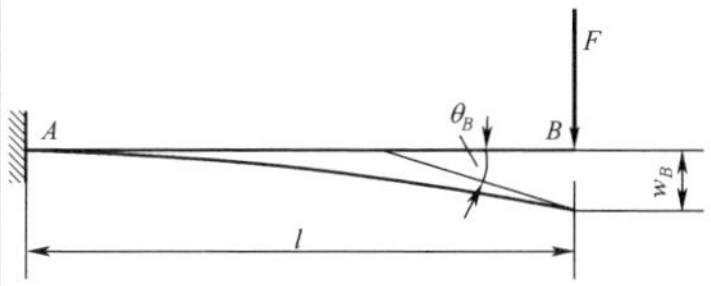	$w=\frac{Fx^2}{6EI_z}(3l-x)$	$\theta_B=\frac{Fl^2}{2EI_z}$ $w_B=\frac{Fl^3}{3EI_z}$
④	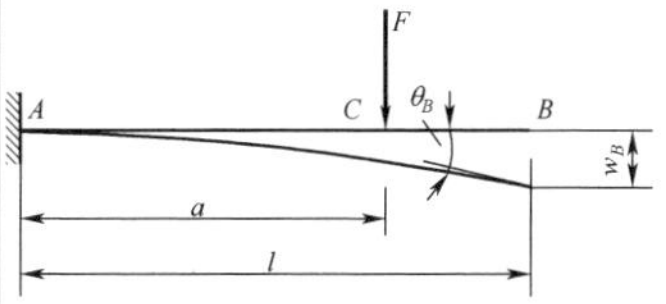	$w=\frac{Fx^2}{6EI_z}(3a-x)$ $(0\leqslant x\leqslant a)$ $w=\frac{Fa^2}{6EI_z}(3x-a)$ $(a\leqslant x\leqslant l)$	$\theta_B=\frac{Fa^2}{2EI_z}$ $w_B=\frac{Fa^2}{6EI_z}(3l-a)$
⑤	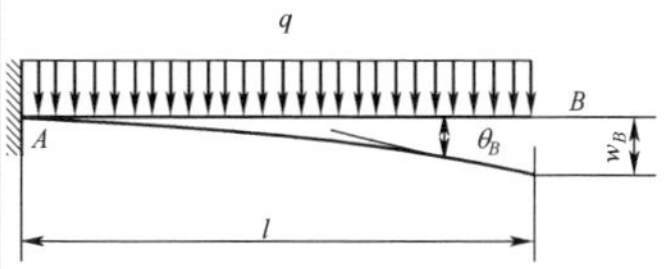	$w=\frac{qx^2}{24EI_z}(x^2-4lx+6l^2)$	$\theta_B=\frac{ql^3}{6EI_z}$ $w_B=\frac{ql^4}{8EI_z}$
⑥	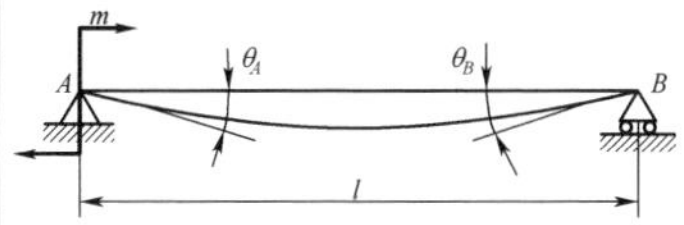	$w=\frac{mx}{6EI_z l}(1-x)(2l-x)$	$\theta_A=\frac{ml}{3EI_z}$ $\theta_B=-\frac{ml}{6EI_z}$ 在 $x=\left(1-\frac{1}{\sqrt{3}}\right)l$ 处， $w_{\max}=\frac{ml^2}{9\sqrt{3}EI_z}$ 在 $x=\frac{l}{2}$ 处， $w_{\frac{l}{2}}=\frac{ml^2}{16EI_z}$
⑦	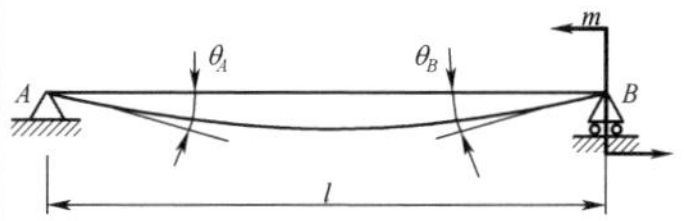	$w=\frac{mx}{6EI_z l}(l^2-x^2)$	$\theta_A=\frac{ml}{6EI_z}$ $\theta_B=-\frac{ml}{3EI_z}$ 在 $x=\frac{1}{\sqrt{3}}$ 处， $w_{\max}=\frac{ml^2}{9\sqrt{3}EI_z}$ 在 $x=\frac{l}{2}$ 处， $w_{\frac{l}{2}}=\frac{ml^2}{16EI_z}$

续表

序号	梁的简图	挠曲线方程	转角和挠度
⑧		$w=-\frac{mx}{6EI_z l}(l^2-3b^2-x^2)$ $(0\leqslant x\leqslant a)$ $w=-\frac{m}{6EI_z l}[-x^3+3l(x-a)^2+(l^2-3b^2)x]$ $(a\leqslant x\leqslant l)$	$\theta_A=-\frac{m}{6EI_z l}(l^2-3b^2)$ $\theta_B=-\frac{m}{6EI_z l}(l^2-3a^2)$
⑨		$w=\frac{Fx}{48EI_z}(3l^2-4x^2)$ $(0\leqslant x\leqslant \frac{l}{2})$	$\theta_A=-\theta_B=\frac{Fl^2}{16EI_z}$ $w_{\max}=\frac{Fl^3}{48EI_z}$
⑩		$w=\frac{Fbx}{6EI_z l}(l^2-x^2-b^2)$ $(0\leqslant x\leqslant a)$ $w=\frac{Fb}{6EI_z l}\left[\frac{1}{6}(l-a)^3+(l^2-b^2)x-x^2\right]$ $(a\leqslant x\leqslant l)$	$\theta_A=\frac{Fab(l+b)}{6EI_z l}$ $\theta_B=-\frac{Fab(l+a)}{6EI_z l}$ 设 $a>b$，在 $x=\sqrt{\frac{l^2-b^2}{3}}$ 处， $w_{\max}=\frac{Fb(l^2-b^2)^{\frac{1}{2}}}{9\sqrt{3}EI_z l}$ 在 $x=\frac{l}{2}$ 处， $w_{\frac{l}{2}}=\frac{Fb(3l^2-4b^2)}{48EI_z}$
⑪		$w=\frac{qx^2}{24EI_z}(l^3-2lx^2+x^3)$	$\theta_A=-\theta_B=\frac{ql^3}{24EI_z}$ $w_{\max}=\frac{5ql^4}{384EI_z}$
⑫		$w=-\frac{Fax}{6EI_z l}(l^2-x^2)$ $(0\leqslant x\leqslant l)$ $w=-\frac{F(x-l)}{6EI_z}[a(3x-1)-(x-l)^2]$ $(l\leqslant x\leqslant (l+a))$	$\theta_A=-\frac{1}{2}\theta_B=-\frac{Fal}{6EI_z}$ $\theta_C=\frac{Fa}{6EI_z}(2l+3a)$ $w_C=\frac{Fa^2}{3EI_z}(l+a)$
⑬		$w=-\frac{mx}{6EI_z l}(x^2-l^2)$, $0\leqslant x\leqslant l$ $w=-\frac{m}{6EI_z}(3x^2-4xl+l^2)$ $(l\leqslant x\leqslant (l+a))$	$\theta_A=-\frac{1}{2}\theta_B=-\frac{ml}{6EI_z}$ $\theta_C=\frac{m}{3EI_z}(l+3a)$ $w_C=\frac{ma}{6EI_z}(2l+3a)$

例 6.3 如图 6.8 所示，简支梁受集中力 F 和集中力偶 M 共同作用，梁的刚度为 EI，求梁中点的挠度 w_C 和 A 截面的转角 θ_A。

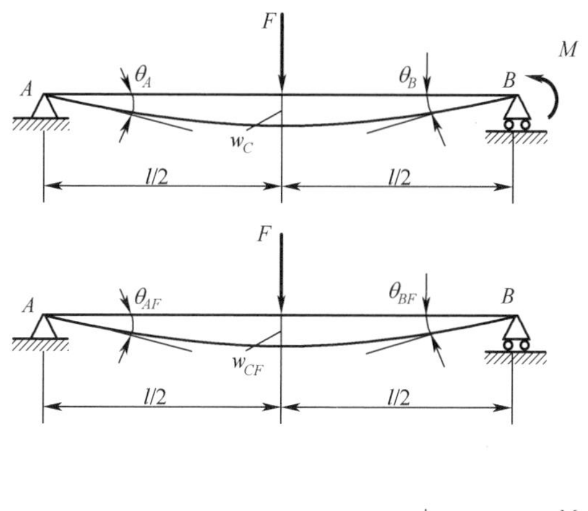

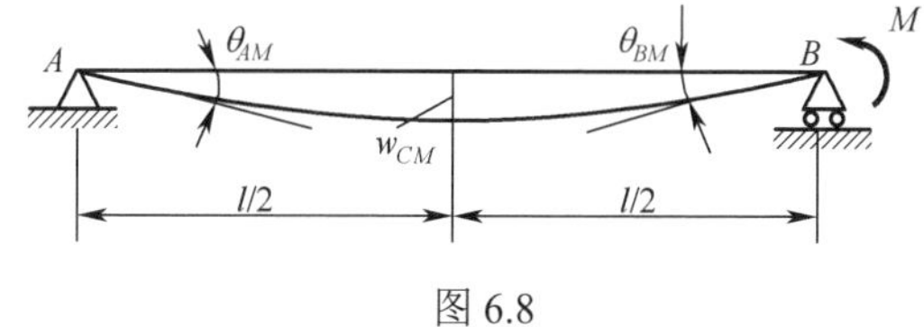

图 6.8

解：梁在载荷 F 单独作用时，由表 6.1 查得

$$w_{CF}=\frac{Fl^3}{48EI}，\quad \theta_{AF}=\frac{Fl^2}{16EI}$$

梁在集中力偶 M 单独作用时，由表 6.1 查得

$$w_{CM}=\frac{Ml^2}{16EI}，\quad \theta_{AM}=\frac{Ml}{6EI}$$

所以，F 和 M 共同作用时，C 截面挠度和 A 截面转角分别为

$$w_C=w_{CF}+w_{CM}=\frac{Fl^3}{48EI}+\frac{Ml^2}{16EI}，\quad \theta_A=\theta_{AF}+\theta_{AM}=\frac{Fl^2}{16EI}+\frac{Ml}{6EI}$$

例 6.4 外伸梁承受载荷如图 6.9 所示，$F=\frac{1}{2}ql$，抗弯刚度为 EI，求 A 截面的转角和 BC 中点 D 截面的挠度。

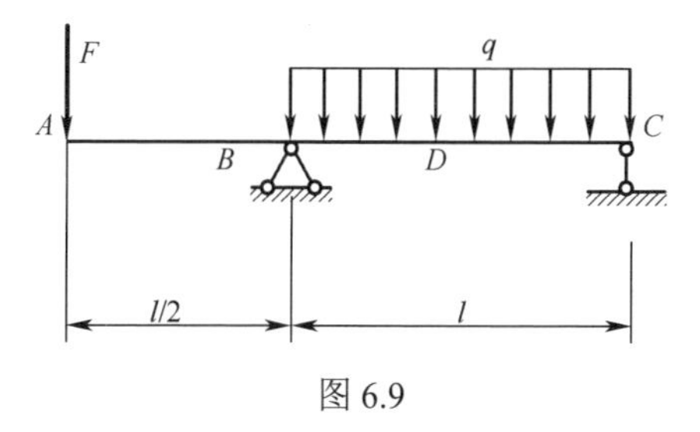

图 6.9

解：将结构分解如图 6.10 所示。

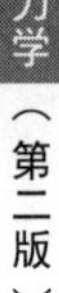

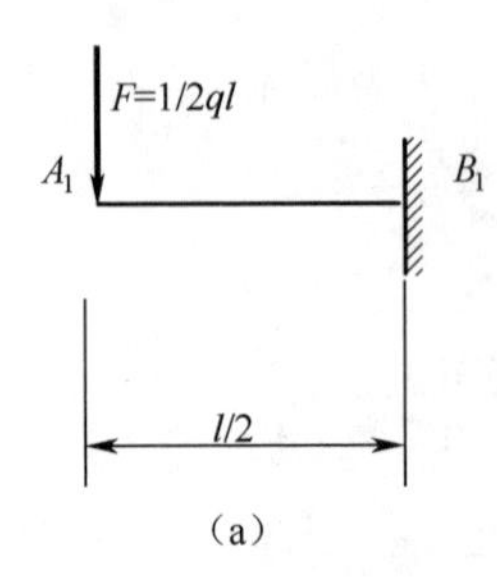

(a)

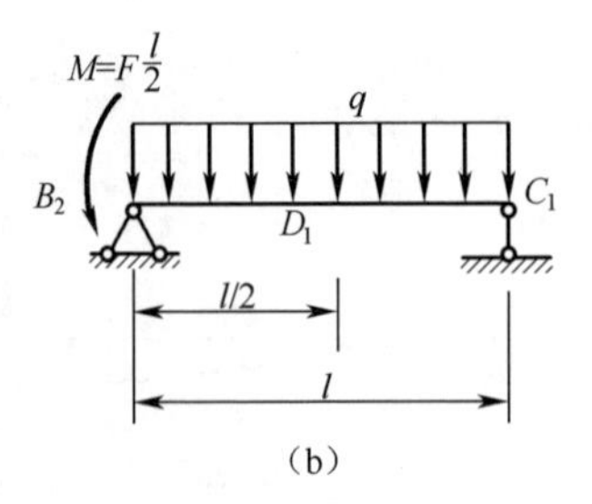

(b)

图 6.10

图 6.10（b）又可以分解为图 6.11。

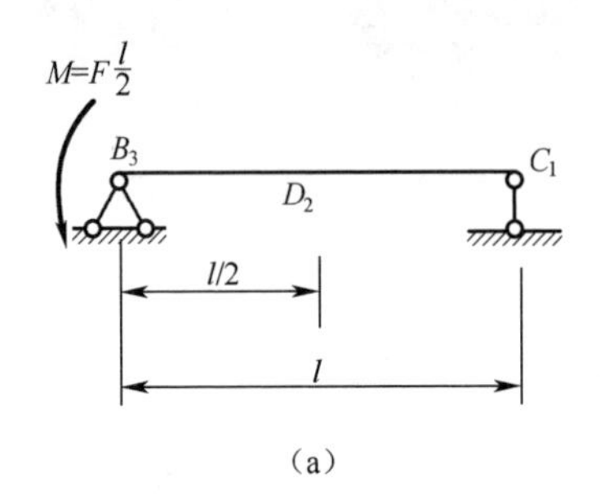

(a)

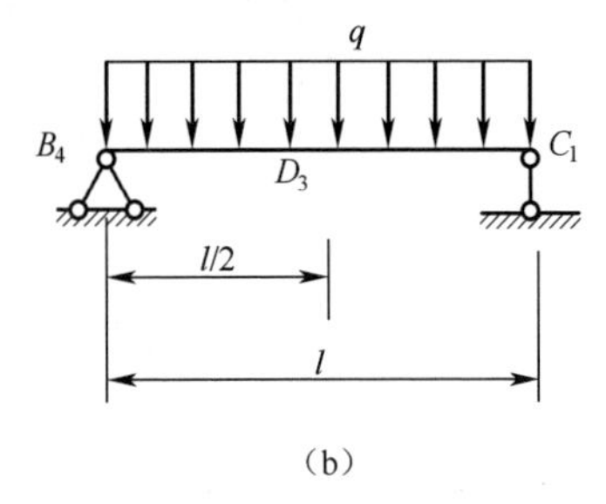

(b)

图 6.11

利用表 6.1 查得各截面的转角和挠度。

θ_A 为 θ_{A1}、θ_{B3} 和 θ_{B4} 的叠加，得

$$\theta_A=-\frac{ql^3}{16EI}-\frac{ql^3}{12EI}+\frac{ql^3}{24EI}=-\frac{5ql^3}{48EI}$$

w_D 为 w_{D2} 和 w_{D3} 的叠加，得

$$w_D=-\frac{ql^4}{64EI}+\frac{5ql^4}{384EI}=-\frac{ql^4}{384EI}$$

6.5 简单超静定梁

在工程实际中为了减小梁的挠度和应力，常给静定梁增加支承。例如安装在车床卡盘上的工件较长时（图 6.12），切削时会产生较大的挠度，影响加工精度。为了减小挠度，可以在工件的自由端用尾架上的顶尖顶紧（图 6.13（a）），这相当于增加了一个滚动支座（图 6.13（b））。这时工件的约束力有四个：F_{Ax}、F_{Ay}、M_A 和 F_{RB}，而静力平衡方程只有三个。这样，未知约束力的数目多于平衡方程的数目，仅由静力平衡方程不能求解全部约束力，这种梁称为超静定梁。

在上例中，增加的滚动支座对于维持梁的平衡来说是多余的，习惯上称为多余约束，与其对应的支座约束力称为多余支座约束力。多余约束的数目就是超静定的次数，本例中未知力数目比平衡方程数目多出一个，是一次超静定梁。

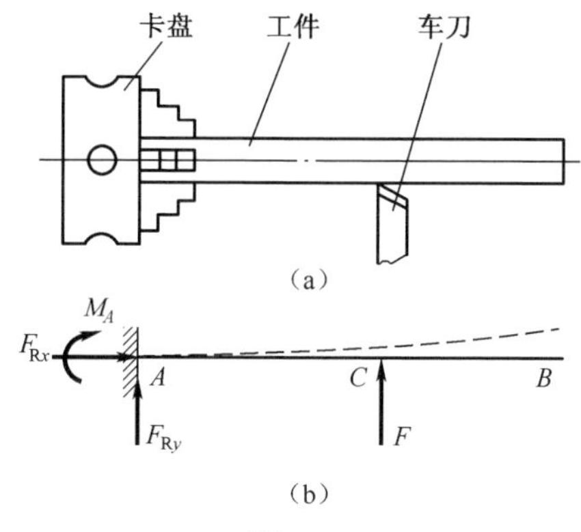

图 6.12

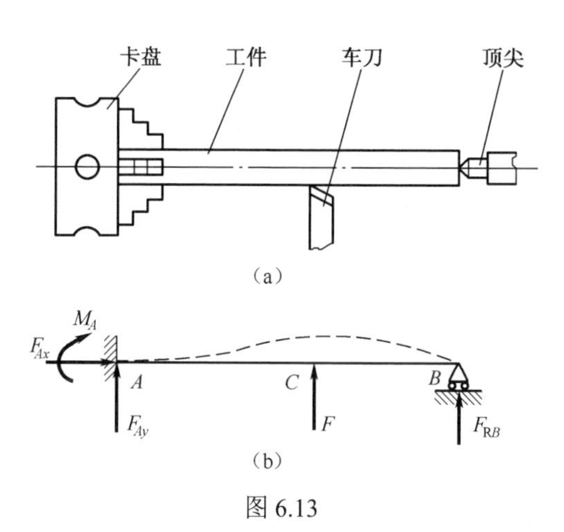

图 6.13

解超静定梁与解拉压超静定问题相似，关键要根据多余约束所提供的变形条件来建立补充方程，然后与静力平衡方程联立求解。如何建立补充方程，是解超静定梁的关键。

如果撤除超静定梁上的多余约束，则此超静定梁又将变为一个静定梁，这个静定梁称为原超静定梁的基本静定梁。例如图 6.14（a）所示的超静定梁，如果以 B 端的滚动铰支座为多余约束，将其撤除后而代之为未知支座约束力 F_{RB} 的悬臂梁即为原超静定梁的基本静定梁。基本静定梁的受力应与原超静定梁完全一致，所以作用于基本静定梁上的外力除原来的载荷外，还应加上多余支座约束力，同时，还要求基本静定梁满足一定的变形协调条件。例如，上述的基本静定梁的受力情况如图 6.14（c）所示，由于原超静定梁在 B 端有滚动铰支座，因此，基本静定梁在 B 端的挠度为零，即

$$w_B = 0$$

这就是变形协调条件。根据变形协调条件及力与变形间的物理关系，即可建立补充方程。由图 6.14（c）可见，B 端的挠度为零，可将其视为均布载荷引起的挠度 w_{Bq} 与未知支座约束力 F_{RB} 引起的挠度 w_{BR} 的叠加结果，即

$$w_B = w_{Bq} + w_{BR} = 0 \tag{a}$$

由表 6.1 查得 $w_{Bq} = \frac{ql^4}{8EI}$， $w_{BR} = -\frac{F_{RB}l^3}{3EI}$。

将其代入式（a），得

$$\frac{ql^4}{8EI} - \frac{F_{RB}l^3}{3EI} = 0$$

这就是所需的补充方程。由此可解出多余支座约束力为

$$F_{RB} = \frac{3}{8}ql$$

求得多余支座约束力后，再利用平衡方程，其他支座约束力即可解得，根据梁的平衡方程可得

$$F_{Ax} = 0\text{，}\ F_{Ay} = \frac{5}{8}ql\text{，}\ M_A = \frac{1}{8}ql^2$$

这样，就解出了超静定梁的全部支座约束力。所得结果均为正值，说明各支座约束力的方向和约束力偶的转向与假设的一致。支座约束力求得后，即可进行强度和刚度计算。

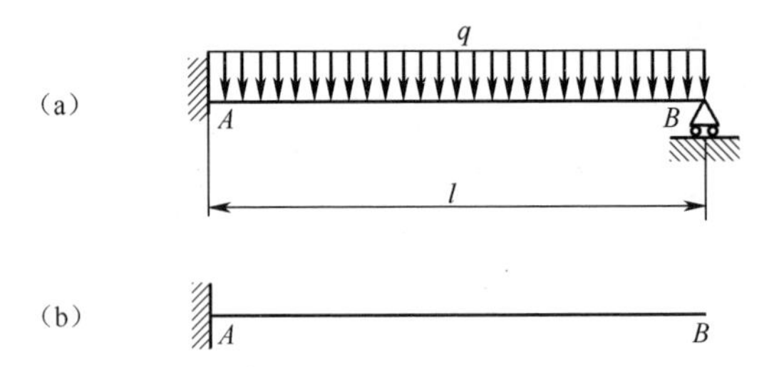

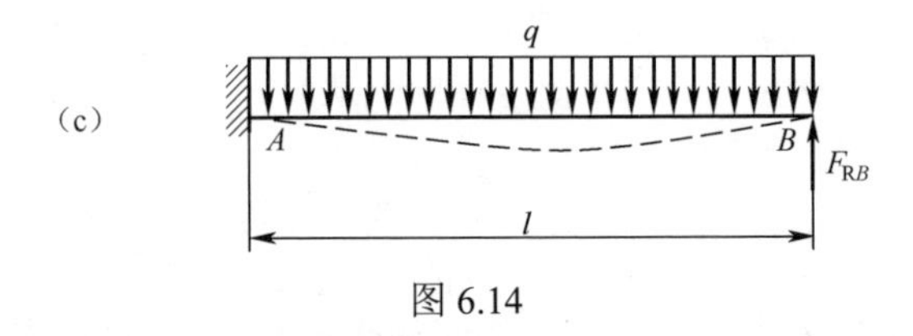

图 6.14

由上可见，解超静定梁的步骤是：选取适当的基本静定梁；利用相应的变形协调条件和物理关系建立补充方程；然后与平衡方程联立解出所有的支座约束力。这种解超静定梁的方法，称为变形比较法。

解超静定梁时，选择哪个约束为多余约束并不是固定的，以方便求解而定。选取的多余约束不同，相应的基本静定梁的形式和变形条件也随之不同。例如上述的超静定梁（图 6.15（a））也可选择阻止 A 端转动的约束为多余约束，相应的多余约束力则为力偶矩 M_A。解除这一多余约束后，固定端 A 将变为固定铰支座；基本静定梁为一简支梁，其上的载荷如图 6.15（b）所示。这时要求此梁满足的变形协调条件则是 A 端的转角为零，即

$$\theta_A = \theta_{Aq} + \theta_{AM} = 0$$

同样的方法也可以解出支座约束力，请读者自行解答。

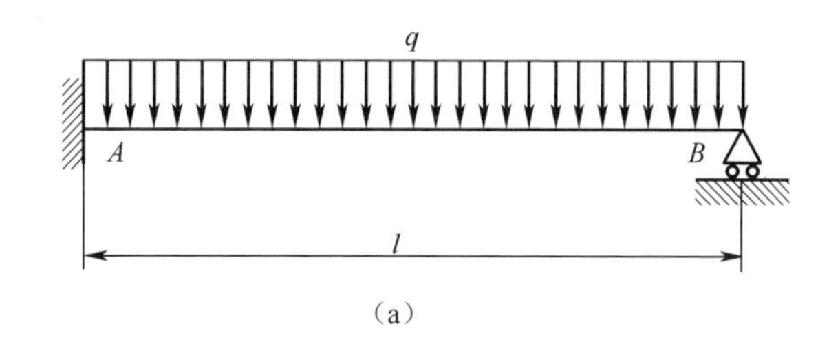

（a）

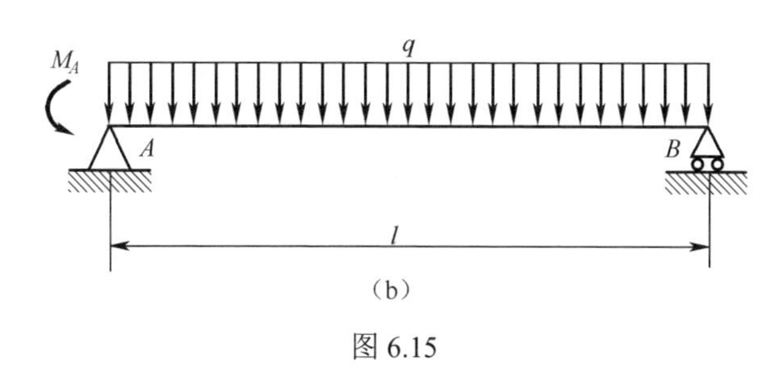

（b）

图 6.15

6.6 梁的刚度条件和提高梁刚度的措施

6.6.1 梁的刚度条件

为使梁安全正常工作，除了使梁具有足够的强度之外，还应使梁具有足够的刚度，因为在很多情况下，当变形超过一定限度时，梁的正常工作条件将得不到保证。例如桥梁的挠度过大，会在机车通过时，使桥梁发生很大的振动；机床中的主轴挠度过大，会影响对工件的加工精度；传动轴在机座处的转角过大，将使轴承发生严重磨损；水工闸门主横梁的挠度和转角过大，将使闸门的启闭产生困难或在水流通过时发生很大的振动。所以，要求梁的变形应满足一定的要求，即梁的刚度条件为

$$\left.\begin{aligned}\frac{w_{\max}}{l} &\leqslant \left[\frac{w}{l}\right]\\ \theta_{\max} &\leqslant [\theta]\end{aligned}\right\} \tag{6.4}$$

式中，$\left[\frac{w}{l}\right]$为构件的许用挠度与跨长之比值；$[\theta]$为构件的许用转角。

在不同专业中，对于杆件弯曲变形许用值的规定一般不同。例如在土木工程中，$\left[\frac{w_{\max}}{l}\right]$的值常限制在$\frac{1}{250}\sim\frac{1}{1000}$范围内；在机械制造工程中，对重要的轴，$\left[\frac{w_{\max}}{l}\right]$的值则限制在$\frac{1}{5000}\sim\frac{1}{10000}$范围内；对传动轴在支座处的转角，许用值$[\theta]$

一般限制在 0.005 ～ 0.001rad 范围内。

例 6.5 简支梁如图 6.16 所示，跨度 $l=8\text{m}$，$\left[\dfrac{w}{l}\right]=\dfrac{1}{500}$，弹性模量 $E=210\text{GPa}$，采用 20a 号工字钢，试根据梁的刚度条件确定容许载荷 $[q]$。

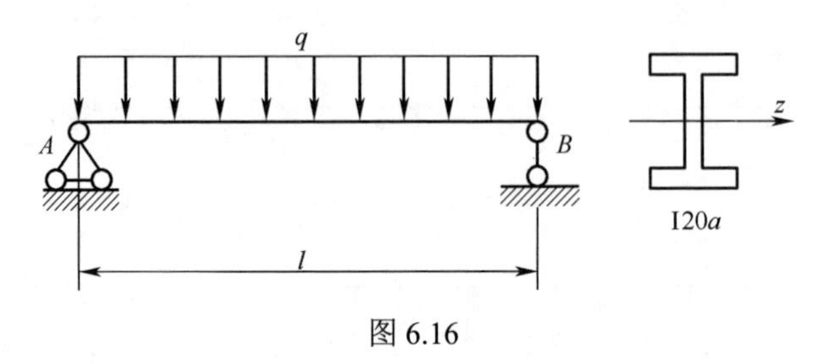

图 6.16

解：查附录Ⅱ得 20a 号工字钢的惯性矩 $I_z=2370\text{cm}^4$，抗弯截面系数 $W_z=237\text{cm}^3$，由刚度条件，最大挠度

$$w_{\max}=\frac{5ql^4}{384EI_z}\leqslant\frac{l}{500}$$

可得

$$q\leqslant\frac{384EI_z}{5\times500l^3}$$

则

$$[q]=\frac{384EI_z}{5\times500l^3}=1.5\,\text{kN/m}$$

6.6.2 提高梁刚度的措施

从梁的弯曲变形结果可以看出，变形量与所受的载荷成正比，与梁的抗弯刚度成反比，与梁的跨度的 n 次方成正比。所以，为了减小梁的变形，即提高梁的弯曲刚度，可采取以下措施。

1．减小梁的跨度或增加支承

在条件允许的情况下，减小梁的跨度是提高弯曲刚度的有效措施。如果不允许减小梁的长度，可以增加梁的支承相对减小梁的跨度。例如变速箱的传动轴就采用了增加中间支承以变相缩小跨度的办法（图 6.17）。又如，在车削长轴时增加顶尖支承（图 6.18），也是采用了增加梁的支承的方法。

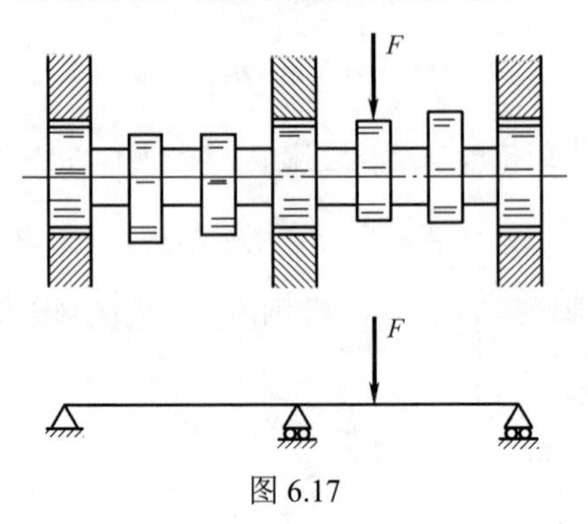

图 6.17

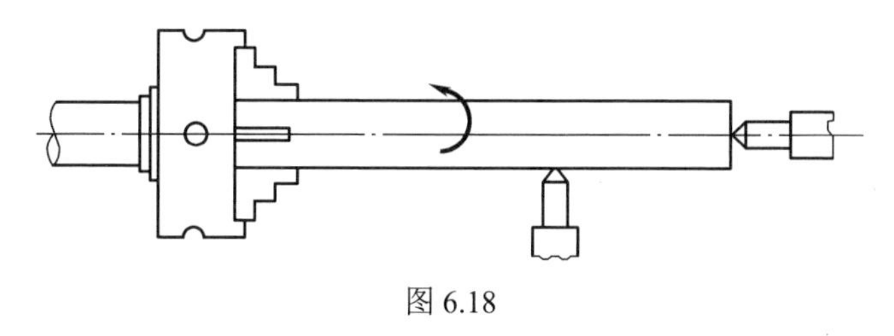

图 6.18

2. 选择合理截面

由于各种钢材的弹性模量 E 相差很小，故选用优质钢材并不能有效提高梁的弯曲刚度。因此，主要方法是增大截面的惯性矩 I。即选用合理截面，使用比较小的截面面积获得较大的惯性矩来提高梁的弯曲刚度。所以工程中多采用工字形、圆环形和箱形等截面形式。例如，自行车车架用圆管代替实心圆杆，不仅增加了车架的强度，也提高了车架的抗弯刚度。又如，机床的立柱采用空心薄壁箱形截面（图 6.19），其目的也是通过增加截面的惯性矩来提高抗弯刚度。

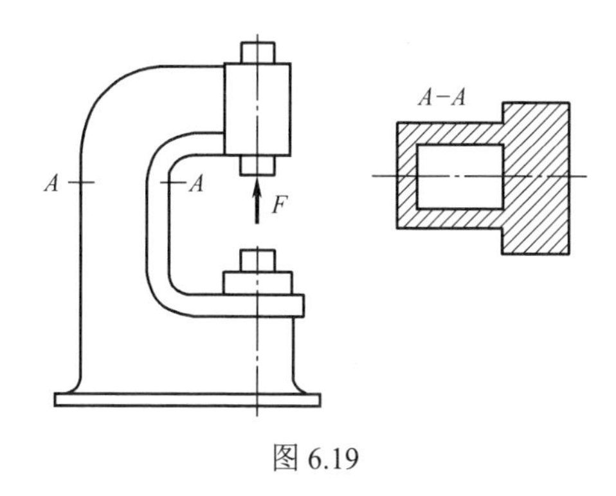

图 6.19

习题 6

6.1　用积分法求题 6.1 图示梁的自由端 B 处的转角和挠度。设 EI = 常量。

6.2　用积分法求题 6.2 图示等截面悬臂梁的挠曲线方程，自由端的挠度和转角。设 EI = 常量。

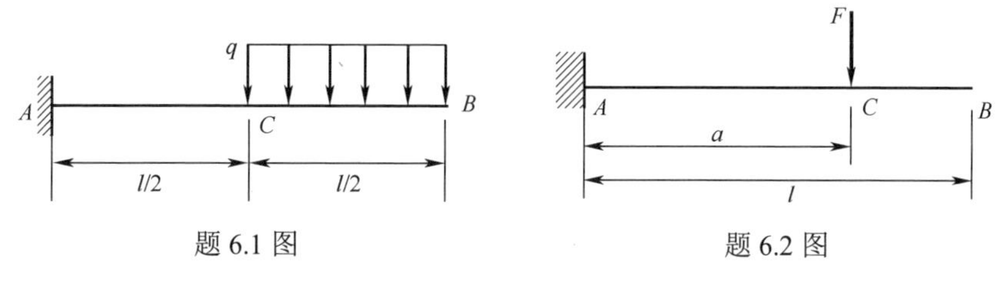

题 6.1 图　　　　题 6.2 图

6.3　用积分法求题 6.3 图示梁的最大挠度和最大转角。

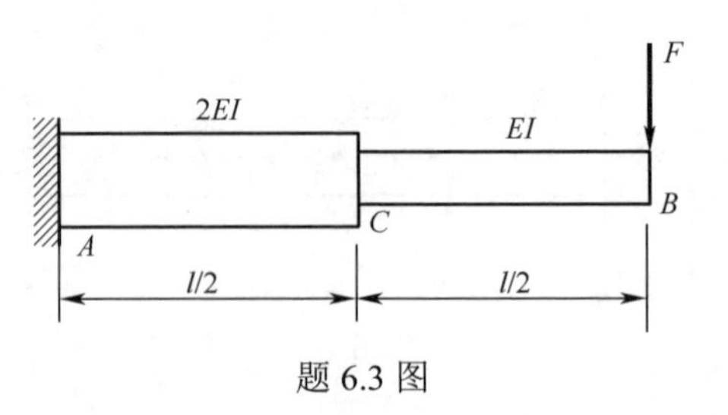

题 6.3 图

6.4　用叠加法求题 6.4 图示各梁截面 A 的挠度和截面 B 的转角。EI = 常量。

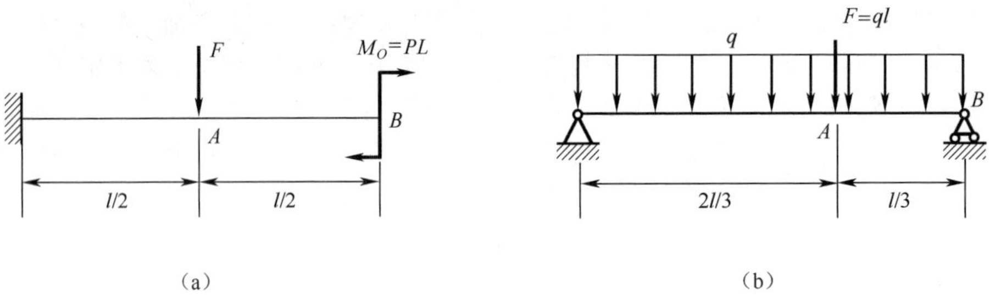

题 6.4 图

6.5　用叠加法求题 6.5 图示外伸梁外伸端的挠度和转角，设 EI = 常量。

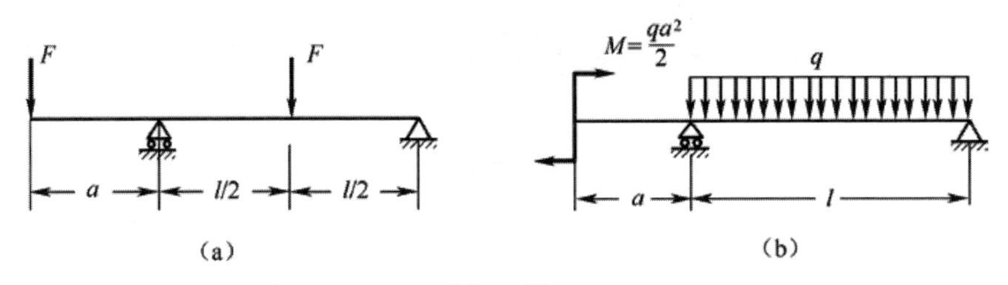

题 6.5 图

6.6　用叠加法求题 6.6 图示外伸梁外伸端的挠度和转角，设 EI 为常量。

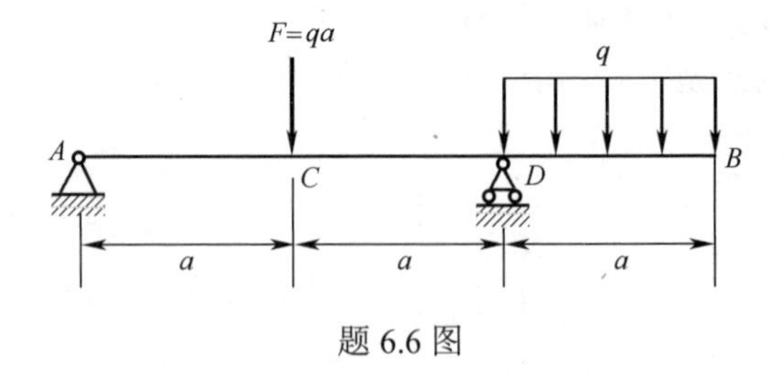

题 6.6 图

6.7　直角折杆 BAC 如题 6.7 图所示。A 处为一轴承，允许 AC 轴的端截面在轴承内自由转动，但不能上下移动。已知 $F=60\text{N}$，$E=210\text{GPa}$，$G=0.4E$。试求截面 B 的垂直位移。

6.8　弹簧扳手的主要尺寸及其受力简图如题 6.8 图所示，材料 $E=210\text{GPa}$。当扳手产生 200N·m 的力矩时，试求 C 点（刻度所在处）的挠度。

6.9　如题 6.9 图所示，桥式起重机的最大载荷为 $F=20\text{kN}$。起重机大梁为 32a

工字钢，$E=210\text{GPa}$，$l=8.76\text{m}$，许用刚度$[w]=\dfrac{l}{500}$。校核大梁的刚度。

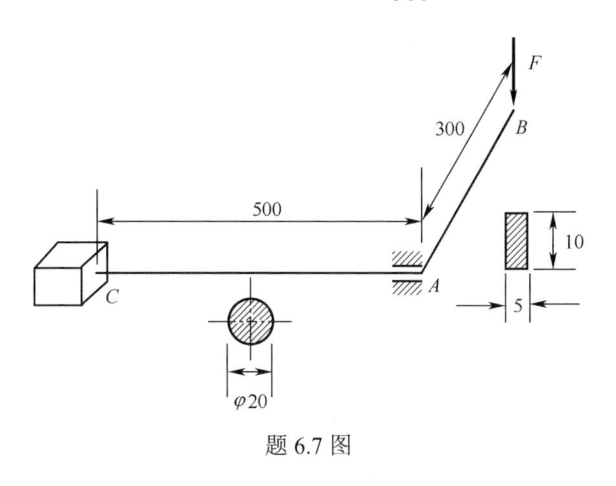

题 6.7 图

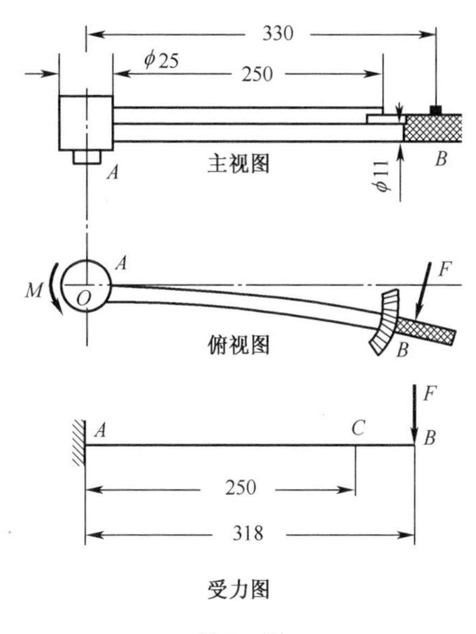

题 6.8 图

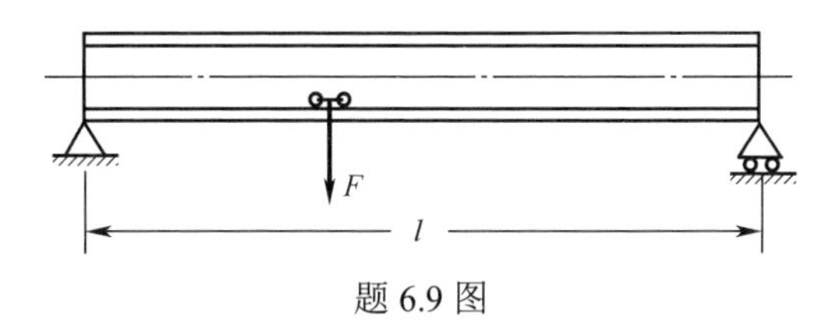

题 6.9 图

6.10　题 6.10 图示悬臂梁的抗弯刚度$EI=30\times10^3\ \text{N}\cdot\text{m}^2$。弹簧的刚度为$175\times10^3\ \text{N}\cdot\text{m}$。梁端与弹簧间的空隙为1.25mm。当集中力$F=450\text{N}$作用于梁的自由端时，试问弹簧将分担多大的力？

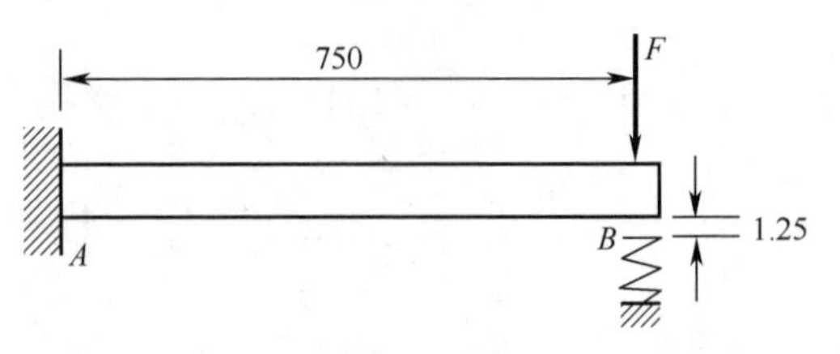

题 6.10 图

6.11　题 6.11 图示结构中，梁为 16 号工字钢；拉杆的截面为圆形，$d=10\text{mm}$。两者均为低碳钢，$E=200\text{GPa}$。试求梁及拉杆内的最大正应力。

6.12　滚轮沿等截面简支梁移动时，要求滚轮恰好走一水平路径，试问需将题 6.12 图示梁的轴线预弯成怎样的曲线？

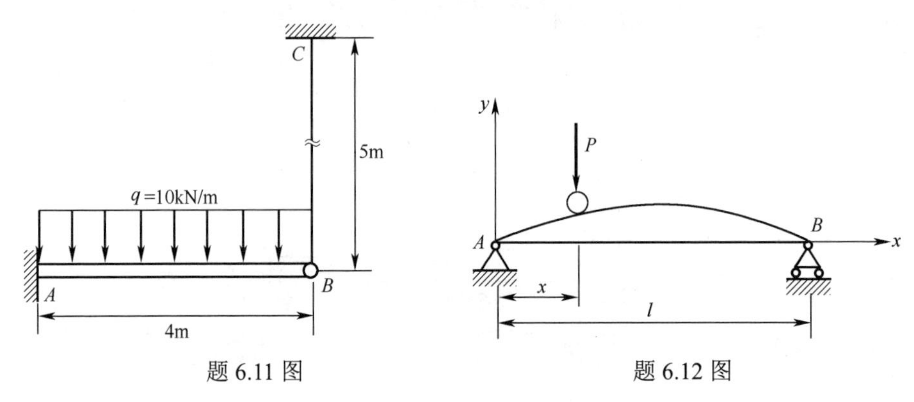

题 6.11 图　　　　题 6.12 图

6.13　试求如题 6.13 图所示各梁的支座反力，并作弯矩图。各梁的 EI 均为常数。

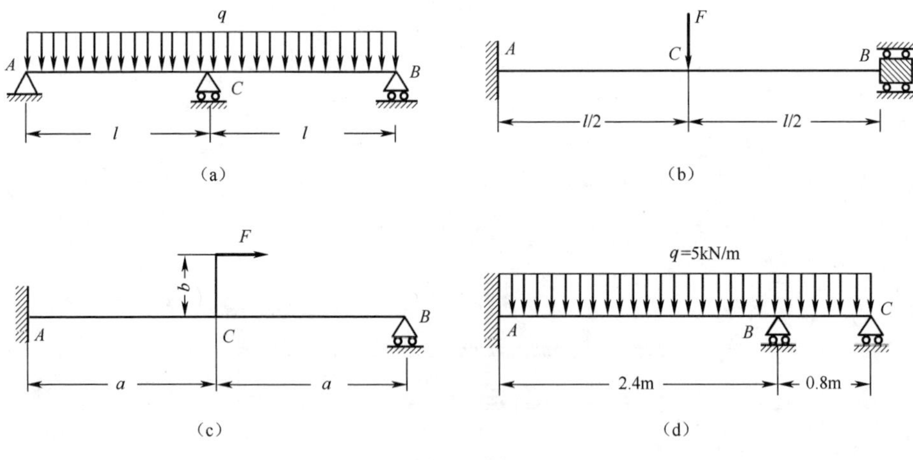

题 6.13 图

第 7 章 应力状态分析和强度理论

7.1 应力状态概述

在前面的章节中，讨论了杆件在受轴向拉伸（压缩）、扭转和弯曲等几种基本变形下，构件横截面上的应力，并依据横截面上的应力及相应的实验结果，建立了只有正应力或只有切应力作用时的强度条件。但这些对进一步分析构件的强度问题是远远不够的。

例如，图 7.1（a）所示的简支梁，在危险截面上距中性轴最远的点正应力最大，切应力等于零，即处于单向拉伸（压缩）状态；在中性轴的各点切应力最大而正应力等于零，即处于纯剪切应力状态（图 7.1（c）、（d））；而腹板与翼缘的交接点处，既有正应力又有切应力，当需要考虑这些点处的强度时，应该如何进行强度计算？在某些情况下，材料的破坏并不沿横截面。例如，在拉伸试验中，低碳钢在屈服时表面会出现与轴线成 45°的滑移线；铸铁圆轴扭转时，会沿 45°螺旋面破坏。上述实验表明，构件的破坏还与斜截面上的应力有关。因此，有必要全面地研究受力构件内一点处的应力变化规律。

在 1.3 节中分析拉伸（压缩）杆斜截面上的应力时，杆内任意点处的应力随着所在截面的方位而变化。一般情况下，通过受力构件内不同方位截面上的应力是不同的。受力构件内一点处不同方位的截面上应力的集合，称为一点的应力状态。研究一点的应力状态，目的在于寻找该点处应力的最大值及其所在截面的位置，为解决复杂应力状态下杆件的强度问题提供理论依据。

为了研究受力构件内某一点的应力状态，可以围绕该点截取一微小正六面体，称为单元体。当单元体的各边长趋于零时，便代表一个点。由于单元体在三个方向上的尺寸均为无穷小量，故可以认为，单元体各个面上的应力都是均匀分布的，且在单元体的相互平行的截面上，应力的大小和性质都是相同的。例如，研究图 7.1（a）所示梁内 A 点应力状态，围绕 A 点用一对横截面和两对与杆件轴线平行的纵向截面切出一个单元体，如图 7.1（e）所示。由于该单元体的前、后两个面上的应力等于零，可用平面图形表示，如图 7.1（f）所示。

围绕受力构件内一点取单元体，在单元体的三个相互垂直的平面上都无切应力，如图 7.2 所示，这种切应力等于零的平面称为主平面，主平面上的正应力称为主应力，主平面的法线方向称为主方向。已经证明：过受力构件内的任意点一定可以找到三个相互垂直的主平面组成的单元体，称为主单元体，其上三个主应力用σ_1、σ_2和σ_3表示，且规定按代数值大小的顺序来排列，即$\sigma_1 \geqslant \sigma_2 \geqslant \sigma_3$。对于轴向拉伸（压缩），三个主应力中只有一个不等于零（图 7.2（b）），称为单向应力状态。若三个主应力中有两个不等于零，则称为二向或平面应力状态。当三个主应力皆不等于零时，称为三向或空间应力状态。单向应力状态也称为简单应力状态，二向和三向应力状态统称为复杂应力状态。应该注意的是，一点的应力状态的类型必须是在计算主应力之后根据主应力的情况确定的。

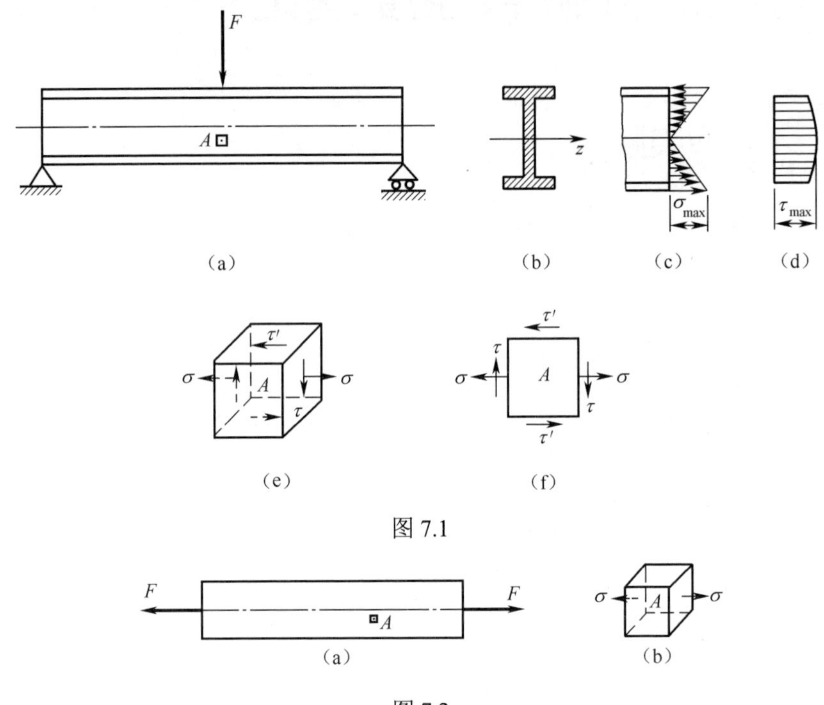

图 7.2

在实际构件中，复杂应力状态是最常见的。例如，充压气瓶与气缸（图 7.3（a）），在内压的作用下，筒壁的纵向和横向截面同时受拉，筒壁表面上 K 点的应力如图 7.3（b）所示，所取单元体三个垂直的面皆为主平面，三个主应力中有两个不为零，所以 K 点处于二向应力状态。又如，在滚珠轴承中，围绕滚珠与外圈的接触点 A（图 7.4（a）），以平行和垂直于压力 F 的平面截取单元体。在滚珠与外圈的接触面上，有压应力σ_3，单元体向周围膨胀，于是引起周围材料对它的约束应力σ_1和σ_2。因而，所取单元体三个垂直的面皆为主平面，且三个主应力皆不为零，所以 A 点处于三向应力状态。与此相似，火车车轮与钢轨的接触处，桥式起重机的大梁两端的滚动轮与轨道的接触处，也都是三向应力状态。

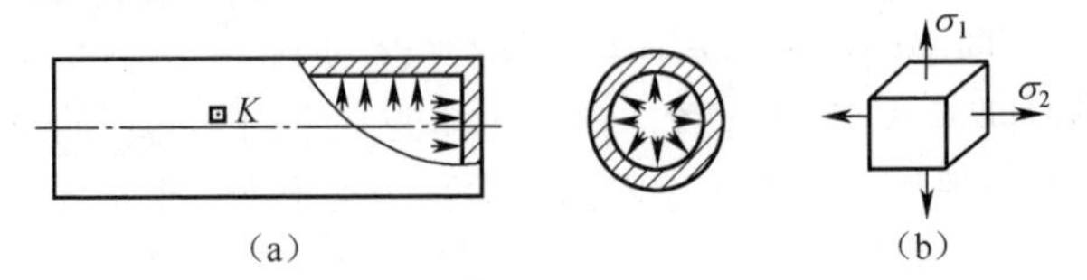

图 7.3

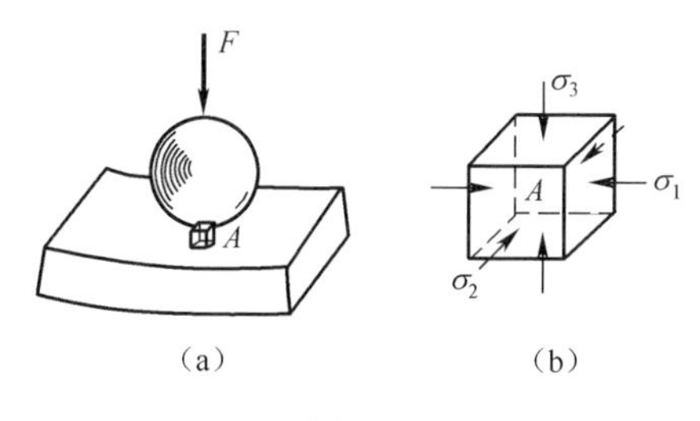

（a） （b）

图 7.4

7.2 平面应力状态分析

7.2.1 解析法

图 7.5（a）所示单元体为平面应力状态的一般情况。在 x 截面（垂直于 x 轴的截面）上作用正应力 σ_x 和切应力 τ_{xy}，在 y 截面（垂直于 y 轴的截面）上作用正应力 σ_y 和切应力 τ_{yx}，在前、后的两个截面上正应力和切应力均为零。为了简化，可用 7.5（b）所示的平面图来表示。根据切应力互等定理，τ_{xy} 和 τ_{yx} 的数值相等。因此，独立的应力分量只有三个：σ_x、σ_y 和 τ_{xy}。

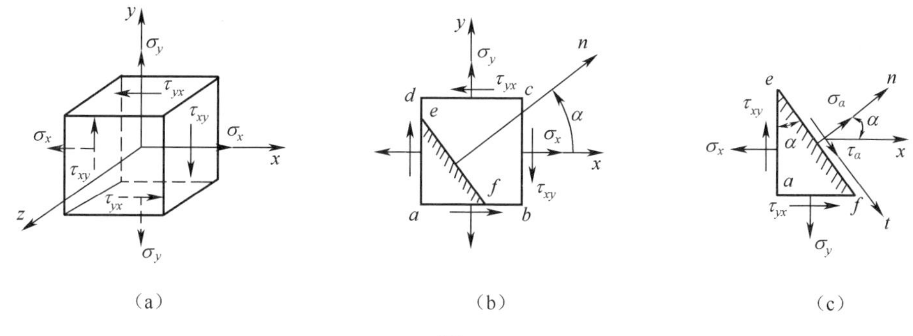

（a） （b） （c）

图 7.5

切应力 τ_{xy}（或 τ_{yx}）有两个下标，第一个下标 x（或 y）表示切应力作用平面的法线方向；第二个下标 y（或 x）则表示切应力的方向平行于 y（或 x）轴。关于应力的正负号规定：正应力以拉应力为正，压应力为负；切应力 τ_{xy}（或 τ_{yx}）以其对单元体内任一点的矩为顺时针转向为正，逆时针转向为负。

本节研究在 σ_x、σ_y 和 τ_{xy} 皆已知的情况下，如何用解析法确定平面应力状态单元体内任意斜截面上的应力，从而确定主应力和主平面。

1．任意斜截面上的应力

考虑与 xy 平面垂直的任一斜截面 ef（图 7.5（b）），设其外法线 n 与 x 轴的夹角为 α，简称为 α 截面，并规定：从 x 轴逆时针转到截面的外法线 n 时为正；反之为负。利用截面法，沿截面 ef 将单元体切成两部分，研究 aef 部分的平衡（图

7.5（c））。设斜截面 ef 上正应力和切应力分别为 σ_α 和 τ_α，ef 面的面积为 $\mathrm{d}A$。将作用于 aef 部分上的力分别向 ef 面的外法线 n 和切线 t 上投影，得

$$\sum F_n = 0,\quad \sigma_\alpha \mathrm{d}A + (\tau_{xy}\mathrm{d}A\cos\alpha)\sin\alpha - (\sigma_x \mathrm{d}A\cos\alpha)\cos\alpha + (\tau_{yx}\mathrm{d}A\sin\alpha)\cos\alpha - (\sigma_y \mathrm{d}A\sin\alpha)\sin\alpha = 0$$

$$\sum F_t = 0,\quad \tau_\alpha \mathrm{d}A - (\tau_{xy}\mathrm{d}A\cos\alpha)\cos\alpha - (\sigma_x \mathrm{d}A\cos\alpha)\sin\alpha + (\tau_{yx}\mathrm{d}A\sin\alpha)\sin\alpha + (\sigma_y \mathrm{d}A\sin\alpha)\cos\alpha = 0$$

由于 τ_{xy} 和 τ_{yx} 在数值上相等，以 τ_{xy} 替换 τ_{yx}，并简化上列两平衡方程，即得 α 斜截面上的应力计算公式

$$\sigma_\alpha = \frac{\sigma_x + \sigma_y}{2} + \frac{\sigma_x - \sigma_y}{2}\cos 2\alpha - \tau_{xy}\sin 2\alpha \tag{7.1}$$

$$\tau_\alpha = \frac{\sigma_x - \sigma_y}{2}\sin 2\alpha + \tau_{xy}\cos 2\alpha \tag{7.2}$$

可见，斜截面上的应力（σ_α 和 τ_α）随 α 角的改变而变化，它反映了在平面应力状态下，一点不同方位斜截面上的应力变化规律，即一点的应力状态。

2．主平面和主应力

利用式（7.1）和式（7.2）可以确定正应力和切应力的极值，并确定极值所在平面的位置。将式（7.1）对 α 求导数，得

$$\frac{\mathrm{d}\sigma_\alpha}{\mathrm{d}\alpha} = -2\left(\frac{\sigma_x - \sigma_y}{2}\sin 2\alpha + \tau_{xy}\cos 2\alpha\right) \tag{a}$$

对于斜截面上的正应力 σ_α，设 $\alpha = \alpha_0$ 时，能使 $\frac{\mathrm{d}\sigma_\alpha}{\mathrm{d}\alpha} = 0$，则在 α_0 所在的截面上，正应力取得极值，即

$$\frac{\sigma_x - \sigma_y}{2}\sin 2\alpha_0 + \tau_{xy}\cos 2\alpha_0 = 0 \tag{b}$$

与式（7.2）比较可知，正应力极值所在截面上的切应力等于零，即正应力极值所在的截面为主平面。由式（b）得出

$$\tan 2\alpha_0 = \frac{-2\tau_{xy}}{\sigma_x - \sigma_y} \tag{7.3}$$

由式（7.3）可以求出相差 90°的两个方位角 α_0，在它们所确定的两个互相垂直的平面上，一个为最大正应力所在的平面，另一个为最小正应力所在的平面。由式（7.3）可以求出 $\sin 2\alpha_0$ 和 $\cos 2\alpha_0$，将其代入式（7.1）求得最大及最小主应力

$$\left.\begin{matrix}\sigma_{\max} \\ \sigma_{\min}\end{matrix}\right\} = \frac{\sigma_x + \sigma_y}{2} \pm \sqrt{\left(\frac{\sigma_x - \sigma_y}{2}\right)^2 + \tau_{xy}^2} \tag{7.4}$$

应用式（7.3）和（7.4），就可以直接计算出两个主应力及主平面所在的位置。在平面应力状态中，有一个主应力已知为零，比较 $\sigma_{\max}$、$\sigma_{\min}$ 和 0 的代数值大小，便可以确定三个主应力 σ_1、σ_2 和 σ_3。

在以上的分析中，并没有确定与 $\sigma_{\max}$ 和 $\sigma_{\min}$ 所对应的主平面。如约定用 σ_x 表

示两个正应力中代数值较大的一个，即$\sigma_x \geqslant \sigma_y$，则式（7.3）中所确定的两个角度$\alpha_0$中，绝对值较小的一个确定$\sigma_{\max}$所在的主平面。

3．极限切应力及所在平面

按照与上述类似的方法，可以确定切应力的极值及所在平面。将式（7.2）对α求导数，得

$$\frac{\mathrm{d}\tau_\alpha}{\mathrm{d}\alpha} = (\sigma_x - \sigma_y)\cos 2\alpha - 2\tau_{xy}\sin 2\alpha \tag{c}$$

设$\alpha = \alpha_1$时，导数$\dfrac{\mathrm{d}\tau_\alpha}{\mathrm{d}\alpha} = 0$，即

$$(\sigma_x - \sigma_y)\cos 2\alpha_1 - 2\tau_{xy}\sin 2\alpha_1 = 0 \tag{d}$$

则α_1所确定的斜截面上，切应力取得极值。由此求得

$$\tan 2\alpha_1 = \frac{\sigma_x - \sigma_y}{2\tau_{xy}} \tag{7.5}$$

式（7.5）可以得到两个相差 90°的α_1截面，从而可以确定两个相互垂直的平面，分别作用最大和最小切应力。由式（7.5）解出$\sin 2\alpha_1$和$\cos 2\alpha_1$，将其代入式（7.2），求得切应力的最大值和最小值为

$$\left.\begin{matrix}\tau_{\max}\\ \tau_{\min}\end{matrix}\right\} = \pm\sqrt{\left(\frac{\sigma_x - \sigma_y}{2}\right)^2 + \tau_{xy}^2} \tag{7.6}$$

比较式（7.3）和（7.5）可知，α_0和α_1相差 45°，这说明切应力极值所在平面与主平面成 45°角。

例 7.1 已知构件内某点处的应力单元体如图 7.6 所示（单位：MPa），试求斜截面上的应力。

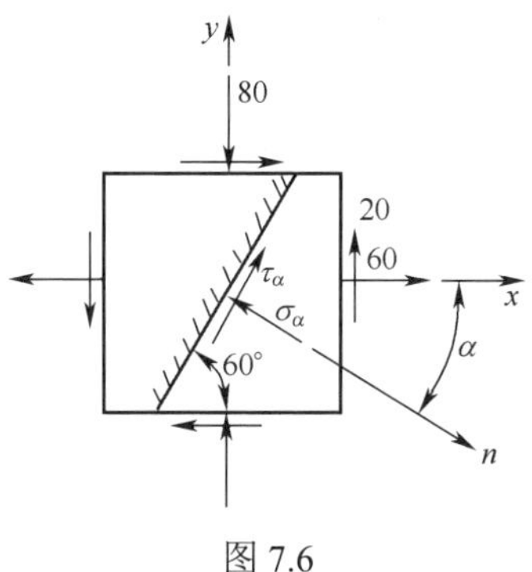

图 7.6

解：各应力分量分别为$\sigma_x = 60\text{MPa}$，$\sigma_y = -80\text{MPa}$，$\tau_{xy} = -20\text{MPa}$，$\alpha = -30°$

由式（7.1）和式（7.2）得

$$\sigma_\alpha = \frac{\sigma_x + \sigma_y}{2} + \frac{\sigma_x - \sigma_y}{2}\cos 2\alpha - \tau_{xy}\sin 2\alpha$$

$$= \frac{60 + (-80)}{2} + \frac{60 - (-80)}{2}\cos(-60°) - (-20)\sin(-60°) = 7.68\text{MPa}$$

$$\tau_\alpha = \frac{\sigma_x - \sigma_y}{2}\sin 2\alpha + \tau_{xy}\cos 2\alpha = \frac{60-(-80)}{2}\sin(-60°) + (-20)\cos(-60°)$$
$$= -70.6\text{MPa}$$

例 7.2 圆轴扭转试验的破坏现象如下：铸铁试件从表面开始沿与轴线成45°倾角的螺旋曲面破坏，如图 7.7（a）所示。试分析并解释破坏原因。

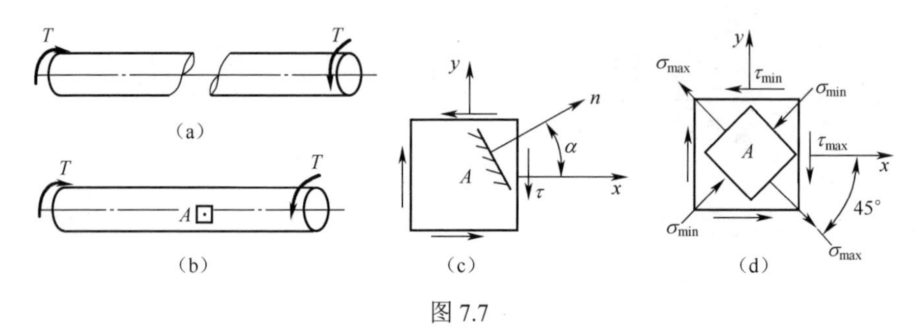

图 7.7

解：圆轴扭转时，试件横截面最外缘上点的切应力最大，故铸铁试件从表面开始破坏。为了解释断口的形状，需要确定最大正应力和最大切应力所在的截面。从受扭试件表面上任取一点 A（图 7.7（b）），其应力状态如图 7.7（c）所示，该单元体为纯剪切应力状态，将 $\sigma_x = 0$，$\sigma_y = 0$，$\tau_{xy} = \tau$，代入式（7.1）和（7.2）得

$$\sigma_\alpha = -\tau\sin 2\alpha\ ,\quad \tau_\alpha = \tau\cos 2\alpha$$

可知，当 $\alpha = -45°$ 时，正应力取得最大值，$\sigma_{\max} = \tau$；当 $\alpha = 0°$ 时，切应力取得最大值，$\tau_{\max} = \tau$。最大正应力和最大切应力如图7.7（d）所示。铸铁试件沿与轴线成45°倾角的螺旋曲面破坏，该截面的正应力出现最大值。说明铸铁的抗拉能力较差，在扭转试验中铸铁试件是被拉断的。

例 7.3 飞机机身表面 K 点的应力状态可用如图 7.8（a）所示的单元体表示，单位：MPa。试求：（1）主应力大小，主平面位置；（2）在单元体上绘出主平面位置及主应力方向；（3）最大切应力。

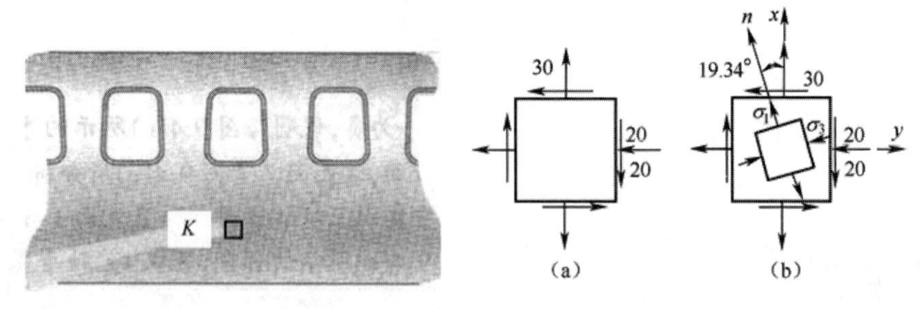

图 7.8

解：按正应力的正负号约定，选 $\sigma_x = 30\text{MPa}$，$\sigma_y = -20\text{MPa}$，$\tau_{xy} = -20\text{MPa}$。由式（7.4）求出主应力

$$\left.\begin{matrix}\sigma_{\max}\\ \sigma_{\min}\end{matrix}\right\} = \frac{\sigma_x+\sigma_y}{2} \pm \sqrt{\left(\frac{\sigma_x-\sigma_y}{2}\right)^2+\tau_{xy}^2} = \frac{30+(-20)}{2} \pm \sqrt{\left(\frac{30-(-20)}{2}\right)^2+(-20)^2}$$

$$= \begin{cases}37\\ -27\end{cases} \text{MPa}$$

则主应力 $\sigma_1 = 37\text{MPa}$， $\sigma_2 = 0\ \text{MPa}$， $\sigma_3 = -27\text{MPa}$ 。

再由式（7.3）求 α_0

$$\tan 2\alpha_0 = \frac{-2\tau_{xy}}{\sigma_x-\sigma_y} = \frac{-2\times(-20)}{30-(-20)} = 0.8$$

解得

$$\alpha_0 = 19.34° \text{ 或 } 109.34°$$

因 $\sigma_x > \sigma_y$，则由 $\alpha_0 = 19.34°$ 所确定的主平面上作用主应力 σ_1，如图 7.8（b）所示。

最大切应力为

$$\tau_{\max} = \sqrt{\left(\frac{\sigma_x-\sigma_y}{2}\right)^2+\tau_{xy}^2} = \sqrt{\left(\frac{30+20}{2}\right)^2+(-20)^2} = 32\text{MPa}$$

7.2.2 图解法

1．应力圆及其绘制

平面应力状态除了采用解析法外，也可采用图解法进行分析，且图解法简明直观易掌握。由式（7.1）和式（7.2）可知，应力 σ_α 和 τ_α 均为 α 的函数，说明 σ_α 和 τ_α 之间存在确定的函数关系。为了建立 σ_α 和 τ_α 之间的直接关系式，将式（7.1）和式（7.2）改写为

$$\sigma_\alpha - \frac{\sigma_x+\sigma_y}{2} = \frac{\sigma_x-\sigma_y}{2}\cos 2\alpha - \tau_{xy}\sin 2\alpha$$

$$\tau_\alpha = \frac{\sigma_x-\sigma_y}{2}\sin 2\alpha + \tau_{xy}\cos 2\alpha$$

将以上两式等号两边各自平方，然后相加便可消去 α，得

$$\left(\sigma_\alpha - \frac{\sigma_x+\sigma_y}{2}\right)^2 + \tau_\alpha^2 = \left(\sqrt{\left(\frac{\sigma_x-\sigma_y}{2}\right)^2+\tau_{xy}}\right)^2 \tag{e}$$

因为 σ_x、σ_y 和 τ_{xy} 皆为已知量，所以，在以 σ 为横坐标轴、τ 为纵坐标轴的坐标平面内，式（e）的轨迹为圆，其圆心为 $\left(\frac{\sigma_x+\sigma_y}{2}, 0\right)$，半径为 $\sqrt{\left(\frac{\sigma_x-\sigma_y}{2}\right)^2+\tau_{xy}^2}$ 。圆周上任一点的横、纵坐标则分别代表单元体内方位角为 α 的斜截面上的正应力 σ_α 和切应力 τ_α。此圆称为应力圆，是德国工程师莫尔（Otto Mohr）于 1882 年首次提出的，因此也称为莫尔圆。

现以图 7.9 所示的平面应力状态为例，进一步说明应力圆的绘制及应用。

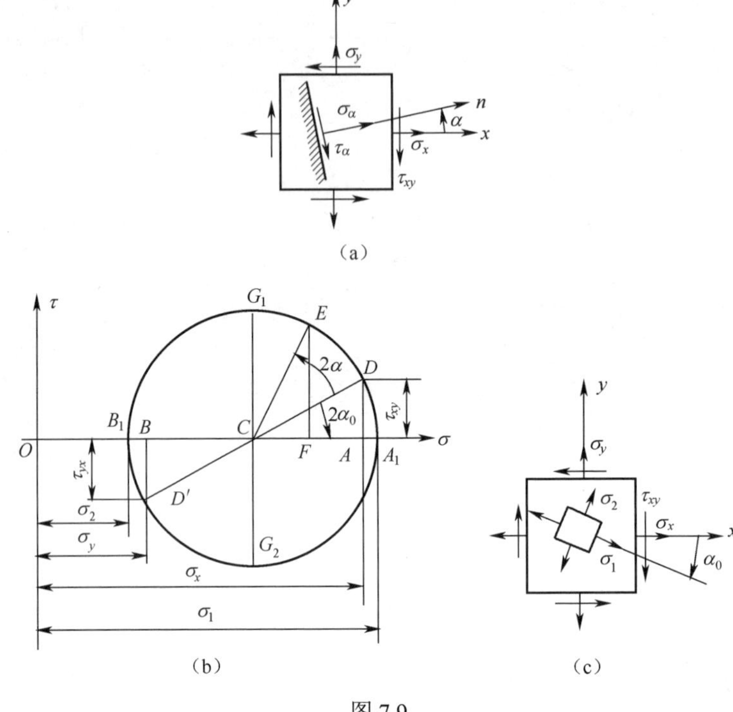

图 7.9

在 $\sigma-\tau$ 直角坐标系中，按一定的比例尺量取横坐标 $\overline{OA}=\sigma_x$，纵坐标 $\overline{AD}=\tau_{xy}$，确定 D 点，该点坐标代表以 x 轴为法线的面上的应力。量取横坐标 $\overline{OB}=\sigma_y$，纵坐标 $\overline{BD'}=\tau_{yx}$，确定 D' 点，τ_{yx} 和 τ_{xy} 数值相等，故该点坐标代表以 y 轴为法线的面上的应力。直线 DD' 与坐标轴 σ 的交点为 C 点，以 C 点为圆心，以 $\overline{CD}$ 或 $\overline{CD'}$ 为半径作圆，即为应力圆，这就是应力圆的一般画法。

可以证明，单元体内任意斜截面上的应力都对应应力圆上的一个点。例如，由 x 轴到任意斜截面的外法线 n 的夹角为逆时针的 α 角。对应地，在应力圆上，从 D 点沿应力圆逆时针转 2α 得 E 点，则 E 点的坐标就代表外法线为 n 的斜截面上的应力。建议读者自行证明。

用图解法对平面应力状态进行分析时，需强调的是应力圆上的点与单元体上的面之间的相互对应关系，即：应力圆上一点的坐标对应着单元体上某一截面上的应力值；应力圆上两点之间的圆弧所对应的圆心角为 2α，对应着单元体上该两截面外法线之间的夹角为 α，且旋转方向相同。故应力圆上的点与单元体内面的对应关系可概括为：点面对应，基准一致，转向相同，倍角关系。

利用应力圆同样可以方便地确定主应力和主平面。如图 7.9 所示，应力圆与坐标轴 σ 交于 A_1 点和 B_1 点，两点的横坐标分别为最大值和最小值，而纵坐标等于零。这表明：在平行于 z 轴的所有截面中，最大与最小正应力所在的截面相互垂直，且最大与最小正应力分别为

$$\left.\begin{matrix}\sigma_{\max}\\ \sigma_{\min}\end{matrix}\right\}=\overline{OC}\pm\overline{CA_1}=\frac{\sigma_x+\sigma_y}{2}\pm\sqrt{\left(\frac{\sigma_x-\sigma_y}{2}\right)^2+\tau_{xy}^2} \tag{f}$$

与式（7.4）完全吻合。而最大主应力所在截面的方位角 α_0，也可从应力圆中得到

$$\tan 2\alpha_0=\frac{\overline{DA}}{\overline{CA}}=-\frac{\tau_{xy}}{\dfrac{\sigma_x-\sigma_y}{2}}=-\frac{2\tau_{xy}}{\sigma_x-\sigma_y} \tag{g}$$

式中，负号表示由 x 截面至最大正应力作用面为顺时针方向。若在应力圆上，由 D 点到 A 点所对应的圆心角为顺时针的 $2\alpha_0$，则由点面对应关系知，在单元体上，由 x 轴按顺时针转向量取 α_0，即得 $\sigma_{\max}$ 所在的主平面位置。

由图 7.9 还可以看出，应力圆上还存在另外两个极值点 G_1 和 G_2，它们的纵坐标分别代表切应力极大值 $\tau_{\max}$ 和极小值 $\tau_{\min}$。这表明：在平行于 z 轴的所有截面中，切应力的最大值与最小值分别为

$$\left.\begin{matrix}\tau_{\max}\\ \tau_{\min}\end{matrix}\right\}=\pm\sqrt{\left(\frac{\sigma_x-\sigma_y}{2}\right)^2+\tau_{xy}^2} \tag{h}$$

与式（7.6）完全吻合。其所在截面也相互垂直，并与正应力极值截面成 45°。

例 7.4 已知单元体的应力状态如图 7.10（a）所示（单位：MPa）。试用图解法求主应力，并确定主平面的位置。

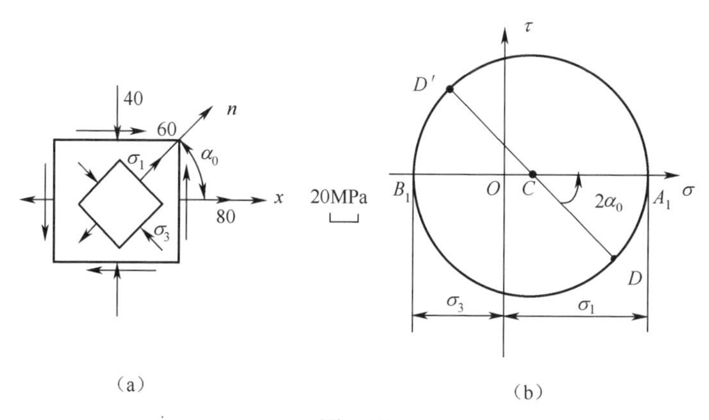

图 7.10

解：已知 $\sigma_x=80\text{MPa}$，$\sigma_y=-40\text{MPa}$，$\tau_{xy}=-60\text{MPa}$。在 $\sigma-\tau$ 平面内，按图 7.10（b）选定的比例尺，以 $(80,-60)$ 为坐标，确定 D 点；以 $(-40,60)$ 为坐标，确定 D' 点。连接 D 和 D' 点，与横坐标轴交于 C 点。以 C 为圆心，以 CD 为半径作应力圆，如图 7.10（b）所示。

为确定主平面和主应力，在图 7.10（b）所示的应力圆上，A_1 和 B_1 点的横坐标对应主应力 $\sigma_{\max}$ 和 $\sigma_{\min}$，按选定的比例尺量出

$$\sigma_{\max}=\overline{OA_1}=104.9\text{MPa}，\quad \sigma_{\min}=\overline{OB_1}=-64.9\text{MPa}$$

故三个主应力分别为：$\sigma_1=104.9\text{MPa}$，$\sigma_2=0$，$\sigma_3=-64.9\text{MPa}$。在应力圆上，由 D 点至 A_1 点为逆时针方向，且 $\angle DCA_1=2\alpha_0=45°$，所以，在单元体中，从

x 轴以逆时针方向量取 $\alpha_0 = 22.5°$，确定了 σ_1 所在主平面的外法线。而 D 至 B_1 点为顺时针方向，$\angle DCB_1 = 135°$，所以，在单元体中从 x 轴以顺时针方向量取 $\alpha_0 = 67.5°$，从而确定了 σ_3 所在主平面的法线方向。

2．梁的主应力迹线的概念

梁在横力弯曲时，除了梁横截面上、下边缘各点处于单向拉伸或压缩状态外，横截面上其他各点处的正应力都不是主应力。在利用解析法或图解法求出梁横截面上一点处的主应力方向后，把其中一个主应力方向延长与相邻横截面相交，求出交点的主应力方向，再将其延长与下一个相邻横截面相交。依次类推，将得到一条折线，它的极限为一条曲线。曲线上任一点处切线的方向就是该点处主应力的方向，该曲线称为梁的主应力迹线。经过任一点都有两条相互垂直的主应力迹线。图 7.11（a）给出的是均布载荷作用的简支梁的两组主应力迹线。实线表示主拉应力迹线，虚线表示主压应力迹线。所有的迹线与梁轴线的夹角均为 45°。

明确梁的主应力方向的变化规律，在工程设计中是很有用的。例如在钢筋混凝土梁中，按照主应力的迹线可判断裂缝发生的方向，适当的配置钢筋，以承担梁内各点的最大拉应力。故在钢筋混凝土梁中，不但要配置纵向的抗拉钢筋，还要配置斜向的弯起钢筋，如图 7.11（b）所示。

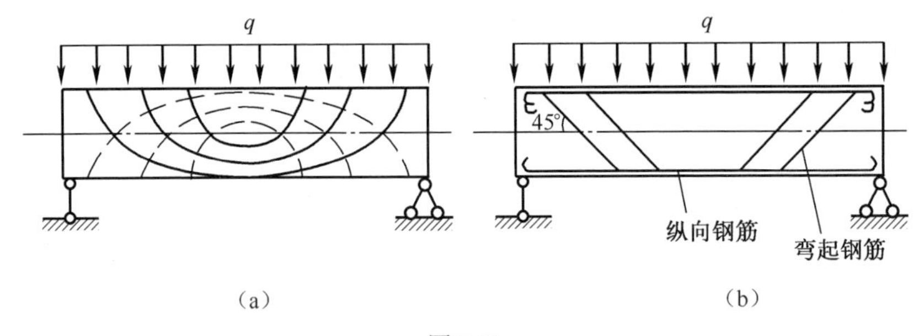

图 7.11

7.3 空间应力状态简介

受力构件内一点处的应力状态，最一般的情况是所取单元体的三对平面上都有正应力和切应力，而切应力可以分解为沿坐标轴方向的两个分量，如图 7.12 所示。这种单元体所代表的应力状态，称为一般的空间应力状态。

在空间应力状态的 9 个应力分量中，由切应力互等定理知，独立的应力分量只有 6 个，即 σ_x、σ_y、σ_z、τ_{xy}、τ_{yz} 和 τ_{zx}。可以证明，在受力构件内的任一点处一定可以找到一个单元体，其三对相互垂直的平面均为主平面，三对主平面上的应力均为主应力，分别为 σ_1、σ_2 和 σ_3。

对于空间应力状态，本节只讨论受力构件内一点处的三个主应力 σ_1、σ_2、σ_3，当均已知时，来确定该点处的最大正应力和最大切应力，如图 7.13（a）所示。

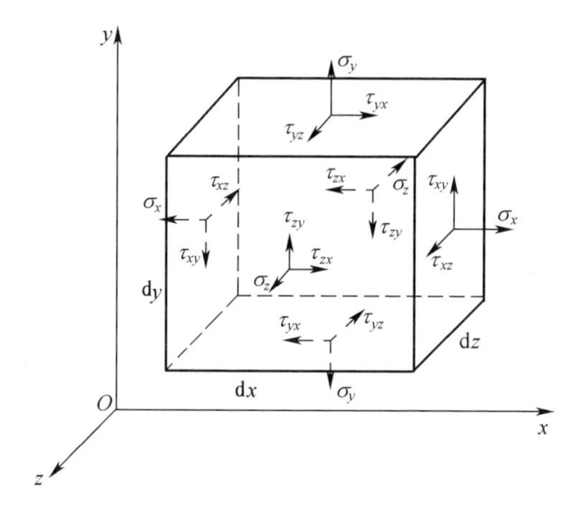

图 7.12

首先研究与其中一个主应力（如σ_3）平行的斜截面上的应力。利用截面法，假想沿该截面将单元体截成两部分，并研究左边部分的平衡，如图 7.13（b）所示。由于主应力σ_3所在的两平面上的力自相平衡，故斜截面上的应力仅与σ_1和σ_2有关，其可由σ_1和σ_2所作的应力圆上的点来表示。同理，单元体内与σ_1平行的斜截面上的应力与σ_1无关，只取决于σ_2和σ_3，可由σ_2和σ_3所决定的应力圆确定；与σ_2平行的斜截面上的应力与σ_2无关，只取决于σ_1和σ_3，可由σ_1和σ_3所决定的应力圆确定。这样就得到三个两两相切的应力圆，称为三向应力圆，如图 7.13（c）所示。

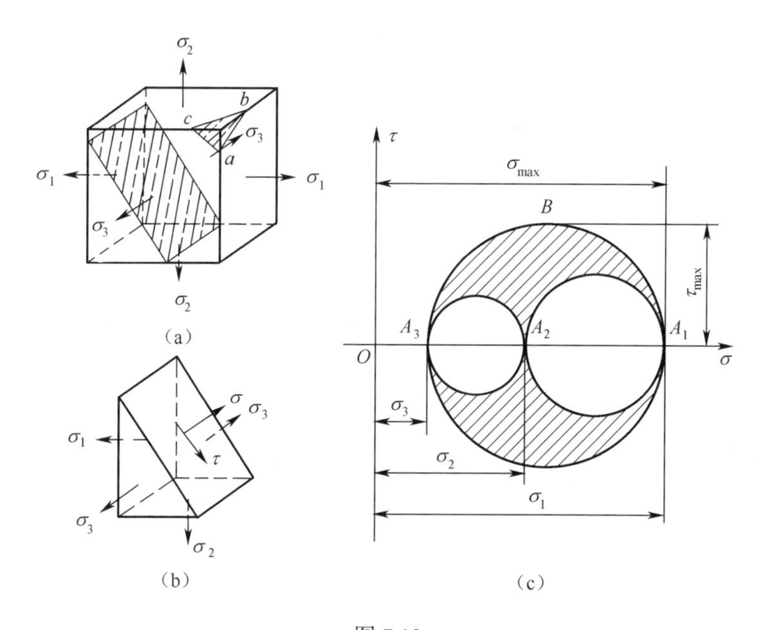

图 7.13

进一步研究表明，与σ_1、σ_2、σ_3三个主应力方向均不平行的任意斜截面上的应力，在 $\sigma-\tau$ 平面内对应的点必位于由上述三个应力圆所构成的阴影区域内。

根据以上分析可知，空间应力状态的最大和最小正应力分别等于最大应力圆上 A_1 和 A_3 点的横坐标 σ_1 和 σ_3，即

$$\sigma_{\max}=\sigma_1，\quad \sigma_{\min}=\sigma_3 \tag{7.7}$$

而最大切应力则等于最大应力圆的半径，即

$$\tau_{\max}=\frac{\sigma_1-\sigma_3}{2} \tag{7.8}$$

最大切应力所在的截面与主应力 σ_2 平行，并与主应力 σ_1 和 σ_3 的主平面均成 45°。

式（7.7）和式（7.8）同样适用于单向或二向应力状态，只需将具体问题中的主应力求出，并按代数值 $\sigma_1 \geqslant \sigma_2 \geqslant \sigma_3$ 的顺序排列即可。

7.4 广义胡克定律

轴向拉伸或压缩时的应力、应变关系，根据实验结果，当杆件横截面上的正应力未超过材料的比例极限时，正应力和线应变成线性关系，即

$$\sigma=E\varepsilon \text{ 或 } \varepsilon=\frac{\sigma}{E}$$

这就是胡克定律。同时，由于轴向变形还会引起横向变形，横向线应变 ε' 为

$$\varepsilon'=-\mu\varepsilon=-\mu\frac{\sigma}{E}$$

在纯剪切的情况下，实验结果表明，当切应力不超过材料的剪切比例极限时，切应力和切应变之间的关系服从剪切胡克定律。即

$$\tau=G\gamma \text{ 或 } \gamma=\frac{\tau}{G}$$

本节研究各向同性材料在复杂应力状态下，弹性范围内的应力－应变关系。

7.4.1 广义胡克定律

在最普遍的情况下，描述一点的应力状态需要 9 个应力分量，如图 7.12 所示，它可以看作是三组单向应力状态和三组纯剪切状态的组合。可以证明，对于各向同性材料，在小变形及线弹性范围内，线应变只与正应力有关，而与切应力无关；切应变只与切应力有关，而与正应力无关。因此，可利用单向应力状态和纯剪切应力状态的胡克定律，分别求出各应力分量对应的应变，然后再进行叠加。例如，在 σ_x、σ_y、σ_z 单独作用下（图 7.14），在 x 方向引起的线应变分别为

$$\varepsilon_x'=\frac{\sigma_x}{E}，\quad \varepsilon_x''=-\mu\frac{\sigma_y}{E}，\quad \varepsilon_x'''=-\mu\frac{\sigma_z}{E}$$

则在 σ_x、σ_y、σ_z 共同作用下，叠加上述结果，得到沿 x 方向引起的线应变为

$$\varepsilon_x=\frac{\sigma_x}{E}-\mu\frac{\sigma_y}{E}-\mu\frac{\sigma_z}{E}=\frac{1}{E}[\sigma_x-\mu(\sigma_y+\sigma_z)]$$

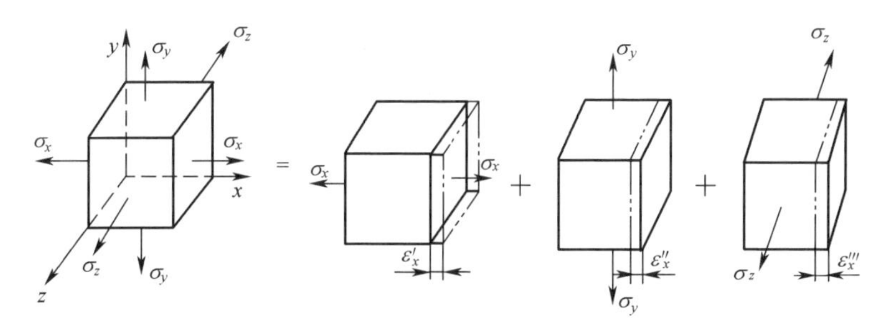

图 7.14

同理，可求出沿 y 和 z 方向的线应变 ε_y 和 ε_z ，最终有

$$\left.\begin{aligned}\varepsilon_x &= \frac{1}{E}[\sigma_x - \mu(\sigma_y + \sigma_z)] \\ \varepsilon_y &= \frac{1}{E}[\sigma_y - \mu(\sigma_x + \sigma_z)] \\ \varepsilon_z &= \frac{1}{E}[\sigma_z - \mu(\sigma_x + \sigma_y)]\end{aligned}\right\} \tag{7.9}$$

根据剪切胡克定律，在 xy 、 yz 、 zx 三个平面内的切应变分别为

$$\gamma_{xy} = \frac{\tau_{xy}}{G},\ \gamma_{yz} = \frac{\tau_{yz}}{G},\ \gamma_{zx} = \frac{\tau_{zx}}{G} \tag{7.10}$$

式（7.9）和（7.10）称为一般应力状态下的广义胡克定律。

当所取单元体为主单元体时，使 x 、 y 、 z 的方向分别与主应力 σ_1 、 σ_2 和 σ_3 的方向一致，则 $\sigma_x = \sigma_1$， $\sigma_y = \sigma_2$， $\sigma_z = \sigma_3$， $\tau_{xy} = \tau_{yz} = \tau_{zx} = 0$ 。广义胡克定律退化为

$$\left.\begin{aligned}\varepsilon_1 &= \frac{1}{E}[\sigma_1 - \mu(\sigma_2 + \sigma_3)] \\ \varepsilon_2 &= \frac{1}{E}[\sigma_2 - \mu(\sigma_1 + \sigma_3)] \\ \varepsilon_3 &= \frac{1}{E}[\sigma_3 - \mu(\sigma_1 + \sigma_2)]\end{aligned}\right\} \tag{7.11}$$

式中，ε_1 、ε_2 和 ε_3 分别表示沿着三个主应力 σ_1 、σ_2 和 σ_3 方向的主应变。式（7.11）是由主应力表示的广义胡克定律。需要强调指出，只有当材料处于各向同性，且处于线弹性范围内时，上述定律才成立。

7.4.2 体积应变

如图 7.15 所示的主单元体，沿 σ_1 、σ_2 和 σ_3 方向的边长分别为 $\mathrm{d}x$ 、$\mathrm{d}y$ 和 $\mathrm{d}z$ ，则变形前单元体的体积为

$$V_0 = \mathrm{d}x\mathrm{d}y\mathrm{d}z$$

受力变形后，单元体的三个棱边的线应变分别为 ε_1 、 ε_2 和 ε_3，其体积变为

$$V_1 = \mathrm{d}x(1+\varepsilon_1)\mathrm{d}y(1+\varepsilon_2)\mathrm{d}z(1+\varepsilon_3)$$

将上式展开，并略去高阶项 $\varepsilon_1\varepsilon_2$ 、 $\varepsilon_2\varepsilon_3$ 、 $\varepsilon_3\varepsilon_1$ 、 $\varepsilon_1\varepsilon_2\varepsilon_3$ ，得

$$V_1 \approx (1+\varepsilon_1+\varepsilon_2+\varepsilon_3)\mathrm{d}x\mathrm{d}y\mathrm{d}z$$

则单位体积的体积应变为

$$\theta = \frac{V_1 - V_0}{V_0} = \varepsilon_1 + \varepsilon_2 + \varepsilon_3$$

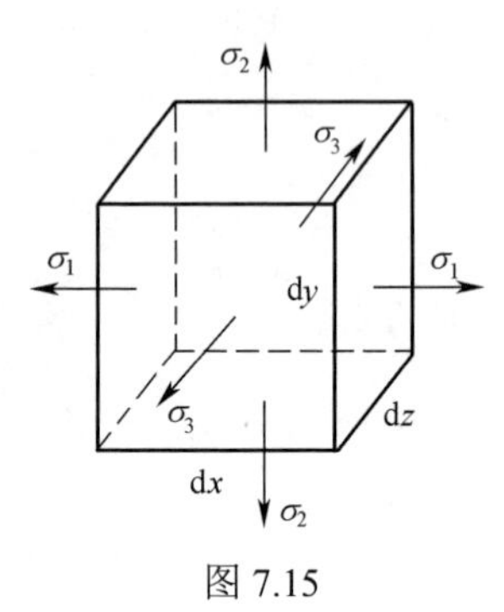

图 7.15

将式（7.11）代入上式，整理得

$$\theta = \varepsilon_1 + \varepsilon_2 + \varepsilon_3 = \frac{1-2\mu}{E}(\sigma_1+\sigma_2+\sigma_3) \tag{7.12}$$

式（7.12）可改写为

$$\theta = \frac{3(1-2\mu)}{E}\cdot\frac{(\sigma_1+\sigma_2+\sigma_3)}{3} = \frac{\sigma_m}{K} \tag{7.13}$$

其中

$$K = \frac{E}{3(1-2\mu)}, \quad \sigma_m = \frac{(\sigma_1+\sigma_2+\sigma_3)}{3}$$

式中，K 为体积弹性模量，σ_m 为三个主应力的平均值。式（7.13）说明，单位体积的体积改变 θ 只与三个主应力的和有关，而与三个主应力之间的比值无关。例如，在纯剪切应力状态中，$\sigma_1 = -\sigma_3 = \tau$，$\sigma_2 = 0$，故 $\theta = 0$，说明单元体只有形状改变而无体积改变。

7.4.3　复杂应力状态下的应变能密度

弹性固体受外力作用而变形。弹性固体在外力作用下，因变形而储存的能量称为应变能，用 V_ε 表示。单位体积内的应变能称为应变能密度，用 v_ε 表示。考虑图 7.15 所示单元体，在主应力 σ_1、σ_2 和 σ_3 作用下，单元体沿 x、y 与 z 轴方向的伸长分别为 $\varepsilon_1\mathrm{d}x$、$\varepsilon_2\mathrm{d}y$ 和 $\varepsilon_3\mathrm{d}z$，在线弹性范围内应力 σ_1、σ_2 和 σ_3 分别与应变 ε_1、ε_2 及 ε_3 成正比，参看第 10 章能量法中外力做功的计算，作用在单元体上的外力所做之功或单元体的应变能为

$$\mathrm{d}W = \mathrm{d}V_\varepsilon = \frac{\sigma_1\mathrm{d}y\mathrm{d}z\cdot\varepsilon_1\mathrm{d}x}{2} + \frac{\sigma_2\mathrm{d}z\mathrm{d}x\cdot\varepsilon_2\mathrm{d}y}{2} + \frac{\sigma_3\mathrm{d}x\mathrm{d}y\cdot\varepsilon_3\mathrm{d}z}{2}$$

由此得应变能密度为

$$v_\varepsilon = \frac{1}{2}\sigma_1\varepsilon_1 + \frac{1}{2}\sigma_2\varepsilon_2 + \frac{1}{2}\sigma_3\varepsilon_3 \tag{7.14}$$

将式（7.11）代入式（7.14），整理后得

$$\upsilon_\varepsilon=\frac{1}{2E}[\sigma_1^2+\sigma_2^2+\sigma_3^2-2\mu(\sigma_1\sigma_2+\sigma_2\sigma_3+\sigma_3\sigma_1)] \tag{7.15}$$

应变能密度的常用单位为 J/m^3 。

由于单元体的变形一方面表现为体积的改变，另一方面表现为形状的改变。因此，认为应变能密度也由两部分组成：①因体积改变而储存的应变能密度 υ_V ，体积改变是指单元体的各棱边变形相同，变形后仍为正方体，只是体积有所增减，υ_V 称为体积改变能密度；②体积不变，由正方体变为长方体而储存的应变能密度 υ_d ， υ_d 称作畸变能密度。因此

$$\upsilon_\varepsilon=\upsilon_V+\upsilon_d$$

其中

$$\upsilon_V=\frac{1-2\mu}{6E}(\sigma_1+\sigma_2+\sigma_3)^2 \tag{7.16}$$

$$\upsilon_d=\frac{1+\mu}{6E}[(\sigma_1-\sigma_2)^2+(\sigma_2-\sigma_3)^2+(\sigma_3-\sigma_1)^2] \tag{7.17}$$

例 7.5 如图 7.16 所示，空心圆轴扭转时测得表面 K 点与轴线成 45°方向上的线应变为 $\varepsilon_{45^\circ}=-340\times10^{-6}$ 。已知材料的弹性模量 $E=210\text{GPa}$ ，泊松比 $\mu=0.3$ ，其他尺寸如图示。试求圆轴所受的扭转力偶 M。

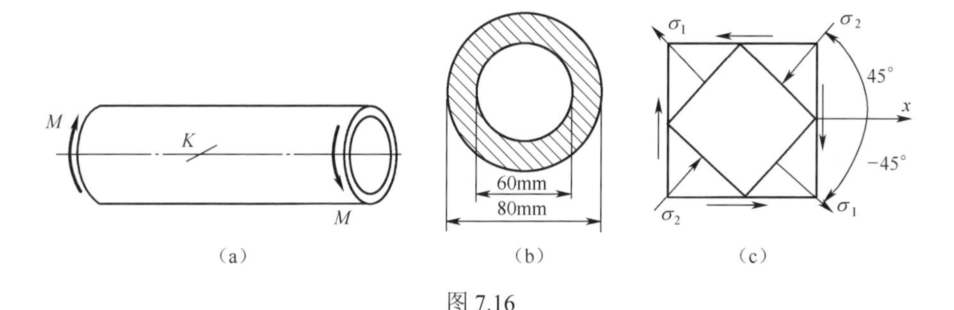

图 7.16

解： 包含 K 点取单元体，如图 7.16（c）所示，单元体的左右、上下面上只有切应力 τ ，故为纯剪切应力状态，且

$$\sigma_x=\sigma_y=0，\quad \tau_{xy}=\frac{T}{W_t}$$

由式（7.4）得

$$\left.\begin{matrix}\sigma_{\max}\\ \sigma_{\min}\end{matrix}\right\}=\frac{\sigma_x+\sigma_y}{2}\pm\sqrt{\left(\frac{\sigma_x-\sigma_y}{2}\right)^2+\tau_{xy}^2}=\pm\tau_{xy}=\pm\frac{T}{W_t}$$

主应力所在平面由式（7.3）得

$$\tan2\alpha_0=\frac{-2\tau_{xy}}{\sigma_x-\sigma_y}\to-\infty$$

则

$$\alpha_0 = -45^\circ \text{ 或 } -135^\circ$$

故 $\sigma_{-45^\circ} = \sigma_1 = \dfrac{T}{W_t}$，$\sigma_{-135^\circ} = \sigma_3 = -\dfrac{T}{W_t}$，将其代入式（7.11），得

$$\varepsilon_{45^\circ} = \frac{1}{E}(\sigma_{45^\circ} - \mu\sigma_{-45^\circ}) = \frac{1}{E}(\sigma_{-135^\circ} - \mu\sigma_{-45^\circ}) = -\frac{1+\mu}{E}\cdot\frac{T}{W_t}$$

故

$$T = -\frac{E}{1+\mu}W_t\varepsilon_{45^\circ} = -\frac{210\times10^3}{1+0.3}\times\frac{1}{16}\pi\times80^3\times\left[1-\left(\frac{60}{80}\right)^4\right]\times(-340\times10^{-6})\,\mathrm{N\cdot mm}$$
$$= 3.77\mathrm{kN\cdot m}$$

例 7.6 钢块上开有深度和宽度均为10mm 的钢槽，钢槽内嵌入边长为 $a = 10\mathrm{mm}$ 的立方体铝块，铝块的顶面承受 $F = 6\mathrm{kN}$ 的压力作用，如图 7.17（a）所示。已知铝的弹性模量 $E = 70\mathrm{GPa}$，泊松比 $\mu = 0.33$。若不计钢块的变形，求铝块的三个主应力及主应变。

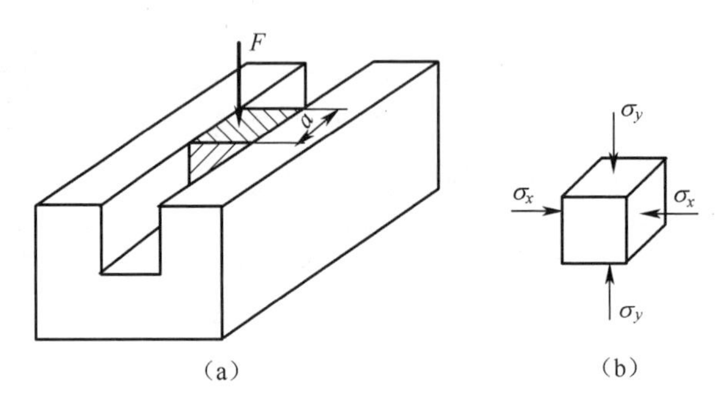

图 7.17

解：铝块横截面上的压应力为

$$\sigma_y = -\frac{F}{A} = -\frac{6\times10^3\,\mathrm{N}}{10\times10\mathrm{mm}^2} = -60\mathrm{MPa}$$

显然有 $\sigma_z = 0$。在压力 F 的作用下，铝块产生膨胀，但又受到钢槽的阻碍，使得铝块沿 x 方向的线应变为零。由式（7.9）得

$$\varepsilon_x = \frac{1}{E}[\sigma_x - \mu(\sigma_y + \sigma_z)] = \frac{1}{70\times10^3}[\sigma_x - 0.33\times(-60)] = 0$$

解得

$$\sigma_x = -19.8\mathrm{MPa}$$

因为铝块的三个相互垂直的平面上不存在切应力，故 σ_x、σ_y、σ_z 为主应力，即

$$\sigma_1 = \sigma_z = 0，\quad \sigma_2 = \sigma_x = -19.8\mathrm{MPa}，\quad \sigma_3 = \sigma_y = -60\mathrm{MPa}$$

由式（7.11），得主应变

$$\varepsilon_1 = \frac{1}{E}[\sigma_1 - \mu(\sigma_2 + \sigma_3)] = \frac{1}{70\times10^3}[0 - 0.33\times(-19.8-60)] = 376\times10^{-6}$$

$$\varepsilon_2 = 0$$

$$\varepsilon_3 = \frac{1}{E}[\sigma_3 - \mu(\sigma_1 + \sigma_2)] = \frac{1}{70\times10^3}[-60 - 0.33\times(0-19.8)] = -764\times10^{-6}$$

7.5 四种常用的强度理论

7.5.1 强度理论概述

在前面的各章中，介绍了在基本变形情况下构件的正应力和切应力的强度条件

$$\sigma_{max} \leqslant [\sigma]，\ \tau_{max} \leqslant [\tau]$$

式中，σ_{max} 和 τ_{max} 为构件危险截面上的最大正应力和切应力，$[\sigma]$ 和 $[\tau]$ 为许用应力，是通过材料单向拉伸（压缩）试验或纯剪切试验得到的极限应力除以相应的安全因数得到。试验中，试件危险点的应力状态与实际构件危险点的应力状态类似，具备可比性。可见，上述强度条件是直接根据试验结果建立的。

实践证明，根据试验结果直接建立起来的正应力强度条件只适用于单向应力状态，而切应力强度条件只适用于纯剪切应力状态。然而，工程中许多构件的危险点处于一般复杂的应力状态，实现复杂应力状态下的试验，要比单向的拉伸（压缩）试验困难得多。并且，复杂应力状态下的主应力 σ_1、σ_2、σ_3 之间存在着无数种数值的组合和比例，要测出每一种情况下相应的极限应力是难以实现的。因此，完全依靠直接试验的方法来建立复杂应力状态下的强度条件是不现实的，为解决此类问题，可在研究复杂应力状态下材料的破坏或失效规律的基础上，寻找破坏的原因，以建立更有效的理论和方法。

大量的试验结果表明，无论应力状态多么复杂，材料在常温静载作用下失效形式主要有两种：一种为脆性断裂，如铸铁在拉伸时，没有明显的塑性变形就发生突然的断裂；另一种为塑性屈服，如低碳钢在拉伸时，发生显著的塑性变形，并出现明显的屈服现象。不同的破坏形式有不同的破坏原因。此外，构件在外力的作用下，任何一点都同时存在应力和应变，并储存了应变能。因此，可以设想材料之所以按照某种方式破坏（脆性断裂或塑性屈服），与危险点处的应力、应变或应变能等因素中的某一个或几个因素有关。长期以来，人们通过对破坏现象的观察和分析，提出了各种关于破坏原因的假说。按照这种假说，无论是简单应力状态还是复杂应力状态，引起失效的因素是相同的，即造成失效的原因与应力状态无关。这一类假说统称为强度理论。因此，可以用简单应力状态的试验结果，建立复杂应力状态的强度条件。

强度理论既然是推测强度失效原因的一些假说，它正确与否，以及适用于什么情况，都必须由试验和生产实践来检验。实际上，也正是在反复试验和生产实践的基础上，这些假说才能逐步得到发展并日趋完善。本节主要介绍工程上常用的四种强度理论。

7.5.2 四种常用的强度理论

材料破坏形式主要有两种，即脆性断裂和塑性屈服。因而，强度理论相应地也分为两类。一类是解释材料脆性断裂破坏的强度理论，有最大拉应力理论和最大伸长线应变理论；另一类是解释材料塑性屈服破坏的强度理论，有最大切应力理论和畸变能密度理论。强度理论是在常温、静载条件下，适用于均匀、连续、各向同性材料。

1．最大拉应力理论（第一强度理论）

这一理论认为最大拉应力是引起材料断裂的主要因素。即认为无论是什么应力状态，只要最大拉应力 σ_1 达到材料的某一极限值时，材料就会发生断裂失效。这个极限值可以根据材料单向拉伸发生断裂时的试验确定，即材料的强度极限 σ_b。根据这一理论，材料发生脆性断裂破坏的条件为

$$\sigma_1 = \sigma_b \tag{a}$$

将极限应力 σ_b 除以安全因数得许用应力 $[\sigma]$。于是，按照第一强度理论建立的强度条件为

$$\sigma_1 \leqslant [\sigma] \tag{7.18}$$

试验表明，该强度理论较好地解释了石料、铸铁等脆性材料沿最大拉应力所在截面发生断裂的现象。该理论的不足之处在于没有考虑其他两个主应力对材料强度的影响，而且对于没有拉应力的应力状态（如单向受压或三向受压等）无法应用。

2．最大伸长线应变理论（第二强度理论）

这一理论认为最大伸长线应变是引起材料断裂的主要因素。即认为无论是什么应力状态，只要最大伸长线应变 ε_1 达到材料的某一极限值时，材料即发生断裂失效。这个极限值可以根据材料单向拉伸断裂时发生脆性断裂的试验确定。在简单拉伸下，假定材料直到断裂均服从胡克定律，则材料在单向拉伸至断裂时最大伸长线应变的极限值 $\varepsilon_u = \dfrac{\sigma_b}{E}$。按照这个理论，在复杂应力状态下，最大伸长线应变 ε_1 达到 ε_u 时，材料就发生断裂破坏。即破坏条件为

$$\varepsilon_1 = \varepsilon_u = \frac{\sigma_b}{E} \tag{b}$$

由广义胡克定律式（7.11）知，$\varepsilon_1 = \dfrac{1}{E}[\sigma_1 - \mu(\sigma_2 + \sigma_3)]$，将其代入式（b），整理得脆性断裂的破坏条件

$$\sigma_1 - \mu(\sigma_2 + \sigma_3) = \sigma_b \tag{c}$$

将 σ_b 除以安全因数得材料的许用应力 $[\sigma]$，于是按第二强度理论建立的强度条件为

$$\sigma_1 - \mu(\sigma_2 + \sigma_3) \leqslant [\sigma] \tag{7.19}$$

试验表明，该强度理论与石料、混凝土等脆性材料受轴向压缩时沿垂直于压力的方向发生断裂破坏现象是一致的。并且，铸铁在双向拉伸、压缩应力状态下，

且压应力较大的情况下，试验结果与理论接近。该理论综合考虑了三个主应力的影响，从形式上看比第一强度理论完善。但是，有时并不一定总能给出满意的解释。例如，按照该理论，铸铁在二向拉伸时比单向拉伸时更安全，而试验结果不能证实这一点。

3．最大切应力理论（第三强度理论）

这一理论认为最大切应力是引起材料屈服的主要因素。即认为无论什么样的应力状态，只要材料内一点处的最大切应力τ_{max}达到材料的某一极限值时，材料就发生屈服。该极限值是材料在单向拉伸试验中达到屈服时，与轴线成45°的斜截面上的最大切应力，即屈服极限$\tau_s=\dfrac{\sigma_s}{2}$。按照这一理论，任意应力状态下，只要$\tau_{max}$达到$\tau_s$就会引起材料的屈服，即屈服条件为

$$\tau_{max}=\tau_s=\frac{\sigma_s}{2} \tag{d}$$

复杂应力状态下最大切应力为

$$\tau_{max}=\frac{\sigma_1-\sigma_3}{2} \tag{e}$$

则破坏条件为

$$\sigma_1-\sigma_3=\sigma_s \tag{f}$$

将σ_s除以安全因数得材料的许用应力$[\sigma]$，于是按第三强度理论建立的强度条件为

$$\sigma_1-\sigma_3\leqslant[\sigma] \tag{7.20}$$

实验证明，这一强度理论较好地解释了塑性材料出现塑性变形的现象。但是，由于没有考虑σ_2的影响，使得在二向应力状态下，按这一理论设计的构件偏于安全。由于该理论形式简单，概念明确，所以在工程中得到广泛应用。

4．畸变能密度理论（第四强度理论）

这一理论认为畸变能密度是引起材料屈服的主要因素。即认为不论什么应力状态，只要畸变能密度υ_d达到某一极限值，材料就发生屈服。同样，该畸变能的极限值通过材料单向拉伸试验得到。材料在单向拉伸下屈服时的极限应力为σ_s，相应的畸变能密度υ_{ds}由式（7.17）求得。按照这一理论，不论什么应力状态，只要畸变能密度υ_d达到υ_{ds}，便引起材料屈服。由式（7.17）知

$$\upsilon_{ds}=\frac{1+\mu}{6E}(2\sigma_s^2) \tag{g}$$

在复杂应力状态下

$$\upsilon_d=\frac{1+\mu}{6E}[(\sigma_1-\sigma_2)^2+(\sigma_2-\sigma_3)^2+(\sigma_3-\sigma_1)^2] \tag{h}$$

将上式代入式（g）整理得破坏条件为

$$\sqrt{\frac{1}{2}[(\sigma_1-\sigma_2)^2+(\sigma_2-\sigma_3)^2+(\sigma_3-\sigma_1)^2]}=\sigma_s$$

将σ_s除以安全因数得材料的许用应力$[\sigma]$，于是按第四强度理论建立的强度

条件为

$$\sqrt{\frac{1}{2}[(\sigma_1-\sigma_2)^2+(\sigma_2-\sigma_3)^2+(\sigma_3-\sigma_1)^2]}\leqslant[\sigma] \tag{7.21}$$

几种塑性材料（钢、铜、铝）的薄管试验资料表明，畸变能密度理论比第三强度理论更符合实验结果。

综合以上四个强度理论的强度条件，可以把它们写成如下的统一形式：

$$\sigma_r\leqslant[\sigma] \tag{7.22}$$

式中，σ_r称为相当应力。四个强度理论的相当应力分别为

$$\begin{cases}\sigma_{r1}=\sigma_1\\ \sigma_{r2}=\sigma_1-\mu\left(\sigma_2+\sigma_3\right)\\ \sigma_{r3}=\sigma_1-\sigma_3\\ \sigma_{r4}=\sqrt{\frac{1}{2}[(\sigma_1-\sigma_2)^2+(\sigma_2-\sigma_3)^2+(\sigma_3-\sigma_1)^2]}\end{cases} \tag{7.23}$$

一般情况，在常温、静载下，脆性材料如铸铁、混凝土、石料等，抵抗断裂的能力低于抵抗滑移的能力，通常以断裂的形式失效，宜采用第一或第二强度理论；而塑性材料如各类钢材，抵抗滑移的能力低于抵抗断裂的能力，通常以屈服的形式失效，宜采用第三或第四强度理论。

应该指出，构件的破坏形式不仅与材料的性质有关，也与其工作状态（如应力状态的形式，温度等）有关。例如，碳钢在单向拉伸下以屈服形式失效，但由碳钢制成的螺杆拉伸时，由于螺纹根部的应力集中将引起三向拉伸，这部分材料以断裂的形式破坏。又如，铸铁在单向拉伸时以断裂的形式破坏，当将淬火钢球压在铸铁板上时，接触点处处于三向压应力状态，随着压力的增大，铸铁板上会出现明显的凹坑，这是塑性变形。因此，不论脆性材料还是塑性材料，在三向拉应力接近相等的情况下，都以断裂的形式破坏，所以应选用第一强度理论；在三向压应力接近相等的情况下，都会发生塑性屈服破坏，所以应选用第三或第四强度理论。

例 7.7 某钢制构件，其危险点的应力状态如图 7.18 所示，单位：MPa。已知材料的许用应力$[\sigma]=120\text{MPa}$，试按第三强度理论校核该构件的强度。

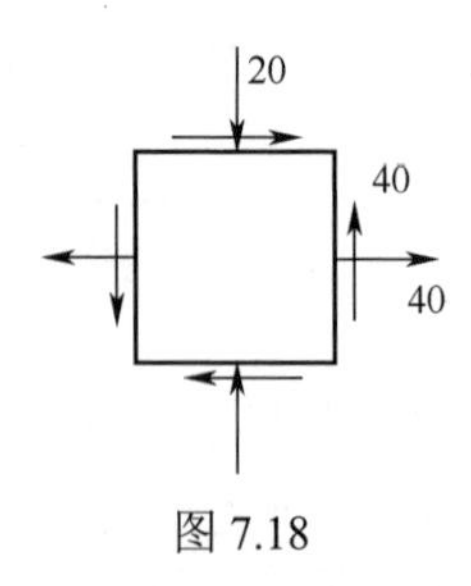

图 7.18

解：钢制构件（塑性材料），且危险点处于二向应力状态，首先由解析法求主应力。

将$\sigma_x=40\text{MPa}$，$\sigma_y=-20\text{MPa}$，$\tau_{xy}=-40\text{MPa}$代入式（7.4），得

$$\left.\begin{matrix}\sigma_{\max}\\ \sigma_{\min}\end{matrix}\right\}=\frac{\sigma_x+\sigma_y}{2}\pm\sqrt{\left(\frac{\sigma_x-\sigma_y}{2}\right)^2+\tau_{xy}^2}=\frac{40+(-20)}{2}\pm\sqrt{\left[\frac{40-(-20)}{2}\right]^2+(-40)^2}$$

$$=\begin{cases}60\\-40\end{cases}\text{MPa}$$

所以，三个主应力分别为$\sigma_1=60\text{MPa}$，$\sigma_2=0$，$\sigma_3=-40\text{MPa}$

按照第三强度理论

$$\sigma_{r3}=\sigma_1-\sigma_3=60-(-40)=100\text{MPa}<[\sigma]$$

故该构件满足强度要求。

例 7.8 由 20a 号工字钢制成的简支梁，如图 7.19（a）所示。已知$F=120\text{kN}$，材料的许用应力$[\sigma]=140\text{MPa}$，$[\tau]=100\text{MPa}$。试对梁做全面的校核。

解： A、B支座处的约束力为

$$F_A=F_B=\frac{F}{2}=60\text{kN}$$

作梁的剪力图和弯矩图，如图 7.19（b）所示。由图可见，C截面为危险截面，且

$$F_{\text{S,max}}=60\text{kN}，\ M_{\max}=30\text{kN}\cdot\text{m}$$

C截面的应力分布情况如图 7.19（c）所示，可见，C截面的上下边缘点（如a_1点）正应力最大，切应力等于零；该截面中性轴上各点处（如a_3点）切应力最大，正应力等于零。而在腹板与翼缘的交接点处，正应力和切应力都比较大，围绕a_2点取单元体，如图 7.19（d）所示。以上各点均可能为危险点，其强度均该校核。

查附录Ⅱ，20a 工字钢的$W_z=237\text{cm}^3$，$I_z=2370\text{cm}^4$，$b=7\text{mm}$，$I_z/S_z^*=17.2\text{cm}$。按照正应力的强度条件校核a_1点处的强度

$$\sigma_{\max}=\frac{M_{\max}}{W_z}=\frac{30\times10^3}{237\times10^{-6}}\text{Pa=126.6MPa<}[\sigma]$$

故a_1点处强度满足要求。

按照切应力的强度条件校核a_3点处的强度

$$\tau_{\max}=\frac{F_{\text{S,max}}S_{z,\max}^*}{I_zb}=\frac{60\times10^3}{17.2\times10^{-2}\times7\times10^{-3}}\text{Pa=49.8MPa<}[\tau]$$

故a_3点处强度满足要求。

a_2点的单元体为一般的平面应力状态，材料为塑性材料，应按第三或第四强度理论校核该点的强度。a_2点的应力为

$$\sigma=\frac{M_Cy_2}{I_z}=\frac{30\times10^3\times88.6\times10^{-3}}{23.7\times10^{-6}}\text{Pa=112.2MPa}$$

$$\tau=\frac{F_{\text{SC}}S_{z,k_2}^*}{I_zb}=\frac{60\times10^3\times\left[100\times11.4\times\left(100-\dfrac{11.4}{2}\right)\right]\times10^{-9}}{23.7\times10^{-6}\times7\times10^{-3}}\text{Pa=38.9MPa}$$

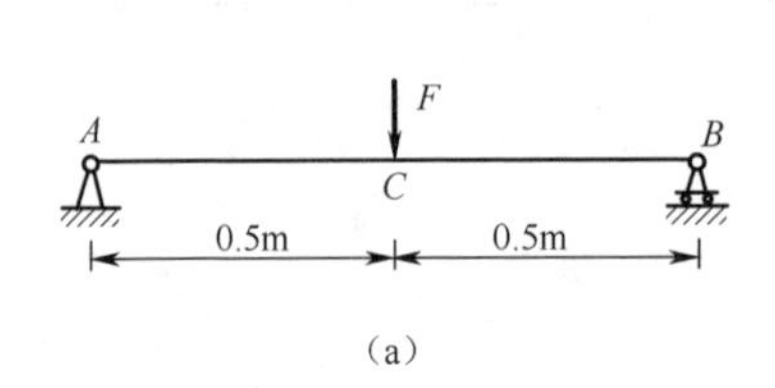

（a）

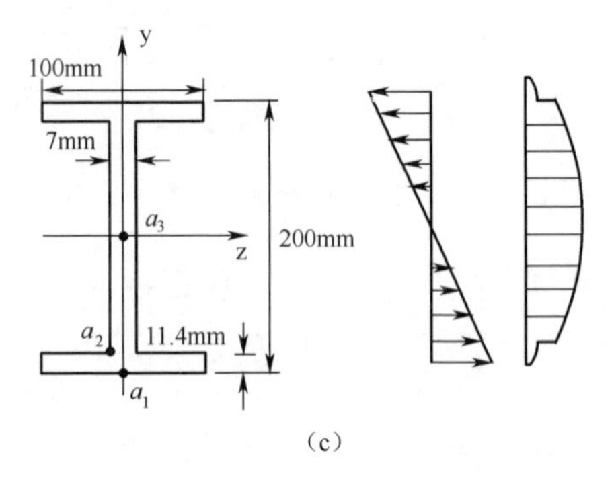

（c）

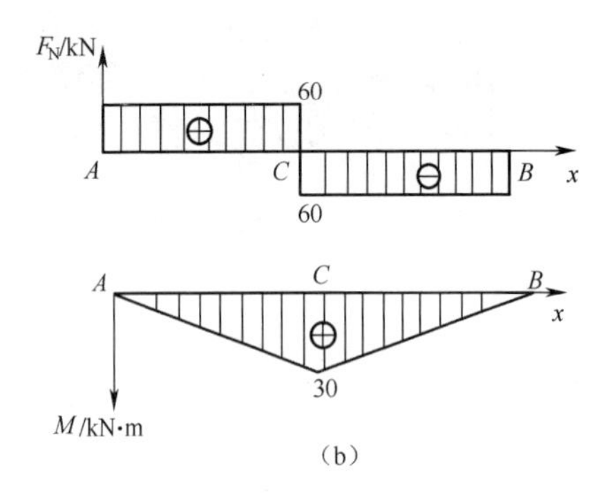

（b）

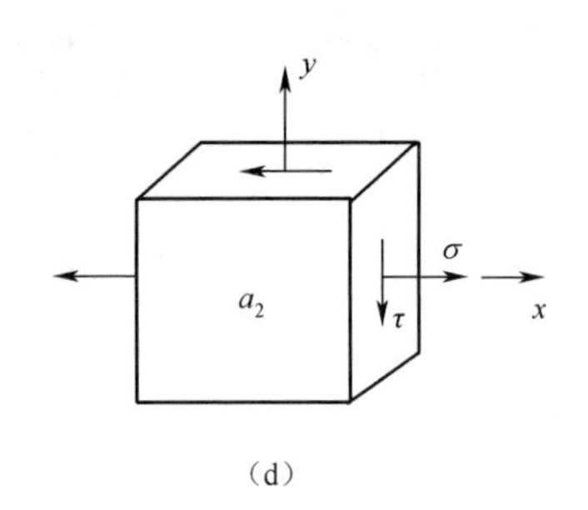

（d）

图 7.19

由图 7.19（d）可知，$\sigma_x = 112.2\text{MPa}$，$\sigma_y = 0$，$\tau_{xy} = 38.9\text{MPa}$。按式（7.4）计算主应力

$$\left.\begin{matrix}\sigma_{\max}\\ \sigma_{\min}\end{matrix}\right\} = \frac{\sigma_x + \sigma_y}{2} \pm \sqrt{\left(\frac{\sigma_x - \sigma_y}{2}\right)^2 + \tau_{xy}^2} = \frac{112.2}{2} \pm \sqrt{\left(\frac{112.2}{2}\right)^2 + 38.9^2} = \begin{cases}124.4\\ -12.2\end{cases}\text{MPa}$$

主应力为 $\sigma_1 = 124.4\text{MPa}$，$\sigma_2 = 0$，$\sigma_3 = -12.2\text{MPa}$

按第三强度理论校核

$$\sigma_{r3} = \sigma_1 - \sigma_3 = 124.4 - (-12.2)\text{MPa} = 136.6\text{MPa} < [\sigma]$$

按第四强度理论校核

$$\begin{aligned}\sigma_{r4} &= \sqrt{\frac{1}{2}[(\sigma_1 - \sigma_2)^2 + (\sigma_2 - \sigma_3)^2 + (\sigma_3 - \sigma_1)^2]}\\ &= \sqrt{\frac{1}{2}[124.4^2 + 12.2^2 + (-12.2 - 124.4)^2]}\\ &= 130.9\text{MPa} < [\sigma]\end{aligned}$$

梁满足强度要求。

7.6 莫尔强度理论

前一节介绍的四个强度理论，均假设材料失效是由于某一因素达到某个极限值所引起的。第三强度理论只适用于拉、压屈服极限相同的塑性材料，但它难以解释脆性材料发生剪切破坏的情况。例如铸铁试件在轴向压缩时，其剪切面与轴

线之间的夹角略小于45°，这明显不是最大切应力所在的平面。

莫尔强度理论认为，材料发生屈服或剪切破坏，不仅与该截面上的切应力大小有关，而且还与该截面上的正应力有关。由于剪切的结果会使剪切开裂面之间有相对滑移，因而就会在开裂面之间产生摩擦，而摩擦力的大小又与截面上的正应力有关。当截面上的正应力为压应力时，压应力越大，摩擦力也越大，材料越不易沿该截面滑移破坏。因此推测，若最大切应力作用面上还存在较大的压应力，材料就不一定沿着最大切应力所在的面滑移破坏，滑移发生在切应力与正应力组合最不利的截面上。因此，莫尔强度理论的极限条件为

$$\tau_{\mu} = f(\sigma)$$

式中，τ_{μ}是材料的极限切应力，它是破坏面上压应力的函数。这一函数关系需要通过不同应力状态下的试验来确定。

为测定材料的极限切应力τ_{μ}，莫尔认为可做材料的轴向拉伸、轴向压缩、扭转试验等一系列破坏试验，如图7.20所示。应力圆OA'的直径等于单向拉伸时的极限应力，该圆称为极限应力圆。同理，以OB'为直径的圆为单向压缩时的极限应力圆，以OC'为半径的圆为纯剪切极限应力圆。在其他应力状态下，使主应力按一定比例增加，直到破坏，又可以得到相应的极限应力圆。根据试验结果画出一系列对应破坏值的极限应力圆，再绘出这些极限应力圆的包络线。显然，包络线的形状与材料的强度有关，对于不同的材料其包络线不同。

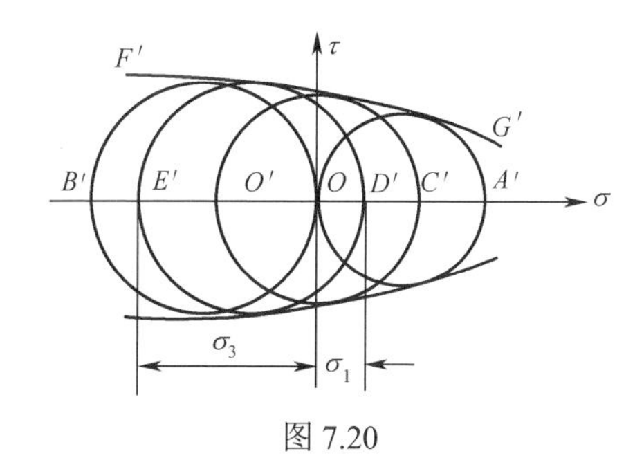

图7.20

莫尔强度理论认为，对于某一种材料，上述这些极限应力圆有唯一的包络线，对于同材料制成的受力构件中的主单元体，如果由σ_1和σ_3所画的应力圆与上述包络线相切，则这一应力状态将引起材料的破坏。

在实际应用中，为了简化计算，用单向拉伸和单向压缩的两个极限应力圆的公切线代替包络线，再除以安全因数，得到如图7.21所示的许用情况。图中$[\sigma_t]$为材料的单向拉伸许用应力，$[\sigma_c]$为单向压缩许用应力。由图7.21可知，当主应力σ_1和σ_3所画的应力圆与两个极限应力圆的公切线相切时，得

$$\frac{\overline{O_1N}}{\overline{O_2F}} = \frac{\overline{O_1O_3}}{\overline{O_2O_3}} \tag{a}$$

式中

$$\begin{cases}\overline{O_1N}=\overline{O_1L}-\overline{O_3T}=\dfrac{[\sigma_t]}{2}-\dfrac{\sigma_1-\sigma_3}{2}\\ \overline{O_2F}=\overline{O_2M}-\overline{O_3T}=\dfrac{[\sigma_c]}{2}-\dfrac{\sigma_1-\sigma_3}{2}\\ \overline{O_1O_3}=\overline{OO_3}-\overline{OO_1}=\dfrac{\sigma_1+\sigma_3}{2}-\dfrac{[\sigma_t]}{2}\\ \overline{O_2O_3}=\overline{OO_3}+\overline{OO_2}=\dfrac{\sigma_1+\sigma_3}{2}+\dfrac{[\sigma_c]}{2}\end{cases} \tag{b}$$

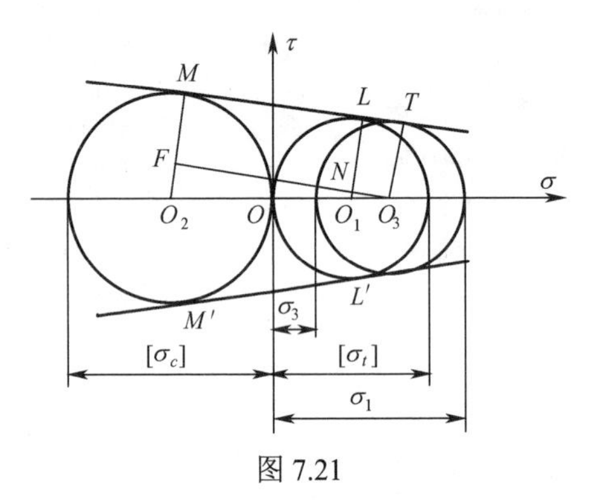

图 7.21

将式（b）代入式（a），经简化后得

$$\sigma_1-\frac{[\sigma_t]}{[\sigma_c]}\sigma_3=[\sigma_t] \tag{c}$$

考虑适当的强度储备，并引入相当应力的概念，莫尔强度理论的强度条件为

$$\sigma_{r\mathrm{M}}=\sigma_1-\frac{[\sigma_t]}{[\sigma_c]}\sigma_3\leqslant[\sigma_t] \tag{7.24}$$

对于抗拉和抗压相等的材料，即$[\sigma_t]=[\sigma_c]$，则式（7.24）化为

$$\sigma_1-\sigma_3\leqslant[\sigma]$$

这就是第三强度理论的强度条件。可见，与第三强度理论相比较，莫尔强度理论考虑了材料抗拉和抗压强度不等的情况。它可以用于铸铁等脆性材料，也适用于弹簧钢等塑性较差的材料。该理论的不足之处在于没有考虑中间主应力σ_2的影响。

例 7.9 某T形截面铸铁梁，载荷情况和尺寸如图 7.22（a）所示。载荷$F_1=10\text{kN}$，$F_2=4\text{kN}$，材料的抗拉许用应力$[\sigma_t]=30\text{MPa}$，抗压许用应力$[\sigma_c]=160\text{MPa}$。T形截面尺寸如图 7.22（b）所示。已知截面对形心轴z轴的惯性矩$I_z=763\text{cm}^4$，且$y_1=52\text{mm}$。试按莫尔理论校核B截面上b点处的强度。

解：由静力平衡条件求出梁A、B支座处的约束力。

$$F_A=3\text{kN},\quad F_B=11\text{kN}$$

作剪力图和弯矩图，如图 7.22（c）所示。B截面上的剪力和弯矩分别为$F_\text{S}=7\text{kN}$和$M_B=4\text{kN}\cdot\text{m}$。根据截面尺寸，得

$$S_{z,b}^{*}=80\times20\times\left(52-\frac{20}{2}\right)\text{mm}^{3}=67200\text{mm}^{3}$$

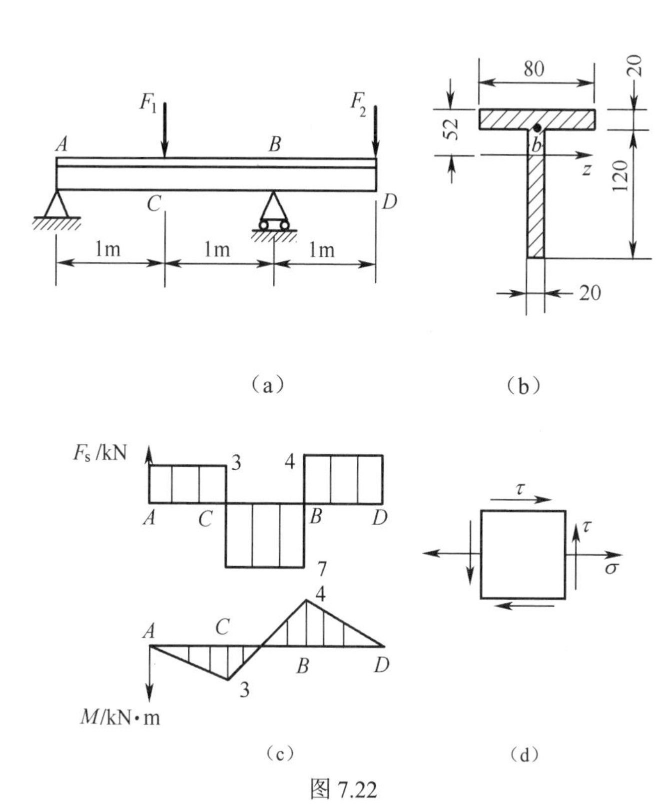

图 7.22

B 截面上 b 点的正应力和切应力分别为

$$\sigma=\frac{M_{B}y_{b}}{I_{z}}=\frac{4\times10^{6}\text{ N}\cdot\text{mm}\times(52-20)\text{mm}}{763\times10^{4}\text{ mm}^{4}}=16.8\text{MPa}$$

$$\tau=\frac{F_{\text{S}}S_{z,b}^{*}}{I_{z}b}=\frac{7\times10^{3}\text{ N}\times67200\text{mm}^{3}}{763\times10^{4}\text{mm}^{4}\times20\text{mm}}=3.08\text{MPa}$$

B 截面上 b 点的应力状态如图 7.22（d）所示。求该单元体的主应力

$$\left.\begin{matrix}\sigma_{\max}\\ \sigma_{\min}\end{matrix}\right\}=\frac{\sigma}{2}\pm\sqrt{\left(\frac{\sigma}{2}\right)^{2}+\tau^{2}}=\frac{16.8}{2}\pm\sqrt{\left(\frac{16.8}{2}\right)^{2}+3.08^{2}}=\begin{cases}17.3\\-0.5\end{cases}\text{MPa}$$

故主应力 $\sigma_1=17.3\text{MPa}$， $\sigma_2=0$， $\sigma_3=-0.5\text{MPa}$。

由莫尔强度理论

$$\sigma_{r\text{M}}=\sigma_{1}-\frac{[\sigma_{t}]}{[\sigma_{c}]}\sigma_{3}=17.3-\frac{30}{160}\times(-0.5)=17.4<[\sigma_{t}]$$

所以满足莫尔强度理论的强度条件。

习题 7

7.1　构件受力如题 7.1 图所示。试：（1）确定危险点的位置；（2）用单元体表示危险点的应力状态；（3）说明单元体是何种应力状态。

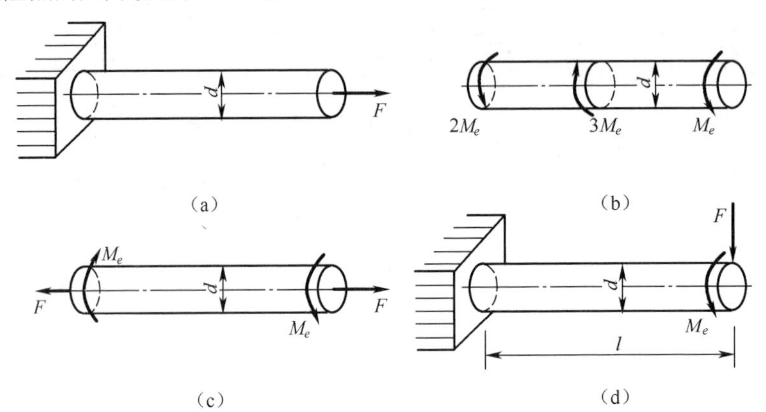

题 7.1 图

7.2　平面弯曲矩形截面梁，力 F 作用于跨中处，尺寸及载荷如题 7.2 图所示。试用单元体表示 A 、B 、C 各点的应力状态。

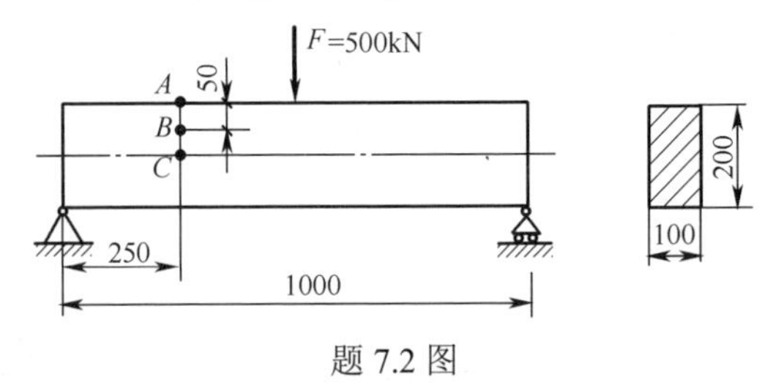

题 7.2 图

7.3　试证明平面应力状态单元体互相垂直的两斜截面上的正应力之和等于常数。

7.4　在题 7.4 图示应力状态中（单位：MPa），试用解析法和图解法求指定截面上的应力。

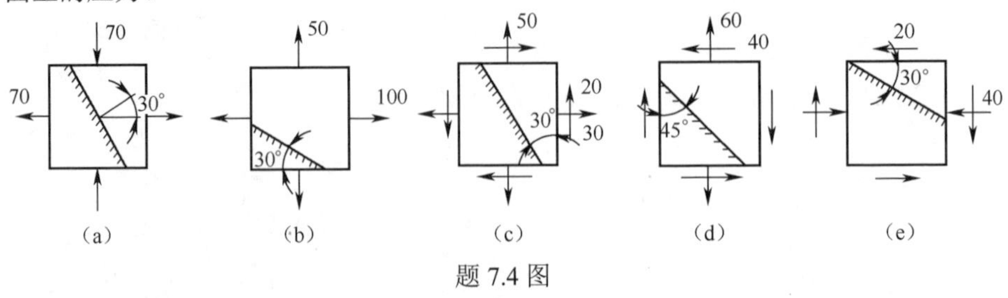

题 7.4 图

7.5　已知一点的应力状态如题 7.5 图所示（单位：MPa），试用解析法和图解法求：（1）主应力的数值；（2）在单元体中绘出主平面的位置及主应力的方位。

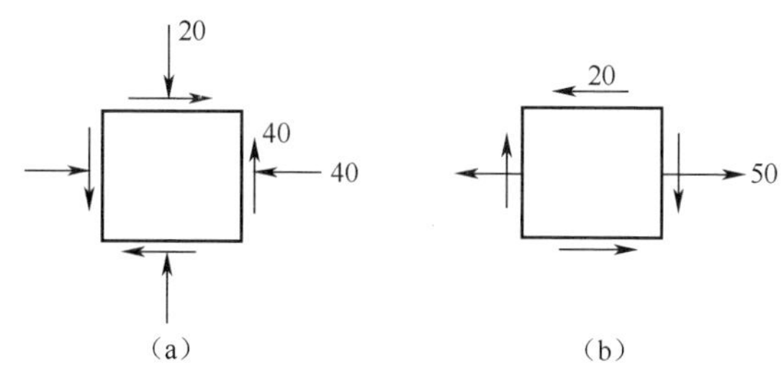

题 7.5 图

7.6 如题 7.6 图所示的单元体为平面应力状态。已知：$\sigma_x = 80\text{MPa}$，$\sigma_y = 40\text{MPa}$，α 斜截面上的正应力 $\sigma_\alpha = 50\text{MPa}$，试求主应力。

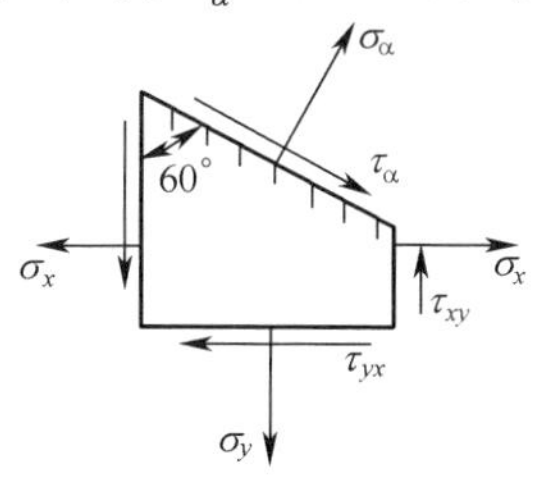

题 7.6 图

7.7 空间应力状态如题 7.7 图所示（单位：MPa），试求主应力及最大切应力。

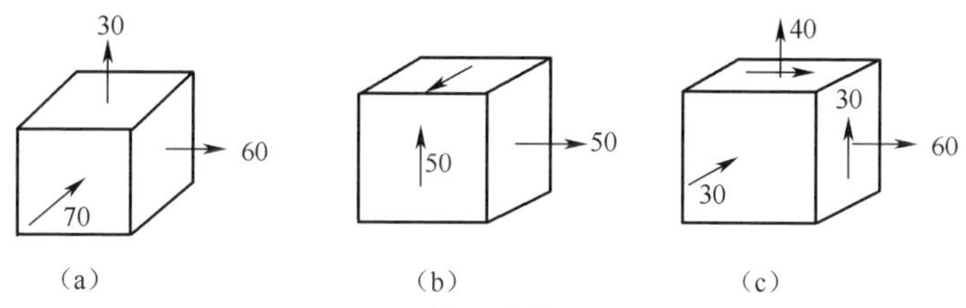

题 7.7 图

7.8 拉伸试样如题 7.8 图所示，已知横截面上的正应力为 σ，材料的弹性模量和泊松比分别为 E 和 μ。试求与轴线成 45°方向和 135°方向上的应变 ε_{45° 和 ε_{135°。

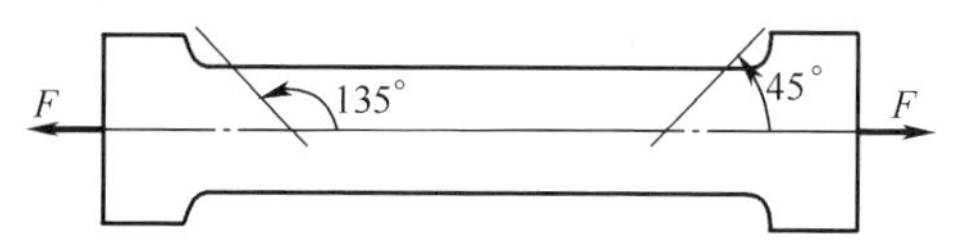

题 7.8 图

7.9 题 7.9 图示，列车通过钢桥时，在钢桥横梁的 K 点用变形仪测得 $\varepsilon_x = 0.0004$，$\varepsilon_y = -0.00012$。若材料的弹性模量 $E = 200\text{GPa}$，泊松比 $\mu = 0.3$。试求 K 点沿 x、y 方向的正应力。

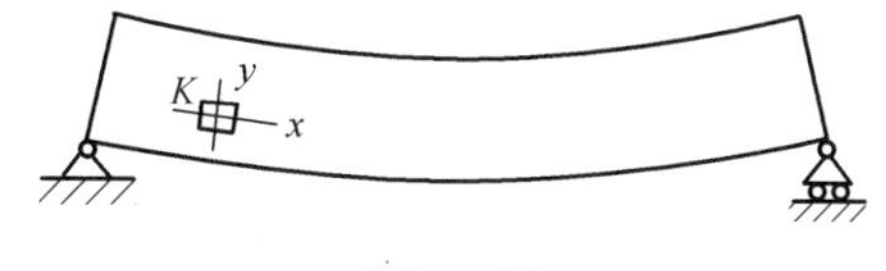

题 7.9 图

7.10 No.20a 工字钢简支梁受力如题 7.10 图所示，已知钢材的弹性模量

$E = 200\text{GPa}$，泊松比 $\mu = 0.3$。由试验测得中性层上 K 点处沿与轴线成 45°方向上的线应变 $\varepsilon_{45^\circ} = -260 \times 10^{-6}$，试求梁承受的载荷 F。

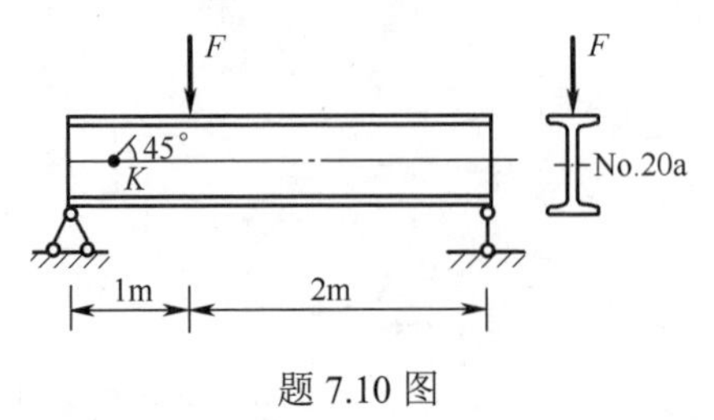

题 7.10 图

7.11　题 7.11 图示空心钢轴表面上 K 点与母线成 45°方向的线应变 $\varepsilon_{45^\circ} = 200 \times 10^{-6}$，已知轴的转速 $n = 120\text{r/min}$，轴的外径 $D = 120\text{mm}$，内径 $d = 80\text{mm}$，材料的弹性模量 $E = 210\text{GPa}$，泊松比 $\mu = 0.3$。求轴所传递的功率 P。

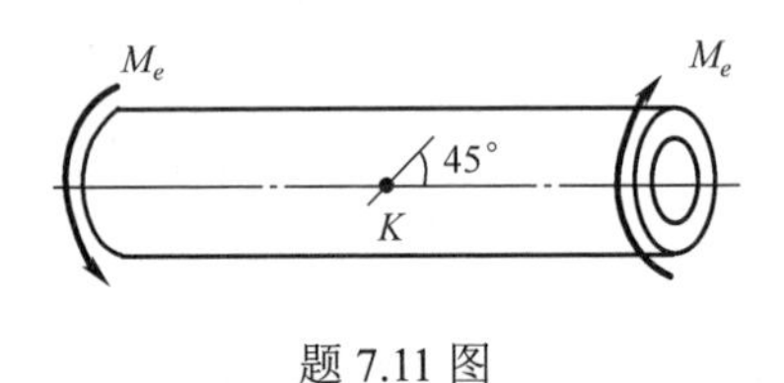

题 7.11 图

7.12　已知某单元体材料的弹性模量 $E = 210\text{GPa}$，泊松比 $\mu = 0.3$。试求该单元体的畸变能密度。

7.13　已知一点的应力状态如题 7.13 图所示（单位：MPa)，试写出第一、三、四强度理论的相当应力。

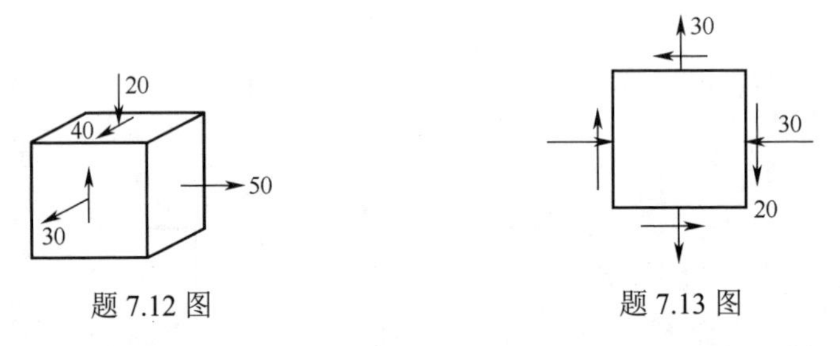

题 7.12 图　　题 7.13 图

7.14　构件中危险点的应力状态如题 7.14 图所示。已知材料为钢材，许用应力 $[\sigma] = 160\text{MPa}$，对该点进行强度校核。

7.15　已知钢轨与火车车轮接触点处的主应力为 $\sigma_1 = -800\text{MPa}$，$\sigma_2 = -900\text{MPa}$，$\sigma_3 = -1100\text{MPa}$，如果钢轨的许用应力 $[\sigma] = 300\text{MPa}$，试用第三强度理论和第四强度理论校核该点的强度。

7.16　某铸铁构件，其危险点的应力状态如题 7.16 图所示（单位：MPa)。已知材料的许用拉应力 $[\sigma_t] = 30\text{MPa}$，许用压应力 $[\sigma_c] = 120\text{MPa}$，泊松比 $\mu = 0.25$。试用第二强度理论和莫尔强度理论校核此构件的强度。

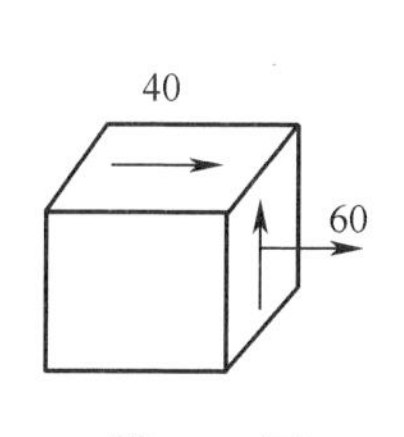

题 7.14 图

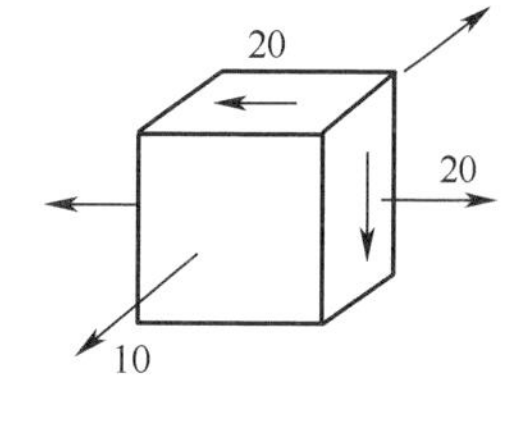

题 7.16 图

7.17　题 7.17 图示铸铁薄壁圆管承受内部压强 $p = 4\text{MPa}$ 和载荷 $F = 200\text{kN}$ 的共同作用，如图所示。已知圆管的外径 $D = 200\text{mm}$，壁厚 $\delta = 15\text{mm}$。材料的许用拉应力 $[\sigma_t] = 30\text{MPa}$，许用压应力 $[\sigma_c] = 120\text{MPa}$，泊松比 $\mu = 0.25$。试用莫尔强度理论校核其强度。

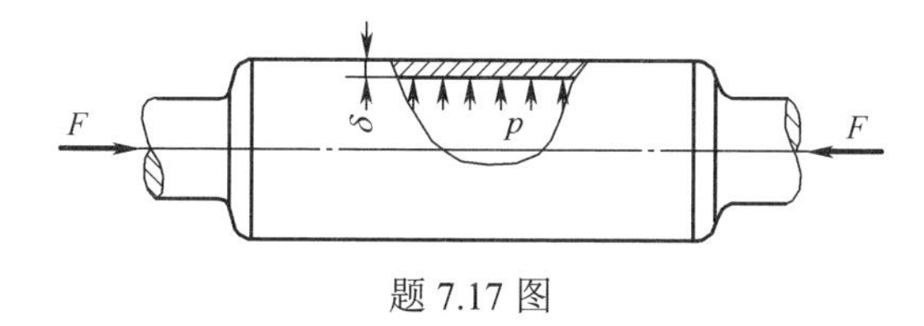

题 7.17 图

第 8 章

组合变形

8.1 组合变形的概念

前面各章节中讨论了杆件在拉伸（压缩）、扭转与弯曲等基本变形时的强度计算和刚度计算。工程实际问题中，构件或零件在载荷作用下的变形往往比较复杂，常常有两种或两种以上的基本变形同时发生。如果其中有一种变形是主要的，其余变形引起的应力（或变形）很小，则构件可以按主要的基本变形计算。如果几种变形对应的应力（或变形）是同一量级，此时构件的变形称为组合变形。基本变形的外力特点归纳见表 8.1。

表 8.1 几种常见的基本变形及其外力特点

基本变形	外力	外力的特点
轴向拉伸（压缩）	力	外力作用线与杆件轴线重合
扭转	力偶	力偶作用面与杆件轴线垂直
对称弯曲	力 力偶	外力位于纵向对称面内且与杆件轴线垂直 力偶作用面位于纵向对称面内

图 8.1 为工程中组合变形的实例。图 8.1（a）所示桥式起重机大梁在载荷行进时，由于载荷方向偏离铅垂线，因此产生不只是纵向对称面内的弯曲变形；图 8.1（b）所示单臂起重机的横梁在起吊重物时产生弯曲与压缩变形；图 8.1（c）所示厂房立柱受到与立柱平行的压力作用，产生弯曲与轴向压缩变形；图 8.1（d）所示绞盘轴同时产生扭转与弯曲变形。图 8.1（e）所示钻机手柄轴各部分可能产生扭转、弯曲及轴向压缩变形。

对于组合变形的构件，在满足线弹性、小变形的条件下，可以按照构件的原始尺寸计算（此为原始尺寸原理）。解决组合变形构件的强度问题采用叠加法。具体可以分为以下三个步骤：

（1）外力分析。把不满足产生基本变形的外力，通过分解或平移，使其成为满足基本变形条件的外力（外力偶），然后将产生同一基本变形的力和力偶分为一组，结果分为几组外力，每组外力对应产生一种基本变形，明确组合变形的种类。

（2）内力分析。对几种基本变形逐一分析内力，作出内力图，综合判断危险截面。

（3）应力分析。对危险截面上的应力分布进行分析，综合判断危险点。

（4）强度计算。对危险点的应力状态进行分析，利用相应的强度理论进行强度计算。

基本变形时的内力及应力归纳见表 8.2。

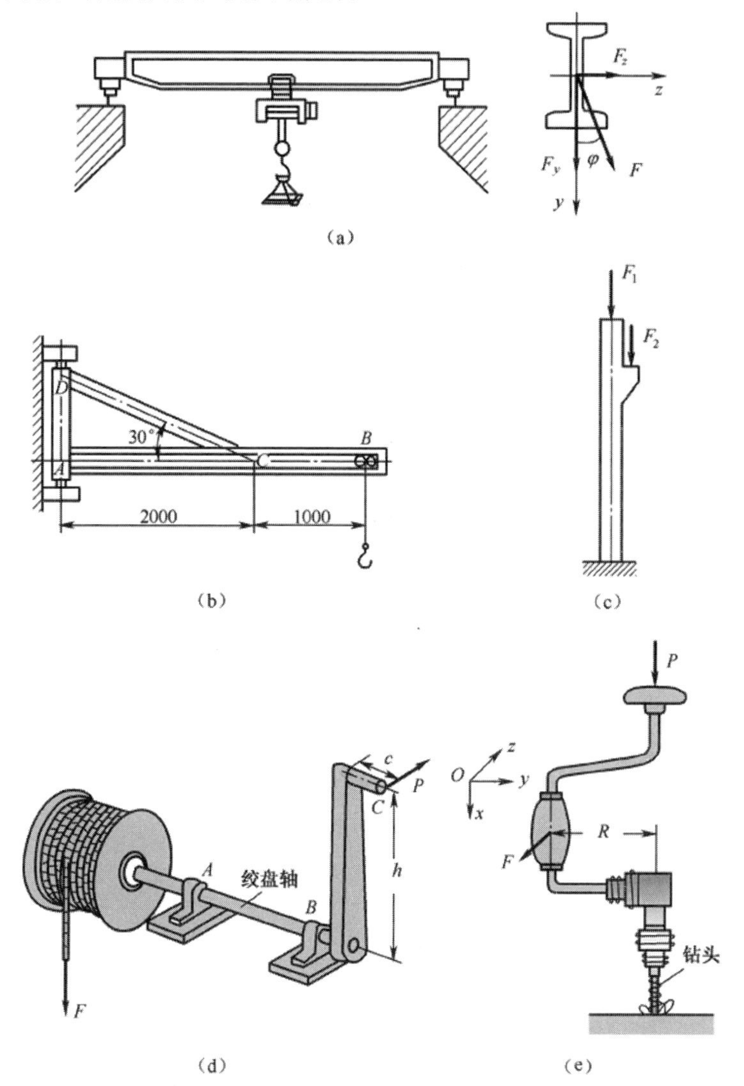

图 8.1

表 8.2　几种常见基本变形的内力及应力

基本变形	内力	应力
轴向拉伸（压缩）	轴力 F_N	$\sigma=\dfrac{F_N}{A}$
扭转	扭矩	$\tau=\dfrac{T\rho}{I_P}$
对称弯曲（对称轴 y）	弯矩 剪力	$\sigma=\dfrac{M_z y}{I_z}$（由剪力引起的 τ 在计算组合变形问题时一般可以忽略）

下面分别讨论工程中常见的几种组合变形：

（1）斜弯曲。两相互垂直平面内同时发生的弯曲。

（2）拉伸（压缩）与弯曲的组合变形。包括偏心压缩（拉伸）以及拉伸（压缩）与弯曲。

（3）弯曲与扭转的组合变形。

（4）拉伸（压缩）、弯曲与扭转的组合变形。

8.2　斜弯曲

对横截面具有对称轴的梁，当横向外力或外力偶作用于梁的纵向对称面内时，梁产生的弯曲变形为对称弯曲。此时，变形后的梁轴线为位于纵向对称面内的一条曲线。在工程实际问题中，梁的弯曲也会发生在不是纵向对称面内，例如杆件的外力（可以分解为分力）分别作用于水平及垂直两个纵向对称面时，如图 8.2 所示，此时杆件是在两个相互垂直的主惯性平面内同时发生平面弯曲。弯曲变形后的挠曲线不在外力作用的平面内，这种弯曲称为斜弯曲。

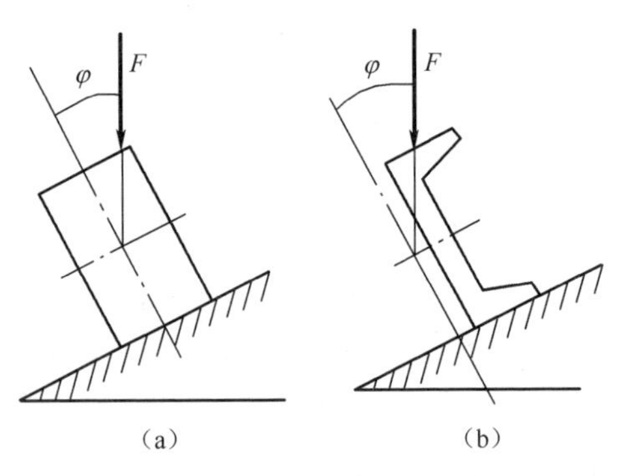

图 8.2

现以矩形截面悬臂梁（图 8.3（a））为例，分析斜弯曲时的强度计算。梁的自由端作用有集中力 F，通过截面形心，与 y 轴夹角为 φ，将力 F 沿 y 轴和 z 轴分解，得

$$F_y = F\cos\varphi$$
$$F_z = F\sin\varphi$$

F_y 可使梁在 xy 平面内产生平面弯曲，F_z 可使梁在 xz 平面内产生平面弯曲，梁 m-m 截面上的弯矩（图 8.3（b））为

$$M_z = F_y(l-x) = F(l-x)\cos\varphi = M\cos\varphi$$
$$M_y = F_z(l-x) = F(l-x)\sin\varphi = M\sin\varphi$$

式中，$M = F(l-x)$ 表示力 F 在 m-m 截面上产生的总弯矩，$M = \sqrt{M_y^2 + M_z^2}$，称为合成弯矩。

弯矩 M_y、M_z 和总弯矩 M 也可以按右手法则，用矢量在截面上表示出来（图 8.3（c））。

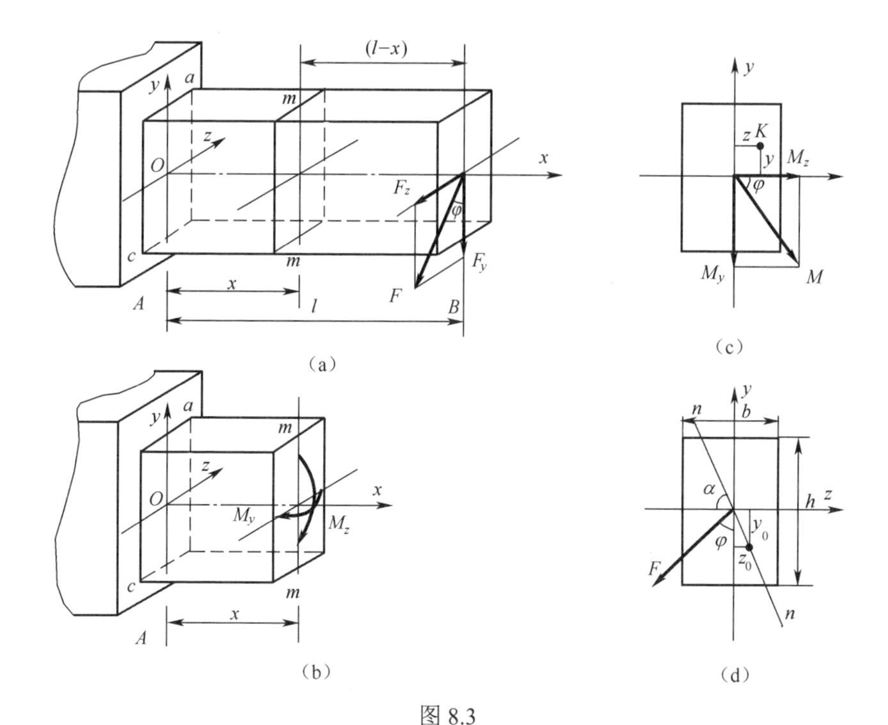

图 8.3

应用弯曲时的正应力计算公式，可求得截面 m-m 上任一点 K（y，z）处的正应力，分别为

$$\sigma' = \frac{M_z y}{I_z}$$

$$\sigma'' = \frac{M_y z}{I_y}$$

式中，I_z、I_y 分别为横截面对 z 轴和 y 轴的惯性矩。根据叠加原理，σ' 和 σ'' 的代数和为由 F 引起的 K 点的正应力，即

$$\sigma = \sigma' + \sigma'' = \frac{M_z y}{I_z} + \frac{M_y z}{I_y} \tag{8.1}$$

式（8.1）可作为斜弯曲梁正应力计算的一般公式。至于正应力的正负号，可以直接观察弯矩 M_y、M_z 的作用。以正号表示拉应力，负号表示压应力。由于梁上由剪力引起的切应力数值一般很小，因此常常忽略不计。

分析该梁的强度应先计算梁内最大的正应力。首先，最大正应力发生在弯矩最大的截面即危险截面上，危险截面可以由 xy 平面和 xz 平面内的弯矩图（此处略）综合确定，为 A 截面；其次，危险截面上的正应力最大值发生在离中性轴最远的地方，因此下面先确定中性轴的位置。

由于中性轴上的各点正应力为零，因此若用（y_0，z_0）表示中性轴上任一点的坐标，代入式（8.1），令 $\sigma = 0$，即得中性轴方程

$$\frac{M_z y_0}{I_z}+\frac{M_y z_0}{I_y}=0 \tag{8.2}$$

由式（8.2）可以看出，中性轴 n-n 为一条通过截面形心的直线，如图 8.3（d）所示。由图可以看出

$$\tan\alpha=\left|\frac{y_0}{z_0}\right|$$

将式（8.2）代入可得

$$\tan\alpha=\left|\frac{y_0}{z_0}\right|=\frac{I_z}{I_y}\cdot\frac{M_y}{M_z} \tag{8.3}$$

对于等截面梁，各截面的 I_z、I_y 均为常量；若梁上的所有外力都作用在同一个平面内，则无论约束是什么类型，$\dfrac{M_y}{M_z}=\dfrac{M\sin\varphi}{M\cos\varphi}=\tan\varphi$，式（8.3）可以写作

$$\tan\alpha=\frac{I_z}{I_y}\tan\varphi \tag{8.4}$$

式（8.4）说明了两个问题：①中性轴的位置仅取决于载荷 F 与 y 轴的夹角 φ 及截面的形状和尺寸；②一般情况下，梁截面的 $I_z \neq I_y$，故 α 和 φ 不相等，即中性轴和外力作用面不垂直。这与平面弯曲的情况是不同的。如果梁的截面为正方形、圆形或某些特殊组合截面，$I_z=I_y$，α 和 φ 相等，此时中性轴和外力作用面是垂直的，产生的只是平面弯曲，而不是斜弯曲。

确定中性轴的位置后，很容易看出截面上距离中性轴最远点的正应力值最大。只要作与中性轴平行且与截面边界相切的直线，切点即是最大正应力所在的点。如图 8.3（a）所示，A 截面上的 a 点和 c 点即为正应力最大值的点。

$$\frac{\sigma_{\max}}{\sigma_{\min}}=\frac{\sigma_a}{\sigma_c}=\pm\frac{M_z}{W_z}\pm\frac{M_y}{W_y}$$

工程中常见的矩形、工字型等截面的梁，横截面有两个对称轴且有棱角。此种截面上的最大正应力计算较为简单，可以直接观察判断正应力最大的点，无需确定中性轴。

正应力最大的点即危险点，为单向应力状态，因此梁的强度条件为

$$\sigma_{\max}=\left|\frac{M_z}{W_z}\right|+\left|\frac{M_y}{W_y}\right|\leqslant[\sigma]$$

例 8.1 矩形截面的悬臂梁承受载荷如图 8.4（a）所示。（1）试确定危险截面、危险点所在位置，并计算梁内最大正应力。（2）若将截面改为直径 $D=50\text{ mm}$ 的圆形，试确定危险点的位置，并计算最大正应力。

解：（1）梁在 F_1 的作用下将产生 Oxy 平面内的平面弯曲，在 F_2 的作用下将产生 Oxz 平面内的平面弯曲，此梁为斜弯曲变形。

分别作 Oxy 平面和 Oxz 平面内的弯矩图 M_z 和 M_y（如图 8.4（b）），两个平面内的弯矩最大值发生在固定端 A 截面上，其值分别为

$$M_z = 1\times1 = 1\,\text{kN·m}$$（z 轴以上受拉，z 轴以下受压）

$$M_y = 2\times0.5 = 1\,\text{kN·m}$$（y 轴以左受拉，y 轴以右受压）

该截面即为梁的危险截面。

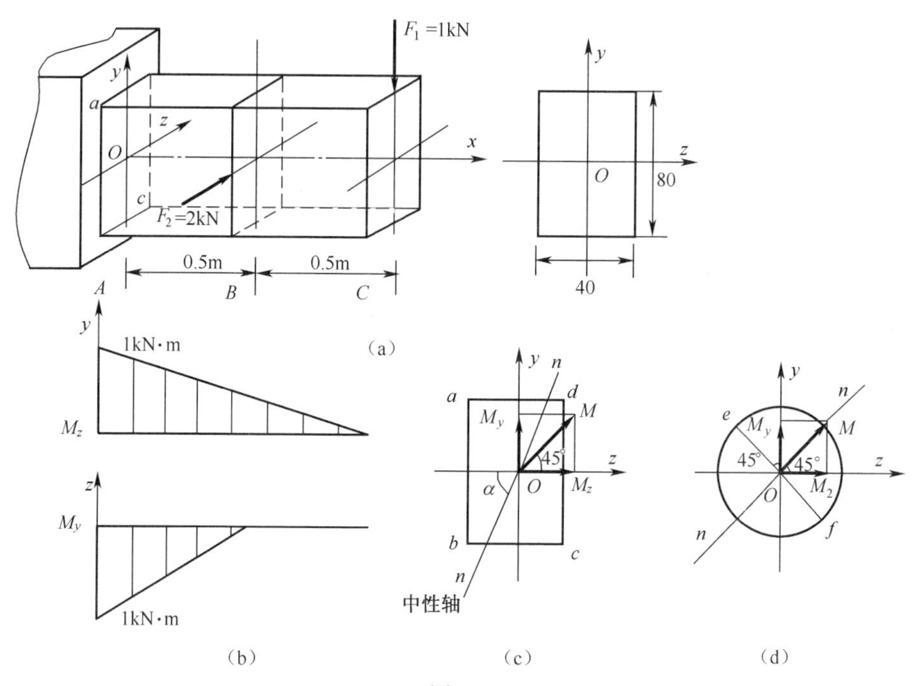

图 8.4

危险截面上的中性轴 n-n 如图 8.4（c）所示。

$$\tan\alpha = \frac{I_z}{I_y}\left(\frac{M_y}{M_z}\right) = \frac{40\times80^3}{12}\cdot\frac{12}{80\times40^3}\times\frac{1\times10^3}{1\times10^3} = 4$$

$$\alpha = 76^\circ$$

危险点即应力最大值的点为距离中性轴最远的点 a 和点 c，其应力分别为

$$\begin{matrix}\sigma_a\\ \sigma_c\end{matrix} = \pm\frac{M_z}{W_z}\pm\frac{M_y}{W_y} = \pm\frac{1\times10^3}{\frac{1}{6}\times40\times80^2\times10^{-9}}\,\text{Pa}\pm\frac{1\times10^3}{\frac{1}{6}\times80\times40^2\times10^{-9}}\,\text{Pa}$$

$$= \pm70.3\,\text{MPa}$$

需要注意的是：α 角是中性轴与 z 轴之间的夹角，中性轴与合成弯矩 $M = \sqrt{M_y^2 + M_z^2}$ 矢量位于同一象限，但并不重合。

（2）若将截面改为直径 $D = 50\,\text{mm}$ 的圆形，则通过形心的任意轴都是形心主轴，即任意方向的弯矩都产生平面弯曲，其合成弯矩矢量与该截面的中性轴一致（如图 8.4（d））。故可先求出合成弯矩，然后再根据平面弯曲的正应力计算公式计算最大正应力。

合成弯矩

$$M = \sqrt{M_y^2 + M_z^2} = \sqrt{1^2 + 1^2} = 1.41\,\text{kN·m}$$

最大正应力

$$\sigma_{\max}=\frac{M}{W}=\frac{1.41\times10^{3}}{\frac{\pi}{32}\times50^{3}\times10^{-9}}\,\text{Pa}=115\,\text{MPa}$$

最大正应力发生在距离中性轴最远的点 e 和点 f 上。

8.3 轴向拉伸（压缩）与弯曲

轴向拉伸（压缩）与弯曲组合变形，简称拉（压）弯组合，是工程构件常见的组合变形形式之一。如图 8.1（b）所示悬臂式起重机的横梁 AB 发生拉弯组合变形，图 8.1（c）所示的烟囱，它所受的重力和横向风力分别可以引起轴向压缩变形和平面弯曲变形。此时杆的内力有轴力 F_{N} 和弯矩 M，横截面上的应力由轴向拉（压）应力 $\sigma=\frac{F_{\mathrm{N}}}{A}$ 及弯曲应力 $\sigma=\frac{M_z y}{I_z}$（或 $\sigma=\frac{M_y z}{I_y}$）两部分组成，中性轴不再通过截面形心。

下面以图 8.5 所示的构件为例，说明杆件在拉（压）弯组合变形时的强度计算。

内力分析：如果只考虑轴向拉力 F_1 的作用，则杆件内各个横截面上有相同的轴向内力（$F_{\mathrm{N}}=F_1$），其轴力图如图 8.5（b）所示，杆件发生拉伸变形。如果只考虑集中力 F 的作用，杆件发生弯曲变形，其 F_{S}、M 图如图 8.5（c）、（d）所示。因此，当 F_1 和 F 共同作用下，杆件同时发生轴向拉伸变形和弯曲变形。此时的内力有 F_{N}、F_{S} 和 M，但在工程实际问题中，一般不考虑 F_{S} 对强度的影响。

应力分析：杆件内的轴力 F_{N} 和弯矩 M 在横截面上产生正应力。

m-m 截面上由轴力 F_{N} 引起的正应力在横截面上均匀分布（图 8.5（e）），用 σ_{N} 表示，则

$$\sigma_{\mathrm{N}}=\frac{F_{\mathrm{N}}}{A}$$

式中，F_{N} 和 σ_{N} 均规定拉为正，压为负。

弯矩 M 引起的正应力用 σ_M 表示，则

$$\sigma_M=\pm\frac{My}{I_z}$$

式中，M、y 以绝对值代入，正应力的正负号直接由杆件弯曲变形判断；拉应力为正，压应力为负。

由叠加法，将上述两部分的正应力相加，得该杆件在任意横截面 m-m 上，离中性轴的距离为 y 处的正应力为

$$\sigma=\frac{F_{\mathrm{N}}}{A}\pm\frac{My}{I_z}$$

横截面上的正应力分布规律如图 8.5（e）（还有两种可能，请自行思考）所示。

强度条件：由正应力的分布图很容易看出，最大拉应力和最大压应力发生在弯矩最大的横截面上离中性轴最远的下边缘和上边缘处，分别为

$$\begin{matrix}\sigma_{\max} \\ \sigma_{\min}\end{matrix} = \frac{F_{\mathrm{N}}}{A} \pm \frac{M_{\max}}{W_z}$$

横截面的上、下边缘处危险点均为单向应力状态，因此拉（压）弯组合变形杆件的强度条件可以表示为

$$\begin{matrix}\sigma_{\max} \\ \sigma_{\min}\end{matrix} = \frac{F_{\mathrm{N}}}{A} \pm \frac{M_{\max}}{W_z} \leqslant [\sigma]$$

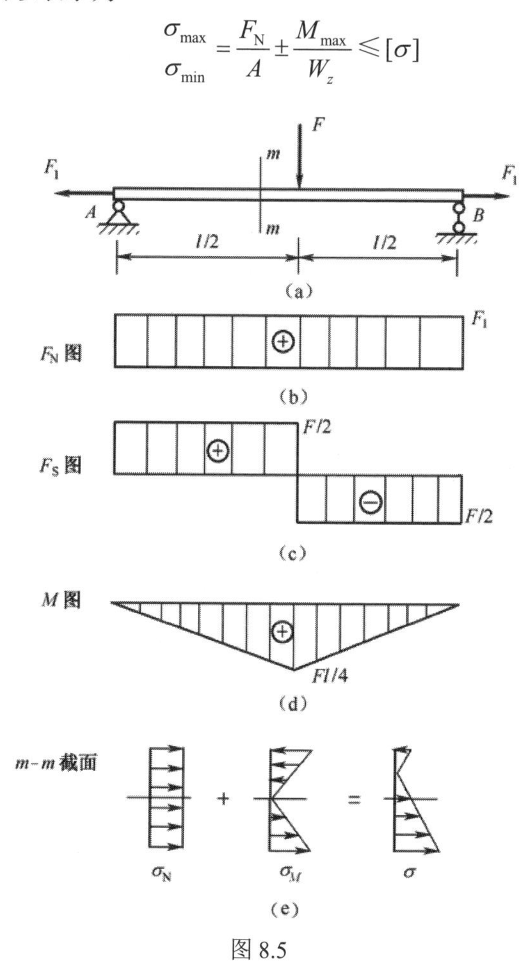

图 8.5

例 8.2 如图 8.6 所示起重机的最大起吊重量（包括行走小车等）为 $F = 40\ \mathrm{kN}$，横梁 AC 由两根 No.18 槽钢组成，材料为 A3 钢，许用应力 $[\sigma] = 120\ \mathrm{MPa}$。试校核该横梁的强度。

解： 查型钢表，No.18b 槽钢的 $A = 29.30\ \mathrm{cm}^2$，$I_y = 1370\ \mathrm{cm}^4$，$W_y = 152\ \mathrm{cm}^3$。

根据静力学平衡条件，AC 梁的约束力为

$$F_T = F\ ,\quad F_{Cy} = F_T \sin 30° = F \sin 30°$$

梁 AC 为压弯组合变形。当载荷 F 移至 AC 梁中点时梁内弯矩最大，所以 AC 中点处的横截面为危险截面。危险点在梁横截面的上边缘。

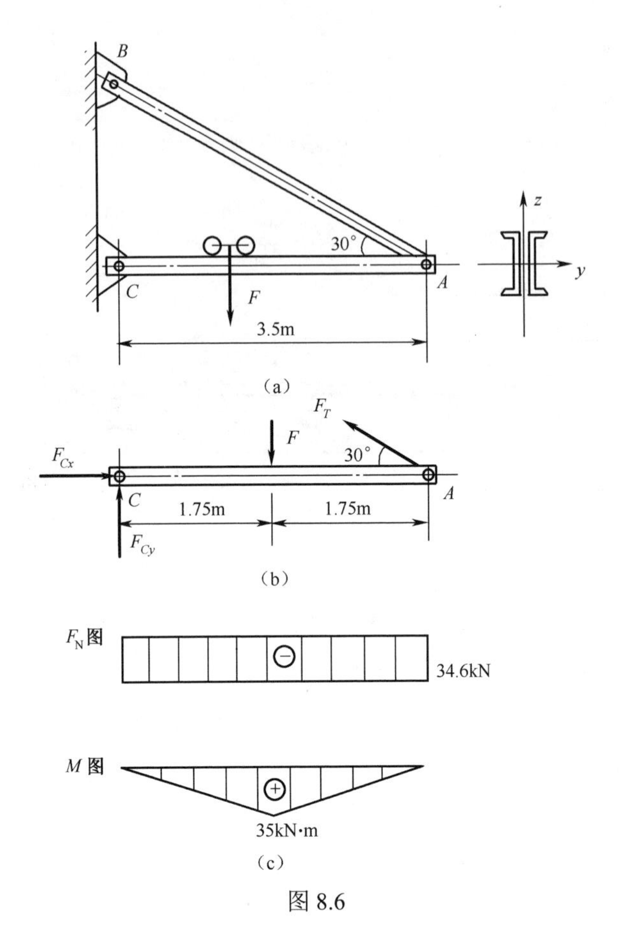

图 8.6

危险截面上的内力分量为

$$F_N = F_{Cx} = F\cos 30° = (40\times\cos 30°) = 34.6\ \text{kN}$$

$$M = F_{Cy}\times\frac{3.5}{2} = F\sin 30°\times\frac{3.5}{2} = 35\ \text{kN·m}$$

危险点的最大应力

$$\sigma_{max} = \frac{F_N}{A} + \frac{M_y}{W_y} = \frac{34.6\times10^3}{2\times29.3\times10^{-4}}\text{Pa} + \frac{35\times10^3}{2\times152\times10^{-6}}\text{Pa} = 121\ \text{MPa} > [\sigma]$$

$$\frac{121-120}{120}\% = 0.83\% < 5\%$$

最大正应力超过许用应力很少，可认为横梁满足强度条件。

例 8.3 如图 8.7（a）所示钻床的立柱由铸铁制成，受到的力 $F=15\text{kN}$，其许用拉应力 $[\sigma_t]=35\ \text{MPa}$。试确定立柱所需的直径 d。

解：立柱横截面上的内力分量如图 8.7（b）所示，分别计算如下：

$$F_N = F = 15\text{kN}，\quad M = 0.4F = 6\ \text{kN·m}$$

先考虑弯曲应力

$$\sigma_{t\max}=\frac{M}{W}=\frac{32M}{\pi d^3}=\frac{32\times6\times10^3}{\pi d^3}\leqslant[\sigma]$$

解得 $d\geqslant120.4\,\text{mm}$，取立柱的直径为 122mm，校核立柱的强度

$$\sigma_{t\max}=\frac{F_N}{A}+\frac{M}{W}=\frac{4F_N}{\pi d^2}+\frac{32M}{\pi d^3}=\frac{4\times15\times10^3}{3.14\times122^2\times10^{-6}}+\frac{32\times6\times10^3}{3.14\times122^3\times10^{-9}}$$
$$=34.9\,\text{MPa}<[\sigma_t]=35\,\text{MPa}$$

立柱满足强度，故取立柱直径为 122mm。

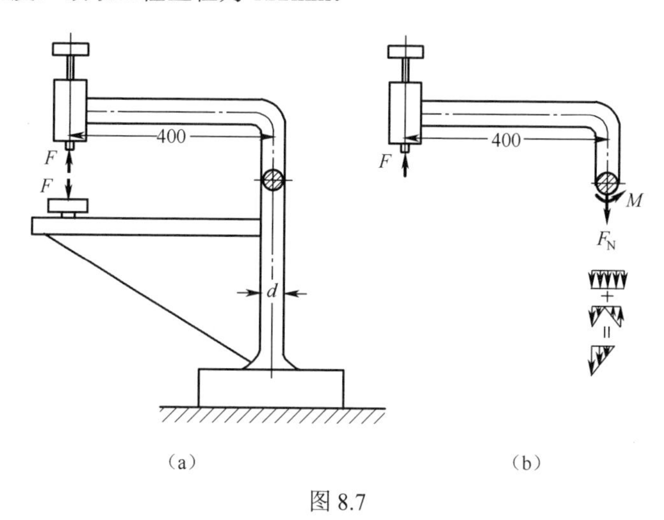

图 8.7

说明：在组合变形的截面尺寸设计问题中，要先根据主要变形设计，然后适当放宽尺寸进行强度校核，这是经常使用的方法。

8.4 偏心压缩（拉伸）

当外力与轴线平行但不重合时，发生的压（拉）弯组合变形称为偏心压缩（拉伸），简称偏心拉压。图 8.1（c）所示厂房立柱，以及桥墩、钻床或汽锤的机架都是偏心拉压构件。图 8.8 所示受压柱，y 和 z 是形心主轴，力 F 作用在点（z_F，y_F），力 F 不满足轴向压缩变形的载荷条件。应用力的平移定理，将力 F 平移到形心，并添加上附加力偶矩 $M_z=Fy_F$ 及 $M_y=Fz_F$，如图 8.8（b）。

在 M_z 作用下，柱底 y 轴正半轴方向受压，在 M_y 作用下，柱底 z 轴正半轴方向受压，柱底面任一点（y，z）处的应力为

$$\sigma=-\frac{F}{A}-\frac{M_z y}{I_z}-\frac{M_y z}{I_y}=-\frac{F}{A}-\frac{Fy_F y}{I_z}-\frac{Fz_F z}{I_y} \tag{8.5}$$

若记 $I_z=Ai_z^2$，$I_y=Ai_y^2$（i_z、i_y 为惯性半径）代入式（8.5），得

$$\sigma=-\frac{F}{A}\left(1+\frac{y_F y}{i_z^2}+\frac{z_F z}{i_y^2}\right) \tag{8.5'}$$

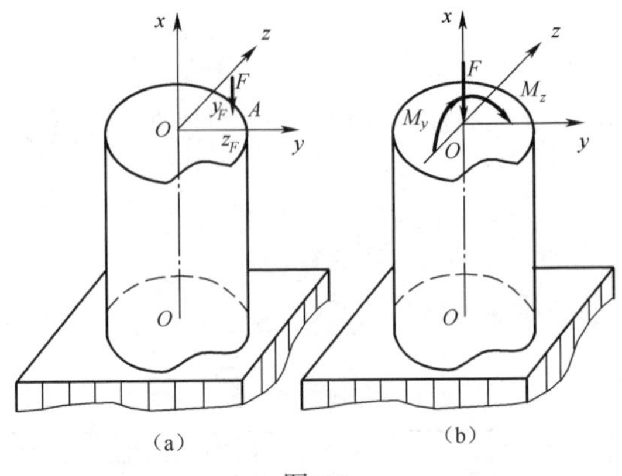

图 8.8

式（8.5′）表明正应力在横截面上按线性规律变化，如图 8.9（b）所示。应力平面与横截面相交的直线（令 $\sigma=0$）即为中性轴。令 y_0、z_0 代表中性轴上的任一点坐标，则中性轴的方程为

$$1+\frac{y_F}{i_z^2}y_0+\frac{z_F}{i_y^2}z_0=0 \tag{8.6}$$

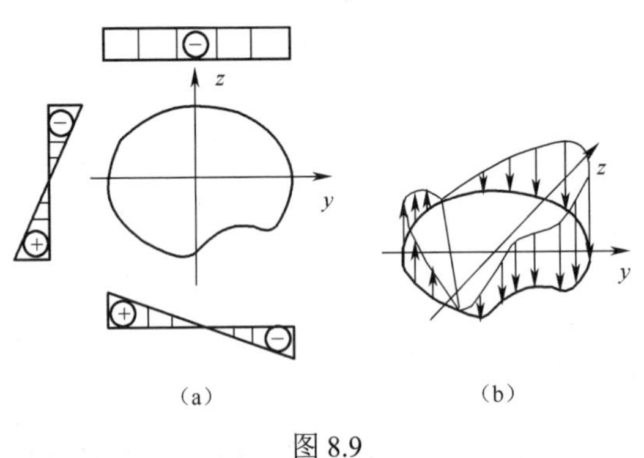

图 8.9

中性轴为一条不通过形心的斜直线。确定中性轴的位置，可以求出直线方程在 y、z 轴上的截距 a_y、a_z，分别为

$$a_y=-\frac{i_z^2}{y_F}\text{，}\quad a_z=-\frac{i_y^2}{z_F} \tag{8.7}$$

力 F 作用点在第一象限中时，y_F、z_F 为正值，此时 a_y、a_z 为负值，所以，中性轴位于和力 F 相对的象限内。

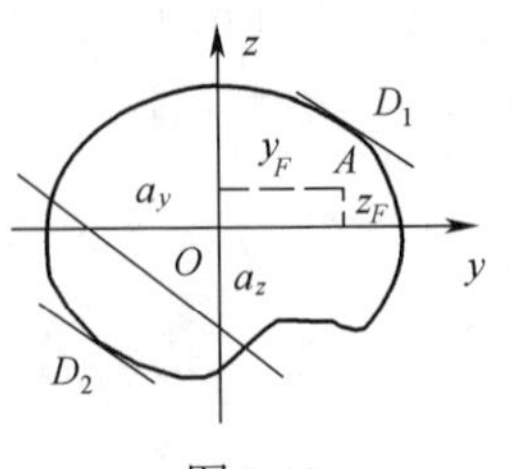

图 8.10

对于周边无棱角的截面，可以作两条与中性轴平行的直线与横截面的周边相切，切点即为横截面上最大拉应力和最大压应力所在的危险点，如图 8.10 所示，D_1 点为最大压应力，D_2 点为最大拉应力。对于周边有棱角的截面，其危险点必在截面的棱角处，其位置可根据杆件的变形来确定。

$$\left.\begin{matrix}\sigma_{t,\max}\\ \sigma_{c,\max}\end{matrix}\right\}=-\frac{F}{A}\pm\frac{Fz_F}{W_y}\pm\frac{Fy_F}{W_z} \tag{8.8}$$

上式对于箱形、工字形等具有棱角的截面都是适用的。危险点处于单向应力状态，可按正应力的强度条件进行强度计算。

现在讨论比较特殊的情况，由式（8.7）可以看出，当力 F 的作用点距截面形心较近时，杆截面上可能不出现异号的应力。土建工程中常要求承压的构件如混凝土构件和砖、石砌体等不应该受拉，这就要求构件在受偏心压力时，横截面上不出现拉应力，即应使中性轴不与横截面相交。由式（8.7）可见，偏心压力 F 逐渐向截面形心靠近，y_F、z_F 值越小，a_y、a_z 值越大，即力 F 作用点离形心越近，中性轴距形心就越远。当外力作用点位于截面形心附近的一个区域内时，可以保证中性轴不与横截面相交，这个区域称为截面核心。当外力作用在截面核心的边界上时，相对应的中性轴正好与截面的周边相切。利用这一关系可确定截面核心的边界。

现以图 8.11 所示的矩形截面为例说明确定截面核心的方法。依次将与截面周边相切的直线①、②、③、④视作中性轴，计算其在 y、z 轴上的截距 a_y、a_z，并由式（8.7）确定与该中性轴对应的各外力作用点坐标（z_F，y_F），即

$$y_F=-\frac{i_z^2}{a_y},\quad z_F=-\frac{i_y^2}{a_z} \tag{8.9}$$

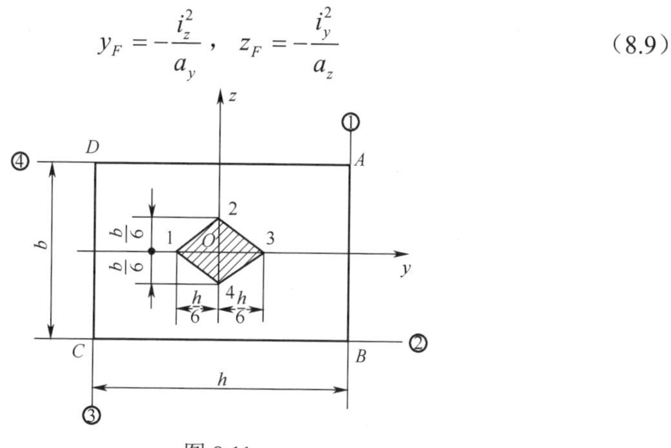

图 8.11

这些点位于截面核心边界上，数据列在表 8.3 中。

表 8.3

中性轴	中性轴在 y、z 轴的截距		截面核心边界点的坐标	
	a_y	a_z	y_F	z_F
①	$\frac{h}{2}$	∞	$-\frac{h}{6}$	0
②	∞	$-\frac{b}{2}$	0	$\frac{b}{6}$
③	$-\frac{h}{2}$	∞	$\frac{h}{6}$	0
④	∞	$\frac{b}{2}$	0	$-\frac{b}{6}$

连接这些点得到的一条封闭曲线，即为所求截面核心的边界。截面核心边界范围内的区域即为截面核心。

8.5 扭转与弯曲

机械设备的传动轴、曲柄轴等，多数处于弯曲与扭转组合变形或者弯拉（压）扭组合变形的状态。现以如图 8.12 所示的圆截面轴 AB 为例，介绍强度计算的方法。

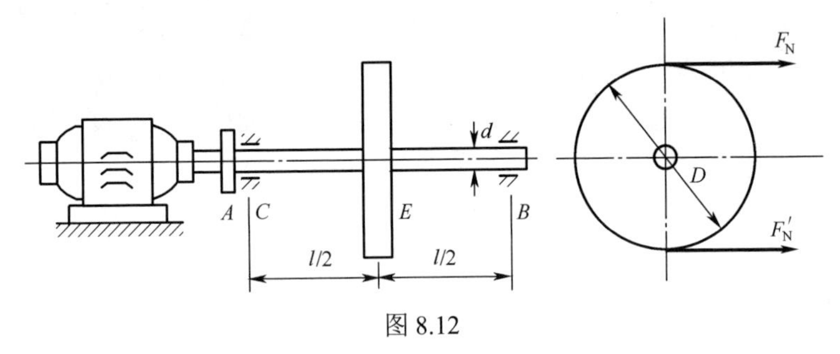

图 8.12

如图 8.12 所示的圆轴 AB，在截面 E 安装有直径为 D 的皮带轮，皮带紧边和松边的张力分别为 F_N、F_N'，且 $F_N > F_N'$。将力 F_N 和 F_N' 向轴 AB 上简化，得到作用于圆轴横截面 E 上的横向力 F 与力偶 M_1（图 8.13（a）），其值分别为

$$F = F_N + F_N'$$

$$M_1 = \frac{(F_N - F_N')D}{2}$$

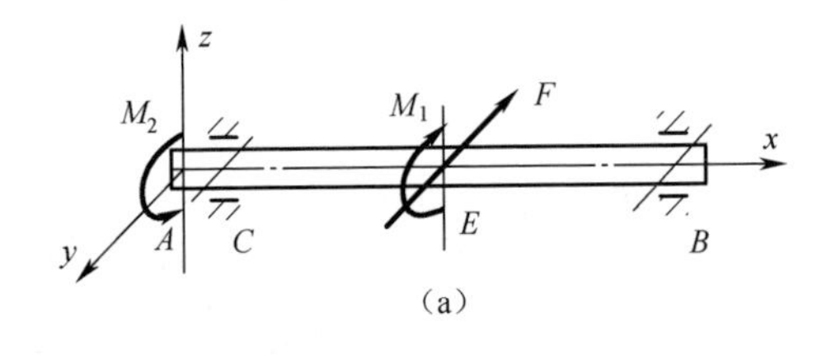

（a）

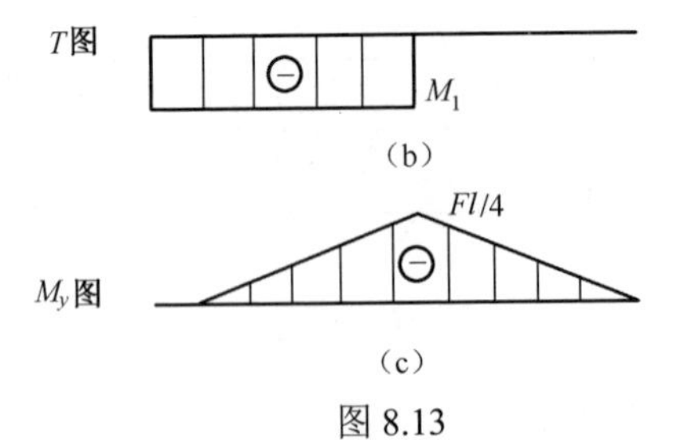

（c）

图 8.13

此外，轴 AB 还受到由左边的联轴器传来的主动力偶 M_2。由平衡知

$$M_2 = M_1$$

横向力 F 使轴产生弯曲变形，力偶 M_1 和 M_2 使轴产生扭转变形。分别作出扭

矩图（图 8.13（b））和弯矩图（图 8.13（c））。由图可判断内力最大值截面 E 即为危险截面。该截面的弯矩与扭矩分别为

$$M = \frac{Fl}{4}$$

$$T = M_1 = \frac{(F_N - F'_N)D}{2}$$

危险截面 E 上，同时存在由弯曲引起的正应力和扭转引起的切应力，其分布如图 8.14（a）所示。由图可见，截面上的 a 点（水平直径的内端点）和 b 点（水平直径的外端点）为应力最大值的点即危险点。a 点和 b 点处的弯曲正应力及扭转切应力均达到最大值，分别为

$$\sigma_M = \frac{M}{W_z} \tag{a}$$

$$\tau_T = \frac{T}{W_t} = \frac{T}{2W_z} \tag{b}$$

将 a 点和 b 点处的单元体取出如图 8.14（b）所示，为单向和纯剪切的组合应力状态。如果轴是塑性材料制成，则可按第三强度理论或第四强度理论进行强度计算

$$\sigma_{r3} = \sqrt{\sigma_M^2 + 4\tau_T^2} \leqslant [\sigma] \tag{8.10}$$

$$\sigma_{r4} = \sqrt{\sigma_M^2 + 3\tau_T^2} \leqslant [\sigma] \tag{8.11}$$

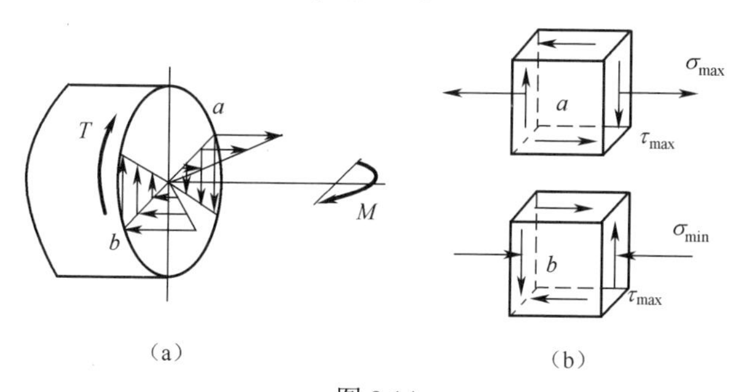

图 8.14

将（a）式和（b）式代入式（8.10）和式（8.11），可以得到塑性材料圆截面轴弯扭组合变形时的强度条件

$$\sigma_{r3} = \frac{\sqrt{M^2 + T^2}}{W_z} \leqslant [\sigma] \tag{8.12}$$

$$\sigma_{r4} = \frac{\sqrt{M^2 + 0.75T^2}}{W_z} \leqslant [\sigma] \tag{8.13}$$

上式适用于实心和空心的圆截面轴。若在轴的铅垂面（x-y 平面）和水平面（x-z 平面）内都有弯曲变形时，式（8.12）和式（8.13）中的 M 为合成弯矩，$M = \sqrt{M_y^2 + M_z^2}$。对于塑性材料制成的轴，找到危险截面后即可直接利用式（8.12）

和式（8.13）进行强度计算，不需再进行应力分析。

有些轴，除发生弯扭组合变形外，同时还承受轴向拉伸或轴向压缩的作用，处于弯拉扭或弯压扭的组合变形状态。对于这类轴，如果是塑性材料制成，仍可利用式（8.10）和式（8.11）进行强度计算，只需将式中的弯曲正应力改为弯曲正应力和轴向正应力之和即可，其强度条件为

$$\sigma_{r3}=\sqrt{(\sigma_M+\sigma_N)^2+4\tau_T^2}\leqslant[\sigma] \tag{8.14}$$

$$\sigma_{r4}=\sqrt{(\sigma_M+\sigma_N)^2+3\tau_T^2}\leqslant[\sigma] \tag{8.15}$$

例 8.4 如图 8.15（a）所示的圆截面轴，由铸铁制成，承受轴向力 F_1、横向力 F_2 和力偶 M_1。$F_1=30\text{ kN}$，$F_2=1.2\text{ kN}$，$M_1=700\text{ N·m}$，轴直径 $d=80\text{ mm}$，轴长 $l=800\text{ mm}$，许用应力 $[\sigma]=30\text{ MPa}$。试校核该轴的强度。

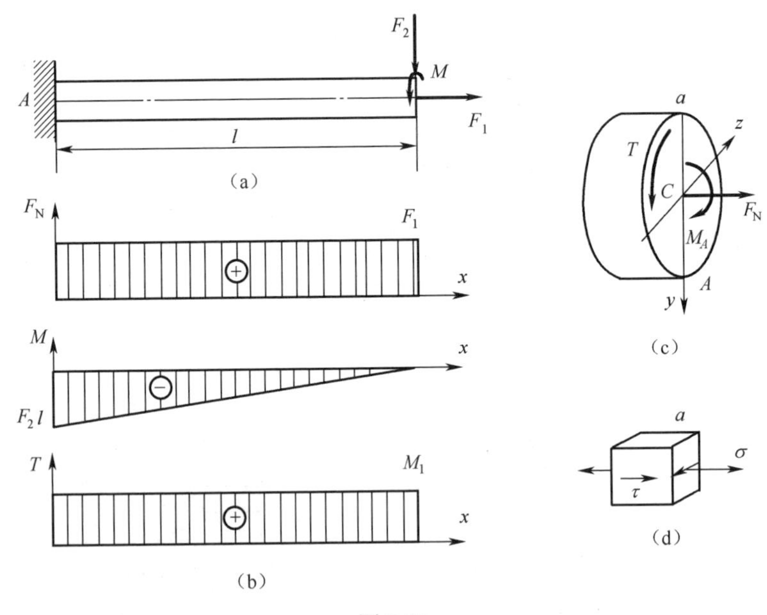

图 8.15

解： 外力分为三组，轴向力 F_1、横向力 F_2 和力偶 M_1 各为一组。

轴的内力分析如图 8.15（b）所示，分别为轴力图、弯矩图和扭矩图。显然，截面 A 为危险截面。危险截面上的内力如图 8.15（c）所示，显然直径上端点 a 为危险点。

危险点 a 的单元体状态如图 8.15（d）所示。该点处同时作用有最大拉应力和最大扭转切应力，其值为

$$\sigma=\frac{F_\text{N}}{A}+\frac{M_A}{W}=\frac{4F_1}{\pi d^2}+\frac{32F_2 l}{\pi d^3}=\frac{4\times30\times10^3}{3.14\times(0.08)^2}+\frac{32\times1.2\times10^3}{3.14\times(0.08)^3}$$

$$=2.51\times10^7\text{ Pa}=25.1\text{ MPa}$$

$$\tau=\frac{T}{2W}=\frac{32M_1}{2\pi d^3}=\frac{16\times700}{3.14\times(0.08)^3}\text{Pa}=6.96\times10^6\text{ Pa}=6.96\text{ MPa}$$

强度计算：该轴为铸铁制成的轴，考虑用第一强度理论或第二强度理论计算其强度，先计算危险点 a 处的主应力

$$\begin{matrix}\sigma_1\\ \sigma_3\end{matrix}=\frac{\sigma}{2}\pm\sqrt{\left(\frac{\sigma}{2}\right)^2+\tau^2}=\frac{25.1}{2}\pm\sqrt{\left(\frac{25.1}{2}\right)^2+6.96^2}=\begin{matrix}26.9\\ -1.8\end{matrix}\text{MPa}$$

$$\sigma_2=0$$

由于 $\sigma_1>|\sigma_3|$，应按第一强度理论进行强度计算。

$$\sigma_1<[\sigma]$$

该轴满足强度要求。

习题 8

8.1　题 8.1 图示一长 1m 的矩形截面木质悬臂梁，弹性模量 $E=1.0\times10^4\,\text{MPa}$，梁上作用有两个集中载荷 $F_1=1\text{kN}$ 和 $F_2=2\text{kN}$。设截面 $b=0.6h$，$[\sigma]=10\,\text{MPa}$，试选择梁的尺寸。

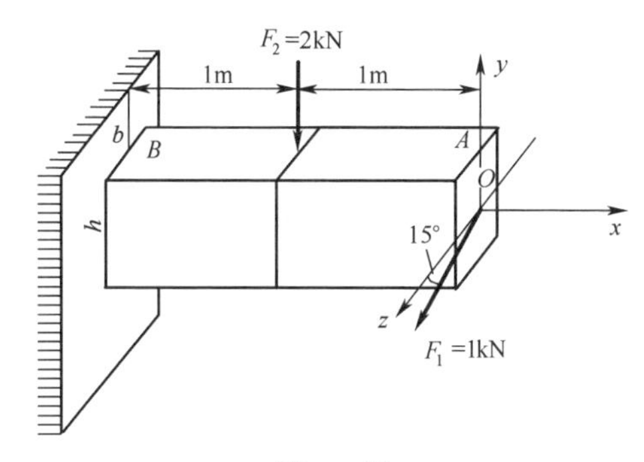

题 8.1 图

8.2　题 8.2 图示 20a 号工字钢悬臂梁上的均布载荷集度为 q（N/m），集中载荷为 F，$F=\dfrac{qa}{2}$ N。试求梁的许可载荷集度$[q]$。已知：$a=1\,\text{m}$；20a 号工字钢：$W_z=237\times10^{-6}\,\text{m}^3$，$W_y=31.5\times10^{-6}\,\text{m}^3$；钢的许用弯曲正应力$[\sigma]=160\,\text{MPa}$。

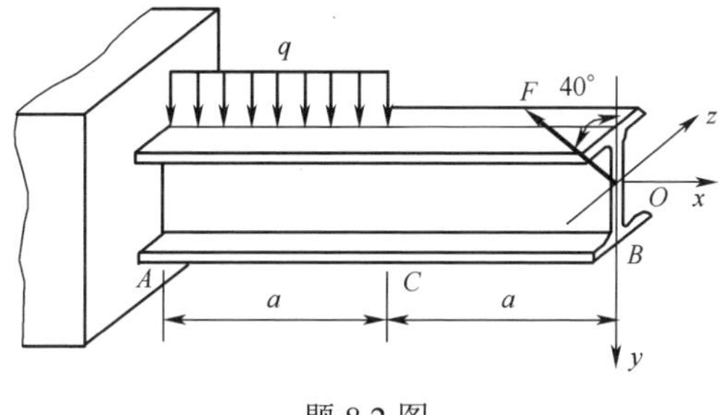

题 8.2 图

8.3　题 8.3 图示简支梁，拟由普通热轧工字钢制成。在梁跨度中点作用一集中载荷 F_P，其作用线通过截面形心并与铅垂对称轴的夹角为 20°。已知：$l=4\,\text{m}$，

$F_{\mathrm{P}}=7\ \mathrm{kN}$，材料的许用应力$[\sigma]=160\ \mathrm{MPa}$。试确定工字钢的型号。

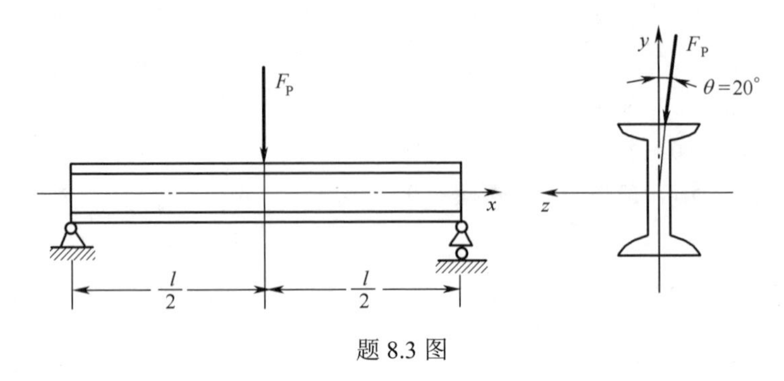

题 8.3 图

8.4　题 8.4 图示矩形截面梁，已知$l=1\mathrm{m}$，$b=50\ \mathrm{mm}$，$h=75\ \mathrm{mm}$。试求梁中最大正应力及其作用点的位置。若截面改为直径为$d=65\ \mathrm{mm}$的圆形，求其最大正应力。

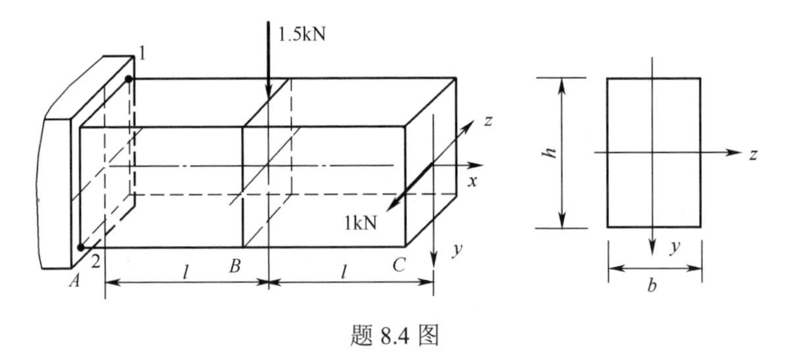

题 8.4 图

8.5　悬臂梁受集中力F作用如题 8.5 图所示。已知横截面的直径$D=120\ \mathrm{mm}$，$d=30\ \mathrm{mm}$，材料的许用应力$[\sigma]=160\ \mathrm{MPa}$。试求中性轴的位置，并按照强度条件求梁的许可载荷$[F]$。

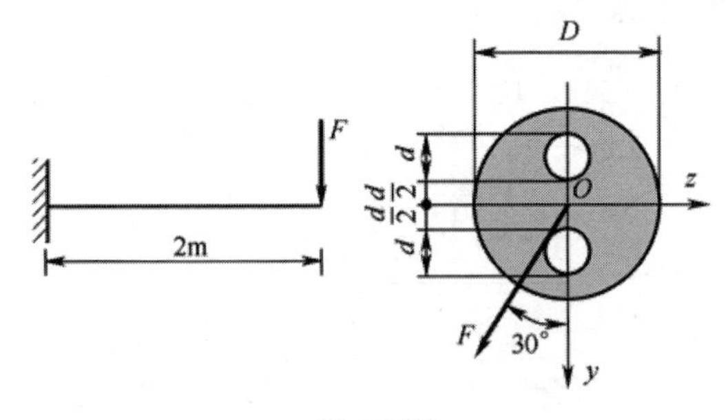

题 8.5 图

8.6　求题 8.6 图示杆在$P=100\ \mathrm{kN}$作用下的最大拉应力的数值，并指明其所在位置。

8.7　题 8.7 图示带槽钢板，已知钢板宽度$b=8\mathrm{cm}$，厚度$\delta=1\mathrm{cm}$，槽半径$r=1\mathrm{cm}$，$P=80\mathrm{kN}$，$[\sigma]=140\mathrm{MPa}$。试对此钢板进行强度校核。

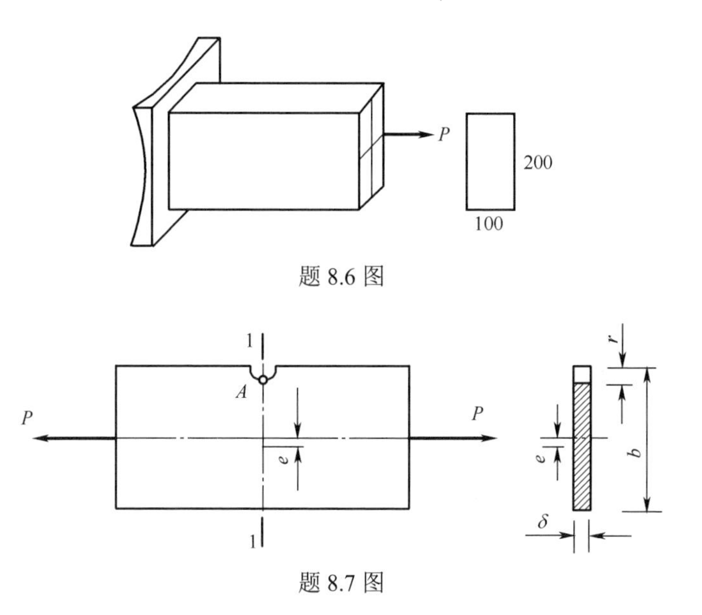

题 8.6 图

题 8.7 图

8.8　如题 8.8 图所示构架已知材料的许用应力为$[\sigma]=160\text{MPa}$。试为 AB 梁设计一工字形截面。

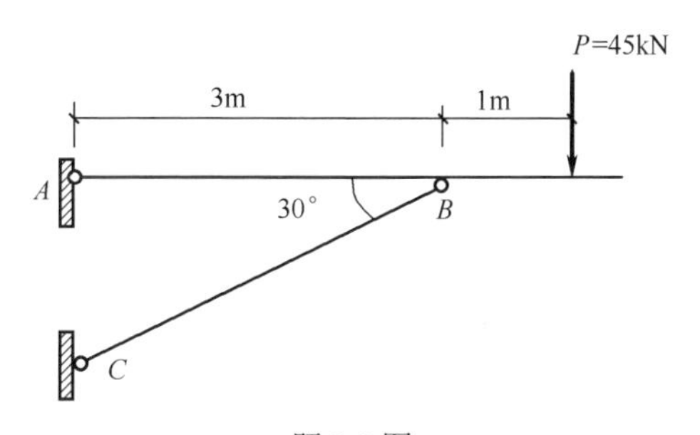

题 8.8 图

8.9　如题 8.9 图所示折杆 ACB 由钢管焊成，A 和 B 处为铰支，C 处作用有集中载荷 $F=10\text{kN}$。试求此折杆危险截面上的最大拉应力和最大压应力。已知钢管的外径 $D=140\text{mm}$，壁厚 $\delta=10\text{mm}$。

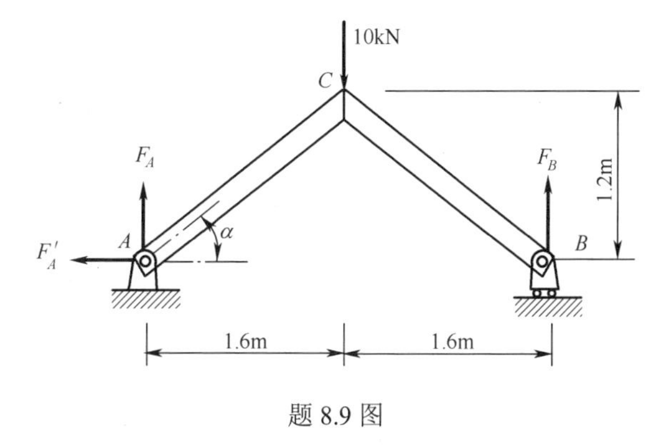

题 8.9 图

8.10　试确定题 8.10 图示截面图形的截面核心边界。

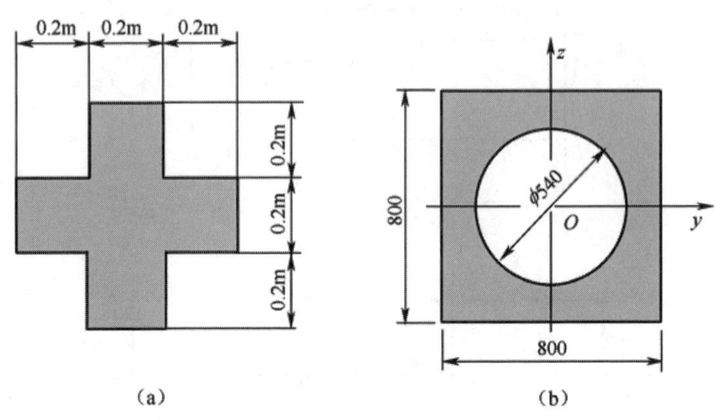

题 8.10 图

8.11　题 8.11 图示水塔盛满水时连同基础总重量为 G，在离地面 H 处受一水平风力合力为 P 作用，圆形基础直径为 d，基础埋深为 h，若基础土壤的许用应力为 $[\sigma]=3\times10^5$ Pa，试校核该基础的承载能力。

8.12　已知题 8.12 图示手摇绞车 $d=30$mm，$D=360$mm，$[\sigma]=80$MPa。按第三强度理论计算最大起重量 Q。

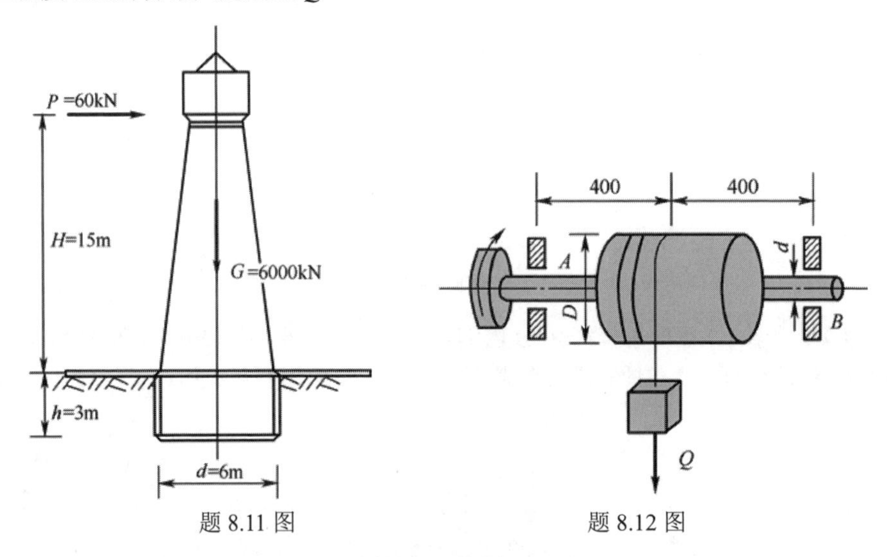

题 8.11 图　　　　题 8.12 图

8.13　题 8.13 图示铁路圆形信号板，装在外径 $D=60$mm 的空心圆柱上。若信号板上所受的最大风载荷 $P=2000\text{N/m}^2$，空心圆柱的许用应力 $[\sigma]=60$MPa。试按第三强度理论选择空心圆柱的壁厚 δ 。

8.14　题 8.14 图示钢制实心圆轴，其齿轮 C 上作用铅直切向力 5kN，径向力 1.82kN；齿轮 D 上作用有水平切向力 10kN，径向力 3.64kN。齿轮 C 的直径 $d_C=400$mm，齿轮 D 的直径 $d_D=200$mm。圆轴的许用应力 $[\sigma]=100$MPa。试按第四强度理论求轴的直径。

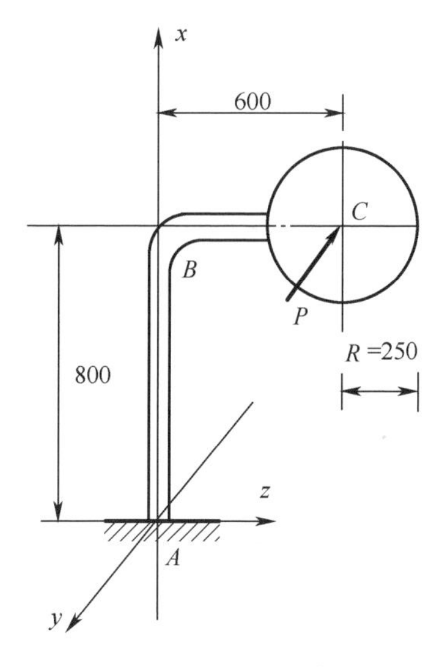

题 8.13 图

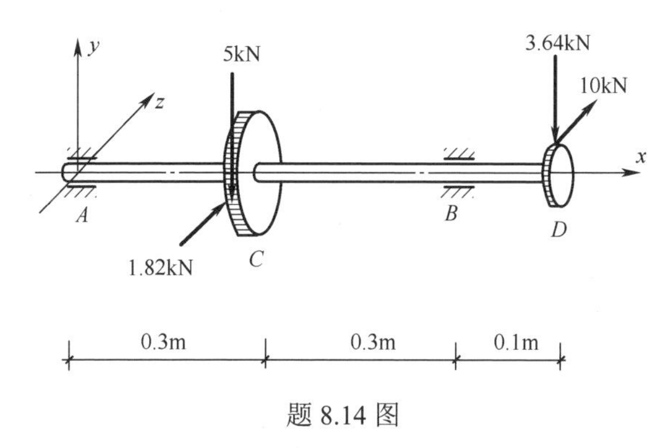

题 8.14 图

8.15　曲拐受力如题 8.15 图所示，其圆杆部分的直径 $d = 50\,\mathrm{mm}$。试画出表示 A 点处应力状态的单元体。并求其主应力及最大切应力。

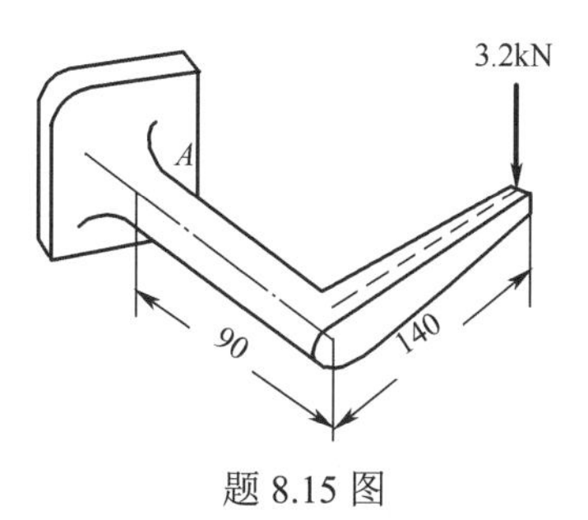

题 8.15 图

第 9 章

压杆稳定

9.1　压杆稳定的概念

工程中把承受轴向压力的直杆称为压杆。从强度角度来看，当杆件的工作应力未超过材料的许用应力时，杆件满足强度要求，能正常工作。实践证明，这个结论对于受拉杆和短粗压杆是正确的，细长压杆则不同。细长压杆受压时会表现出与强度失效全然不同的性质，当作用在细长压杆上的轴向压力达到或超过一定限度时，即使其轴向压力并未达到强度破坏值，杆件可能突然弯曲而失去原有的直线平衡状态，从而丧失承载能力。下面以一个简单的实验来说明。

取一根长为 300mm、横截面尺寸为 20mm×1mm 的钢板尺，若材料的许用应力为$[\sigma]=196\text{MPa}$，则按强度条件可计算出钢板尺所能承受的轴向压力为

$$F=(20\times10^{-3}\,\text{m})\times(1\times10^{-3}\,\text{m})\times(196\times10^{6}\,\text{Pa})=3920\text{N}$$

但将钢板尺竖立在桌上，用手压其上端，当压力不到 40N 时，钢板尺就被明显压弯，而且其弯曲变形会随压力的增加而加速增长，从而丧失承载能力。由此可见，钢板尺的承载能力并不取决于轴向压缩的压缩强度，而是与钢板尺受压时变弯有关。钢板尺表现出的这种与强度、刚度完全不同的性质，就是稳定性问题。因此，足够的稳定性和强度、刚度一样，是保证构件满足工作要求的重要方面。

在研究压杆稳定时，通常将压杆抽象为材料均匀、轴线为直线、轴向压力作用线与压杆轴线重合的理想压杆——“中心受压直杆”力学模型。

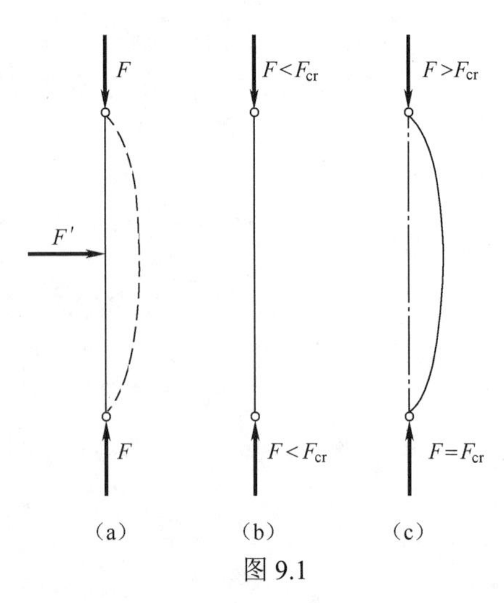

图 9.1

下面对理想“中心受压直杆”进行稳定性分析。当理想直杆承受轴向压力 F 后仍保持直线形状，如图 9.1（a）所示，为了使杆发生弯曲变形，在杆上施加一微小的横向力 F'，然后撤去横向力。试验表明，当轴向压力不大时，撤去横向力后，压杆的轴线将恢复其原来的直线平衡形态（图 9.1（b）），此时，压杆在直线形态下的平衡是稳定的平衡；当轴向压力增

大到一定的界限值时，撤去横向力后，压杆的轴线在微弯状态下平衡，不能恢复到原有的直线平衡状态（图 9.1（c）)，则压杆原来直线状态下的平衡是不稳定的平衡。由稳定平衡过渡到不稳定平衡的特定状态称为临界状态，临界状态下的压力称为临界压力，或简称为临界力，用 F_{cr} 表示，它是压杆保持直线平衡时能承受的最大压力。中心受压直杆在临界力 F_{cr} 作用下，丧失其直线状态的平衡而过渡为曲线平衡，称为丧失稳定，简称失稳，也称为屈曲。由此可见，所谓压杆的稳定性是指细长压杆在轴向力作用下保持其原有平衡状态的能力。压杆是否会丧失稳定性，关键在于确定压杆的临界压力 F_{cr}。当 $F < F_{cr}$ 时，平衡是稳定的，当 $F > F_{cr}$ 时，平衡是不稳定的。

工程实际中许多受压构件都要考虑其稳定性，如千斤顶的丝杆、自卸式货车的液压活塞杆、内燃机的连杆以及桁架结构中的受压杆等。压杆失稳带有突发性，其应力并不一定很大，有时甚至低于比例极限，但后果轻则导致构件失效，使构件不能正常工作，重则引起整个结构的破坏，造成严重事故。工程上有许多因结构失稳而造成的重大事故，1907 年，加拿大圣劳伦斯河魁北克大桥，在架设中跨时，由于悬臂桁架中受压力最大的下弦杆丧失稳定，致使桥梁倒塌（图 9.2），9000 吨钢铁成废铁，桥上 86 人中伤亡达 75 人。1925 年，前苏联莫兹尔桥，在试车时由于桥梁桁架压杆丧失稳定而发生事故，其计算简图见图 9.3。

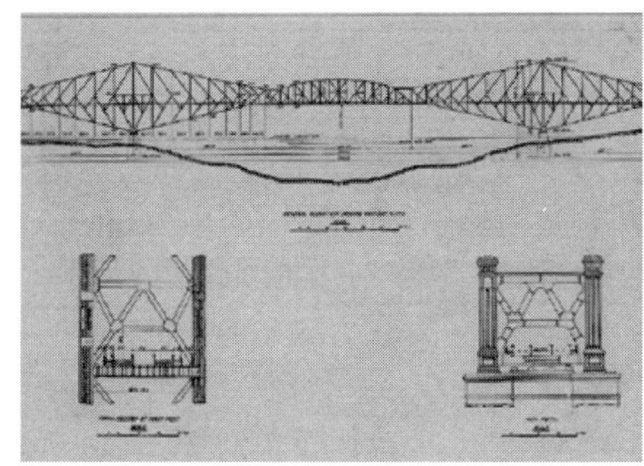

图 9.2

A B

图 9.3

本章是以理想“中心受压直杆”这一力学模型为对象，来研究压杆平衡的稳定性和压杆临界力 F_{cr} 的计算。实际工程中的压杆，不可避免的存在某些缺陷，如初曲率、材料不均匀、载荷偏心等。这些因素都可能使压杆在轴向压力作用下除发生轴向压缩变形外，还发生附加的弯曲变形。所以对于实际压杆通常采用偏心受压直杆作为其力学模型，其失稳的概念与中心受压直杆是截然不同的。

9.2 两端铰支细长中心受压直杆的临界压力

设细长中心受压直杆的两端为球铰支座（图 9.4（a）），轴线为直线，长度为 l，压力 F 与轴线重合。由上节知，研究压杆的稳定性问题，关键在于分析压杆的临界状态，当压力达到临界值时，压杆将由直线平衡状态转变为曲线平衡状态。因此，可以认为临界压力 F_{cr} 是压杆在微弯状态下保持平衡的最小 F 值。

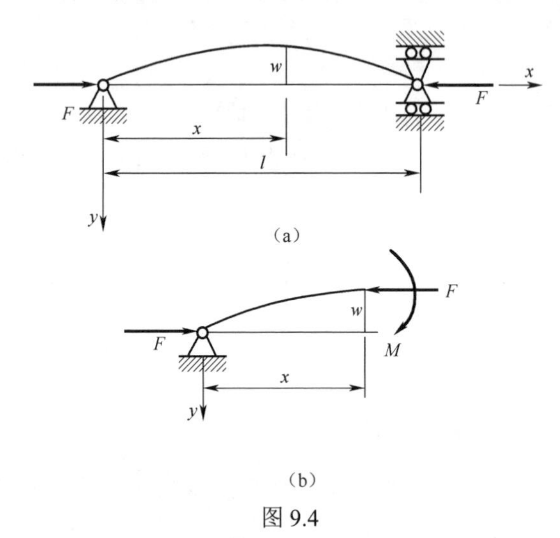

图 9.4

为了确定压杆的临界压力，首先研究压杆在微弯情况下的挠曲线。选取坐标系如图所示，距坐标原点为 x 的任意截面的挠度为 w，此时，x 截面上的弯矩（图 9.4（b））为

$$M(x) = Fw \tag{a}$$

弯矩的正负号仍按 6.2 节中的规定，挠度 w 以沿 y 轴正方向者为正。所以弯矩 M 与挠度 w 的正负号总是相同。将弯矩 $M(x)$ 代入式（6.3）可得挠曲线的近似微分方程为

$$EIw'' = -M(x) = -Fw \tag{b}$$

将式（b）两端均除以 EI，并令

$$k^2 = \frac{F}{EI} \tag{c}$$

则式（b）可改写为

$$w'' + k^2 w = 0 \tag{d}$$

这是一个二阶常系数线性齐次微分方程，其通解为

$$w = A\sin kx + B\cos kx \tag{e}$$

式中，A、B 为待定的积分常数，由挠曲线的边界条件确定。

边界条件：当 $x = 0$ 时，$w = 0$；当 $x = l$ 时，$w = 0$。代入（e）式，求得

$$B = 0, \quad A\sin kl = 0 \tag{f}$$

式（f）的第二式要求 $A = = 0$ 或者 $\sin kl = 0$。如果 $A = 0$，则由（e）式知 $w \equiv 0$，

这表示压杆各截面的挠度皆为零，即压杆的轴线仍为直线，这显然与压杆处于微弯曲线平衡状态的前提相矛盾。因此，只能是

$$\sin kl = 0$$

于是

$$kl = n\pi \quad (n=0，1，2\cdots)$$

由此求得

$$k = \frac{n\pi}{l} \tag{g}$$

将（g）式代回（c）式，求出

$$F = \frac{n^2\pi^2 EI}{l^2} \quad (n=0，1，2\cdots)$$

如上所述，使压杆在微弯状态下保持平衡的最小轴向压力即压杆的临界压力 F_{cr}。因此，由上式并取 $n=1$，于是得临界压力为

$$F_{cr} = \frac{\pi^2 EI}{l^2} \tag{9.1}$$

这就是两端球形铰支（简称两端铰支）等截面细长中心受压直杆临界力 F_{cr} 的计算公式。由于上式最早由欧拉（L.Euler）导出，故又称为欧拉公式。

应当注意，当杆端在各个方向的约束情况相同时（如球形铰等），压杆总是在它的抗弯能力最小的纵向平面内失稳，所以，式中的 EI 是压杆的最小抗弯刚度，即式中的惯性矩 I 应取压杆横截面的最小形心主惯性矩；当杆端在不同方向的约束情况不同时（如柱形铰），则 I 应取挠曲时横截面对其中性轴的惯性矩。

9.3 不同杆端约束下细长压杆临界力的欧拉公式

在工程实际中，除上述两端铰支压杆之外，还可能有其他形式约束的压杆。不同杆端约束下细长中心受压直杆临界力的表达式，可通过类似的方法推导，只是相应的挠曲线的弯矩方程和边界条件不同。表 9.1 给出了几种典型的理想支承约束条件下，细长中心受压直杆的欧拉公式的表达式。

表 9.1 各种支承约束条件下等截面细长压杆临界力的欧拉公式

约束条件	两端铰支	两端固定	一端固定另一端自由	一端固定另一端铰支
失稳时挠曲线形状	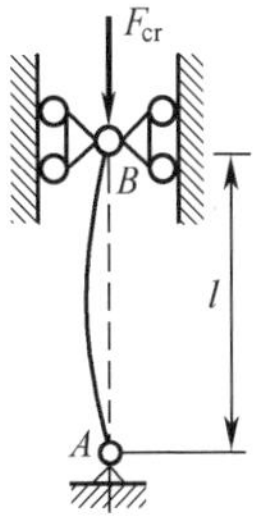 F_{cr}, B, A, l	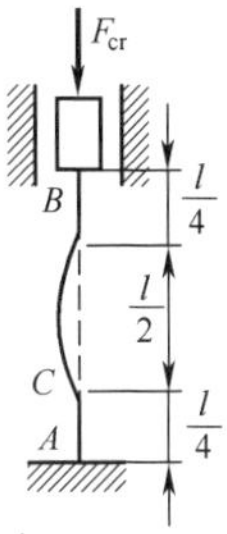 F_{cr}, B, C, A, $\frac{l}{4}$, $\frac{l}{2}$, $\frac{l}{4}$	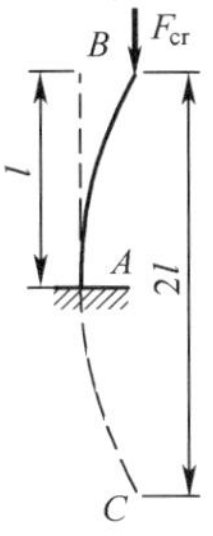 F_{cr}, B, A, C, l, $2l$	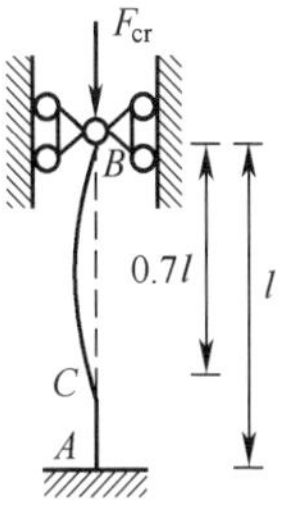 F_{cr}, B, C, A, $0.7l$, l
临界力 F_{cr} 欧拉公式	$F_{cr}=\frac{\pi^2 EI}{l^2}$	$F_{cr}=\frac{\pi^2 EI}{(0.5l)^2}$	$F_{cr}=\frac{\pi^2 EI}{(2l)^2}$	$F_{cr}=\frac{\pi^2 EI}{(0.7l)^2}$
长度因数 μ	$\mu=1$	$\mu=0.5$	$\mu=2$	$\mu=0.7$

由表 9.1 给出的结果可以看出，对于各种杆端约束情况，细长中心受压直杆临界力的欧拉公式可写成统一的形式

$$F_{cr}=\frac{\pi^2 EI}{(\mu l)^2} \tag{9.2}$$

式中，μ 称为压杆的长度因数，它反映了杆端不同的约束条件对临界力 F_{cr} 的影响。约束越强，杆的抗弯能力就越大，压杆越不易失稳，其临界力也越高。μl 称为压杆的相当长度，可理解为把压杆折算成临界压力相等的两端铰支压杆的长度。

表 9.1 中是几种典型的理想约束，在工程实际问题中，杆端约束多种多样，要根据实际约束的性质和相关设计规范，以表 9.1 作为参考来选取长度因数 μ 的大小。

例 9.1 试由压杆挠曲线的近似微分方程，导出两端固定细长中心受压直杆的欧拉公式。

解：两端固定的压杆在临界力 F_{cr} 作用下，将在微弯状态下保持平衡，其挠曲线形状如图 9.5 所示。两固定端的约束力偶矩同为 M_e，水平约束力皆为零，由于约束对称，所以挠曲线对跨度中点对称。距坐标原点为 x 的任意截面的弯矩为

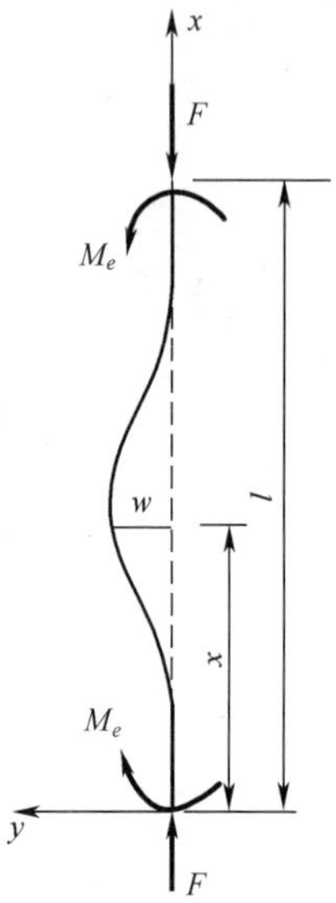

图 9.5

$$M(x)=Fw-M_e$$

代入挠曲线的近似微分方程，得

$$EIw''=-M(x)=M_e-Fw \tag{a}$$

将上式两端均除以 EI，并令

$$k^2=\frac{F}{EI} \tag{b}$$

则（a）式可整理为

$$w''+k^2w=\frac{M_e}{EI}$$

以上微分方程的解为

$$w=A\sin kx+B\cos kx+\frac{M_e}{F} \tag{c}$$

w 的一阶导数为

$$w'=Ak\cos kx-Bk\sin kx \tag{d}$$

式，A、B 为积分常数，由挠曲线的边界条件确定。

边界条件：当 $x=0$ 时，$w=0$，$w'=0$；当 $x=l$ 时，$w=0$，$w'=0$。将上述边界条件代入式（c）和（d），得

$$\left.\begin{aligned}&B+\frac{M_e}{F}=0\\&Ak=0\\&A\sin kl+B\cos kl+\frac{M_e}{F}=0\\&Ak\cos kl-Bk\sin kl=0\end{aligned}\right\}\tag{e}$$

由以上 4 个方程，解出

$$\cos kl=1，\quad \sin kl=0$$

满足以上两式的最小非零解为 $kl=2\pi$，则

$$k=\frac{2\pi}{l}\tag{f}$$

将（f）式代入（b）式，整理得

$$F_{\mathrm{cr}}=k^2EI=\frac{\pi^2EI}{(0.5l)^2}\tag{g}$$

9.4 欧拉公式的适用范围和临界应力总图

9.4.1 临界应力与柔度

当压杆在临界力作用下处于从稳定平衡过渡到不稳定平衡的临界状态时，用临界压力除以压杆的横截面面积，得到压杆处于临界状态时横截面上的压应力，称为临界应力，用 σ_{cr} 表示。于是，各种支承情况下压杆横截面上的临界应力为

$$\sigma_{\mathrm{cr}}=\frac{F_{\mathrm{cr}}}{A}=\frac{\pi^2E}{(\mu l)^2}\cdot\frac{I}{A}=\frac{\pi^2E}{\left(\dfrac{\mu l}{i}\right)^2}\tag{a}$$

式中，$i=\sqrt{\dfrac{I}{A}}$ 称为压杆横截面对中性轴的惯性半径。

引用记号

$$\lambda=\frac{\mu l}{i}\tag{9.3}$$

则

$$\sigma_{\mathrm{cr}}=\frac{\pi^2E}{\lambda^2}\tag{9.4}$$

式（9.4）是欧拉公式（9.2）的另一种表达形式，两者并无实质性的区别。式中，λ 称为压杆的柔度或长细比，是一个量纲为一的量，它集中反映了压杆的长度、约束条件、横截面尺寸和形状等因素对临界应力 σ_{cr} 的综合影响。λ 越大，杆越细长，它的临界应力 σ_{cr} 越小，压杆就越容易失稳；反之，λ 越小，杆越短粗，它的临界应力 σ_{cr} 就越大，压杆能承受较大的压力。柔度是压杆稳定计算中一个很重要的参数。如果压杆在两个形心主惯性平面的柔度不同，则压杆总是在柔度较大的那个形心主惯性平面内失稳。

9.4.2 欧拉公式的适用范围

中心受压直杆临界力的欧拉公式，是由挠曲线的近似微分方程 $EIw''=-M(x)$ 推导出的，而材料服从胡克定律是导出上述微分方程的前提条件，所以，欧拉公式的适用条件应该是临界应力不超过材料的比例极限 σ_p，即

$$\sigma_{cr}=\frac{\pi^2 E}{\lambda^2}\leqslant\sigma_p$$

或写作

$$\lambda\geqslant\pi\sqrt{\frac{E}{\sigma_p}} \tag{b}$$

令

$$\lambda_p=\pi\sqrt{\frac{E}{\sigma_p}} \tag{9.5}$$

于是欧拉公式的适用范围可用柔度表示为

$$\lambda\geqslant\lambda_p \tag{9.6}$$

满足这一条件的压杆称为大柔度压杆，或细长压杆。从式（9.5）可见，界限值 λ_p 的大小完全取决于压杆材料的力学性能，材料不同，λ_p 的数值也就不同。以 Q235 钢为例，$E=206\text{GPa}$，$\sigma_p=200\text{MPa}$，则由公式（9.5）可得

$$\lambda_p=\pi\sqrt{\frac{E}{\sigma_p}}=\pi\sqrt{\frac{206\times10^9\,\text{Pa}}{200\times10^6\,\text{Pa}}}\approx100$$

所以，由 Q235 钢制成的压杆，只有当其柔度 $\lambda\geqslant100$ 时，才能应用欧拉公式计算其临界应力或临界力。

9.4.3 临界应力的经验公式和临界应力总图

工程实际中，许多常见压杆的柔度 $\lambda<\lambda_p$，这样的压杆为非细长压杆，其临界应力 $\sigma_{cr}>\sigma_p$，欧拉公式已不再适用，此时问题属于超过比例极限的非弹性稳定问题。这类压杆的临界应力，工程中一般采用以试验结果为依据的经验公式进行计算。下面介绍两种常用的经验公式：机械工程中常用的直线型经验公式和钢结构中常用的抛物线型经验公式。

1．直线型公式

对于由合金钢、铝合金、铸铁与松木等制作的非细长压杆，可采用直线型经验公式计算临界应力，该公式的一般表达式为

$$\sigma_{cr}=a-b\lambda \tag{9.7}$$

式中，a 和 b 是与材料性能有关的常数，单位为 MPa。几种常用材料的 a 和 b 值见表 9.2。

在使用上述直线公式时，柔度 λ 存在一个最低界限值 λ_0。这是因为，压杆的稳定性随柔度的减小而逐渐提高，当柔度小于一定数值 λ_0 时，压杆不会失稳出现弯曲变形，而会因应力达到屈服极限（塑性材料）或强度极限（脆性材料）而失效。这是一个强度问题，杆件的承载能力完全由抗压强度决定。这类压杆称为短粗压杆或小柔度压杆，其“临界应力”就是材料的极限应力 σ_s 或 σ_b。所以，对塑

性材料，按式（9.7）算出的应力最高只能等于σ_s，相应的柔度

$$\lambda_0 = \frac{a - \sigma_s}{b} \tag{9.8}$$

表 9.2 几种常用材料的直线公式的 a、b 值

材料	a/MPa	b/MPa
Q235 钢 $\sigma_b \geqslant 372$MPa $\sigma_s = 235$MPa	304	1.12
优质碳钢 $\sigma_b \geqslant 471$MPa $\sigma_s = 306$MPa	461	2.568
硅钢 $\sigma_b \geqslant 510$MPa $\sigma_s = 353$MPa	578	3.744
铬钼钢	980	5.296
铸铁	332.2	1.454
强铝	373	2.15
松木	28.7	0.19

λ_0就是用直线公式时的最小柔度。显然，直线公式的适用范围为柔度介于λ_0和λ_p之间的压杆，这类压杆称为中长压杆或中柔度压杆。

如$\lambda < \lambda_0$，应按压缩的强度计算，即

$$\sigma_{cr} = \sigma_s \tag{c}$$

对于脆性材料，只需把以上两式中的σ_s改为σ_b即可。

综上所述，根据压杆的柔度可将其分为三类，并按不同的公式计算临界应力。$\lambda \geqslant \lambda_p$的压杆属于细长压杆或大柔度压杆，按欧拉公式计算其临界应力；$\lambda_0 \leqslant \lambda < \lambda_p$的压杆，属于中长压杆或中柔度压杆，可按直线公式（9.7）计算其临界应力；$\lambda < \lambda_0$的压杆，属于短粗压杆或小柔度压杆，不会失稳，应按强度问题计算其临界应力。在上述三种情况下，临界应力随柔度变化的曲线如图 9.6（a）所示，称为压杆的临界应力总图。

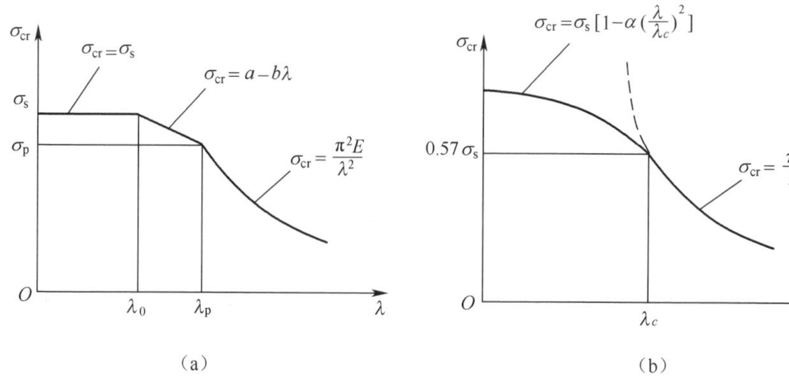

图 9.6

2．抛物线型公式

对于由结构钢与低合金结构钢等材料制作的非细长压杆，可采用抛物线型经验公式计算临界应力，该公式的一般表达式为

$$\sigma_{cr} = a_1 - b_1\lambda^2 \tag{9.9}$$

式中，a_1 和 b_1 是与材料性能有关的常数。该经验公式的适用范围是 $\sigma_{cr} > \sigma_p$。我国钢结构规范中采用的抛物线型经验公式为

$$\sigma_{cr} = \sigma_s\left[1-\alpha\left(\frac{\lambda}{\lambda_c}\right)^2\right]，\ \lambda \leqslant \lambda_c \tag{9.10}$$

式中，σ_s 为钢材的屈服极限，α 为与材料性能有关的系数，$\lambda_c = \sqrt{\dfrac{\pi^2 E}{0.57\sigma_s}}$ 为细长压杆与非细长压杆柔度的分界值，该值与 λ_p 是有差异的，λ_p 是由理论公式算出的，而 λ_c 是考虑压杆的初曲率、载荷的偏心、材料的非均匀等因素的影响，所得到的经验结果。不同的材料，α 和 λ_c 各不相同。例如，对于 Q235 钢，$\alpha = 0.43$，$\sigma_s = 235\text{MPa}$，$E = 206\text{GPa}$，则 $\lambda_c = 123$。将有关数据代入式（9.10），可得 Q235 钢非细长压杆简化形式的抛物线型公式为

$$\sigma_{cr} = 235 - 0.00668\lambda^2，\ \lambda \leqslant \lambda_c = 123$$

根据欧拉公式和上述抛物线型公式绘制的临界应力总图，如图 9.6（b）所示。$\lambda > \lambda_c$ 的压杆为细长压杆，按欧拉公式计算其临界应力；$\lambda \leqslant \lambda_c$ 的压杆为非细长压杆，按抛物线公式（9.10）计算其临界应力。

例 9.2 三根圆截面压杆，直径均为 $d=160\text{mm}$，材料为 Q235 钢，其比例极限 $\sigma_p = 200\text{MPa}$，弹性模量 $E = 206\text{GPa}$，屈服极限 $\sigma_s = 235\text{MPa}$，两端均为铰支，长度分别为 l_1、l_2 和 l_3，且 $l_1 = 2l_2 = 4l_3 = 5\text{m}$。试求各杆的临界应力 σ_{cr}。

解：由式（9.5）求出

$$\lambda_p = \pi\sqrt{\frac{E}{\sigma_p}} = \pi\sqrt{\frac{206\times10^9}{200\times10^6}} \approx 100$$

由式（9.8）求出

$$\lambda_0 = \frac{a-\sigma_s}{b} = \frac{304-235}{1.12} = 61.61$$

三根压杆两端均为铰支，$\mu = 1$。

截面为圆形

$$i = \sqrt{\frac{I}{A}} = \sqrt{\frac{\pi d^4/64}{\pi d^2/4}} = \frac{d}{4} = \frac{160}{4} = 40\text{mm} = 0.04\text{m}$$

对于第 1 根压杆，其长度 $l_1 = 5\text{m}$，由公式（9.3），其柔度为

$$\lambda_1 = \frac{\mu l_1}{i} = \frac{1\times5\text{m}}{0.04\text{m}} = 125$$

由于 $\lambda_1 > \lambda_p$，所以第 1 根压杆为大柔度压杆，其临界应力 σ_{cr} 可由公式（9.4）求出

$$\sigma_{cr1}=\frac{\pi^2 E}{\lambda_1^{\ 2}}=\frac{\pi^2\times 206\times 10^9\,\text{Pa}}{125^2}=130.1\times 10^6\,\text{Pa}=130.1\text{MPa}$$

对于第2根压杆，其长度$l_2=2.5\text{m}$，由公式（9.3），其柔度为

$$\lambda_2=\frac{\mu l_2}{i}=\frac{1\times 2.5\text{m}}{0.04\text{m}}=62.5$$

由于$\lambda_0<\lambda_2<\lambda_p$，所以第2根压杆为中柔度压杆，其临界应力$\sigma_{cr}$可由公式（9.7）求出

$$\sigma_{cr2}=a-b\lambda_2=304-1.12\times 62.5=234\text{MPa}$$

对于第3根压杆，其长度$l_3=1.25\text{m}$，由公式（9.3），其柔度为

$$\lambda_3=\frac{\mu l_3}{i}=\frac{1\times 1.25\text{m}}{0.04\text{m}}=31.25$$

由于$\lambda_3<\lambda_0$，所以第3根压杆为小柔度压杆，其临界应力σ_{cr}为

$$\sigma_{cr3}=\sigma_s=235\text{MPa}$$

9.5 压杆的稳定校核

在工程实际中，校核压杆稳定性所用的稳定条件，一般有两种形式，一是稳定安全因数法，二是折减系数法。下面分别介绍这两种方法。

9.5.1 稳定安全因数法

由前一节的讨论表明，对各种柔度的压杆，总可用欧拉公式或经验公式求出相应的临界应力，乘以横截面面积A便可求得临界压力F_{cr}。为了保证压杆的稳定性，压杆的工作压力F不仅必须小于压杆的临界力F_{cr}，而且还要考虑一定的安全储备，故压杆的稳定条件为

$$F\leqslant\frac{F_{cr}}{n_{st}}$$

或写成

$$\frac{F_{cr}}{F}\geqslant n_{st}$$

F_{cr}/F为压杆的工作安全因数n，它应大于或等于规定的稳定安全因数n_{st}，故压杆的稳定条件又可写成

$$n=\frac{F_{cr}}{F}\geqslant n_{st} \tag{9.11}$$

或写成

$$n=\frac{\sigma_{cr}}{\sigma}\geqslant n_{st} \tag{9.12}$$

以上两式为压杆的稳定性条件，用该式校核压杆稳定性的方法，称为稳定安全因数法。

对于稳定安全因数n_{st}的确定，除应遵循确定强度安全因数的原则外，还应考虑到杆件的初曲率、压力偏心、材料不均匀和支座缺陷等因素，这些不利因素都严重地影响压杆的稳定性，降低了临界压力，而且压杆柔度越大，影响也越大。

因此，稳定安全因数 n_{st} 的取值一般大于强度安全因数 n。稳定安全因数 n_{st} 的值一般可从有关设计规范和手册中查到。几种常见压杆的稳定安全因数见表 9.3。

还应指出，由于压杆的稳定性取决于整根杆件的抗弯刚度，因此，在稳定计算中，无论是由欧拉公式还是由经验公式所确定的临界应力，都是以杆件的整体变形为基础的。局部削弱（如螺钉孔或油孔等）对整体变形影响很小，所以计算临界应力时，可采用未经削弱的横截面面积 A 和惯性矩 I。当进行强度计算时，应该使用削弱后的横截面面积。

表 9.3　几种常见压杆的稳定安全因数

机械类型	稳定安全因数 n_{st}
金属结构中的压杆	1.8～3.0
矿山和冶金设备中的压杆	4.0～8.0
机床的丝杆	2.5～4.0
起重螺旋杆	3.5～6.0
低速发动机挺杆	4.0～6.0
高速发动机挺杆	2.0～5.0

9.5.2　折减系数法

在工程实际中，也常采用所谓折减系数法进行稳定性计算。由于稳定许用应力 $[\sigma_{st}]$ 总是小于强度许用应力 $[\sigma]$，在工程中常将稳定许用应力 $[\sigma_{st}]$ 表示为强度许用应力 $[\sigma]$ 与一个小于 1 的系数 φ 的乘积，即

$$[\sigma_{st}]=\varphi[\sigma] \tag{9.13}$$

式中，φ 是一个小于 1 的系数，称为折减系数，其值与压杆的柔度及所用材料有关。图 9.7 是结构钢（Q215，Q235，Q275）、低合金钢（16Mn）以及木质压杆的 $\varphi-\lambda$ 曲线。

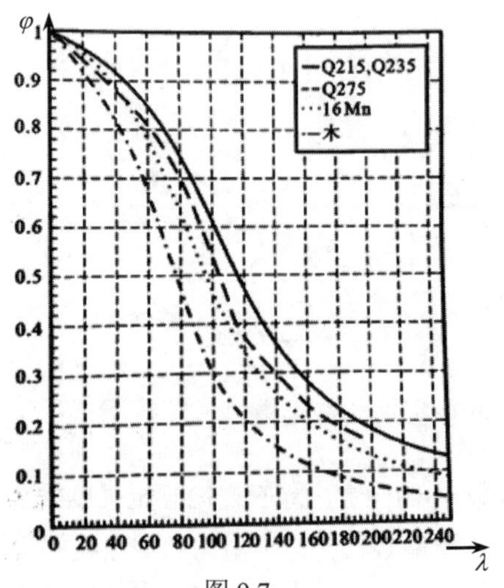

图 9.7

引入折减系数后，压杆的稳定性条件为

$$\sigma = \frac{F}{A} \leqslant \varphi[\sigma] \tag{9.14}$$

由于局部削弱对整个杆件的稳定性影响不大，故式中的 A 为杆件未削减的截面面积。按稳定条件式（9.14）对压杆进行的稳定计算称为折减系数法。

例 9.3 图 9.8 所示的结构，空心圆截面立柱 CD 高 $h=3.5\text{m}$，外径 $D=100\text{mm}$，内径 $d=80\text{mm}$，材料为Q235钢，其比例极限 $\sigma_{\text{p}}=200\text{MPa}$，弹性模量 $E=200\text{GPa}$，稳定安全因数 $n_{\text{st}}=3$。试求梁上的许可载荷 F。

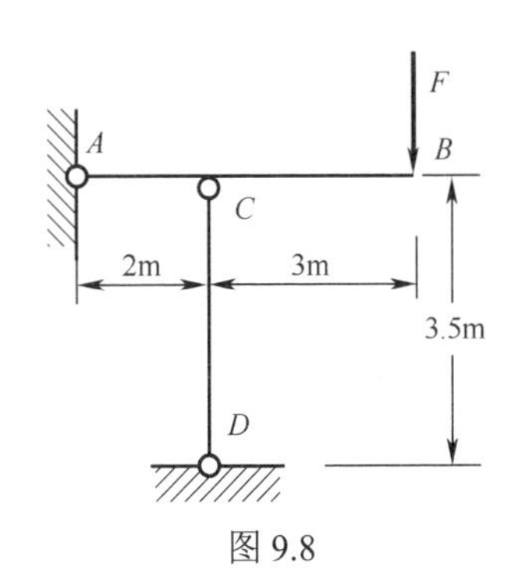

图 9.8

解： 横截面的面积和惯性矩分别为

$$A = \frac{\pi}{4}(D^2 - d^2) = \frac{\pi}{4}(100^2 - 80^2)\times 10^{-6}\,\text{m}^2 = 2830\times 10^{-6}\,\text{m}^2$$

$$I = \frac{\pi}{64}(D^4 - d^4) = \frac{\pi}{64}(100^4 - 80^4)\times 10^{-12}\,\text{m}^4 = 2.9\times 10^{-6}\,\text{m}^4$$

惯性半径为

$$i = \sqrt{\frac{I}{A}} = \sqrt{\frac{2.9\times 10^{-6}\,\text{m}^4}{2830\times 10^{-6}\,\text{m}^2}} = 0.032\text{m}$$

空心圆截面立柱 CD 两端为铰支座， $\mu=1$。于是，CD 杆的柔度为

$$\lambda = \frac{\mu l}{i} = \frac{1\times 3.5\text{m}}{0.032\text{m}} = 109$$

由式（9.5）求出

$$\lambda_{\text{p}} = \pi\sqrt{\frac{E}{\sigma_{\text{p}}}} = \pi\sqrt{\frac{200\times 10^9\,\text{Pa}}{200\times 10^6\,\text{Pa}}} = 99$$

由于 $\lambda > \lambda_{\text{p}}$，$CD$ 为大柔度压杆，可由欧拉公式计算其临界力

$$F_{\text{cr}} = \frac{\pi^2 EI}{(\mu l)^2} = \frac{\pi^2 \times 2\times 10^{11}\,\text{Pa}\times 2.9\times 10^{-6}\,\text{m}^4}{(1\times 3.5)^2\,\text{m}^2} = 467\times 10^3\,\text{N}$$

CD 杆能承受的许可载荷为

$$[F_{CD}]=\frac{F_{CD}}{n_{st}}=\frac{467\times10^3\text{N}}{3}=156\times10^3\text{N}$$

由静力学平衡条件，可求得空心圆截面立柱 CD 内力与载荷 F 的关系为

$$F=\frac{F_{CD}}{2.5}$$

将 CD 杆的许可载荷代入上式，可得梁上的许可载荷为

$$[F]=\frac{[F_{CD}]}{2.5}=\frac{156\times10^3\text{N}}{2.5}=62.4\times10^3\text{N}$$

例 9.4 图 9.9 所示立柱，下端固定，上端承受轴向压力 $F=200\text{kN}$。立柱用工字钢制成，柱长 $l=2\text{m}$，材料为 Q235 钢，许用应力 $[\sigma]=160\text{ MPa}$。在立柱中间横截面 C 处，因构造需要开一直径为 $d=70\text{mm}$ 的圆孔。试选择工字钢型号。

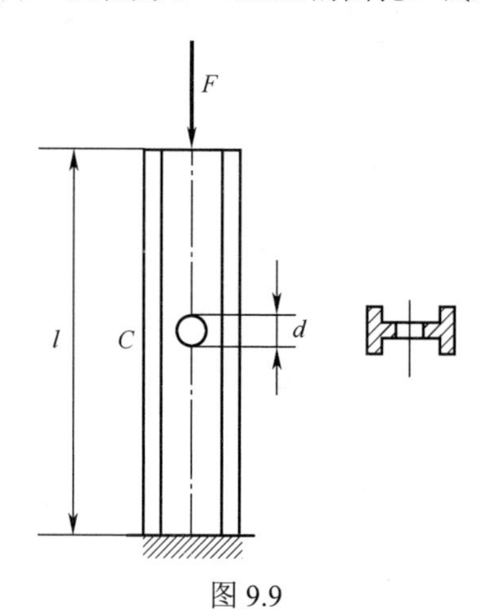

图 9.9

解：（1）按稳定条件选择工字钢型号。

由稳定性条件公式（9.14）可知，立柱的横截面面积应为

$$A\geqslant\frac{F}{\varphi[\sigma]} \tag{a}$$

由于 $\lambda=\mu l/i$ 中的 i 未知，λ 值无法算出，相应的折减系数 φ 也就无法确定。所以，在设计截面时，宜采用逐次逼近法或迭代法。

①第一次试算。

设 $\varphi_1=0.5$，由（a）式得

$$A\geqslant\frac{F}{\varphi[\sigma]}=\frac{200\times10^3\text{N}}{0.5\times(160\times10^6\text{Pa})}=2.5\times10^{-3}\text{m}^2$$

由型钢表查得，16 号工字钢的横截面面积为 $A=2.61\times10^{-3}\text{m}^2$，最小惯性半径 $i_{min}=18.9\text{mm}$，其柔度为

$$\lambda=\frac{\mu l}{i_{min}}=\frac{2\times2\text{m}}{0.0189\text{m}}=211$$

由图 9.7 查出，Q235 钢对应于柔度 $\lambda=211$ 的折减系数为 $\varphi_1'=0.163$。$\varphi_1'<\varphi_1$，

且两者相差太大，所以初选截面太小，不满足稳定条件，应重新假设φ。

②第二次试算。

设$\varphi_2=\dfrac{\varphi_1+\varphi_1'}{2}=\dfrac{0.5+0.163}{2}=0.332$，由（a）式得

$$A \geqslant \frac{F}{\varphi[\sigma]}=\frac{200\times10^3\,\text{N}}{0.332\times(160\times10^6\,\text{Pa})}=3.77\times10^{-3}\,\text{m}^2$$

由型钢表查得，22a 号工字钢的横截面面积为$A=4.20\times10^{-3}\,\text{m}^2$，最小惯性半径$i_{\min}=23.1\text{mm}$，其柔度为

$$\lambda=\frac{\mu l}{i_{\min}}=\frac{2\times2\text{m}}{0.0231\text{m}}=173$$

由图 9.7 查出，Q235 钢对应于柔度$\lambda=173$的折减系数为$\varphi_2'=0.235$。$\varphi_2'<\varphi_2$，两者仍相差较大，再试算。

③第三次试算。

设$\varphi_3=\dfrac{\varphi_2+\varphi_2'}{2}=\dfrac{0.332+0.235}{2}=0.284$，由（a）式得

$$A \geqslant \frac{F}{\varphi[\sigma]}=\frac{200\times10^3\,\text{N}}{0.284\times(160\times10^6\,\text{Pa})}=4.40\times10^{-3}\,\text{m}^2$$

由型钢表查得，25a 号工字钢的横截面面积为$A=4.85\times10^{-3}\,\text{m}^2$，最小惯性半径$i_{\min}=24.03\text{mm}$，其柔度为

$$\lambda=\frac{\mu l}{i_{\min}}=\frac{2\times2\text{m}}{0.02403\text{m}}=166$$

由图 9.7 查出，Q235 钢对应于柔度$\lambda=166$的折减系数为$\varphi_3'=0.254$。φ_3和φ_3'接近，对压杆进行稳定计算

$$\sigma=\frac{F}{A}=\frac{200\times10^3\,\text{N}}{4.85\times10^{-3}\,\text{m}^2}=41.2\times10^6\,\text{Pa}=41.2\text{MPa}>\varphi[\sigma]$$
$$=0.254\times160\times10^6\,\text{Pa}=40.64\text{MPa}$$

虽然工作应力超过压杆的稳定许用应力，但仅超过

$$\frac{41.2\text{MPa}-40.6\text{MPa}}{40.6\text{MPa}}=1.48\%$$

因此，选 25a 号工字钢做立柱符合其稳定性要求。

（2）按强度条件校核截面。

由型钢表查得，25a 号工字钢的腹板厚度为$\delta=8\text{mm}$，所以截面C的净面积为

$$A_j=A-\delta d=4.85\times10^{-3}\,\text{m}^2-0.008\text{m}\times0.070\text{m}=4.29\times10^{-3}\,\text{m}^2$$

该截面的工作应力为

$$\sigma=\frac{F}{A_j}=\frac{200\times10^3\,\text{N}}{4.29\times10^{-3}\,\text{m}^2}=46.62\times10^6\,\text{Pa}=46.62\text{MPa}<[\sigma]$$

所以，选 25a 号工字钢做立柱，既符合稳定性要求也符合强度要求。

9.6 提高压杆稳定性的措施

由以上各节的讨论可知，影响压杆稳定的因素有：压杆的截面形状、长度、约束条件、材料的力学性质等。因而，提高压杆的稳定性也应从这几方面入手。

9.6.1 选择合理的截面形状

由欧拉公式（9.2）可以看出，截面的惯性矩 I 越大，临界压力 F_{cr} 就越大，而且由公式（9.4）和（9.7）可见，细长压杆与中柔度压杆的临界应力均与柔度 λ 有关，而且，柔度越小，临界应力越高。压杆的柔度为

$$\lambda=\frac{\mu l}{i}=\mu l\sqrt{\frac{A}{I}}$$

所以，对于一定长度和约束条件的压杆，在横截面面积保持一定的情况下，应尽可能把材料放置到离截面形心较远处，以得到较大的惯性矩 I 和惯性半径 i，这样就等于提高了临界压力。例如，空心环形截面就比实心圆截面合理。同样，由四根角钢组成的立柱（图 9.10），角钢应分散放置在截面的四个角（图 9.10（a）），而不是集中放置在截面形心的附近（图 9.10（b））。这样可以增大惯性半径 i，减小柔度 λ，从而提高了压杆的临界压力。当然，也不能为了取得较大的 I 和 i，无限制地增加环形截面的直径并减小其壁厚，这样会使其变成薄壁圆管，易引起局部失稳，发生局部折皱。

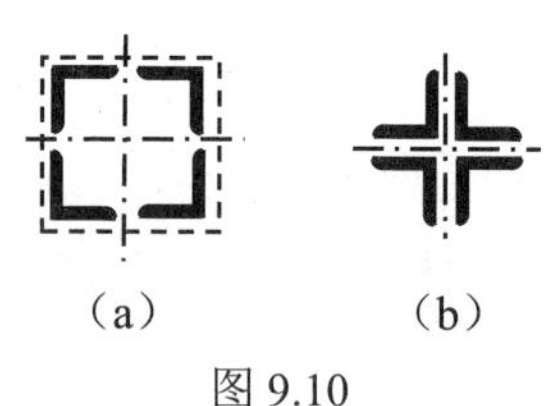

图 9.10

对于由型钢组成的组合压杆，也要用足够强的缀条或缀板把分开放置的型钢连成一个整体。否则，各条型钢将变为单独受压的杆件，达不到预期的稳定性。

在选择截面形状与尺寸时，还应考虑到失稳的方向性。如果压杆在各个弯曲平面内的约束条件相同，则宜选择对两形心主惯性轴的惯性半径相等的截面，如圆形、圆环形、正方形等截面。如果压杆在两个弯曲平面内的约束条件不同，应选择对两形心主惯性轴的惯性半径不相等的截面，使压杆在两个弯曲平面内的柔度 $\lambda_y=\dfrac{\mu_y l}{i_y}$ 和 $\lambda_z=\dfrac{\mu_z l}{i_z}$ 接近相等，从而在两个方向上仍然可以有接近相等的稳定性。

9.6.2 改变压杆的约束条件

由欧拉公式可以看出，临界压力的大小与压杆的支座约束有关。压杆两端固定得越牢固，长度因数 μ 越小，柔度 λ 也就越小，临界应力就越大。因此，采用 μ 值小的支承情况，增强对压杆的约束，使其不容易发生弯曲变形，可以提高压杆的稳定性。

9.6.3 减小压杆的长度

因柔度 λ 与长度 l 成正比，因此在条件许可的情况下，尽可能的减小长度 l，

或在压杆中间增加一个中间支座（图 9.11），使其计算长度为原来的一半，柔度相应减小一半，而其临界应力则是原来的 4 倍。

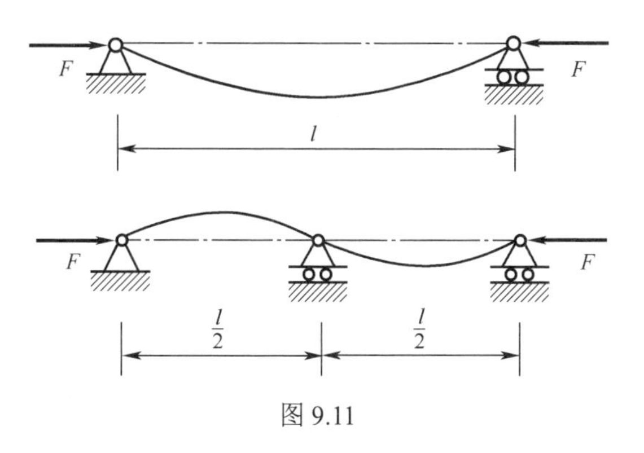

图 9.11

9.6.4 合理选择材料

由欧拉公式可以看出，大柔度压杆的临界应力与材料的弹性模量 E 成正比。但由于各种钢材的 E 大致相等，所以选用优质钢材与普通钢材其稳定性并无很大差别。对于中柔度压杆，无论是根据经验公式或理论分析，都表明临界应力与材料的强度有关，故选用高强度优质钢在一定程度上可以提高中柔度压杆的稳定性。至于柔度很小的短粗杆，本身就是强度问题，选用高强度材料则可相应提高强度，其优越性自然是明显的。

习题 9

9.1 试由压杆挠曲线的近似微分方程，导出一端固定、一端自由的细长中心受压直杆的欧拉公式。

9.2 一端固定、另一端自由的木质细长压杆，已知 $l = 2\text{m}$，$E = 10\text{GPa}$，截面为矩形，$h = 160\text{mm}$，$b = 90\text{mm}$，若改为相同截面积的正方形和圆形，试按欧拉公式计算三种截面的临界压力。

9.3 两端固定的空心圆柱形压杆，材料为 Q235 钢，$E = 200\text{GPa}$，$\sigma_p = 200\text{MPa}$。外径与内径之比 $D/d = 1.2$。试确定能用欧拉公式时，压杆长度与外径的最小比值。

9.4 三根直径均为 $d = 16\text{mm}$ 的圆杆，其长度及支承情况如题 9.4 图所示。圆杆的材料为 Q235 钢，$E = 200\text{GPa}$，$\sigma_p = 200\text{MPa}$。试求：（1）哪根压杆最容易失稳；（2）三杆中最大的临界压力值。

9.5 两端球形铰支的压杆，它是一根 22a 号工字钢，已知压杆的材料为 Q235 钢，$E = 200\text{GPa}$，$\sigma_s = 240\text{MPa}$。杆的自重不计。试分别求出当其长度 $l_1 = 5\text{m}$ 和 $l_2 = 2\text{m}$ 时的临界压力 F_{cr1} 和 F_{cr2}。

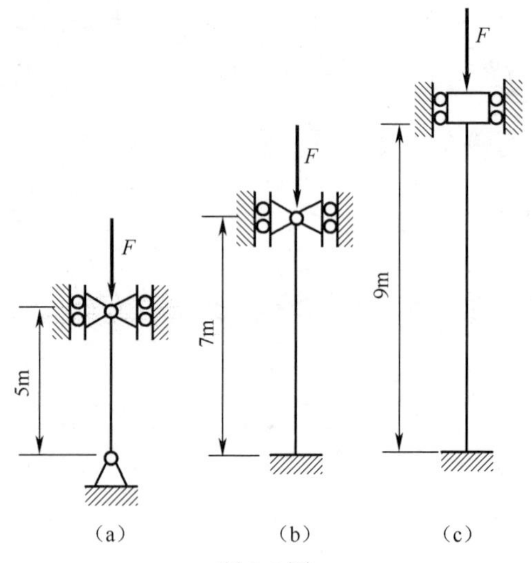

题 9.4 图

9.6 简易起重架由两圆钢杆组成，如题 9.6 图所示。杆 AB 的直径 $d_1 = 30\text{mm}$，杆 AC 的直径 $d_2 = 20\text{mm}$，两材料均为 Q235 钢，$E = 200\text{GPa}$，$\sigma_p = 200\text{MPa}$，$\sigma_s = 240\text{MPa}$。强度安全因数 $n = 2$，稳定安全系数 $n_{st} = 3$。试确定起重机的最大起吊重量 F。

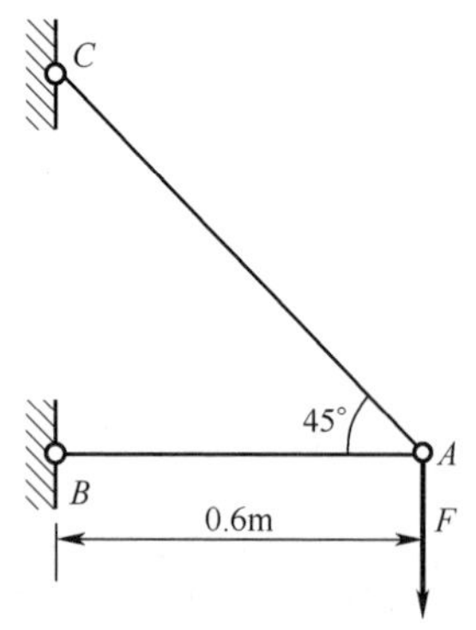

题 9.6 图

9.7 题 9.7 图示两端铰支的立柱长度为 10m，由两根 No.20b 槽钢组成一个整体，材料的弹性模量 $E = 200\text{GPa}$，$\sigma_p = 200\text{MPa}$，试求：

（1）截面如图（a）布置时立柱的临界压力；

（2）截面如图（b）布置时立柱的临界压力；

（3）试比较哪一个截面布置较为合理。

9.8 题 9.8 图示托架，AB 杆的直径 $d = 4\text{cm}$，长度 $l = 80\text{cm}$，两端铰支，材料为 Q235 钢。

（1）试根据 AB 杆的稳定条件确定托架的临界力 F_{cr}；

（2）若已知实际载荷 $F = 70\text{kN}$，AB 杆规定的稳定安全因数 $n_{st} = 2$，试问此托架是否安全？

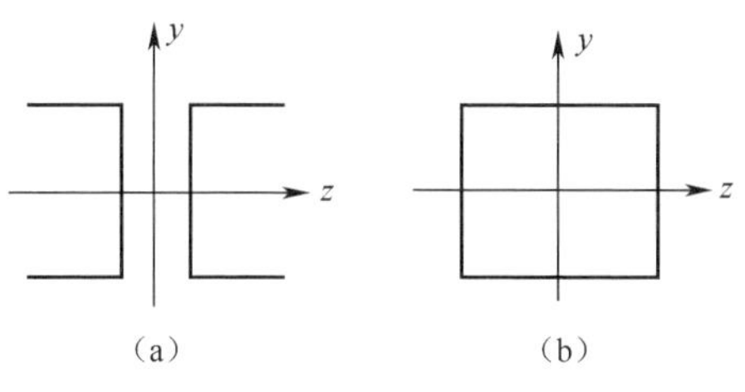

题 9.7 图

9.9　题 9.9 图示结构 $ABCD$ 由三根直径均为 d 的圆截面钢杆组成，且三根杆具有相同的抗弯刚度 EI。在 B 点铰支，而在 A 点和 C 点固定，D 为铰接点，$\frac{l}{d}=10\pi$。若结构由于杆件在平面 $ABCD$ 内弹性失稳而丧失承载能力，试确定作用于结点 D 处的载荷 F 的临界值。

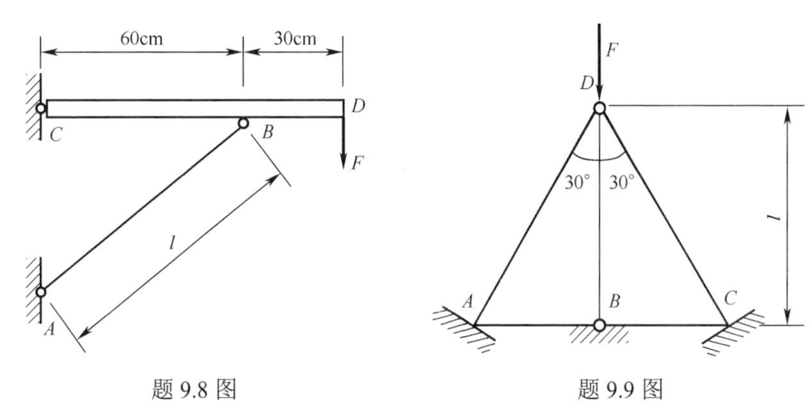

题 9.8 图　　　　题 9.9 图

9.10　一木柱两端铰支，其横截面为120mm×200mm的矩形，长度为3m。木材的 $E=10\text{GPa}$，$\sigma_p=20\text{MPa}$。试求木柱的临界应力。计算临界应力的公式有：①欧拉公式；②直线公式：$\sigma_{cr}=(28.7-0.19\lambda)\text{MPa}$。

9.11　某自制的简易起重机如题 9.11 图所示，其压杆 BD 为 20 号槽钢，材料为 Q235 钢。起重机的最大起重量是 $P=40\text{kN}$。若规定的稳定安全系数为 $n_{st}=5$，试校核 BD 杆的稳定性。

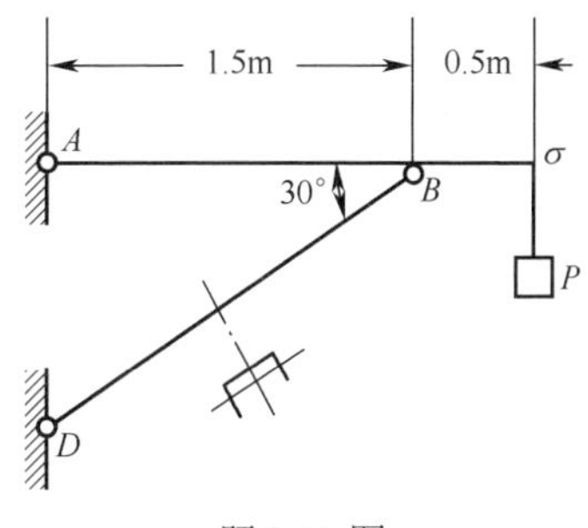

题 9.11 图

9.12　细长钢柱如题 9.12 图所示，截面为圆环形，其外径 $D=152\text{mm}$，内径

$d=140\text{mm}$，载荷 $P=44.5\text{kN}$，稳定安全系数 $n_{st}=2$，$E=200\text{GPa}$，求钢柱的许可长度。

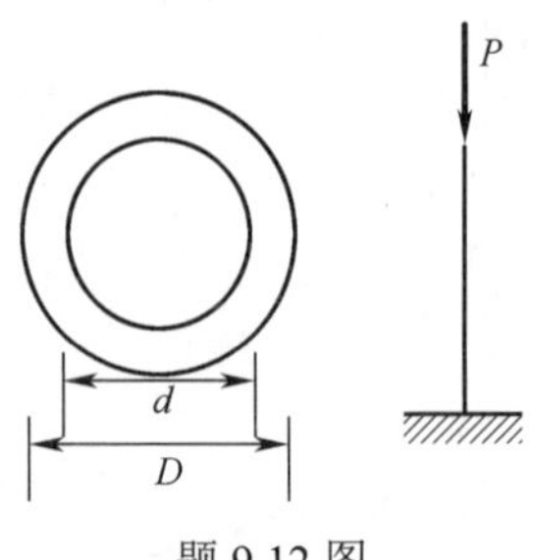

题 9.12 图

9.13　无缝钢管厂的穿孔顶杆如题 9.13 图所示，杆端承受压力。杆长 $L=4.5\text{m}$，横截面直径 $d=16\text{cm}$，材料为低合金钢，$E=210\text{GPa}$。两端可简化为铰支座，规定的稳定安全系数为 $n_{st}=3.3$。试求顶杆的许可载荷。

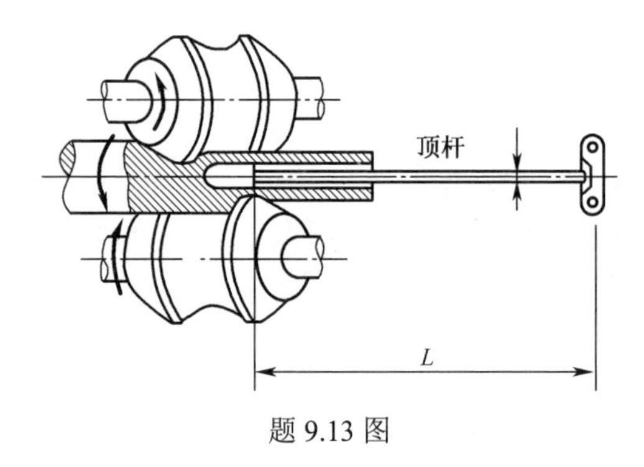

题 9.13 图

9.14　由三根钢管构成的支架如题 9.14 图所示。钢管的外径为 30mm，内径为 22mm，长度 $l=2.5\text{m}$，$E=210\text{GPa}$。在支架的顶点三杆铰接。若取稳定安全因数 $n_{st}=3$，试求许可载荷 F。

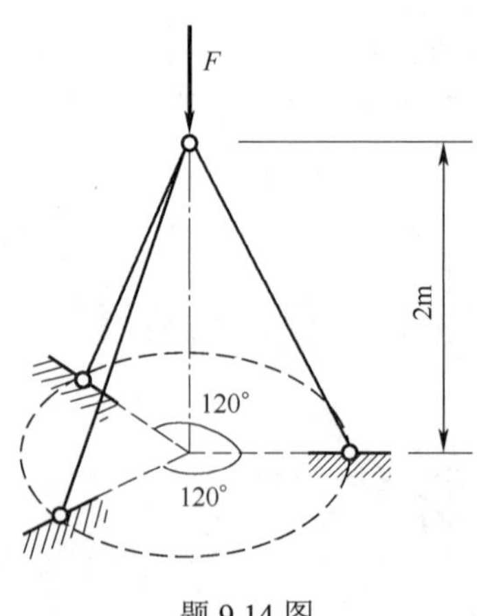

题 9.14 图

9.15　题 9.15 图示结构中杆 AC 与 CD 均由 Q235 钢制成，$E=200\text{GPa}$，

$\sigma_b = 400\text{MPa}$，$\sigma_s = 240\text{MPa}$。已知 $d=20\text{mm}$，$b=100\text{mm}$，$h=180\text{mm}$，强度安全因数 $n=2$，稳定安全因数 $n_{st}=3$。试确定该结构的许可载荷 F。

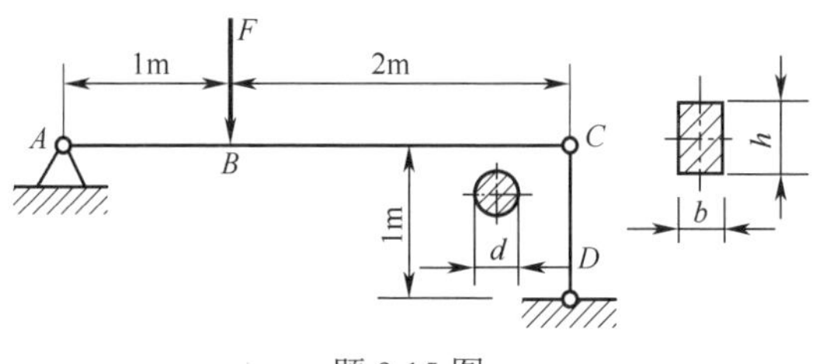

题 9.15 图

第 10 章

能 量 法

10.1 概述

任何弹性体在外载荷作用下都会产生变形，同时，外力的作用点也会产生位移，这时外力便做了功。弹性体在变形过程中，外力沿其作用线方向所做的功称为外力功，用 W 表示。从功能转换角度来看，弹性体在外力做功的同时内部储存了应变能，用 V_ε 表示。根据能量守恒定律可知，如果忽略弹性体变形过程中的能量损失，那么外力功 W 将全部转化为应变能 V_ε，即

$$W = V_\varepsilon \tag{10.1}$$

通常将上式表达的原理称为功能原理，而根据这个原理求解变形固体的位移、变形、内力和超静定结构等问题的方法称为能量法。

本章先介绍外力功、应变能，再介绍卡氏定理和单位载荷法。

10.2 外载荷做的功

10.2.1 单个力作用下的外力功

在外载荷作用下，弹性体发生变形，载荷作用点沿载荷作用方向的位移，称为该载荷的相应位移。如果材料符合胡克定律，即材料处于线弹性变形范围内，则构件或结构体的位移 δ 与外载荷 P 成正比，如图 10.1 所示。

$$P = k\delta$$

其中 k 为比例常数。

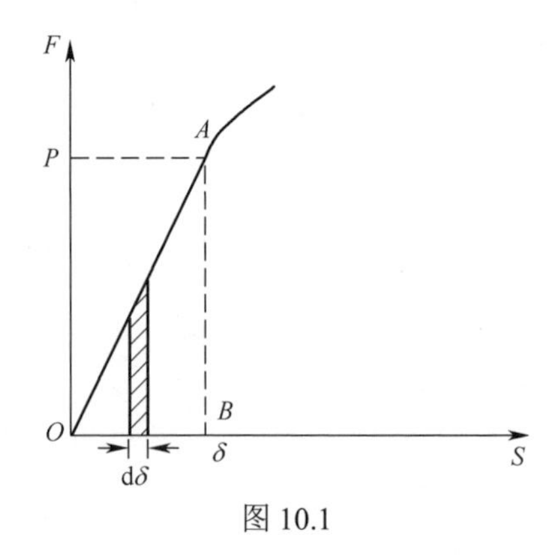

图 10.1

在图 10.1 中，为了求外载荷做的功，在位移坐标轴上取了一个微段 $\mathrm{d}\delta$，因为微段是一个非常小的位移，可以认为此微段对应的力为常力，根据常力做功的公式得到外载荷在微小的位移上做的功为

$$W = P\mathrm{d}\delta$$

即
$$W = k\delta \mathrm{d}\delta$$

所以当外载荷 F 与相应位移 δ 分别由零逐渐增加至最大值 P 与 δ 时，外载荷所做功为

$$W = \int_0^\delta k\delta \mathrm{d}\delta = \frac{k\delta^2}{2}$$

即
$$W = \frac{P\delta}{2} \tag{10.2}$$

公式（10.2）表明，当物体处于线弹性范围内时，外载荷所做的功等于力与位移乘积的一半，正好是三角形 OAB 的面积。

10.2.2　多个力作用下的外力功

若弹性体上受外力（F_1，F_2，⋯，F_n）作用，如图 10.2 所示，可证明外力功的最终值仅与各个外力的最终值及其相应位移有关，而与各个力的施加次序无关，即所有外力做的总功等于这些力分别与其相应位移乘积之和的一半，即

$$W = \frac{1}{2}\sum_{i=1}^{n} F_i \cdot \delta_i$$

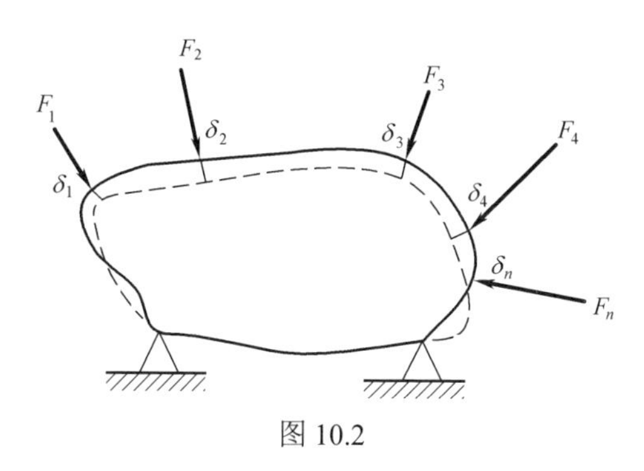

图 10.2

10.3　弹性体的应变能

10.3.1　拉（压）变形的应变能

如图 10.3 所示水平放置的直杆受轴向拉力的作用，虚线表示直杆在拉力作用下变形后的位置。当杆件处于完全弹性范围内时，拉力 F 与形变量 Δl 成正线性关系，如图 10.1 所示，拉力做的功为

$$W = \frac{F\Delta l}{2}$$

由公式（10.1）可知，拉（压）基本变形杆件的应变能为

$$V_\varepsilon = W = \frac{F\Delta l}{2}$$

而$\Delta l=\dfrac{Fl}{EA}$，所以，拉（压）基本变形杆件的应变能为

$$V_{\varepsilon}=W=\frac{F^{2}l}{2EA} \tag{10.3}$$

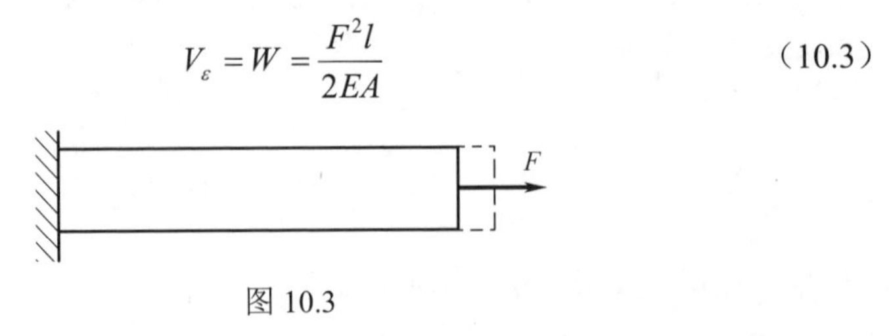

图 10.3

10.3.2　扭转变形的应变能

在图 10.4 中，圆轴受扭，当扭矩大小从零开始增长并未超出材料的线弹性范围时，其扭转角也从零开始线性增大，与拉伸相似，扭矩做的功为三角形 OAB 的面积（图 10.5），即

$$W=\frac{T\varphi}{2}$$

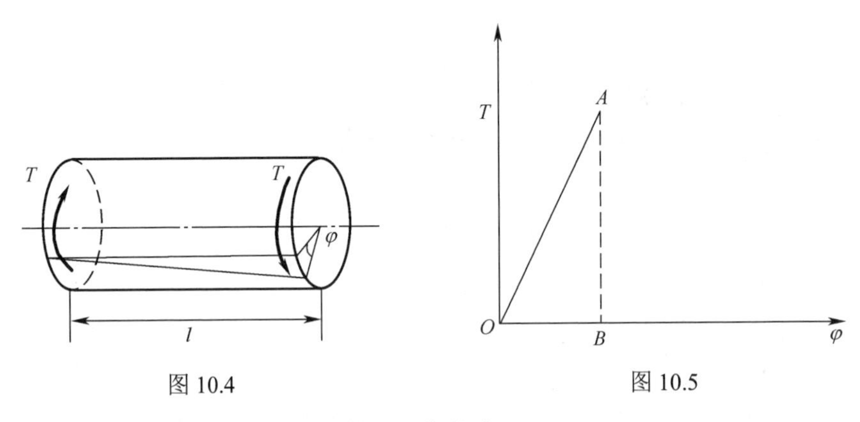

图 10.4　　　　图 10.5

由公式（10.1）可知，圆轴扭转的应变能为

$$V_{\varepsilon}=W=\frac{T\varphi}{2}$$

而$\varphi=\dfrac{Tl}{GI_{p}}$，所以有

$$V_{\varepsilon}=W=\frac{T^{2}l}{2GI_{p}} \tag{10.4}$$

10.3.3　弯曲变形的应变能

对于纯弯曲梁（图 10.6），当其两端的弯矩由零逐渐增大但又没有超出梁的线弹性范围时，其转角也从零开始线性增大，变形关系如图 10.7 所示，因此，纯弯曲变形时弯矩做的功为

$$W=\frac{M\theta}{2}$$

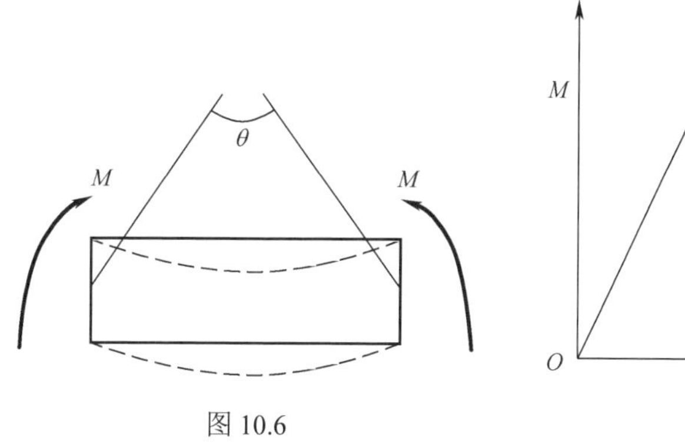

图 10.6

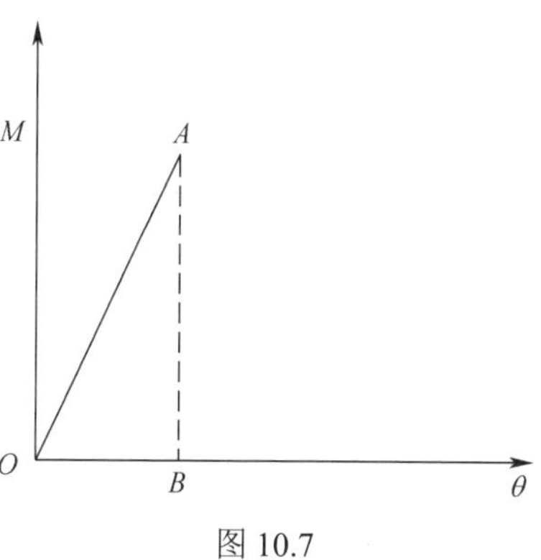

图 10.7

由公式（10.1）可知，纯弯曲变形杆件的应变能为

$$V_{\varepsilon}=W=\frac{M\theta}{2}$$

而纯弯曲梁的转角θ与杆的曲率半径ρ有如下关系

$$\theta\approx\frac{l}{\rho}$$

而$\frac{1}{\rho}=\frac{M}{EI}$，故有

$$\frac{\theta}{l}=\frac{M}{EI}\text{，即}\theta=\frac{Ml}{EI}$$

所以，纯弯曲应变能改写为

$$V_{\varepsilon}=W=\frac{M^2 l}{2EI} \tag{10.5}$$

梁在横力弯曲时，横截面上除弯矩之外还有剪力。那么横力弯曲梁的应变能应该包括两部分，一部分是弯矩产生的应变能，另一部分是剪力产生的应变能。经过验证，在一般细长梁中，剪力所产生的弹性应变能远远小于弯矩引起的弹性应变能，因此，剪力产生的应变能可以忽略不计。而弯矩引起的应变能从长为dx的微段开始研究

$$\mathrm{d}V_{\varepsilon}=\frac{M^2(x)\mathrm{d}x}{2EI}$$

积分上式得全梁的应变能

$$V_{\varepsilon}=\int_l\frac{M^2(x)\mathrm{d}x}{2EI} \tag{10.6}$$

例 10.1 如图 10.8 所示，悬臂梁最右端受一竖直向下的集中力，其抗弯刚度为EI，长度为l。试计算该梁的应变能。

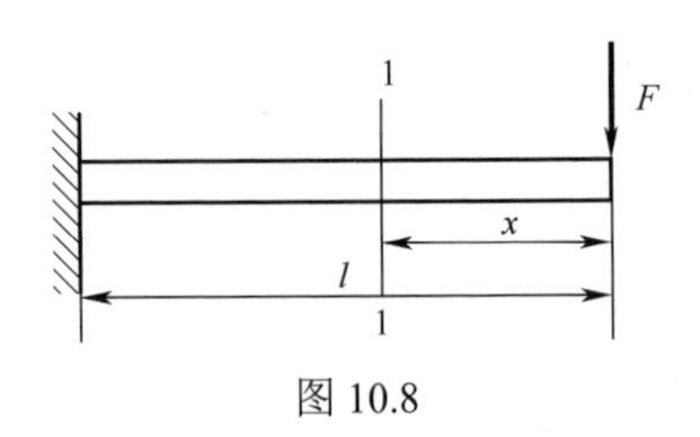

图 10.8

解：因该梁只在两端受力，因此整段梁不需要分段，在梁上某处选取 1-1 截面，该截面到梁最右端的距离假设为 x，选取右段为研究对象，1-1 截面上的弯矩为 $M(x)=-Fx$，由公式（10.6）得

$$V_\varepsilon=\int_l\frac{M^2(x)\mathrm{d}x}{2EI}=\int_l\frac{(-Fx)^2\mathrm{d}x}{2EI}=\frac{F^2l^3}{6EI}$$

10.4　卡式定理

若弹性体上作用着多个外力（广义力），则弹性体的应变能对于任一外力的偏导数就等于该力作用处沿其作用方向的位移（广义位移），即

$$\delta_1=\frac{\partial V_\varepsilon}{\partial F_1},\ \delta_2=\frac{\partial V_\varepsilon}{\partial F_2},\ \cdots,\ \delta_n=\frac{\partial V_\varepsilon}{\partial F_n}\tag{10.7}$$

这个定理称为卡氏第二定理，通常称为卡氏定理，证明如下：

设在某弹性体上作用有外力 F_1，F_2，…，F_n，在支撑约束下，外力 F_i 相应方向产生的位移为 δ_i（$i=1, 2, \cdots, n$），如图 10.2 所示。

考虑两种不同的加载次序。

（1）先加载 F_1，F_2，…，F_n，此时弹性体的应变能为 $V_\varepsilon=f(F_1,F_2,\cdots,F_n)$。再加载任一力 F_i 增量 $\mathrm{d}F_i$，则应变能的增量 $\mathrm{d}V_\varepsilon$ 为

$$\mathrm{d}V_\varepsilon=\frac{\partial V_\varepsilon}{\partial F_i}\mathrm{d}F_i$$

梁的总应变能为

$$V'_\varepsilon=V_\varepsilon+\mathrm{d}V_\varepsilon=V_\varepsilon+\frac{\partial V_\varepsilon}{\partial F_i}\mathrm{d}F_i\tag{a}$$

（2）先加载 $\mathrm{d}F_i$，$\mathrm{d}F_i$ 在相应的位移 $\mathrm{d}\delta_i$ 上所做的功为 $\frac{1}{2}\mathrm{d}F_i\mathrm{d}\delta_i$。再加载 F_1，F_2，…，F_n，在相应位移 δ_i（$i=1, 2, \cdots, n$）上所做的功为

$$\sum_{i=1}^{n}\frac{1}{2}F_i\delta_i=V_\varepsilon$$

原先作用在梁上的 $\mathrm{d}F_i$ 对位移 δ_i 所做的功按常力做功，即

$$\mathrm{d}F_i\cdot\delta_i$$

在第（2）种加载顺序下，梁的总应变能为

$$V'_\varepsilon=\frac{1}{2}\mathrm{d}F_i\mathrm{d}\delta_i+V_\varepsilon+\mathrm{d}F_i\cdot\delta_i\tag{b}$$

根据弹性体的应变能只取决于外力的最终值，而与加载的次序无关。(a) 与 (b) 两式相等，即

$$V_\varepsilon + \frac{\partial V_\varepsilon}{\partial F_i}\mathrm{d}F_i = \frac{1}{2}\mathrm{d}F_i\mathrm{d}\delta_i + V_\varepsilon + \mathrm{d}F_i \cdot \delta_i$$

略去二阶微量，化简后得

$$\delta_i = \frac{\partial V_\varepsilon}{\partial F_i} \tag{10.8}$$

证明完毕。

用同样的方法可以证明卡氏第一定理

$$F_i = \frac{\partial V_\varepsilon}{\partial \delta_i} \tag{10.9}$$

应用卡氏定理时应注意：第一，只有当弹性系统为线性，即其位移与载荷成线性关系时，才能用卡氏第二定理；第二，卡氏定理中的 F_i 应理解为广义的力，δ_i 应理解为广义的位移；第三，当需要利用卡氏定理来计算没有外力作用处的位移（或所求的位移与加力方向不一致）时，可在需要计算位移处沿着所需求位移的方向虚加一个力 F_a，写出所有力（包括 F_a）作用下的应变能 V_ε 的表达式，然后对 F_a 求偏导数，最后再令 F_a 等于零，即可求得所需位移。

应用卡氏第二定理计算基本变形线弹性杆件或杆系结构位移的公式如下。

对于拉压杆或桁架结构，有

$$\delta_i = \int_l \frac{F_\mathrm{N}(x)}{EA} \cdot \frac{\partial F_\mathrm{N}(x)}{\partial F_i}\mathrm{d}x \tag{10.10}$$

或

$$\delta_i = \sum_{m=1}^{n} \frac{F_{\mathrm{N}m} l_m}{E_m A_m} \cdot \frac{\partial F_{\mathrm{N}m}}{\partial F_i} \tag{10.11}$$

对于梁或平面刚架弯曲变形有

$$\delta_i = \int_l \frac{M(x)}{EI} \cdot \frac{\partial M(x)}{\partial F_i}\mathrm{d}x \tag{10.12}$$

对于圆轴扭转变形有

$$\delta_i = \int_l \frac{T(x)}{GI_p} \cdot \frac{\partial T(x)}{\partial F_i}\mathrm{d}x \tag{10.13}$$

例 10.2 悬臂梁及受力如图 10.9 所示，其抗弯刚度为 EI，长度为 l。试计算梁最右端 B 面的挠度和转角。

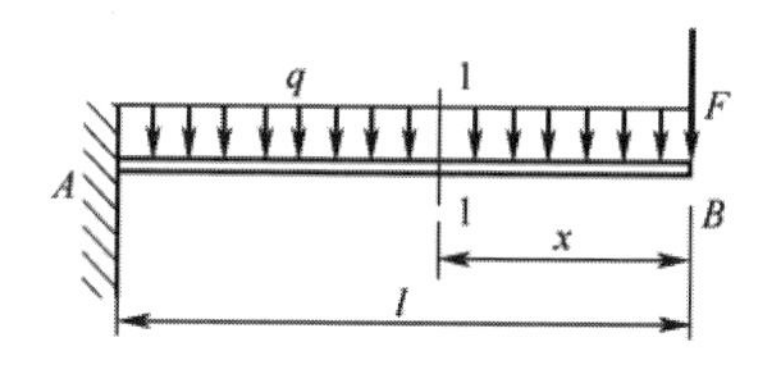

图 10.9

解：（1）先求 B 端挠度 w_B。

在梁上某处选取截面 1-1，设该截面到梁最右端的距离为 x，选取右段为研究对象，截面 1-1 上的弯矩为

$$M(x)=-Fx-\frac{1}{2}qx^2$$

$$\frac{\partial M(x)}{\partial F}=-x$$

由式（10.12）得

$$w_B=\int_l \frac{M(x)}{EI}\cdot\frac{\partial M(x)}{\partial F}\mathrm{d}x=\frac{1}{EI}\int_0^l\left(-Fx-\frac{1}{2}qx^2\right)(-x)\mathrm{d}x$$

$$=\frac{Fl^3}{3EI}+\frac{ql^4}{8EI}(\downarrow)$$

（2）再求 B 端转角 θ_B。

在 B 处并无力偶作用，因此需要在 B 处虚加一个力偶矩 M_a，如图 10.10 所示。

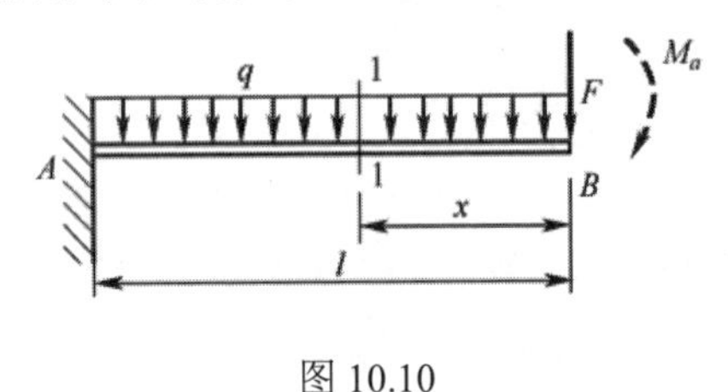

图 10.10

截面 1-1 的弯矩方程为

$$M(x)=-Fx-\frac{1}{2}qx^2-M_a$$

$$\frac{\partial M(x)}{\partial M_a}=-1$$

由式（10.12）得

$$\theta_B=\int_l \frac{M(x)}{EI}\cdot\frac{\partial M(x)}{\partial M_a}\mathrm{d}x=\frac{1}{EI}\int_0^l\left(-Fx-\frac{1}{2}qx^2-M_a\right)(-1)\mathrm{d}x$$

此时，令 $M_a=0$，代入上式

$$\theta_B=\frac{1}{EI}\int_0^l\left(-Fx-\frac{1}{2}qx^2-0\right)(-1)\mathrm{d}x=\frac{Fl^2}{2EI}+\frac{ql^3}{6EI}\text{（顺时针方向）}$$

10.5　单位载荷法

本节介绍计算弹性体位移的另外一种方法——单位载荷法。单位载荷法可以利用外载荷和单位力这两组力分别加载时功和能的转换关系来证明。

以弯曲梁为例，首先在弯曲梁上某处加一单位力，也就是施加一个数值等于 1 的外力，梁在单位力的作用下发生弯曲。假设单位力作用下的挠度为 δ。然后，保持单位力不动，再施加外载荷 F_1，F_2，F_3，…，F_n，假设外载荷 F_1，F_2，F_3，…，F_n

作用梁上之后对应的位移分别为Δ_1，Δ_2，Δ_3，…，Δ_n。这样，外载荷对梁做功，而原来的单位力又有了新的位移为ω，如图 10.11 所示，这样所有外力做功为

$$W=\frac{1\times\delta}{2}+\sum_{i=1}^{n}\frac{F_i\Delta_i}{2}+1\times\omega$$

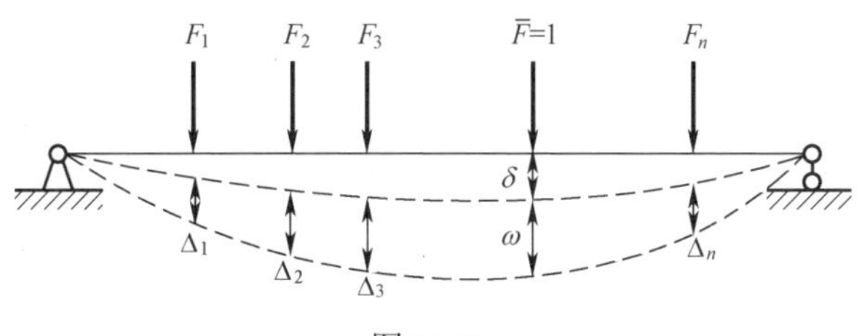

图 10.11

当外载荷作用时，梁的弯矩方程为$M(x)$，当单位力单独作用时梁的弯矩方程为$\overline{M}(x)$，分别如图 10.12（a）、（b）所示。当外载荷和单位力同时作用在梁上时，梁的弯矩方程为

$$M_{合}(x)=M(x)+\overline{M}(x)$$

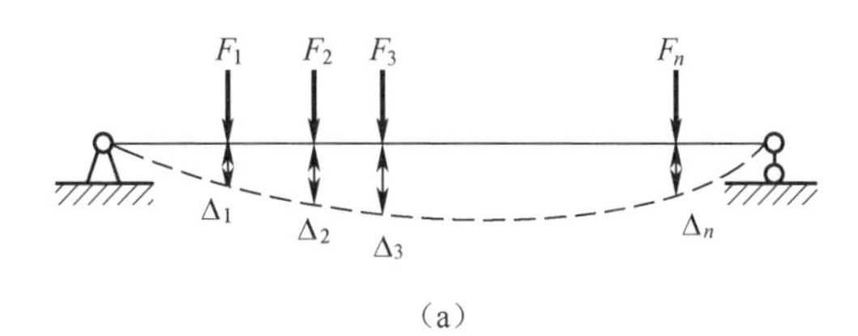

（a）

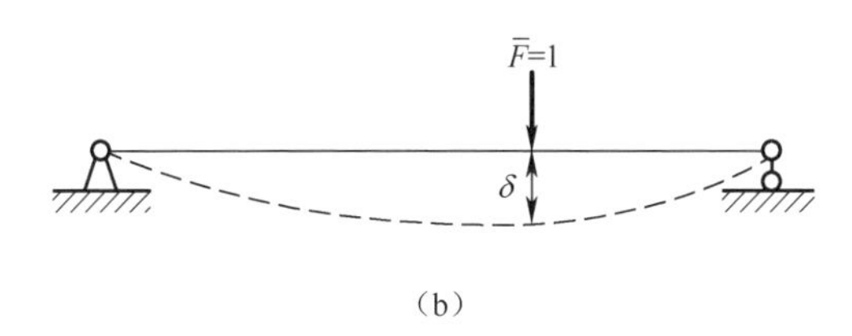

（b）

图 10.12

将上式带入公式（10.6），所以该弯曲梁在外力和单位力同时作用时的应变能为

$$V_\varepsilon=\int_l\frac{M_{合}^2(x)\mathrm{d}x}{2EI}=\int_l\frac{[M(x)+\overline{M}(x)]^2\mathrm{d}x}{2EI}$$

$$=\int_l\frac{M^2(x)\mathrm{d}x}{2EI}+\int_l\frac{M(x)\overline{M}(x)\mathrm{d}x}{EI}+\int_l\frac{\overline{M}^2(x)\mathrm{d}x}{2EI}$$

根据功能转换关系，有

$$W=\frac{1\times\delta}{2}+\sum_{i=1}^{n}\frac{F_i\Delta_i}{2}+1\times\omega=\int_l\frac{M^2(x)\mathrm{d}x}{2EI}+\int_l\frac{M(x)\overline{M}(x)\mathrm{d}x}{EI}+\int_l\frac{\overline{M}^2(x)\mathrm{d}x}{2EI}$$

由图 10.12 可以得出

$$\frac{1\times\delta}{2}=\int_l \frac{\overline{M}^2(x)\mathrm{d}x}{2EI}$$

$$\sum_{i=1}^{n}\frac{F_i\Delta_i}{2}=\int_l \frac{M^2(x)\mathrm{d}x}{2EI}$$

所以

$$1\times\omega=\int_l \frac{M(x)\overline{M}(x)\mathrm{d}x}{EI}$$

所以单位力作用处的挠度为

$$\omega=\int_l \frac{M(x)\overline{M}(x)\mathrm{d}x}{EI} \tag{10.14a}$$

同理，当计算弯曲梁某截面的转角 θ 时，只需在该截面施加一个与之相对应的数值为 1 的单位力偶，然后按上述的推导方法，即可求得转角为

$$\theta=\int_l \frac{M(x)\overline{M}(x)\mathrm{d}x}{EI} \tag{10.14b}$$

可以将弯曲梁的挠度与转角的计算公式统一写成

$$\delta=\int_l \frac{M(x)\overline{M}(x)\mathrm{d}x}{EI} \tag{10.15}$$

同样也可以求得杆件在轴向拉伸和扭转基本变形条件下的位移。

轴向拉伸基本变形为

$$\delta=\int_l \frac{F_{\mathrm{N}}(x)\overline{F_{\mathrm{N}}}(x)}{EA}\mathrm{d}x \tag{10.16}$$

其中，$F_{\mathrm{N}}(x)$ 与 $\overline{F_{\mathrm{N}}}(x)$ 分别为实际载荷和单位力引起的轴力。

扭转基本变形为

$$\delta=\int_l \frac{T(x)\overline{T}(x)}{GI_p}\mathrm{d}x \tag{10.17}$$

其中，$T(x)$ 与 $\overline{T}(x)$ 分别为实际载荷和单位力偶引起的扭矩。

上述关系是由麦克斯韦（J.C.Maxwell）在 1864 年提出，莫尔（O.Mohr）在 1874 年应用到实际计算中，通常称为麦克斯韦-莫尔定理。在求位移时，应用这个定理较卡氏定理更为方便，由于在一些手册可查到几种最常见载荷的积分值 $\int M\overline{M}\mathrm{d}x$，使得计算工作更加简捷。因为 $\overline{F_{\mathrm{N}}}(x)$，$\overline{M}(x)$，$\overline{T}(x)$ 是由单位载荷引起的内力，上述方法也称为单位载荷法。

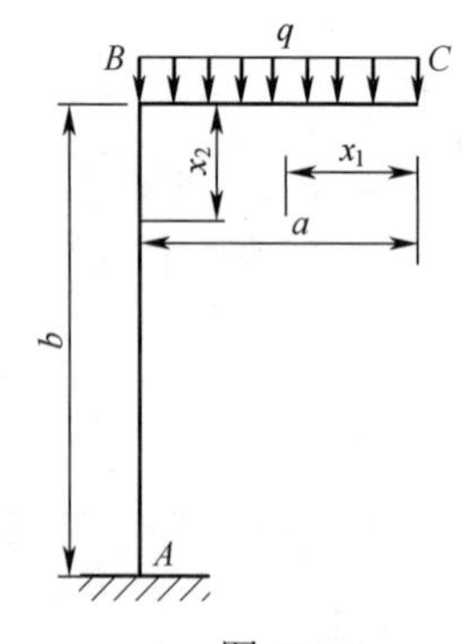

图 10.13

例 10.3 在图 10.13 中平面直角刚架由两段组成，BC 段受到均布载荷，刚架的抗弯刚度为 EI，抗拉刚度为 EA，求 C 截面竖直方向的位移。

解：此刚架分为两段来考虑，如图 10.14 所示，两段的弯矩和轴力分别为

BC 段：$M_1(x_1) = -\frac{1}{2}qx_1^2$，$F_{N1}(x_1) = 0$

AB 段：$M_2(x_2) = -\frac{1}{2}qa^2$，$F_{N2}(x_2) = -qa$

若求 C 点的位移，在 C 点施加一竖直向下的单位力，则由单位力引起的弯矩和轴力分别为

BC 段：$\overline{M_1}(x_1) = -x_1$，$\overline{F_{N1}}(x_1) = 0$

AB 段：$\overline{M_2}(x_2) = -a$，$\overline{F_{N2}}(x_2) = -1$

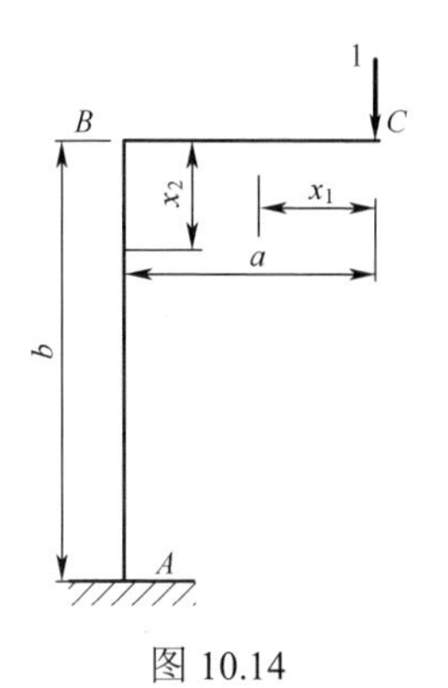

图 10.14

根据莫尔定理：

$$\Delta_C = \int_0^a \frac{\overline{M_1}M_1}{EI}dx_1 + \int_0^b \frac{\overline{M_2}M_2}{EI}dx_2 + \int_0^b \frac{\overline{F_{N2}}F_{N2}}{EA}dx_2$$

$$= \frac{1}{EI}\int_0^a \left(-\frac{1}{2}qx_1^2\right)\cdot(-x_1)dx_1 + \frac{1}{EI}\int_0^b (-a)\cdot\left(-\frac{1}{2}qa^2\right)dx_2 + \frac{1}{EA}\int_0^b (-1)\cdot(-qa)dx_2$$

$$= \frac{1}{EI}\left(\frac{qa^4}{8} + \frac{qa^3b}{2}\right) + \frac{qab}{EA}(\downarrow)$$

讨论：如果 $a = b$，而且杆为圆截面，直径为 d，则有

$$\Delta_C = \frac{5qa^4}{8EI}\left(1 + \frac{8I}{5Aa^2}\right) = \frac{5qa^4}{8EI}\left(1 + \frac{d^2}{10a^2}\right)$$

由于 $\frac{d^2}{10a^2}$ 远远小于 1，因此在求刚架位移时，一般都忽略轴力的影响。

10.6 图形相乘法

单位载荷为集中力或集中力偶时，单位载荷作用下的弯矩图常是直线图，而只要单位力引起的内力分量图形和实际外载荷引起的内力分量图形中有一个为直线，可以采用图形相乘的方法（图乘法）计算莫尔积分。

图 10.15 分别画出了某一梁在实际外载荷和单位载荷作用下的 M 图和 $\overline{M}$ 图。

单位弯矩图上任意截面的弯矩为

$$\overline{M} = a + x\tan\alpha$$

同时，在 M 图上阴影部分的微小面积 $dA = Mdx$。现将 $\overline{M} = a + x\tan\alpha$ 与 $dA = Mdx$ 代入公式（10.15）中，得

$$\delta_i = \int_l \frac{M(x)\overline{M}(x)}{EI}dx = \int_l \frac{M(x)}{EI}(a + x\tan\alpha)dx$$
$$= \int_A \frac{1}{EI}(a + x\tan\alpha)dA = \frac{a}{EI}\int_A 1dA + \frac{1}{EI}\int_A (x\tan\alpha)dA \tag{a}$$

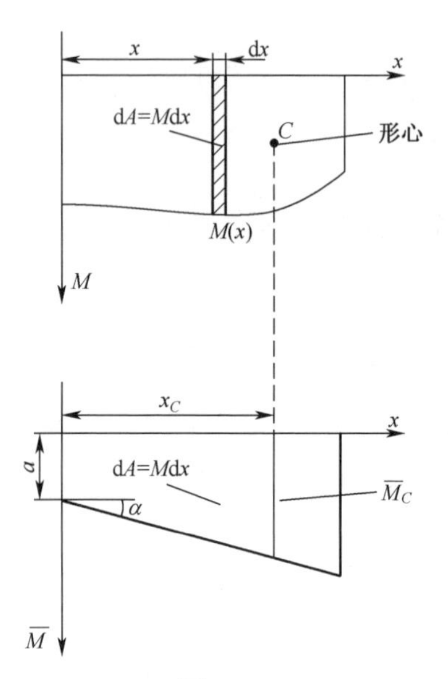

图 10.15

因为α为单位弯矩图直线与x轴的夹角，所以对于面积积分来说是常数，则

$$\delta_i = \frac{a}{EI}\int_A \mathrm{d}A + \frac{1}{EI}\int_A (x\tan\alpha)\mathrm{d}A = \frac{a}{EI}\int_A \mathrm{d}A + \frac{\tan\alpha}{EI}\int_A x\mathrm{d}A \qquad \text{(b)}$$

其中$\int_A \mathrm{d}A = A$，也就是原外载荷弯矩图的面积，$\int_A x\mathrm{d}A = x_C A$，即原外载荷弯矩图的面积对其纵坐标轴的静矩。

将上述两式代入上面积分式，得

$$\delta_i = \frac{a}{EI}\int_A \mathrm{d}A + \frac{\tan\alpha}{EI}\int_A x\mathrm{d}A = \frac{a}{EI}A + \frac{\tan\alpha}{EI}x_C A = \frac{A}{EI}(a + x_C\tan\alpha) \qquad \text{(c)}$$

而在图 10.15 中，$a + x_C\tan\alpha$是$\overline{M}$图形心的纵坐标值，也就是$a + x_C\tan\alpha = \overline{M_C}$，所以，（c）式转化为

$$\delta_i = \frac{A}{EI}(a + x_C\tan\alpha) = \frac{A\overline{M_C}}{EI} \qquad (10.18)$$

因此求位移时只需要计算出原外载荷作用下的弯矩图的面积A，并将其乘以在面积A形心C相对应到单位载荷弯矩图中的纵坐标$\overline{M_C}$，然后除以梁的抗弯刚度EI。

注意，当单位载荷作用下的弯矩图的斜率变化时，图形互乘时就必须分段进行，每一段内的斜率必须是相同的。这样，公式（10.18）还可以写成

$$\delta_i = \sum_{i=1}^{n}\frac{A_i\overline{M_{Ci}}}{EI} \qquad (10.19)$$

上述图乘法的原理也适用于计算其他基本变形的莫尔积分。其方便之处在于求位移时不必再积分，在很多情况下会给具体计算带来很多方便。

例 10.4 在图 10.16 中，悬臂梁受到均布载荷和集中力的共同作用，试用图乘法求最右端 B 端的挠度和转角。

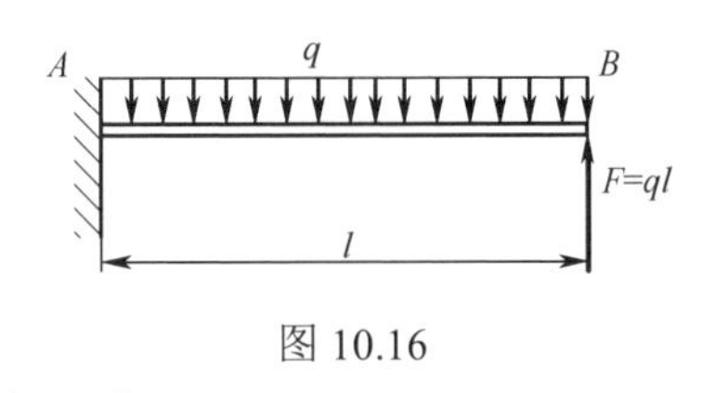

图 10.16

解： 因为原载荷由两种力共同作用，因此根据梁弯矩图的叠加原理分别画出均布载荷作用下的 M 图（图 10.17（a））和集中力作用下的 M 图（图 10.17（b）），并找出其对应的形心 C_1 和 C_2。

（1）先求最右端的挠度，根据图乘法应在最右端加一竖直向上的单位载荷，在单位载荷作用下的弯矩图，如图 10.17（c）所示。

根据图 10.17 中形心的对应关系不难求出

$$\overline{M}(F)=\frac{2l}{3}，\quad \overline{M}(q)=\frac{3l}{4}$$

根据公式（10.18）

$$\delta_B=\frac{A\overline{M}_C}{EI}=\frac{1}{EI}\left(-\frac{1}{3}\cdot\frac{ql^2}{2}\cdot l\cdot\frac{3l}{4}+\frac{1}{2}\cdot ql^2\cdot l\cdot\frac{2l}{3}\right)=\frac{5ql^4}{24EI}(\uparrow)$$

（2）再求最右端转角，在最右端施加一单位力偶，并画出相对的弯矩图（图 10.18）。

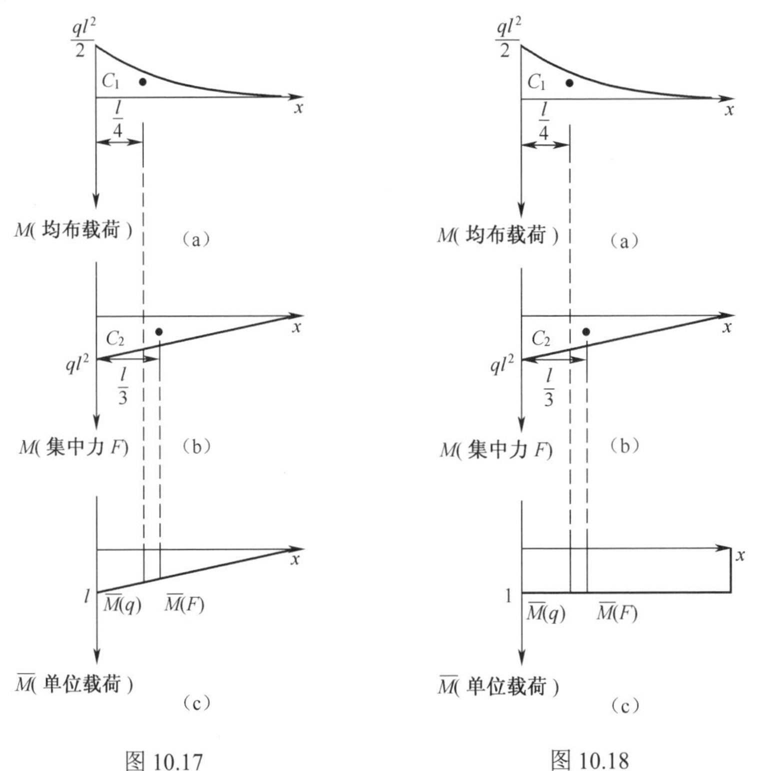

图 10.17　　图 10.18

根据图 10.18 的弯矩图的对应关系，不难求出

$$\overline{M}(F)=1，\quad \overline{M}(q)=1$$

根据公式（10.18）

$$\theta_B = \frac{A\overline{M}_C}{EI} = \frac{1}{EI}\left(-\frac{1}{3}\cdot\frac{ql^2}{2}\cdot l\cdot 1 + \frac{1}{2}\cdot ql^2\cdot l\cdot 1\right) = \frac{ql^3}{3EI} \quad（逆时针）$$

上例的计算过程表明，进行图形互乘时，原外载荷形成的弯矩图的面积有正负之分，并且单位载荷形成的弯矩图上与原外载荷弯矩图形心所对应的 $\overline{M_{Ci}}$ 也有正负之分，在计算时要特别注意。另外，如果位移求出来是正值说明和单位载荷的方向一致，反之方向相反。

习题 10

10.1　求题 10.1 图示圆截面杆内的弹性应变能（E 已知）。

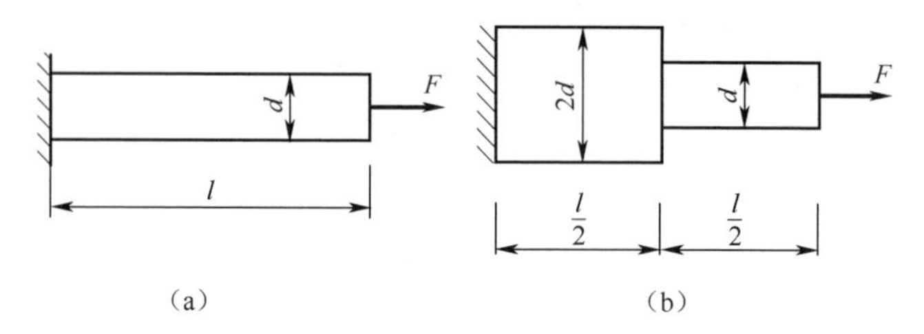

题 10.1 图

10.2　试求题 10.2 图示梁的弹性应变能，剪力的影响可以忽略（EI 已知）。

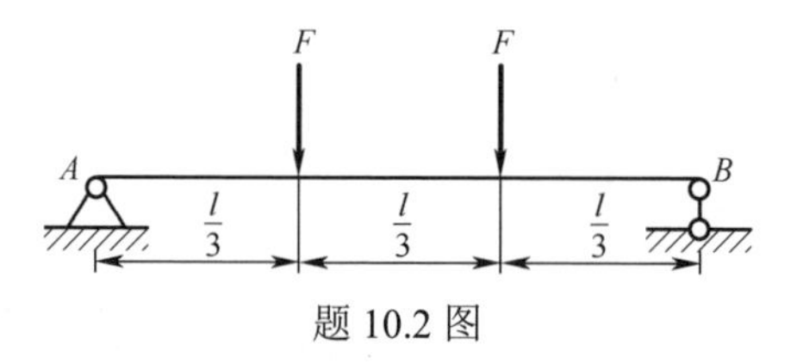

题 10.2 图

10.3　求题 10.3 图示受扭圆轴的应变能，$G = 60\text{GPa}$，直径为 20mm，受扭圆轴总长度为 1m，$500\text{N}\cdot\text{m}$ 作用在该轴的中点处。

10.4　如题 10.4 图所示，水平拐轴 ABC，其中 $AB \perp BC$，在 C 处受一竖直向下的力 F，大小为 800N，$AB = 200\text{mm}$，$BC = 150\text{mm}$，水平拐轴 ABC 的直径 $d = 40\text{mm}$，$E = 200\text{GPa}$，$G = 70\text{GPa}$。求杆 AB 的应变能。

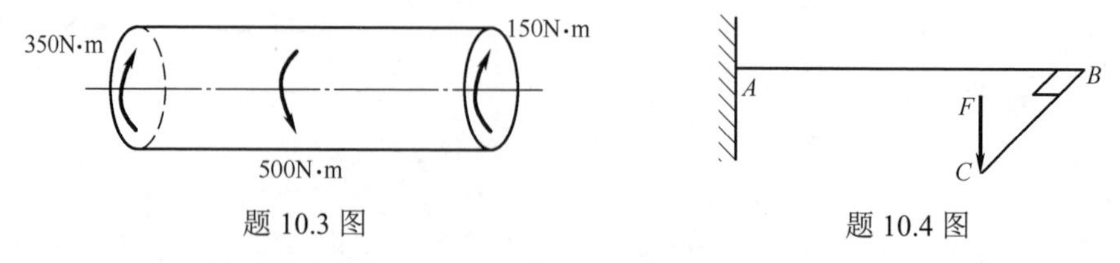

题 10.3 图　　　　题 10.4 图

10.5　传动轴受力情况如题 10.5 图所示，轴的直径为 20mm，$a = 200\text{mm}$，材料为 45 钢，$E = 210\text{GPa}$，$G = 80\text{GPa}$。计算轴的应变能。

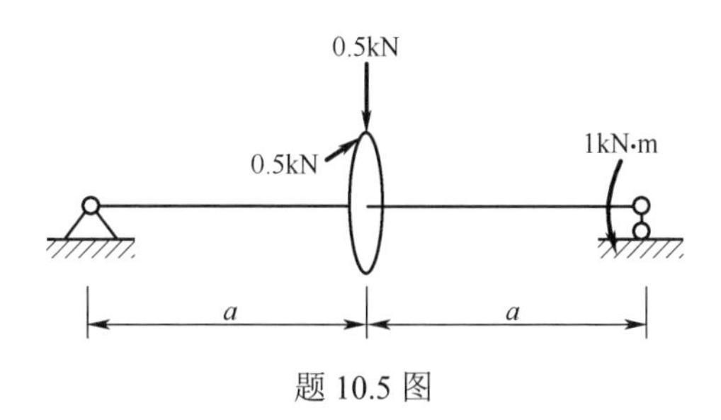

题 10.5 图

10.6 两根圆截面杆材料相同，尺寸如题 10.6 图所示，一根为等截面杆，一根为变截面杆，试计算两杆的应变能。

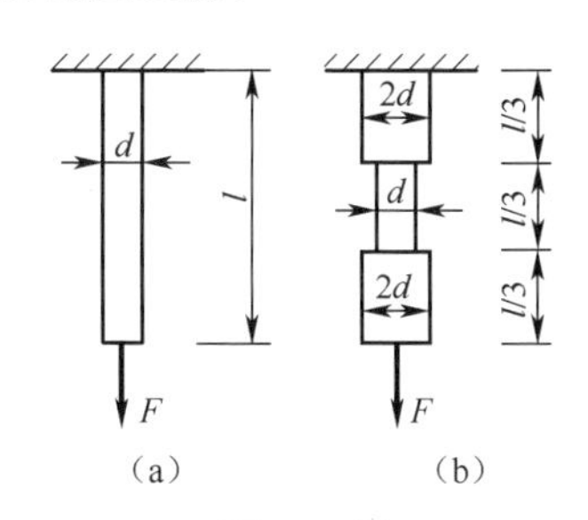

题 10.6 图

10.7 计算题 10.7 图示杆的应变能。

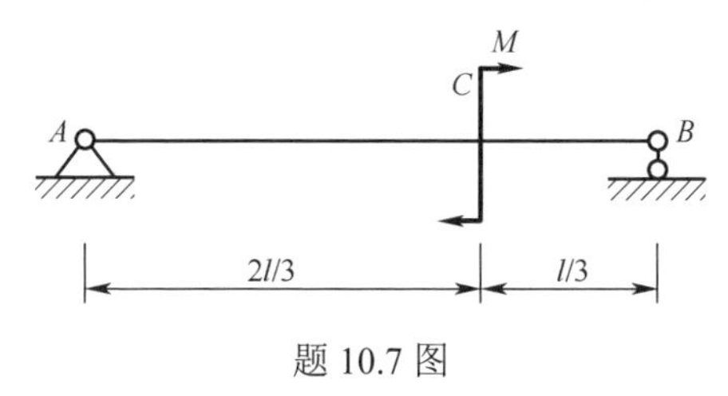

题 10.7 图

10.8 题 10.8 图示各梁中 F、M、q、l 均为已知，各梁的抗弯刚度均为 EI，忽略剪力的影响，求梁跨中点 C 的挠度。

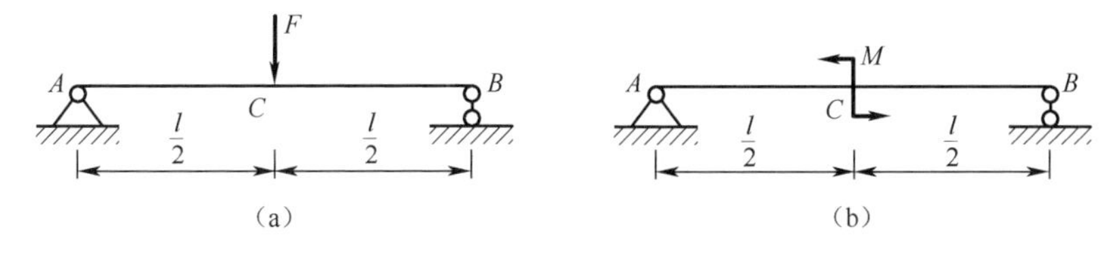

题 10.8 图

10.9 试用单位载荷法求题 10.9 图示刚架 A 处的转角和 C 处的水平位移。刚架的抗弯刚度为 EI。

10.10 试用单位载荷法求题 10.10 图示刚架 A 处的转角和 C 处的水平位移。刚架的抗弯刚度为 EI。

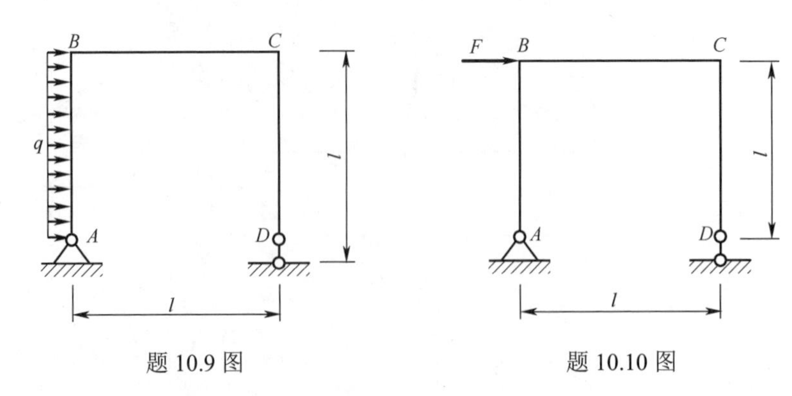

题 10.9 图　　　　　题 10.10 图

10.11　试求题 10.11 图示桁架的节点 D 处的竖直位移。各杆的抗拉刚度均为 EA。

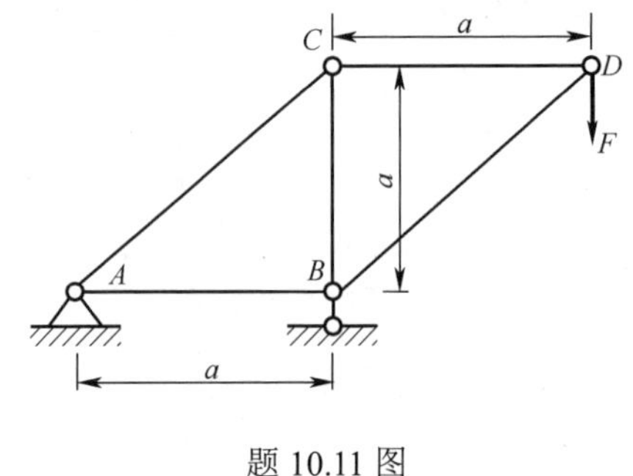

题 10.11 图

10.12　试用图乘法求题 10.12 图示 C 截面处的挠度。梁的抗弯刚度为 EI，$F=2\text{kN}$，$q=2\text{kN/m}$，$l=2\text{m}$。

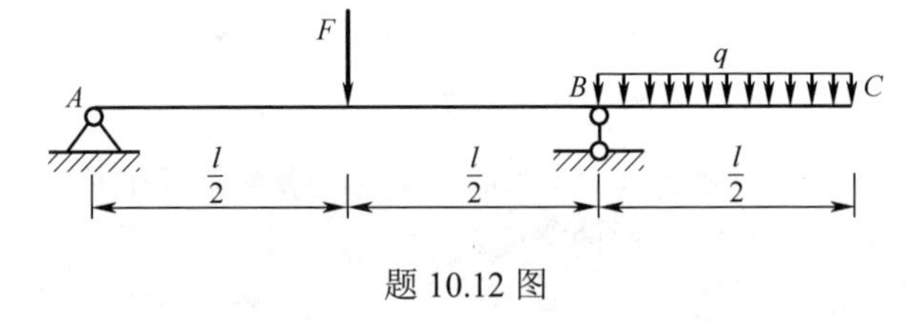

题 10.12 图

10.13　试用图乘法求题 10.13 图示 B 截面的挠度和转角。梁的抗弯刚度为 EI。

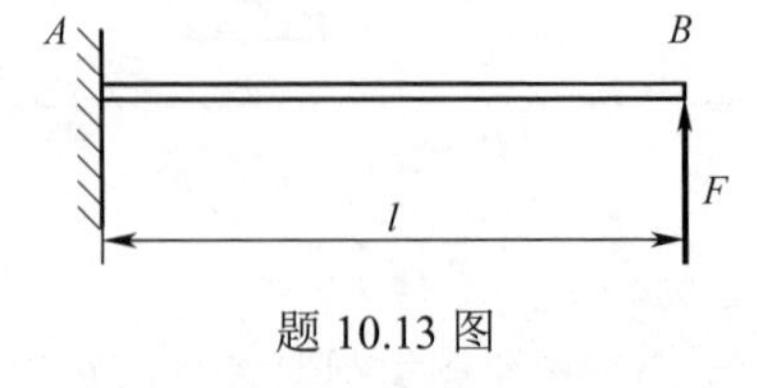

题 10.13 图

10.14　试求题 10.14 图示跨度中点 D 的挠度，该杆的抗弯刚度为 EI。

10.15　试求题 10.15 图示跨度中点 C 的挠度，抗弯刚度为 EI。

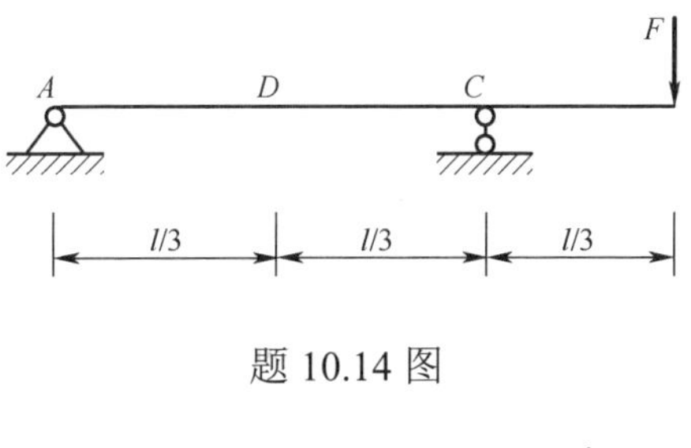

题 10.14 图

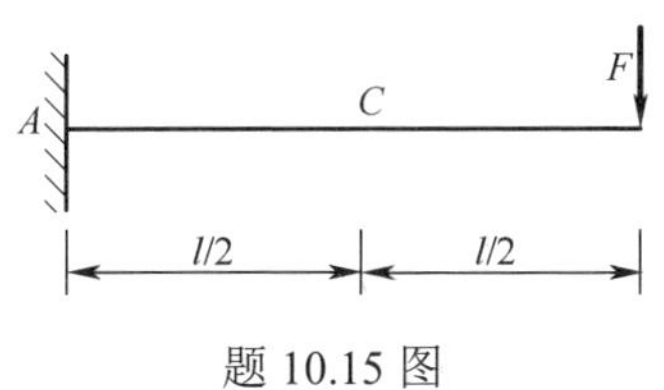

题 10.15 图

10.16　已知题 10.16 图示钢架 AB 和 BC 两部分 $I = 4\times10^3\,\text{cm}^4$，$E = 210\text{GPa}$，试求截面 C 的水平位移和转角。$F = 40\text{kN}$，$l = 2\text{m}$。

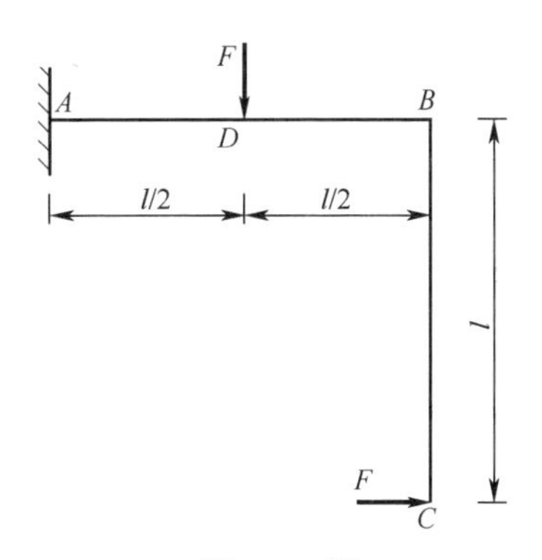

题 10.16 图

10.17　题 10.17 图示钢架各部分的 EI 相等，在一对 F 力作用下，求 A、D 两点间的相对位移。

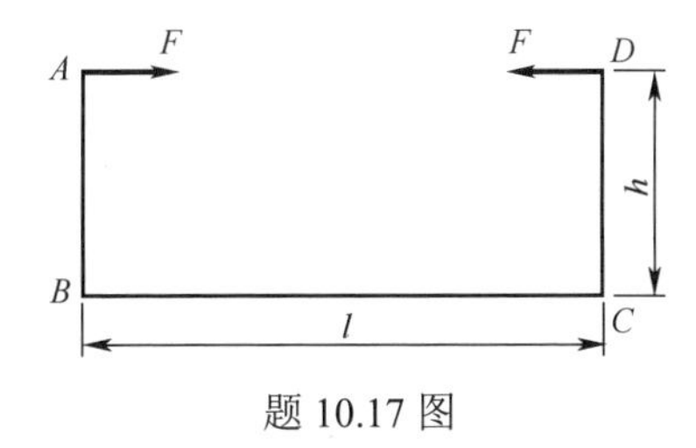

题 10.17 图

第 11 章

动载荷及交变应力

11.1 概述

前面各章讨论构件的应力、应变及位移计算时，构件上的载荷都是从零开始缓慢平稳地增加到最终值，加载过程中构件上各点的加速度很小，可认为构件始终处于平衡状态，加速度的影响略去不计，载荷加到最终值后也不再变化，这就是静载荷。而在实际工程问题中，常会遇见高速旋转和加速提升的构件、锻压汽锤的锤杆、紧急制动的转轴，这些都涉及动载荷的问题。动载荷是指随时间做明显变化的载荷。动载荷作用下构件的应力、应变及位移的计算问题，与静载荷做用的情况不同，但通常可采用静载下的计算公式，再考虑动载荷的效应，作出相应的修正。实验表明，只要应力不超过材料的比例极限，在动载荷作用下，胡克定律仍然适用，且弹性模量也与静载荷下的数值相同。即可将胡克定律用于动载荷的有关计算。

如果构件长期在周期性变化的载荷作用下工作，构件内的应力随时间交替变化，称为交变应力。长期在交变应力作用下的构件，虽然最大工作应力远低于材料的屈服强度，也无明显的塑性变形，但往往发生骤然断裂，这种破坏称为疲劳破坏。由于发生的是突然的断裂破坏，往往引起重大事故的发生，给生产带来很大的危害。因此，在交变应力作用下的构件还应校核其疲劳强度。

本章主要讨论构件做等加速运动或等速转动时的动应力计算，以及构件在交变应力作用下的疲劳破坏。

11.2 构件做等加速运动时的应力计算

达朗贝尔原理指出，对做加速运动的质点系，如假想地在每一质点上加上惯性力，则质点系上的原力系与惯性力系组成平衡力系。这样，可把动力学问题在形式上作为静力学问题处理，这就是动静法。

下面举例说明动静法在动应力分析中的应用。

例 11.1 如图 11.1 所示，钢索起吊重物以等加速度 a 提升。重物的重力为 P，钢索的横截面积为 A，钢索的重量略去不计。试求钢索横截面上的动应力 σ_d。

解： 用截面法计算钢索的轴力。

假想截开钢索，取下半部分为研究对象，受力如图 11.1 所示。

钢索加速运动，根据达朗贝尔原理，质量为 m 加速度为 a 的质点，其惯性力大小为 ma，方向与加速度方向相反。将惯性力 $\frac{P}{g}a$ 加在重物上，构成平衡形式，可按静载荷问题求钢索横截面上的轴力 F_{Nd}。

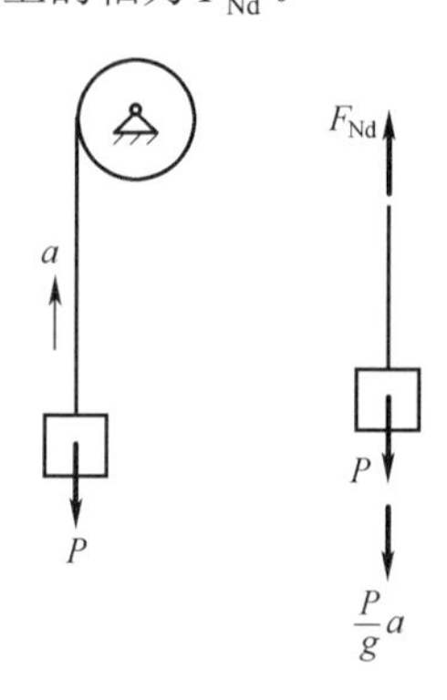

图 11.1

由静力平衡方程
$$\sum F_y = 0, \quad F_{\mathrm{Nd}} - P - \frac{P}{g}a = 0$$

解得
$$F_{\mathrm{Nd}} = P + \frac{P}{g}a = P\left(1 + \frac{a}{g}\right)$$

从而可求得钢索横截面上的动应力为
$$\sigma_{\mathrm{d}} = \frac{F_{\mathrm{Nd}}}{A} = \frac{P}{A}\left(1 + \frac{a}{g}\right) = \sigma_{\mathrm{st}}\left(1 + \frac{a}{g}\right) = K_{\mathrm{d}}\sigma_{\mathrm{st}}$$

其中
$$\sigma_{\mathrm{st}} = \frac{P}{A}$$

是 P 作为静载荷作用时钢索横截面上的应力，
$$K_{\mathrm{d}} = 1 + \frac{a}{g}$$

称为动荷系数。对于有动载荷作用的构件，常用动荷系数 K_{d} 来反映动载荷的效应。

这样钢索的强度条件为
$$\sigma_{\mathrm{d}} = K_{\mathrm{d}}\sigma_{\mathrm{st}} \leqslant [\sigma]$$

其中 $[\sigma]$ 为构件静载下的许用应力。

再以匀速旋转圆环为例说明动静法的应用。

例 11.2 图 11.2（a）中一平均直径为 D，壁厚 t 的薄壁圆环，绕通过其圆心且垂直于环平面的轴作匀速转动。已知环的角速度 ω，环的横截面积 A 和材料的密度 ρ，求此环横截面上的正应力。

解： 因圆环等速转动，故环内各点只有向心加速度。又因为 $t \ll D$，故可认为环内各点的向心加速度大小相等，都等于

$$a_n = \frac{D\omega^2}{2}$$

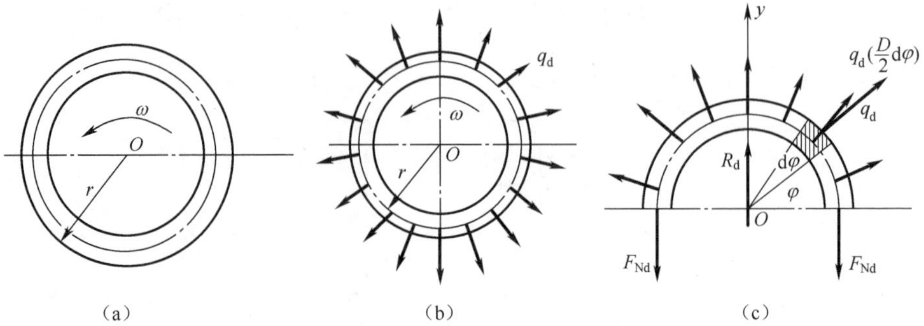

(a)　(b)　(c)

图 11.2

根据达朗贝尔原理，沿环轴线均匀分布的惯性力集度 q_d 就是沿轴线单位长度上的惯性力，即

$$q_d = 1 \cdot A \cdot \rho a_n = \frac{A\rho D}{2}\omega^2$$

其指向背离转动中心（图 11.2（b））。上述分布惯性力构成全环上的平衡力系。

用截面法可求得圆环横截面上的内力 F_{Nd}。因为圆环的几何外形、受力的极对称性，可任取一直径平面截取半圆环（图 11.2（c））。这样 y 方向惯性力的合力为

$$R_d = \int_0^{\pi} q_d \frac{D}{2} d\varphi \sin\varphi = \frac{q_d D}{2}\int_0^{\pi} \sin\varphi d\varphi = q_d D = \frac{A\rho\omega^2 D^2}{2}$$

其作用线与 y 轴重合。

由对称可知，半圆环两侧径向截面的轴力相等，可由平衡方程得出

$$F_{Nd} = \frac{A\rho D^2\omega^2}{4}$$

环壁很薄，可认为在圆环径向截面上各点处的正应力相等，于是横截面上的正应力 σ_d 为

$$\sigma_d = \frac{F_{Nd}}{A} = \frac{\rho D^2\omega^2}{4} = \rho v^2$$

其中 $v = \frac{D\omega}{2}$。

v 是圆环轴线上点的线速度。由 σ_d 的表达式可知，σ_d 与圆环横截面积 A 无关。故要保证圆环的强度，只能限制圆环的转速，增大横截面积 A 并不能提高圆环的强度。

这样，一般加速运动（包括线加速与角加速）的加速度还不会引起材料力学性能的改变，该类问题的处理方法是利用达朗贝尔原理。

例 11.3　在直径为 $d = 100$mm 的轴上装有转动惯量 $J = 0.5\text{kN}\cdot\text{m}\cdot\text{s}^2$ 的飞轮，如图 11.3 所示。与飞轮相比，轴的质量忽略不计。轴的转速为 300r/min。制动器开始作用后，飞轮在 8 秒内均匀减速停止转动。计算轴内的最大动应力。设在制动

器作用前，轴已与驱动装置脱开，轴承内的摩擦力忽略不计。

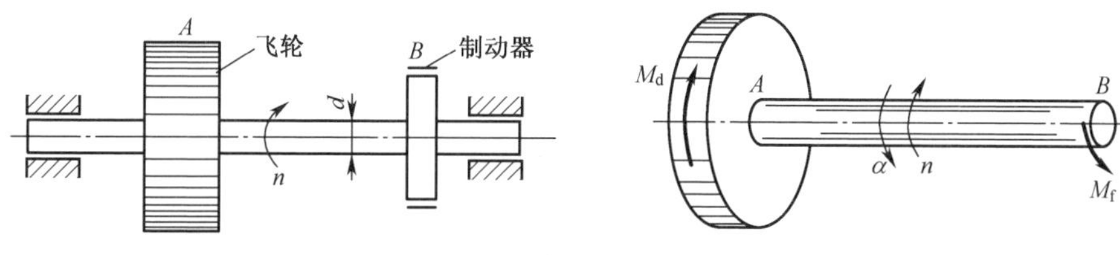

图 11.3

解：刹车前轴的角速度 $\omega=\dfrac{2\pi n}{60}=\dfrac{300\times 2\pi}{60}\text{rad/s}=31.4\text{rad/s}$

飞轮与轴同时做均匀减速转动，其角加速度为

$$\alpha=\frac{\omega_1-\omega}{t}=\frac{(0-31.4)\text{rad/s}}{8\text{s}}=-3.93\text{rad/s}^2$$

负号表示 α 与 ω 的方向相反。按达朗贝尔原理，在飞轮上加上方向与 α 相反的惯性力偶矩 M_d，且

$$M_d=-J\alpha=-(0.5\text{kN}\cdot\text{m}\cdot\text{s}^2)\cdot(-3.93\text{rad/s}^2)=1.96\text{kN}\cdot\text{m}$$

制动器作用于轴上的摩擦力矩为 M_f，由平衡方程可求出

$$M_f=M_d$$

轴在摩擦力矩和惯性力偶矩的作用下发生扭转变形，横截面上的扭矩为

$$T_d=M_d=1.96\text{kN}\cdot\text{m}$$

轴内的最大动应力即横截面上的最大扭转切应力为

$$\tau_{max}=\frac{T_d}{W_t}=\frac{1.96\times 10^3\text{N}\cdot\text{m}}{\dfrac{\pi}{16}(100\times 10^{-3}\text{m})^3}=9.98\text{MPa}$$

11.3 构件受冲击载荷作用时的应力与变形

当运动着的物体（冲击物）撞击一个静止构件（被冲击物）时，前者的运动因受阻而在瞬间停止，这时构件受到了冲击作用。如锻锤与锻件的撞击，重锤打桩，用铆钉枪进行铆接，高速转动的飞轮突然刹车等均为冲击问题。冲击物一般都在瞬间速度剧变，有时甚至会降低为零，而被冲击物在此瞬间经受很大的应力和变形。由于冲击问题极其复杂，很难精确求解。工程中常采用一种较为简略但偏于安全的估算方法——能量法，来近似估算构件内的冲击载荷和冲击应力。

在冲击应力估算中需要采取以下几个基本假定：①不计冲击物的变形，即不计冲击物的变形能；②冲击物与被冲击物接触后无回弹，二者合为一个运动系统；③被冲击物的质量与冲击物相比很小，可略去不计，冲击应力瞬时传遍被冲击物且材料服从胡克定律；④冲击过程中，声、热等能量损耗很小，可略去不计。

在以上假设下，即可利用机械能守恒定律估算冲击应力。

任一被冲击物（弹性杆件或结构）都可简化成图 11.4 所示的弹簧。

冲击过程中，设重量为 Q 的冲击物一经与弹簧接触就互相依附着共同运动。

如省略弹簧的质量，只考虑其弹性，可简化成单自由度的运动体系。冲击物与弹簧接触瞬间的动能为T；弹簧达到最低位置时体系的速度变为零，弹簧的变形为Δ_d，冲击物Q的势能变化为

$$V = Q\Delta_d \tag{a}$$

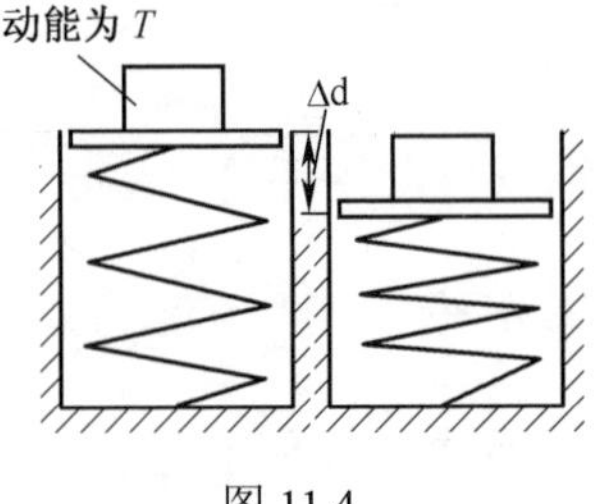

图 11.4

若以U_d表示弹簧的变形能，由能量守恒定律，冲击系统的动能T和势能V全部转化成弹簧的变形能，即

$$T + V = U_d \tag{b}$$

设系统速度为零时冲击物作用在弹簧上的冲击载荷为F_d。材料服从胡克定律条件下，F_d与Δ_d成正比，并且都是从零开始增加到最终值。于是冲击过程中动载荷所做的功为$\frac{1}{2}F_d\Delta_d$，且与弹簧的变形能相等，即

$$U_d = \frac{1}{2}F_d\Delta_d \tag{c}$$

若重物Q以静载方式作用于构件上，构件的静变形和静应力分别为Δ_{st}和σ_{st}。在动载荷F_d作用下，相应的冲击变形和冲击应力分别为Δ_d和σ_d。对于线弹性材料，载荷、变形和应力成正比，即

$$\frac{F_d}{Q} = \frac{\Delta_d}{\Delta_{st}} = \frac{\sigma_d}{\sigma_{st}} \tag{d}$$

或

$$F_d = \frac{\Delta_d}{\Delta_{st}}Q,\quad \sigma_d = \frac{\Delta_d}{\Delta_{st}}\sigma_{st} \tag{e}$$

将（e）中的F_d代入（c）：

$$U_d = \frac{1}{2}\cdot\frac{\Delta_d^2}{\Delta_{st}}Q \tag{f}$$

将（a）、（f）代入（b），有

$$\Delta_d^2 - 2\Delta_{st}\Delta_d - \frac{2T\Delta_{st}}{Q} = 0$$

解得

$$\Delta_d = \Delta_{st}\left(1 + \sqrt{1 + \frac{2T}{Q\Delta_{st}}}\right) \tag{g}$$

引入冲击动荷系数K_d

$$K_d = \frac{\Delta_d}{\Delta_{st}} = 1 + \sqrt{1 + \frac{2T}{Q\Delta_{st}}} \tag{h}$$

于是有

$$\Delta_d = K_d\Delta_{st},\ F_d = K_dQ,\ \sigma_d = K_d\sigma_{st} \tag{i}$$

对上述结果讨论可知：

（1）以动荷因数 K_d 乘以构件的静载荷、静变形和静应力，就得到冲击时相应构件的冲击载荷 F_d，冲击变形 Δ_d 和冲击应力 σ_d。可见，冲击问题计算的关键是确定相应的冲击动荷因数。

（2）由（h）式可见，若增大相应的静位移 Δ_{st}，可降低冲击动荷因数 K_d，表明构件越柔软（刚性越小），缓冲作用越强。为减小冲击的影响，汽车、机车等车辆在车体和轮轴之间均设有缓冲弹簧，当路面和轨道不平时，来减轻乘客所感受到的冲击作用。

（3）如果冲击是由重物 Q 从高度 h 处自由下落造成的，如图 11.5 所示，则冲击开始时，Q 的动能为

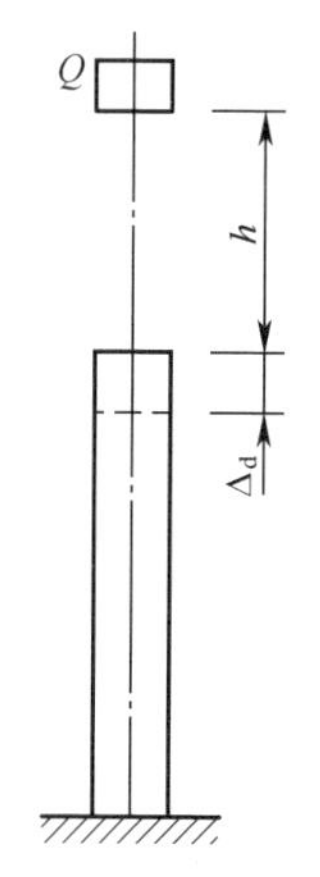

图 11.5

$$T = \frac{1}{2}\cdot\frac{Q}{g}v^2 = Qh \tag{j}$$

将（j）式代入（h）式，有

$$K_d = 1 + \sqrt{1 + \frac{2h}{\Delta_{st}}} \tag{k}$$

若减小冲击物自由下落的高度 h，冲击动荷因数 K_d 也将降低，当 $h \to 0$ 时，即重物骤加在杆件上，其冲击动荷因数为 $K_d = 2$，即骤加载荷引起的动应力是重物缓慢作用时静应力的 2 倍。

（4）对于水平放置系统（如图 11.6），冲击物的势能 $V = 0$，动能 $T = \frac{1}{2}\cdot\frac{Q}{g}v^2$，于是由（b），（f）得

$$\frac{1}{2}\cdot\frac{Q}{g}v^2 = \frac{1}{2}\cdot\frac{\Delta_d^2}{\Delta_{st}}Q$$

解得

$$\Delta_d = \sqrt{\frac{v^2}{g\Delta_{st}}}\Delta_{st} = K_d\Delta_{st} \tag{l}$$

其中 $K_d = \sqrt{\frac{v^2}{g\Delta_{st}}}$。

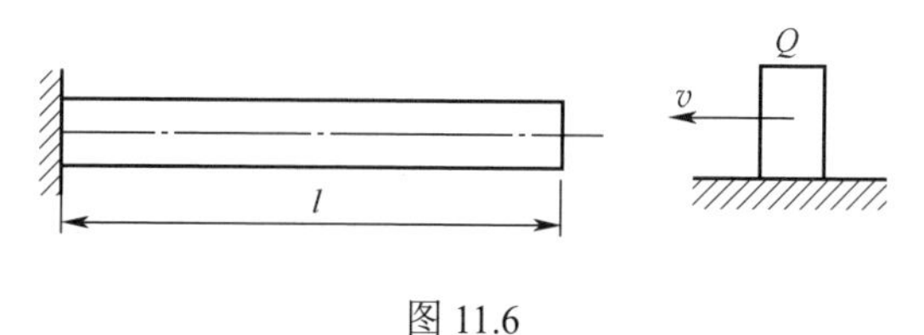

图 11.6

由此求得

$$F_{\mathrm{d}} = K_{\mathrm{d}}Q = \sqrt{\frac{v^2}{g\Delta_{\mathrm{st}}}}Q \tag{m}$$

$$\sigma_{\mathrm{d}} = K_{\mathrm{d}}\sigma_{\mathrm{st}} = \sqrt{\frac{v^2}{g\Delta_{\mathrm{st}}}}\sigma_{\mathrm{st}} \tag{n}$$

说明：在实际的冲击过程中，不可避免地会有其他能量损耗，如声、热等，因而被冲击物内所增加的变形能U_{d}将小于冲击物所减少的能量。于是由机械能守恒定律所算出的冲击动荷因数K_{d}是偏大的，所以这种近似计算方法是偏于安全的。

例 11.4 直径$d = 30\mathrm{cm}$、长为$l = 6\mathrm{m}$的圆木桩，下端固定，上端受重$P = 2\mathrm{kN}$的重锤作用，如图 11.7 所示。木材的$E_1 = 10\mathrm{GPa}$。计算下列三种情况下，木桩内的最大正应力：

（a）重锤以静载荷的形式作用于木桩上；

（b）重锤以离桩顶 0.5m 的高度自由落下；

（c）在桩顶放置直径为 15cm、厚为 40mm 的橡皮垫，橡皮的弹性模量$E_2 = 8\mathrm{MPa}$，重锤也是从离橡皮垫顶面 0.5m 的高度自由落下。

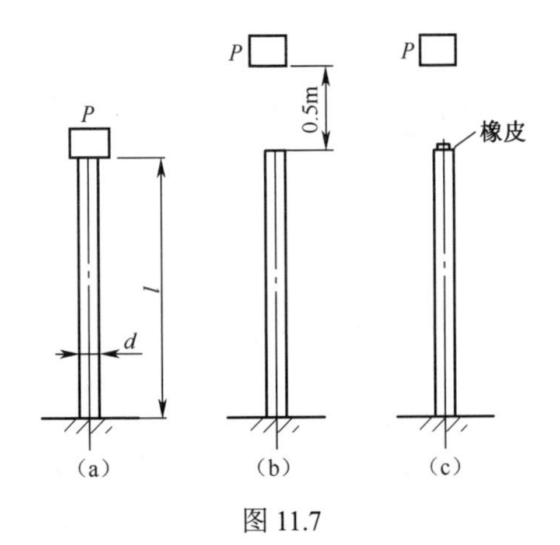

图 11.7

解：（1）重锤以静载荷方式作用于木桩时。

最大静应力

$$\sigma_{\mathrm{st\,max}} = \frac{F_{\mathrm{N}}}{A_1} = \frac{P}{\pi d^2/4} = \frac{4\times 2000}{\pi\times 0.3^2}\mathrm{Pa} = 0.0283\mathrm{MPa}$$

（2）当重锤自由下落时。

静变形

$$\Delta_{\mathrm{st}} = \frac{Pl}{E_1A_1} = \left(\frac{2000\times 6\times 4}{10^{10}\times\pi\times 0.3^2}\right)\mathrm{m} = 1.7\times 10^{-5}\,\mathrm{m}$$

动荷因数

$$K_{d1}=1+\sqrt{1+\frac{2h}{\Delta_{st}}}=1+\sqrt{1+\frac{2\times 0.5}{1.7\times 10^{-5}}}=243$$

动应力

$$\sigma_{d\max}=K_{d1}\sigma_{st}=(243\times 0.0283)\text{MPa}=6.88\text{MPa}$$

（3）在木桩顶加橡皮胶垫后，重锤仍从 0.5m 处自由下落，动荷因数仍用情况（2）时的公式，但式中的静变形 Δ_{st} 应是橡皮垫和木桩静变形之和，即

$$\Delta_{st}=\Delta_{st1}+\Delta_{st2}$$

其中 $\Delta_{st1}=1.7\times 10^{-5}\text{m}$，$\Delta_{st2}=\dfrac{Pl_2}{E_2A_2}=\dfrac{2000\times 0.04\times 4}{8\times 10^6\times \pi\times 0.15^2}\text{m}=5.7\times 10^{-4}\text{m}$。

所以 $\Delta_{st}=(1.7\times 10^{-5}+5.7\times 10^{-4})\text{m}=5.87\times 10^{-4}\text{m}$。

动荷因数 $K_{d2}=1+\sqrt{1+\dfrac{2h}{\Delta_{st}}}=1+\sqrt{1+\dfrac{2\times 0.5}{5.87\times 10^{-4}}}=42.3$。

冲击载荷下的最大应力 $\sigma_{d\max}=K_{d2}\sigma_{st}=(42.3\times 0.0283)\text{MPa}=1.2\text{MPa}$。

11.4 交变应力下材料的疲劳破坏和疲劳极限

11.4.1 交变应力和金属材料的疲劳破坏

工程中，有些构件内的应力是随时间做交替变化的。如图 11.8（a）所示齿轮工作时齿根处的应力情况，轴旋转一周，这个齿啮合一次，每次啮合过程中，齿根处的点的弯曲正应力就从 0 变化到某一最大值，然后再回到 0。轴不停地旋转，点的弯曲正应力也就不断地重复上述过程。又如图 11.8（b）所示火车轮轴所受的载荷虽不随着时间改变，但是，由于车轴本身在旋转，其横截面上除轴心外任一点的位置也随时间在改变，因此，该点的弯曲应力随时间做周期性的变化。这种随时间做交替变化的应力，称为交变应力。

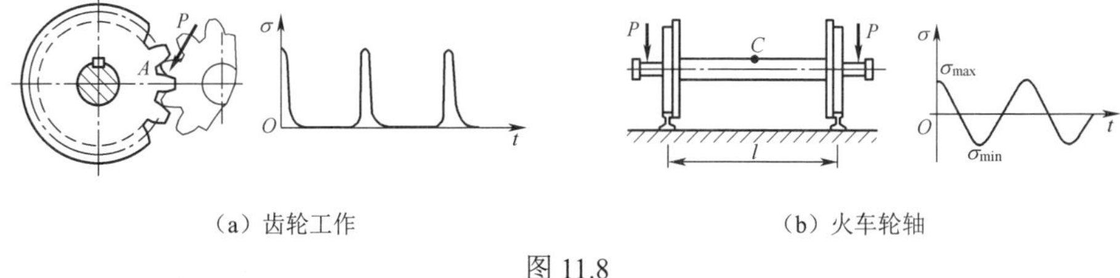

（a）齿轮工作　　（b）火车轮轴

图 11.8

像铁丝被反复弯折一样，钢材等金属材料若长期处于交变应力作用下，极可能发生骤然的断裂。这种破坏现象称为疲劳破坏。机器以及结构物发生破坏约 70%～80%是由疲劳破坏引起的。而疲劳破坏发生时，材料的最大工作应力远低于其屈服极限，没有明显的塑性变形。由于发生的是突然的断裂破坏，往往引起重大事故的发生，给生产带来很大的危害。因此对金属疲劳破坏机理的阐明以及以此作为基础建立强度设计方法、寿命预测方法和疲劳破坏防止方法

是非常重要的。

交变应力作用下的疲劳破坏全然不同于静载荷作用下的破坏，其主要特征为：①构件内的最大工作应力远低于其静载荷作用下屈服强度或极限强度；②即使是塑性较好的钢材，疲劳破坏也是在没有明显塑性变形的情况下突然发生的；③疲劳破坏的断口表面呈现两个截然不同的区域，一是光滑区，另一是晶粒状的粗糙区，如图 11.9 所示。

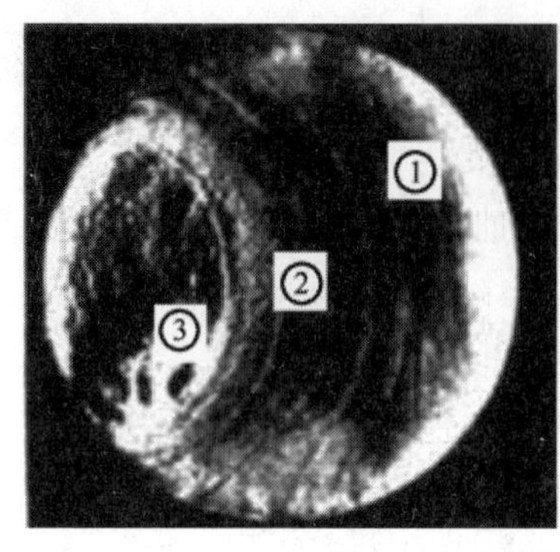

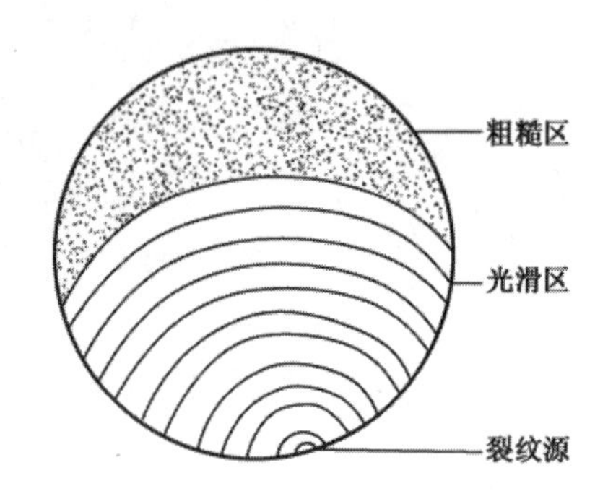

图 11.9　金属材料疲劳破坏断口分区图

实验研究结果表明，疲劳破坏实质上是金属材料在交变应力的反复作用下，由于内部微小的缺陷或应力集中而产生塑性变形，萌生裂纹，随着外力的反复作用次数的增加，微小的裂纹逐渐扩展，最后导致材料的开裂或破坏。通常所说的疲劳断裂是指微观裂缝在连续反复的载荷作用下不断扩展直至脆性断裂。因此，疲劳破坏是由疲劳裂纹源的形成、疲劳裂纹的扩展和最后的脆断三个阶段所组成的破坏过程。

疲劳裂纹源的形成。金属内部结构并不均匀，从而造成应力传递的不平衡，有的地方会成为应力集中区。与此同时，金属表面的损伤以及金属内部的缺陷处还存在许多微小的裂纹。在足够大交变应力的持续作用下，金属材料中最不利位置处的晶粒沿最大切应力作用面形成滑移带，循环滑移也会形成微观裂纹。这种斜裂纹扩展到一定深度后，就会转为沿垂直于最大主应力方向扩展的平裂纹，从而形成宏观裂纹。

疲劳裂纹的扩展。当应力交替变化时，裂纹两侧表面的材料时而压紧，时而张开。由于材料的相互反复压紧，就形成了断口表面的光滑区域。因此，在最后断裂前，光滑区域就是已经形成的疲劳裂纹扩展区。

疲劳破坏的最后阶段。位于疲劳裂纹尖端区域内的材料处于高度的应力集中状态，而且通常是处于三向拉伸状态下，所以，当疲劳裂纹扩展到一定深度时，材料中能够传递应力的部分越来越少，在正常的最大工作应力下也可能发生骤然的扩展，当剩余截面不能继续传递应力时，就会引起材料剩余截面的脆性断裂。断口表面的粗晶粒状区域即为发生脆性断裂的剩余截面。

11.4.2 交变应力的基本参量

交变应力下的疲劳破坏与静应力下的破坏截然不同，因此，表征材料抵抗破坏能力的强度指标也不同。而且，金属的疲劳破坏与交变应力中的应力水平、应力变化情况以及应力循环次数等有关。为此，先介绍描述交变应力变化情况的基本参量——循环特征、应力幅和平均应力。

设一简支梁上放置重量为 Q 的电动机，电动机转动时引起的干扰力为 $F\sin\omega t$，梁将产生受迫振动。如图 11.10 所示，梁跨中下边缘危险点处的拉应力将随时间按正弦曲线变化，这种应力随时间变化的曲线，称为应力谱。梁中危险点的应力，在某一固定的最大值 $\sigma_{\max}$ 与最小值 $\sigma_{\min}$ 之间做周期性的变化。应力变化的一个周期称为一次应力循环。完成一次应力循环所需要的时间称为一个周期 T。应力循环中最小应力与最大应力的比值，称为交变应力的应力比或循环特征，用 r 表示，即

$$r=\frac{\sigma_{\min}}{\sigma_{\max}} \tag{11.1}$$

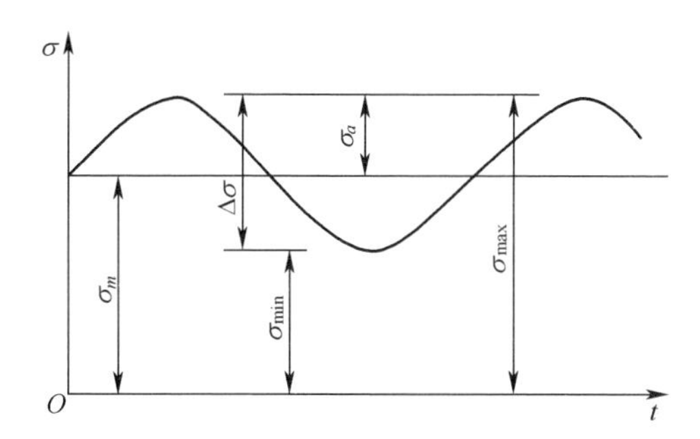

图 11.10　梁振动时的交变应力

最大应力 $\sigma_{\max}$ 与最小应力 $\sigma_{\min}$ 差值的二分之一称为应力幅，表示交变应力中的应力交替变化程度，即

$$\sigma_a=\frac{1}{2}(\sigma_{\max}-\sigma_{\min}) \tag{11.2}$$

最大应力 $\sigma_{\max}$ 与最小应力 $\sigma_{\min}$ 代数和的平均值称为平均应力，用 σ_m 表示

$$\sigma_m=\frac{\sigma_{\max}+\sigma_{\min}}{2} \tag{11.3}$$

若 $\sigma_{\max}$ 与 $\sigma_{\min}$ 大小相等，符号相反，则应力比

$$r=\frac{\sigma_{\min}}{\sigma_{\max}}=-1 \tag{11.4}$$

$r=-1$时的情况称为对称循环。除对称循环外，其余应力循环都称为非对称循环。若非对称循环中的 $\sigma_{\min}=0$，则其应力比 $r=0$，这种情况称为脉动循环。

构件在静应力作用下，各点处的应力保持恒定，均为 $\sigma_{\max}=\sigma_{\min}=\sigma$。若将静应力视为交变应力的一种特殊情况，则其应力比为 $r=1$。以上点的应力若为切应力，则以 τ 代替 σ。此外，值得注意的是，最大应力和最小应力都是带正负号的，这里以绝对值较大者为最大应力，并规定为正，而与正号应力反号的最小应力则

为负号。

11.4.3 疲劳的强度指标——疲劳极限

1. 疲劳极限的测定

金属材料在交变应力作用下，当其最大工作应力远低于屈服极限时，就可能发生疲劳破坏。因此，静载作用下测定的屈服极限或强度极限已不能作为其强度指标，疲劳的强度指标应重新测定。

在对称循环下测定疲劳强度指标，技术上比较简单，最为常见。测定时将金属加工成 $d=7\sim10\text{mm}$，表面光滑的试样（光滑小试样），每组试样约为 10 根左右。把试样装于疲劳试验机上（图 11.11），使它承受纯弯曲。在最小直径截面上，最大弯曲应力为

$$\sigma=\frac{M}{W_z}=\frac{Fa}{W_z}$$

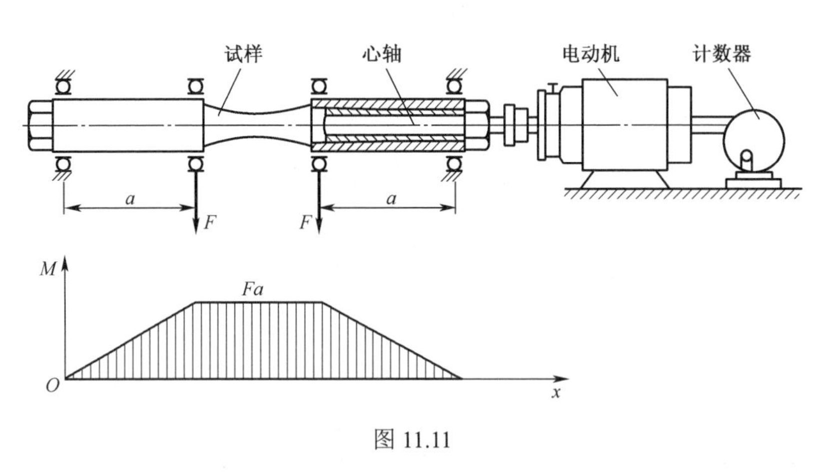

图 11.11

试验过程中保持载荷不变，将试样不断旋转，于是，试件表面任一点的应力都在最大应力和最小应力之间周而复始的变化。试验时，首先取第一根试样放在旋转弯曲疲劳试验机上，使第一根试样的最大应力 $\sigma_{\max,1}$ 较高，约为强度极限的 70%，经历 N_1 次循环后，试样发生疲劳破坏。N_1 称为应力为 $\sigma_{\max,1}$ 时的疲劳寿命。再取第二根试样，使其应力 $\sigma_{\max,2}$ 略低于第一根试样，经历 N_2 次循环后，试样发生疲劳破坏。一般说，随着应力水平的降低，循环次数（寿命）迅速增加。逐步降低应力水平，得出各试样疲劳时的相应寿命。整理试验结果，以应力为纵坐标，寿命 N 为横坐标，可得到作用在材料上的交变应力的最大值和疲劳破坏关系的 S–N 曲线（图 11.12）。它是疲劳强度设计的基础数据。钢试样的疲劳实验表明，当应力降到某一极限值时，S–N 曲线趋近于水平线。这表明只要应力不超过这一极限值，N 可无限增长，即试样可以经历无限次循环而不发生疲劳。交变应力的这一值称为疲劳极限或持久极限。对称循环的持久极限记为 σ_{-1}，下标“−1”表示对称循环的循环特征 $r=-1$。

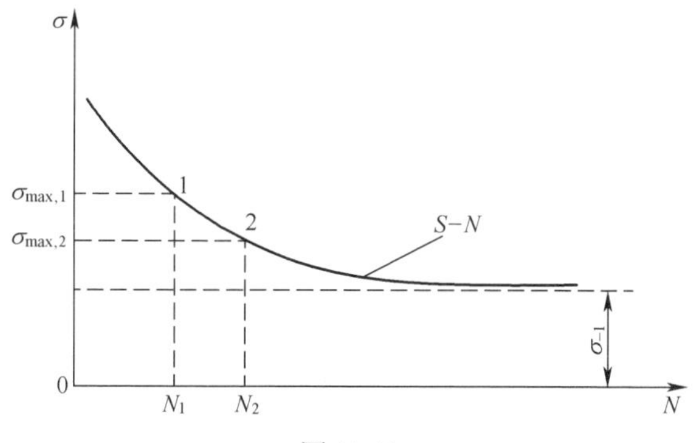

图 11.12

常温下的实验结果表明，若钢制试样经历10^7次循环仍未疲劳，则再增加循环次数，也不会疲劳。所以，就把在10^7次循环下仍未疲劳的最大应力，规定为钢材的持久极限，而把$N_0=10^7$称为循环基数。有色金属的 S–N 曲线无明显趋于水平的直线部分。通常规定一个循环基数，例如$N_0=10^8$，把它对应的最大应力作为这类材料的“条件”持久极限。

2. 影响持久极限的因素

实验表明，实际工程构件的持久极限，与由同一材料制成的光滑小试样的持久极限在数值上是不同的。构件的持久极限不仅取决于所用的材料，而且还与构件的形状、尺寸、表面状况等因素有关。下面分别讨论影响构件持久极限的主要因素。

（1）构件形状（应力集中）的影响。

由于实际需要，工程中很多构件上制有孔、切槽、切口、轴肩、螺纹等，致使截面尺寸发生急剧变化。在构件截面的急剧变化处，将出现应力集中。构件表面有划痕等损伤部位，也会发生同样的现象。实验表明，构件内的应力集中，将使其持久极限比同样尺寸光滑试样的持久极限降低。没有应力集中时的持久极限与有应力集中时的持久极限的比值，称为有效应力集中系数，用K_σ表示。在对称循环下

$$K_\sigma=\frac{(\sigma_{-1})_{\rm d}}{(\sigma_{-1})_{\rm K}}\text{或}K_\tau=\frac{(\tau_{-1})_{\rm d}}{(\tau_{-1})_{\rm K}}$$

其中：$(\sigma_{-1})_{\rm d}$为无应力集中的光滑试件的持久极限；

$(\sigma_{-1})_{\rm K}$为有应力集中同尺寸的光滑试件的持久极限。

K_σ是一个大于 1 的系数，可以通过实验确定。工程上已将常用的有效应力集中系数试验数据编制成表格或图线，收录在一般机械设计手册或各种相关资料中，需要时可查用。为了降低应力集中的影响，对于轴类零件，截面尺寸突变处要采用圆角过渡，圆角半径越大，其有效应力集中系数则越小。若结构需要直角过渡，则需在直径大的轴段上设卸荷槽或退刀槽，如图 11.13 所示。

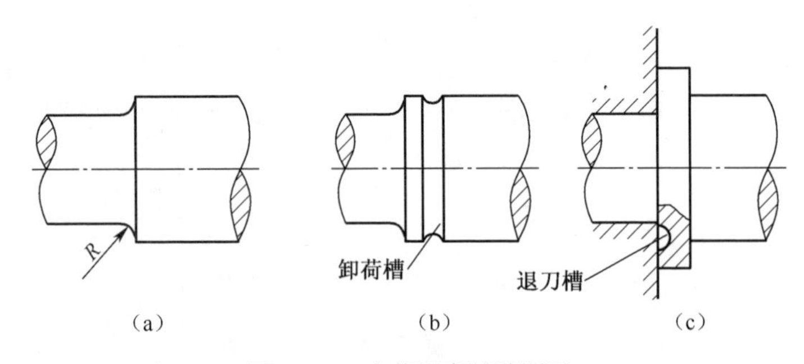

图 11.13　疲劳强度试验图示

（2）构件尺寸的影响。

试验表明，相同材料、形状的构件，若尺寸大小不同，其持久极限也不相同。构件尺寸越大，其内部所含的杂质和缺陷随之增多，产生疲劳裂纹的可能性就越大，材料的持久极限则相应降低。构件尺寸对持久极限的影响可用尺寸系数 ε_σ 表示。在对称循环下

$$\varepsilon_\sigma=\frac{(\sigma_{-1})_{\mathrm{d}}}{\sigma_{-1}} \text{ 或 } \varepsilon_\tau=\frac{(\tau_{-1})_{\mathrm{d}}}{\tau_{-1}}$$

式中：$(\sigma_{-1})_{\mathrm{d}}$ 为光滑大试样的持久极限；σ_{-1} 为光滑小试样的持久极限；ε_σ 是一个小于 1 的系数，常用材料的尺寸系数可从有关的设计手册中查到。

（3）构件表面加工质量的影响。

通常，构件的最大应力发生在表层，疲劳裂纹也会在此形成。测定材料持久极限的标准试件，其表面是经过磨削加工的，而实际构件的表面加工质量若低于标准试件，就会因表面存在刀痕或擦伤而引起应力集中，疲劳裂纹将由此产生并扩展，材料的持久极限就随之降低。表面加工质量对持久极限的影响，用表面质量系数 β 表示。在对称循环下

$$\beta=\frac{(\sigma_{-1})_\beta}{(\sigma_{-1})_{\mathrm{d}}}$$

式中：$(\sigma_{-1})_\beta$ 指表面为其他加工情况下构件的持久极限；$(\sigma_{-1})_{\mathrm{d}}$ 指表面磨光的试样的持久极限。

表面质量系数可以从有关的设计手册中查到。随着表面加工质量的降低，高强度钢的 β 值下降更为明显。因此，优质钢材必须进行高质量的表面加工，才能提高疲劳强度。此外，强化构件表面，如采用渗氮、渗碳、滚压、喷丸或表面淬火等措施，也可提高构件的持久极限。

综合上述三种因素，对称循环下承受正应力构件的持久极限为

$$\sigma_{-1}^0=\frac{\varepsilon_\sigma\beta}{K_\sigma}\sigma_{-1} \tag{11.5}$$

如构件承受的是剪应力，则有

$$\tau_{-1}^0=\frac{\varepsilon_\tau\beta}{K_\tau}\tau_{-1} \tag{11.6}$$

其中 σ_{-1}、τ_{-1} 是光滑小试件的持久极限。

11.4.4 对称循环下的疲劳强度计算

对称循环下，构件的疲劳强度条件为

$$\sigma_{\max} \leqslant [\sigma_{-1}] = \frac{\sigma_{-1}^{0}}{n} \tag{11.7}$$

其中 $\sigma_{\max}$ 是构件危险点的最大工作应力；n 是疲劳安全系数。

上式也可表达为

$$\frac{\sigma_{-1}^{0}}{\sigma_{\max}} \geqslant n \tag{11.8}$$

则强度条件可表达为 $n_{\sigma} \geqslant n$。$n_{\sigma} = \dfrac{\sigma_{-1}^{0}}{\sigma_{\max}}$ 代表构件的疲劳工作安全系数。

将 σ_{-1}^{0} 的表达式代入 n_{σ} 的表达式，有

$$n_{\sigma} = \frac{\sigma_{-1}}{\dfrac{K_{\sigma}}{\varepsilon_{\sigma}\beta}\sigma_{\max}} \geqslant n \tag{11.9}$$

对扭转交变应力，有

$$n_{\tau} = \frac{\tau_{-1}}{\dfrac{K_{\tau}}{\varepsilon_{\tau}\beta}\tau_{\max}} \geqslant n \tag{11.10}$$

例 11.5 某减速器第一轴如图 11.14 所示。键槽为端铣加工，*A-A* 截面上的弯矩 $M=860\text{N·m}$，轴的材料为 Q255 钢，$\sigma_{\text{b}}=520\text{MPa}$，$\sigma_{-1}=220\text{MPa}$。若规定安全因数 $n=1.4$，试校核截面 *A-A* 的强度。

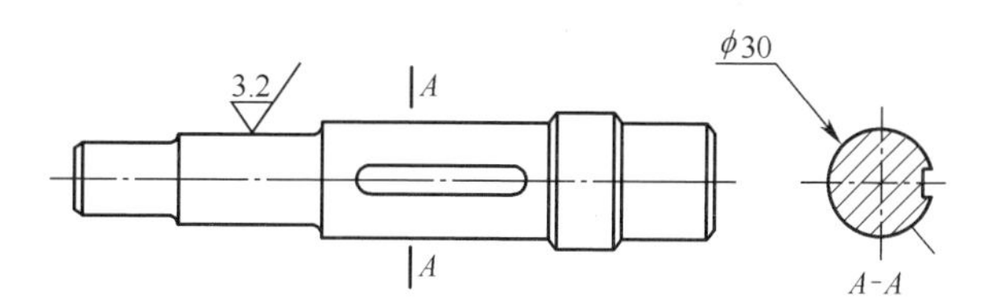

图 11.14

解： 计算轴在 *A-A* 截面上的最大工作应力。若不计键槽对弯曲截面系数的影响，则 *A-A* 截面的弯曲截面系数为

$$W_z = \frac{\pi d^3}{32} = \frac{\pi \times 5^3}{32} = 12.3\text{cm}^3 = 1.23\times10^{-5}\text{m}^3$$

轴在不变的弯矩 M 作用下旋转，故为弯曲变形下的对称循环。

$$\sigma_{\max} = \frac{M}{W_z} = \frac{860}{12.3\times10^{-6}} = 70\text{MPa}，\quad \sigma_{\min} = -70\text{MPa}，\quad r=-1$$

由工作手册查得端铣加工的键槽，当 $\sigma_{\text{b}}=520\text{MPa}$ 时，$K_{\sigma}=1.65$，$\varepsilon_{\sigma}=0.84$，$\beta=0.936$。

即截面 *A-A* 处的工作安全因数为

$$n_\sigma=\frac{\sigma_{-1}}{\dfrac{K_\sigma}{\varepsilon_\sigma\beta}\sigma_{\max}}=\frac{220}{\dfrac{1.65}{0.84\times0.936}\times70}=1.5$$

规定的安全因数为 $n=1.4$。所以，轴在截面 A-A 处满足强度条件。

习题 11

11.1　题 11.1 图示用钢索起吊 $P=60$kN 重物，在第一秒内以等加速度上升 3m，不计钢索的质量，计算钢索横截面上的轴力 F_{Nd}。

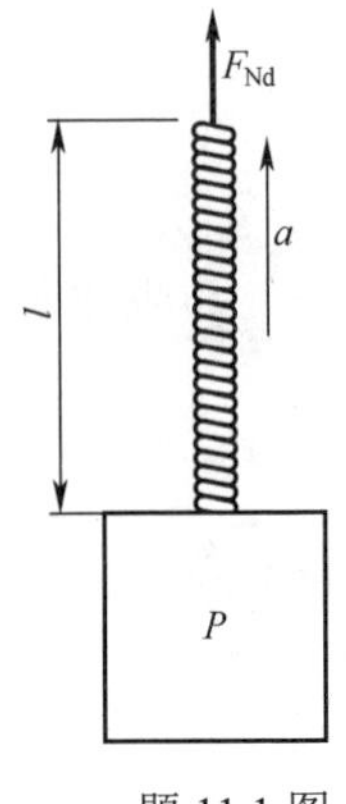

题 11.1 图

11.2　题 11.2 图示机车车轮以 $n=300$r/min 等速旋转。两轮之间的连杆 AB 的横截面为矩形，$h=5.6$cm，$b=28$mm，长度 $l=2$m，轮的半径 $r=25$cm，材料的密度 $\rho=7.8\times10^3$kg/m^3。试确定连杆 AB 横截面上最危险的位置和杆内的最大弯曲正应力。

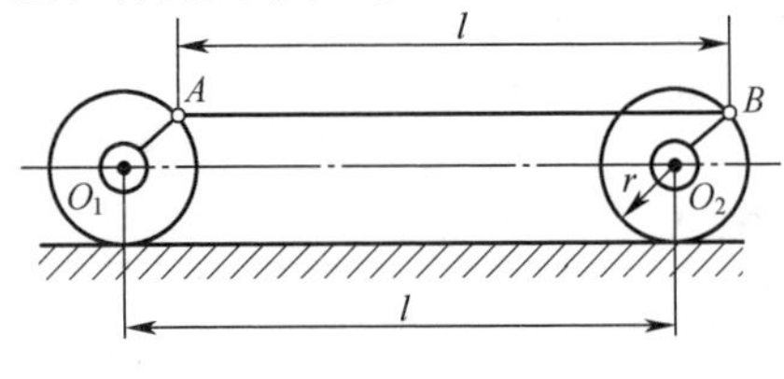

题 11.2 图

11.3　题 11.3 图示重量为 Q 的重物自高度 H 下落冲击于梁上的 AB 段的中点。已知矩形截面尺寸为 $b\times h$，材料的弹性模量为 E，试求梁内最大正应力及梁跨度中点的挠度。

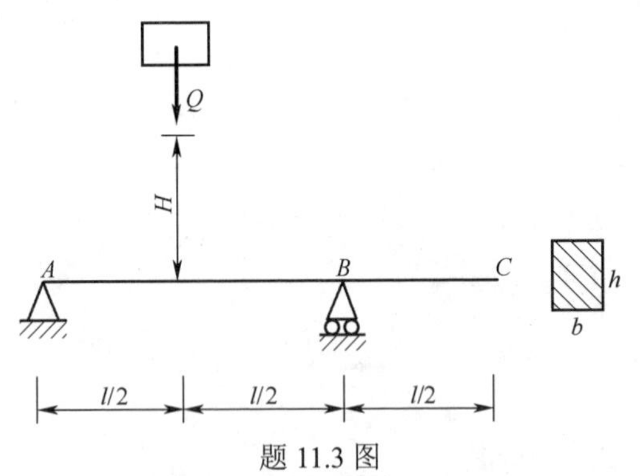

题 11.3 图

11.4　题 11.4 图示等截面刚架，重为 $P=300$ N 的重物自高度 $h=50$mm 处自由下落冲击到刚架的 A 点处。刚架的弹性模量 $E=200$GPa，不计刚架的质量以及轴力、剪力对刚架变形的影响，求截面 A 的最大铅垂位移和刚架内的最大冲击弯曲正应力。

11.5　题 11.5 图示钢杆的下端有一个固定圆盘，盘上放置弹簧。弹簧在 1kN 的静载荷作用下缩短 0.0625cm。钢杆的长度 $l=4\text{m}$，直径 $d=4\text{cm}$，许用应力 $[\sigma]=120\text{MPa}$，$E=200\text{GPa}$。现有重为 15kN 的重物自由落下，计算其许可的高度 H。

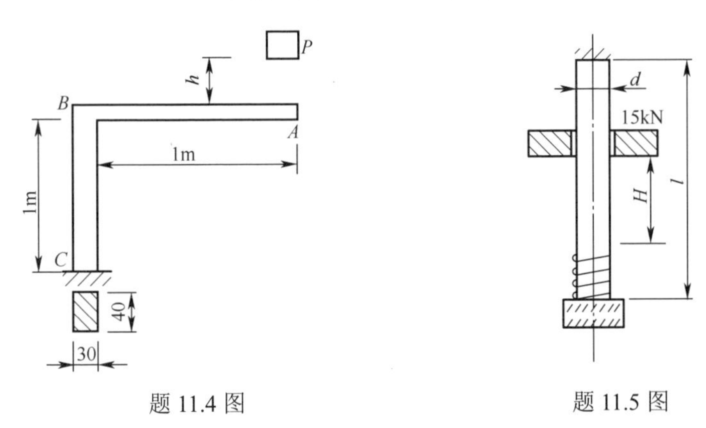

题 11.4 图　　　　题 11.5 图

11.6　题 11.6 图示简支梁均由 20b 号工字钢制成。重为 $P=2\text{kN}$ 的重物从梁的跨度中点上方自由下落，$E=210\ \text{GPa}$，$h=20\text{mm}$。梁的许用应力 $[\sigma]=160\text{MPa}$，试校核图(a)所示梁的强度。图(b)中 B 处置于螺旋弹簧上，刚度系数 $k=300\ \text{kN/m}$，计算梁内的最大正应力（不计梁和弹簧的自重）。

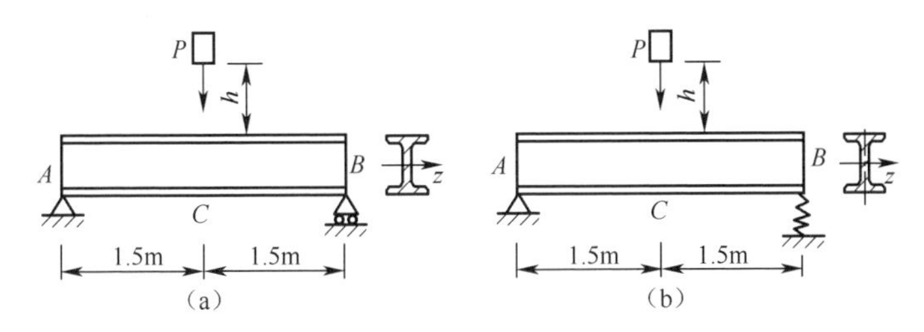

题 11.6 图

11.7　AB 杆下端固定，长度为 l，在 C 处受到做水平运动的物体的冲击，如题 11.7 图所示。物体的重量为 Q，当其与杆件接触时的速度为 v。杆件的 E、I 及 W 皆为已知量。计算 AB 杆的最大应力。

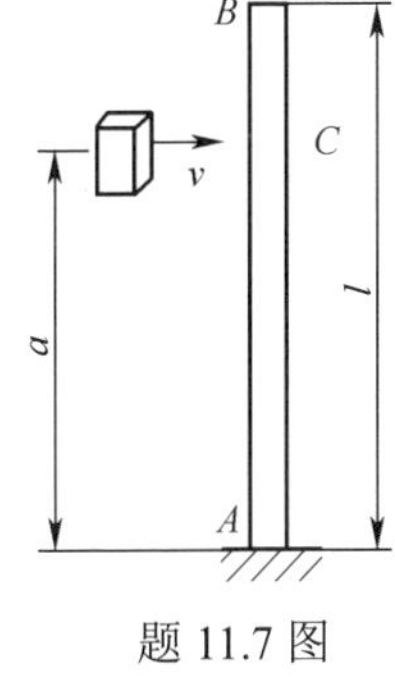

题 11.7 图

*11.8　平面结构如题 11.8 图所示，重物 $Q=10\text{kN}$ 从距离梁 40mm 的高度自由下落至 AB 梁中点 C，梁 AB 为工字形截面，$I_z=15760\times10^{-8}\text{m}^4$，杆 BD 为两端球形铰支座，长度 $l=2\text{m}$，采用 $b=5\text{cm}$，$h=12\text{cm}$ 的矩形截面。梁与杆的材料均为 A3 钢，$E=200\text{GPa}$，$\sigma_p=200\text{MPa}$，$\sigma_s=235\text{MPa}$，$\sigma_a=304\text{MPa}$，$\sigma_b=1.12\text{MPa}$，$n_{st}=3$，校核杆 BD 的安全性。

11.9　题 11.9 图示为交变应力的应力谱，试计算各交变应力的应力幅。

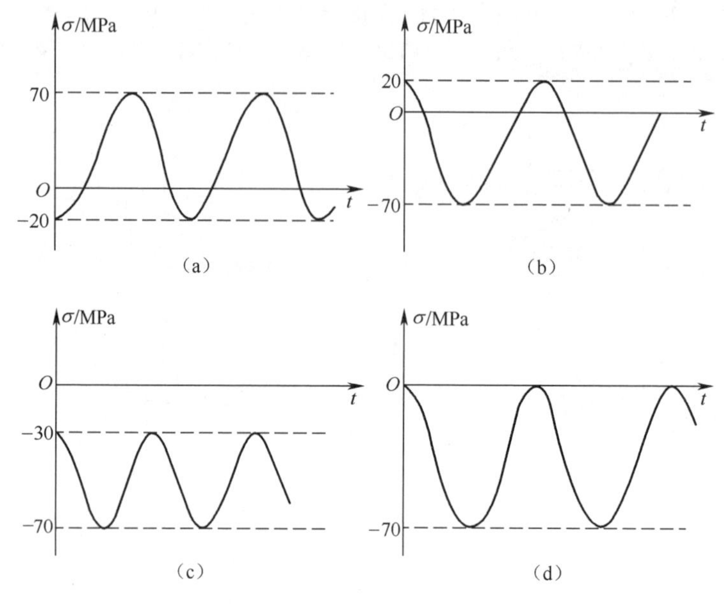

题 11.9 图

11.10 柴油发电机连杆大头螺钉在工作时受到的最大拉力 $F_{max}=58.3\text{kN}$，最小拉力 $F_{min}=55.8\text{kN}$。螺纹处内径 $d=11.5\text{mm}$。试求其平均应力 σ_m、应力幅 σ_a、循环特征 r，并作出 $\sigma-t$ 曲线。

11.11 某阀门弹簧如题 11.11 图所示。当阀门关闭时，最小工作载荷 $F_{min}=200\text{N}$；当阀门顶开时，最大工作载荷 $F_{max}=500\text{N}$。设簧丝的直径 $d=5\text{mm}$，弹簧外径 $D_1=36\text{mm}$，试求其平均应力 τ_m、应力幅 τ_a、循环特征 r，并作出 $\tau-t$ 曲线。

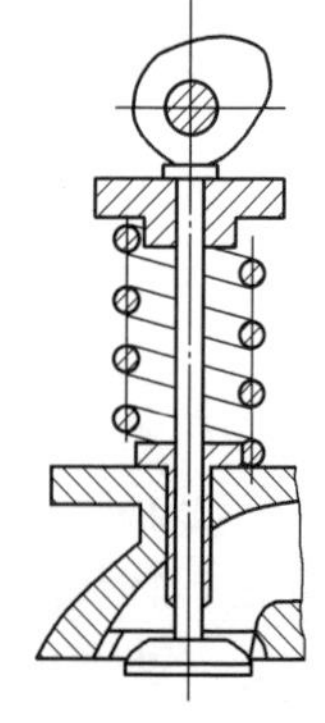

题 11.11 图

附录 I

平面图形的几何性质

在推导圆轴扭转切应力、梁弯曲正应力及压杆稳定等计算公式时，遇到了很多与杆件截面图形形状和尺寸有关的量，比如截面对中性轴的惯性矩 I_z、静矩 S_z，截面对某轴的惯性半径 i 等，这些只与截面图形的形状和尺寸有关的量称为截面图形的几何性质。

I.1 静矩和形心

任意平面图形如图 I.1 所示，其面积为 A。y 轴和 z 轴为图形所在平面的坐标轴。在其上取面积微元 dA，该微元在 zOy 坐标系中的坐标为 z、y，定义下列积分

$$S_y = \int_A z\mathrm{d}A\,,\quad S_z = \int_A y\mathrm{d}A \tag{I.1}$$

分别为截面图形对 y 轴和 z 轴的静矩，也称为面积对 y 轴和 z 轴的一次矩。其量纲为长度的三次方，常用单位是 m^3 或 mm^3。静矩的值可以为正、负或 0。

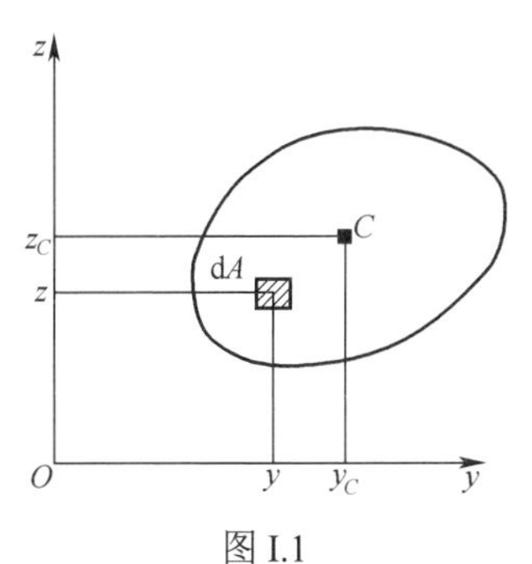

图 I.1

设有一均质薄板，其重心与图 I.1 中的平面图形的形心有相同的坐标 z_C 和 y_C，根据合力矩定理可知，薄板重心的坐标 y_C 和 z_C

$$y_C = \frac{\int_A y\mathrm{d}A}{A}\,,\quad z_C = \frac{\int_A z\mathrm{d}A}{A} \tag{I.2}$$

利用式（I.1）得

$$S_y = A\cdot z_C\,,\quad S_z = A\cdot y_C \tag{I.3}$$

所以，平面图形对 y 轴和 z 轴的静矩，分别等于图形面积 A 乘以形心的坐标 z_C 和 y_C。

形心坐标也可写成

$$z_C=\frac{S_y}{A},\quad y_C=\frac{S_z}{A} \tag{I.4}$$

由上述公式得知，若某坐标轴通过形心轴，则图形对该轴的静矩等于 0，即 $y_C=0$，$S_z=0$；$z_C=0$，则 $S_y=0$；可见，若图形对某一轴的静矩等于 0，则该轴必然通过图形的形心。

当一个平面图形是由几个简单平面图形组成时，称为组合截面。组合截面对某轴的静矩等于其各组成部分对该轴静矩的代数和。设第 i 部分图形的面积为 A_i，形心坐标为 y_{Ci}，z_{Ci}，则整个图形的静矩和形心坐标分别为

$$S_z=\sum_{i=1}^{n}A_i y_{Ci},\quad S_y=\sum_{i=1}^{n}A_i z_{Ci} \tag{I.5}$$

$$y_C=\frac{S_z}{A}=\frac{\sum\limits_{i=1}^{n}A_i y_{Ci}}{\sum\limits_{i=1}^{n}A_i},\quad z_C=\frac{S_y}{A}=\frac{\sum\limits_{i=1}^{n}A_i z_{Ci}}{\sum\limits_{i=1}^{n}A_i} \tag{I.6}$$

例 I.1 求图 I.2 所示半圆形对 y 轴和 z 轴的静矩 S_y、S_z 并确定形心 C 的位置。

解： 半圆形关于 z 轴对称，其形心必然在这一对称轴上，所以 $y_C=0$，$S_z=0$。

取平行于 y 轴的狭长条作为微面积 $\mathrm{d}A$，则

$$\mathrm{d}A=y\mathrm{d}z=2\sqrt{R^2-z^2}\,\mathrm{d}z$$

所以

$$S_y=\int_A z\mathrm{d}A=\int_0^R z\cdot 2\sqrt{R^2-z^2}\,\mathrm{d}z=\frac{2}{3}R^3$$

$$z_C=\frac{S_y}{A}=\frac{4R}{3\pi}$$

例 I.2 试确定图示平面图形的形心位置，如图 I.3 所示。

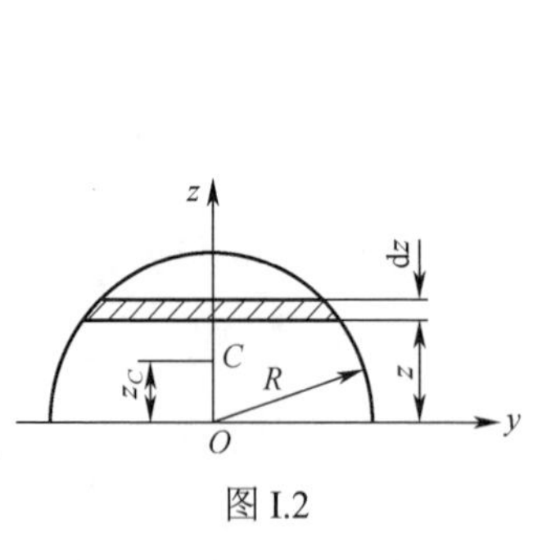

图 I.2

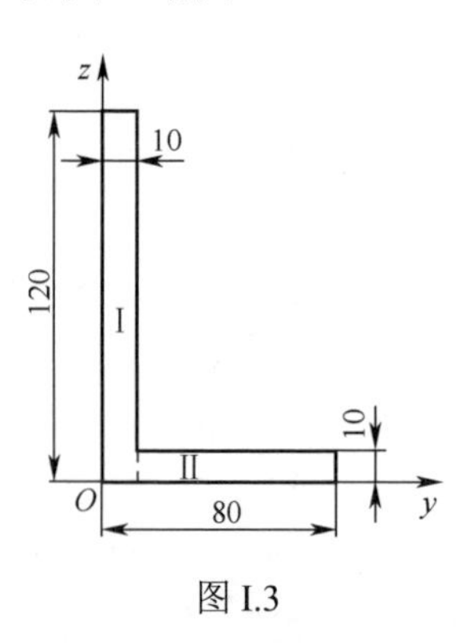

图 I.3

解： 将图形看作由两个矩形 I 和 II 组成，选取图示坐标系。每个矩形的面积及形心位置分别为

矩形 I： $A_1=120\times 10=1200\ \text{mm}^2$

$$y_{C1}=\frac{10}{2}=5\,\text{mm},\quad z_{C1}=\frac{120}{2}=60\,\text{mm}$$

矩形Ⅱ：　$A_2=70\times10=700\,\text{mm}^2$

$$y_{C2}=10+\frac{70}{2}=45\,\text{mm},\quad z_{C1}=\frac{10}{2}=5\,\text{mm}$$

整个图形形心 C 的坐标为

$$y_C=\frac{A_1y_{C1}+A_2y_{C2}}{A_1+A_2}=\frac{1200\times5+700\times45}{1200+700}\approx20\,\text{mm}$$

$$z_C=\frac{A_1z_{C1}+A_2z_{C2}}{A_1+A_2}=\frac{1200\times60+700\times5}{1200+700}\approx40\,\text{mm}$$

I.2　惯性矩、惯性积和惯性半径

任意平面图形如图 I.4 所示，其面积为 A。y 轴和 z 轴为图形所在平面的坐标轴。在其上取面积微元 $\mathrm{d}A$，该微元在 zOy 坐标系中的坐标为 z、y，定义下列积分

$$I_y=\int_A z^2\mathrm{d}A,\quad I_z=\int_A y^2\mathrm{d}A \tag{I.7}$$

$$I_{yz}=\int_A yz\mathrm{d}A \tag{I.8}$$

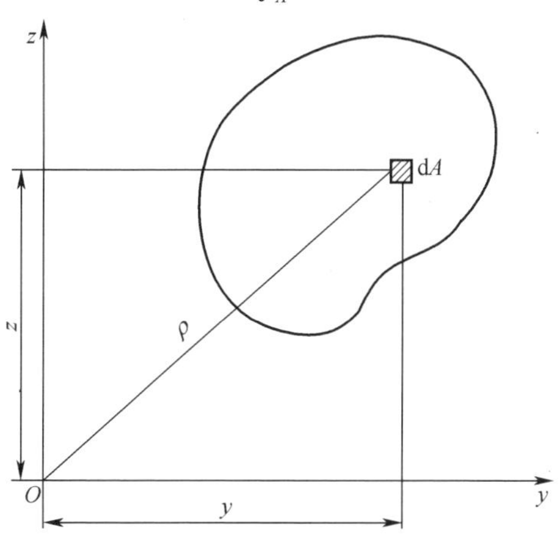

图 I.4

I_y 和 I_z 分别称为截面图形对 y 轴和 z 轴的惯性矩，I_{yz} 称为截面图形对 y 轴和 z 轴的惯性积，量纲均为长度的四次方。其中 I_z 和 I_y 恒为正值。

以 ρ 表示微面积 $\mathrm{d}A$ 到坐标原点 O 的距离，将下列积分

$$I_p=\int_A \rho^2\mathrm{d}A \tag{I.9}$$

定义为图形对坐标原点 O 的极惯性矩。由图 I.4 可知，$\rho^2=y^2+z^2$，于是极惯性矩与惯性矩有以下关系

$$I_p=\int_A \rho^2\mathrm{d}A=\int_A (y^2+z^2)\mathrm{d}A=I_y+I_z \tag{I.10}$$

式（I.10）表明，图形对任意一对互相垂直轴的惯性矩之和，等于它对该两轴交点的极惯性矩。

由式（I.8）可知，对于不同的坐标系，惯性积的值可能为正、为负或为 0。例如图 I.5 所示，其为具有对称轴的图形，若取其对称轴为坐标轴，任意一点 A，一定存在与之对称的 B 点，$y_A z\mathrm{d}A = -y_B z\mathrm{d}A$，则惯性积 I_{yz} 必为 0。即坐标系的两坐标轴中只要有一根为图形的对称轴，则图形对这一坐标系的惯性积等于 0。

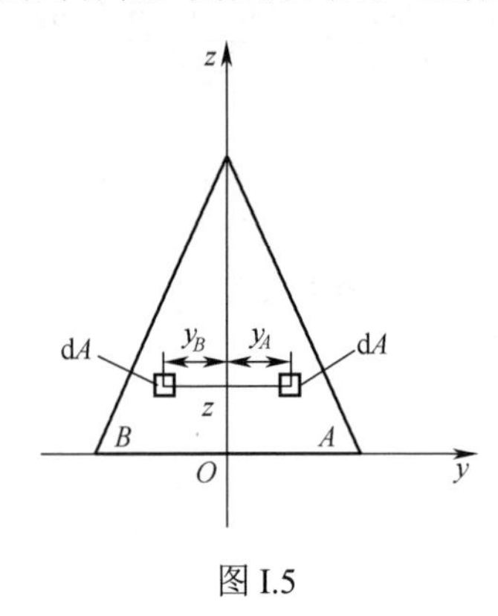

图 I.5

通常惯性矩 I_y 和 I_z 又可以用一个长度平方与截面面积的乘积来表示，即

$$I_y = i_y^2 A，\quad I_z = i_z^2 A \tag{I.11}$$

其中：i_y、i_z 分别为图形对 y 轴和对 z 轴的惯性半径，量纲为长度的一次方。由上式可知，惯性半径的计算公式为

$$i_y = \sqrt{\frac{I_y}{A}}，\quad i_z = \sqrt{\frac{I_z}{A}} \tag{I.12}$$

当一个平面图形是由几个简单平面图形组成时，组合截面对某轴的惯性矩等于其各组成部分对该轴惯性矩的和。用公式表达为

$$I_y = \sum_{i=1}^{n} I_{yi}，\quad I_z = \sum_{i=1}^{n} I_{zi} \tag{I.13}$$

例 I.3　试计算矩形截面对其形心轴 z_C、y_C 的惯性矩，如图 I.6 所示。

解： 由式（I.7）知，求 I_y 可取 $\mathrm{d}A = b\mathrm{d}z$，有

$$I_y = \int_A z^2 \mathrm{d}A = \int_{-\frac{h}{2}}^{\frac{h}{2}} z^2 b\mathrm{d}z = \frac{bh^3}{12} \tag{I.14}$$

求 I_z 可取 $\mathrm{d}A = h\mathrm{d}y$，有

$$I_z = \int_A y^2 \mathrm{d}A = \int_{-\frac{b}{2}}^{\frac{b}{2}} y^2 h\mathrm{d}y = \frac{hb^3}{12} \tag{I.15}$$

例 I.4　求如图 I.7 所示圆形截面对 y 轴和 z 轴的惯性矩和惯性半径、对 y 轴和 z 轴的惯性积和对坐标原点 O 的极惯性矩。

解： 如图所示取 $\mathrm{d}A$，根据定义

$$I_y = \int_A z^2 \mathrm{d}A = \int_{-\frac{D}{2}}^{\frac{D}{2}} z^2 \cdot 2\sqrt{R^2 - z^2}\,\mathrm{d}z = \frac{\pi D^4}{64} \tag{I.16}$$

由于轴对称性，则有 $I_y = I_z = \dfrac{\pi D^4}{64}$， $I_{yz} = 0$

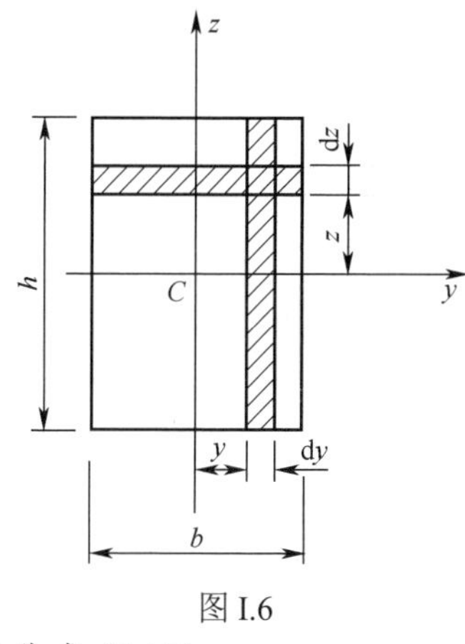

图 I.6

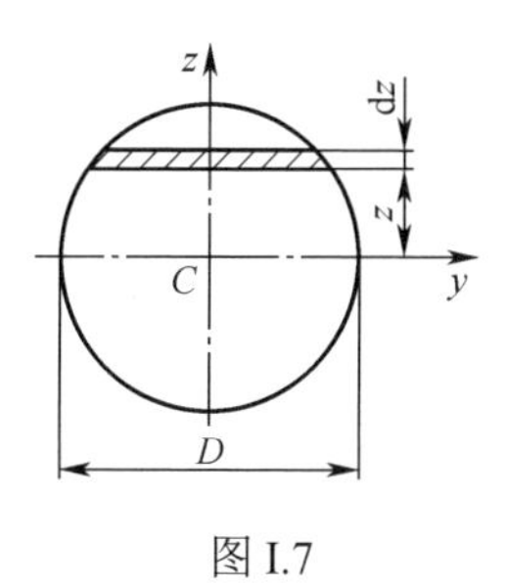

图 I.7

由公式（I.10）

$$I_p = I_y + I_z = \frac{\pi D^4}{32} \tag{I.17}$$

$$i_y = i_z = \frac{d}{4} \tag{I.18}$$

对于空心圆截面，外径为 D，内径为 d，则

$$I_y = I_z = \frac{\pi D^4}{64}(1-\alpha^4)，\quad \alpha = \frac{d}{D} \tag{I.19}$$

$$I_p = \frac{\pi D^4}{32}(1-\alpha^4) \tag{I.20}$$

$$i_y = i_z = \frac{\sqrt{D^2 + d^2}}{4} \tag{I.21}$$

I.3 平行移轴公式

简单图形如矩形、圆形等，求对截面形心轴的惯性矩，可利用上节推导的公式求解。但在工程实际中，常常遇到由几个简单图形组合而成的截面，如工字形、T 形等。计算这些图形的惯性矩除了可以根据定义用积分求解外，还有一种简单的方法——平行移轴公式。

平行移轴公式：同一平面图形对于相互平行的两对直角坐标轴的惯性矩或惯性积并不相同。但如果其中一对轴是图形的形心轴时，如图 I.8 所示，可得到如下公式

$$\begin{cases} I_y = I_{y_C} + a^2 A \\ I_z = I_{z_C} + b^2 A \\ I_{yz} = I_{y_C z_C} + abA \end{cases} \tag{I.22}$$

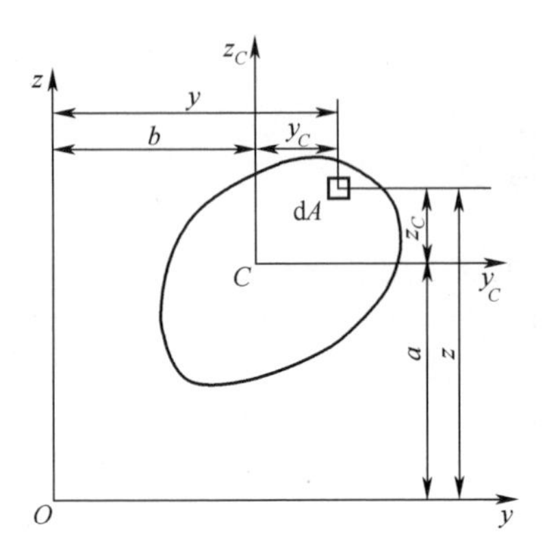

图 I.8

简单证明：C 点为其形心，截面图形上任意一点在两个坐标系中的坐标 (y_C, z_C) 与 (y, z) 之间存在以下关系

$$y = y_C + b\,,\quad z = z_C + a$$

$$I_y = \int_A z^2 \mathrm{d}A = \int_A (z_C + a)^2 \mathrm{d}A = \int_A {z_C}^2 \mathrm{d}A + 2a\int_A z_C \mathrm{d}A + a^2 \int_A \mathrm{d}A$$

其中：$\int_A z_C \mathrm{d}A$ 为图形对形心轴 y_C 的静矩，其值应等于 0，则得

$$I_y = I_{y_C} + a^2 A$$

同理可证（I.22）中的其他两式。

平行移轴公式表明：

（1）图形对任意轴的惯性矩，等于图形对与该轴平行的形心轴的惯性矩，加上图形面积与两平行轴间距离平方的乘积。

（2）图形对于任意一对直角坐标轴的惯性积，等于图形对于平行于该坐标轴的一对通过形心的直角坐标轴的惯性积，加上图形面积与两对平行轴间距离的乘积。

（3）因为面积及 a^2、b^2 项恒为正，故截面对形心轴的惯性矩是最小的。

（4）a、b 为原坐标系原点在新坐标系中的坐标，故二者符号是有正负的。所以，移轴后惯性积有可能增加也可能减少。因此在使用惯性积移轴公式时应注意 a、b 的正负号。

例 I.5 确定图 I.9 所示 T 形截面对其形心轴 z 的惯性矩。

解：将整个截面视为两个矩形 A_1、A_2 组成，A_1、A_2 的形心位置已知。由 I.3 结论得

$$I_{z1} = \frac{30^3 \times 150}{12},\quad I_{z2} = \frac{150^3 \times 30}{12}$$

$$I_z = I_{z1} + A_1 b_1^2 + I_{z2} + A_2 b_2^2 = \frac{150 \times 30^3}{12} + 150 \times 30 \times (60-15)^2 + \frac{150^3 \times 30}{12}$$
$$+150 \times 30 \times (75-30)^2$$
$$= 2.7 \times 10^7$$

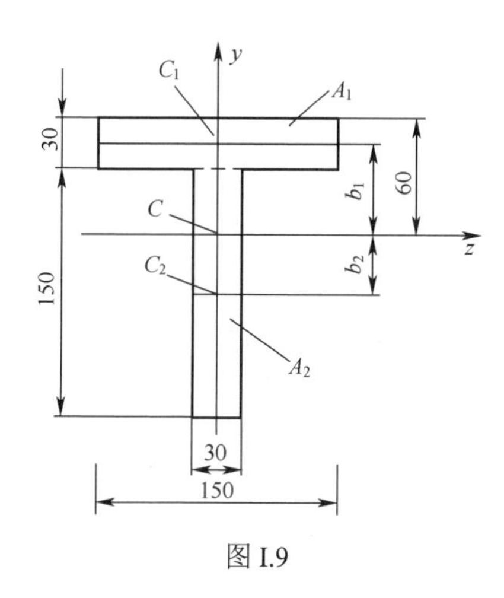

图 I.9

I.4 转轴公式、主惯性轴和主惯性矩

如图 I.10 所示，设 z_1、y_1 轴是由 y 轴和 z 轴绕坐标原点 O 点旋转 α 角得到的，且规定以逆时针转角为正，反之为负，则新旧坐标轴之间应有如下关系

$$y_1 = y\cos\alpha + z\sin\alpha$$
$$z_1 = z\cos\alpha - y\sin\alpha$$

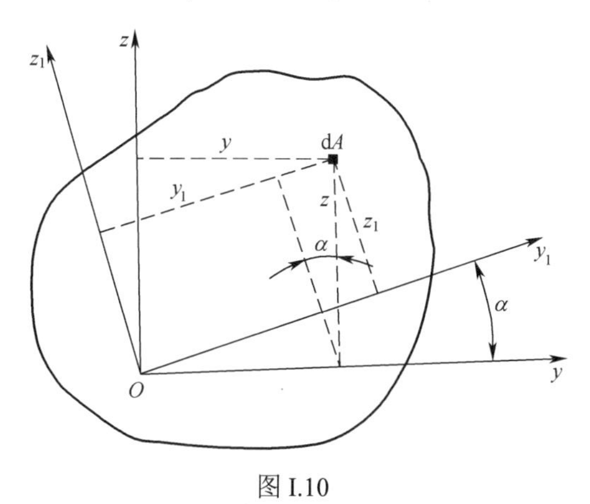

图 I.10

任意平面图形对 y 轴、z 轴的惯性矩 I_y、I_z 和惯性积 I_{yz}，可由式（I.22）求得，将此关系代入，则可求得平面图形对 y_1 轴、z_1 轴的惯性矩 I_{y_1}、I_{z_1} 和惯性积 $I_{y_1z_1}$，即

$$I_{y_1}=\frac{I_y+I_z}{2}+\frac{I_y-I_z}{2}\cos 2\alpha-I_{yz}\sin 2\alpha \tag{I.23}$$

$$I_{z_1}=\frac{I_y+I_z}{2}-\frac{I_y-I_z}{2}\cos 2\alpha+I_{yz}\sin 2\alpha \tag{I.24}$$

$$I_{y_1z_1}=\frac{I_y-I_z}{2}\sin 2\alpha+I_{yz}\cos 2\alpha \tag{I.25}$$

上式称为惯性矩和惯性积的转轴公式。

若将式（I.23）和（I.24）相加，则有

$$I_{y_1}+I_{z_1}=I_y+I_z=I_p \tag{I.26}$$

上式表明：平面图形对通过一点的任意两个正交轴的惯性矩之和为一常数，等于图形对该点的极惯性矩。

由式（I.25）可以看出，惯性积 $I_{y_1z_1}$ 随转角 α 做周期性变化，随着角度 α 的改变，其值可能为正，也可能为负，因此，总可以找到一特殊角度 α_0 以及相对应的 z_0、y_0 轴，使图形对于这一对坐标轴的惯性积等于 0，即 $I_{y_0z_0}=0$，这样的一对坐标轴 y_0 和 z_0 称为主惯性轴。图形对于这一对坐标轴的惯性矩称为主惯性矩。

将式（I.25）的 α 用 α_0 代入，令 $I_{y_0z_0}=0$，即

$$I_{y_0z_0}=\frac{I_y-I_z}{2}\sin 2\alpha_0+I_{yz}\cos 2\alpha_0=0$$

可得

$$\tan 2\alpha_0=-\frac{2I_{yz}}{I_y-I_z} \tag{I.27}$$

由式（I.27）可以求出 α_0 和 $\alpha_0+\frac{\pi}{2}$，从而确定主惯性轴的位置。由式（I.27）求出 $\sin 2\alpha_0$、$\cos 2\alpha_0$，代入式（I.23）与式（I.24）即可得到主惯性矩的两个值

$$I_{y_0}=\frac{I_y+I_z}{2}+\frac{1}{2}\sqrt{(I_y-I_z)^2+4I_{yz}{}^2} \tag{I.28}$$

$$I_{z_0}=\frac{I_y+I_z}{2}-\frac{1}{2}\sqrt{(I_y-I_z)^2+4I_{yz}{}^2} \tag{I.29}$$

显然，主惯性矩是图形对通过该点的所有轴的惯性矩中的极大或极小（请读者自行证明）。

通过图形形心的主惯性轴称为形心主惯性轴（简称形心主轴）。图形对形心主惯性轴的惯性矩称为形心主惯性矩（简称形心主矩）。工程计算中常需分析形心主轴和形心主矩。当图形有一个对称轴时，对称轴及与之垂直的另一轴即为过二者交点的形心主轴。

例 I.6 确定图 I.11 所示图形的形心主惯性轴位置，并计算形心主惯性矩。

解：（1）确定图示平面图形的形心位置，将图形看作由两个矩形 I 和 II 组成。由例 I.2 所求结果可知：在图示坐标系 zOy 中，截面形心坐标为 $y_C=20\,\text{mm}$，$z_C=40\,\text{mm}$。

（2）计算图示平面图形对形心坐标系 y_C、z_C 的惯性矩和惯性积。过 C 点作水平和铅垂的一对坐标轴 y_C、z_C。由式（I.22）可得

$$I_{y_C}=\frac{1}{12}\times10\times120^3+20^2\times10\times120+\frac{1}{12}\times70\times10^3+(-35)^2\times70\times10$$
$$=2.783\times10^6\,\text{mm}^4$$
$$I_{z_C}=\frac{1}{12}\times10^3\times120+(-15)^2\times10\times120+\frac{1}{12}\times70^3\times10+(25)^2\times70\times10$$
$$=1.003\times10^6\,\text{mm}^4$$

$$I_{y_Cz_C}=20\times(-15)\times120\times10+(-35)\times25\times70\times10=-9.73\times10^5\,\text{mm}^4$$

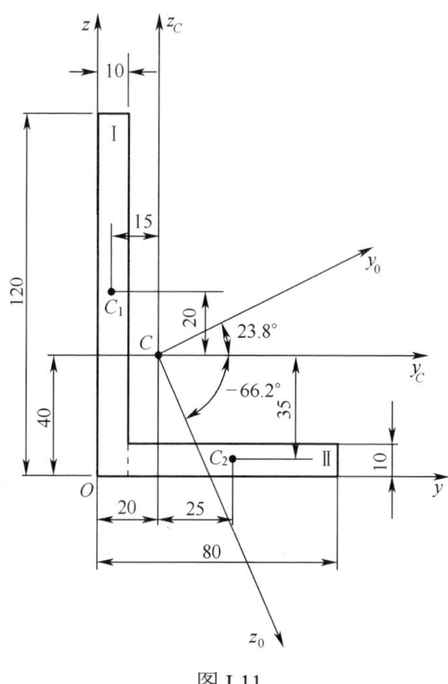

图Ⅰ.11

（3）确定图示平面图形的形心主惯性轴的位置，计算形心主惯性矩。将计算所得代入式（Ⅰ.27），得

$$\tan2\alpha_0=-\frac{2I_{y_Cz_C}}{I_{y_C}-I_{z_C}}=-\frac{2\times(-97.3\times10^4)}{278.3\times10^4-100.3\times10^4}=1.093$$

$$2\alpha_0=47.6°$$

或

$$\alpha_0=23.8°$$

另一形心主惯性轴与 y_C 轴的夹角为

$$\alpha_0'=23.8°-90°=-66.2°$$

因为 $I_{y_Cz_C}=-97.3\times10^4\,\text{mm}^4<0$，故截面对 $\alpha_0=23.8°>0$ 的形心主轴 y_0 的形心主矩最大，对 $\alpha_0'=-66.2°<0$ 的形心主轴 z_0 的形心主矩最小。利用式（Ⅰ.28）、式（Ⅰ.29），截面的形心主惯性矩为

$$I_{max}=I_{y_0}=\frac{I_{y_C}+I_{z_C}}{2}+\frac{1}{2}\sqrt{(I_{y_C}-I_{z_C})^2+4I_{y_Cz_C}^2}$$
$$=\frac{278.3\times10^4+100.3\times10^4}{2}+\frac{1}{2}\sqrt{(278.3\times10^4-100.3\times10^4)^2+4\times(-97.3\times10^4)^2}$$
$$=3.213\times10^6\,\text{mm}^4$$
$$I_{min}=I_{z_0}=\frac{I_{y_C}+I_{z_C}}{2}-\frac{1}{2}\sqrt{(I_{y_C}-I_{z_C})^2+4I_{y_Cz_C}^2}$$
$$=\frac{278.3\times10^4+100.3\times10^4}{2}-\frac{1}{2}\sqrt{(278.3\times10^4-100.3\times10^4)^2+4\times(-97.3\times10^4)^2}$$
$$=5.73\times10^5\,\text{mm}^4$$

易见，$I_{y_0}+I_{z_0}=I_{y_C}+I_{z_C}=378.6\times10^4\,\text{mm}^4$，与式（I.26）结果一致。

习题

I.1　试求如题I.1图所示图形的形心位置。

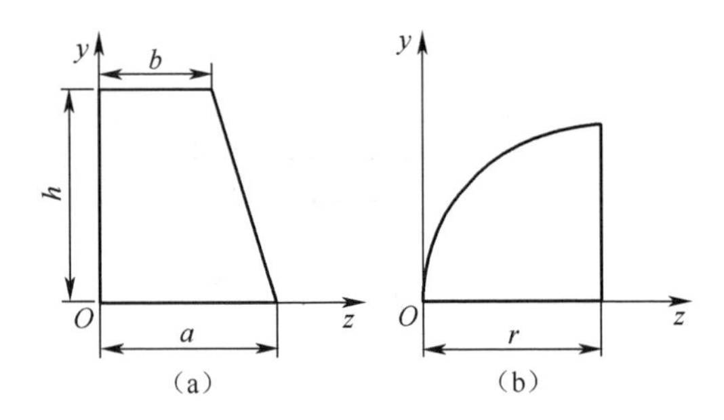

题 I.1 图

I.2　试求如题 I.2 图所示图形的形心位置。

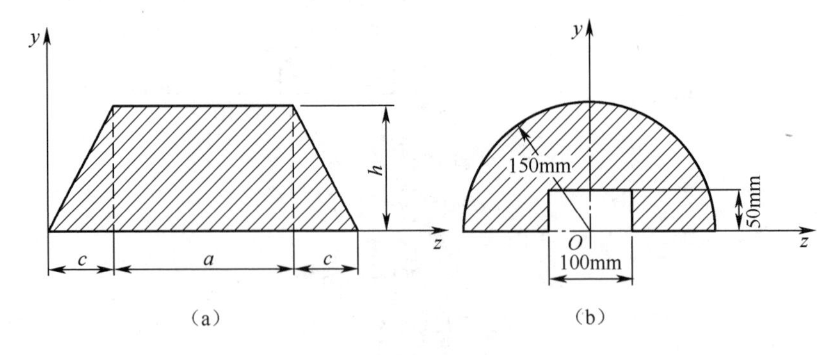

题 I.2 图

I.3　工字形图形如题 I.3 图所示，试求：

（1）图形中 1234 矩形部分对形心轴 x 的静矩；

（2）图形中 1564 T 形部分对形心轴 x 的静矩。

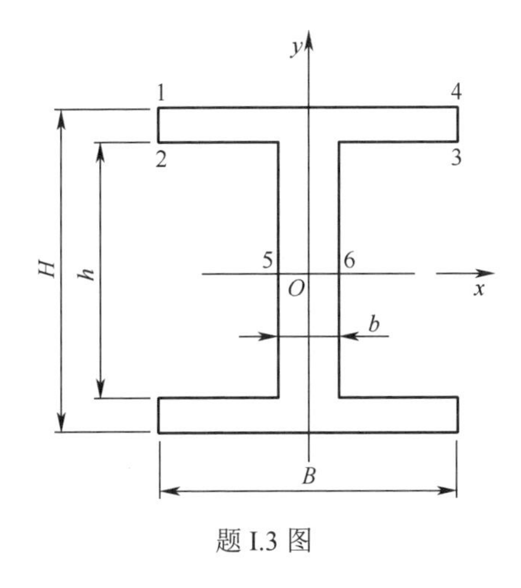

题 I.3 图

I.4 试求题 I.4 图示截面对形心轴 z_C 轴的惯性矩 I_{z_C}。

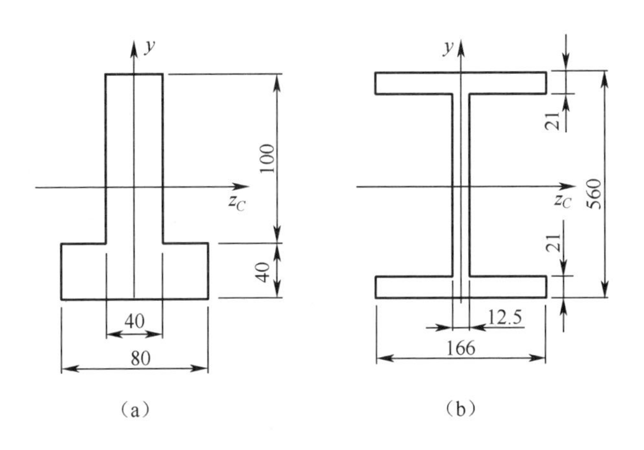

题 I.4 图

I.5 采用两根槽钢 16 焊接成如题 I.5 图示截面。若要使两个形心主惯性矩 I_x 和 I_y 相等，两槽钢之间的距离 a 应为多少？

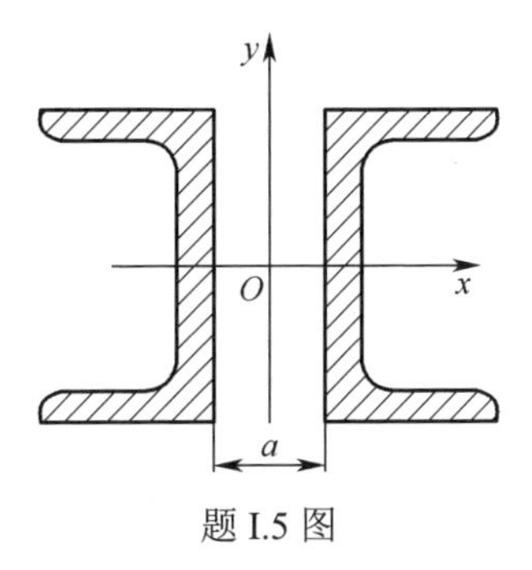

题 I.5 图

I.6 计算图示正方形对其对角线的惯性矩。设正方形的边长为 a。

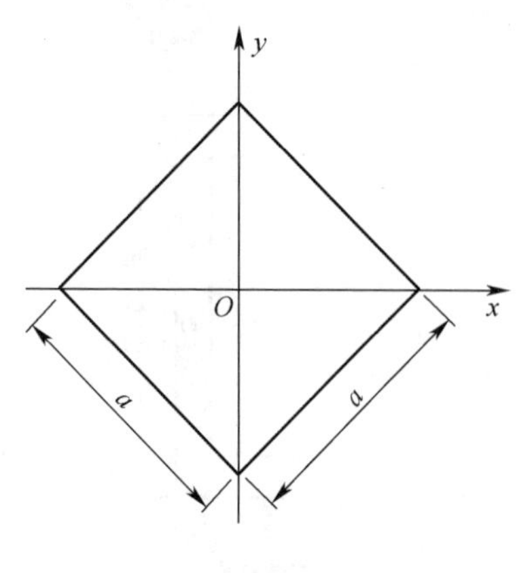

题 I.6 图

I.7　如题 I.7 图所示，在直径为 d 的圆截面上缘处挖去一高为 t、宽为 b 的小矩形，试计算此平面图形对其 z 轴的惯性矩。

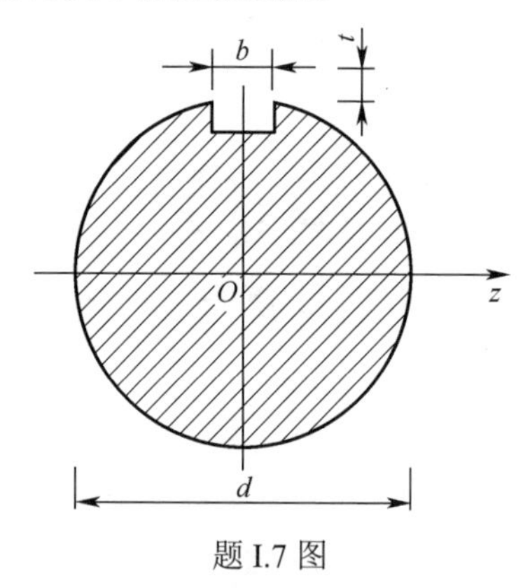

题 I.7 图

I.8　题 I.8 图示四块 100mm×100mm×10mm 的等边角钢组成的图形，已知 $\delta = 12\text{mm}$，求图形对形心轴的惯性矩。

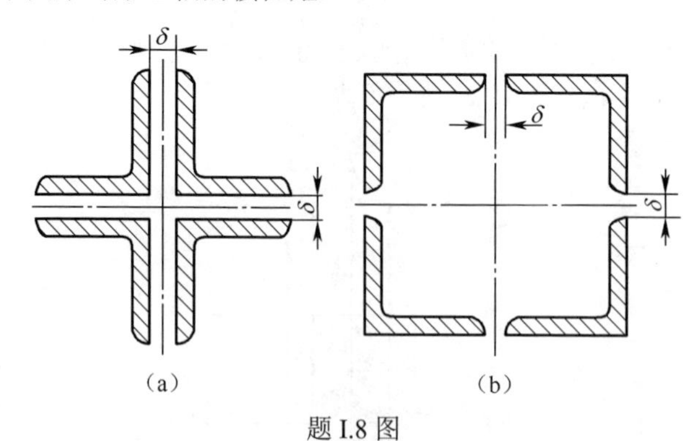

题 I.8 图

I.9　试求题 I.9 图示截面对其 x、y 轴和形心轴 x_C、y_C 的惯性积 I_{xy} 及 $I_{x_C y_C}$。

I.10　试求题 I.10 图示截面的形心主惯性轴的位置，并求形心主惯性矩。

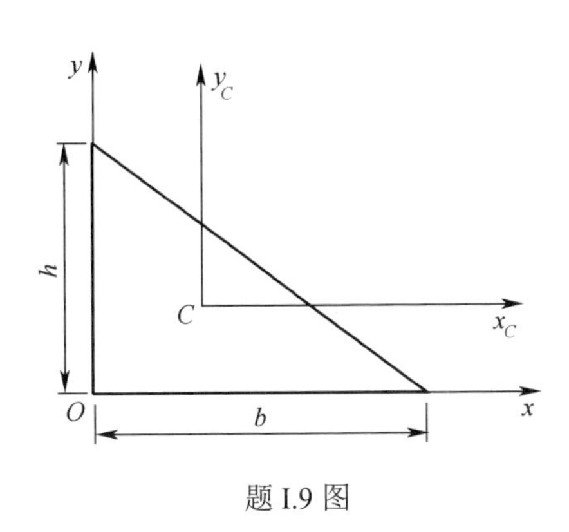

题 I.9 图

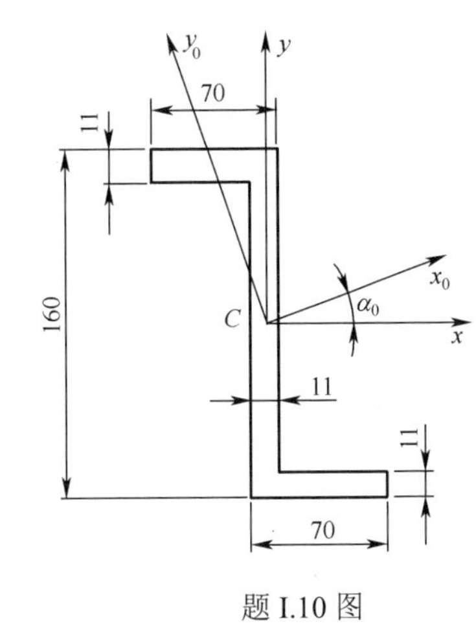

题 I.10 图

附录 Ⅱ

型钢表（GB/T 706—2016）

符号说明：

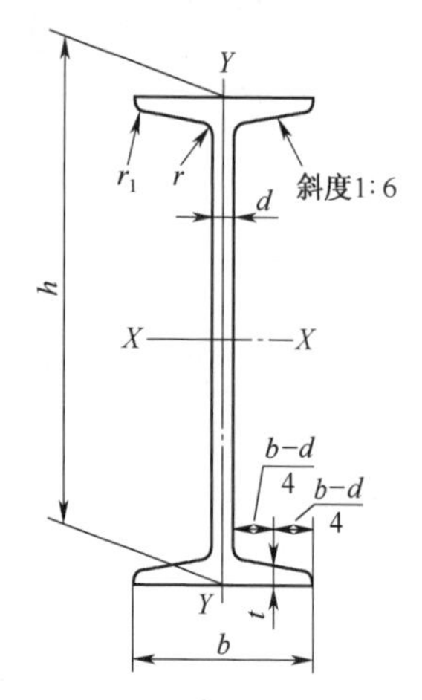

图Ⅱ-1　工字钢截面图

h—高度；*b*—腿宽度；*d*—腰厚度；*t*—腿中间宽度；*r*—内圆弧半径；r_1—腿端圆弧半径

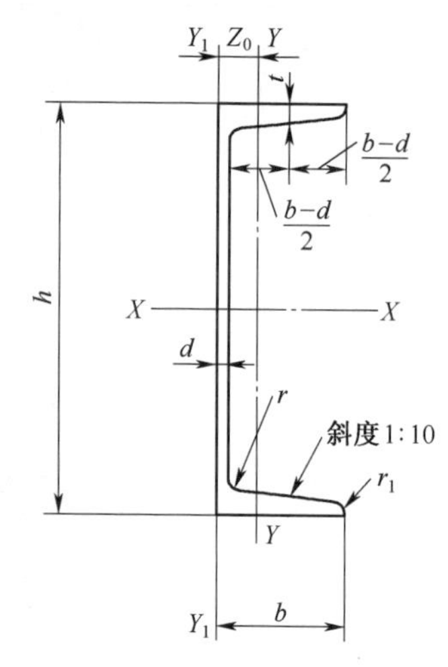

图Ⅱ-2　槽钢截面图

h—高度；*b*—腿宽度；*d*—腰厚度；*t*—腿中间宽度；*r*—内圆弧半径；r_1—腿端圆弧半径；Z_0—重心距离

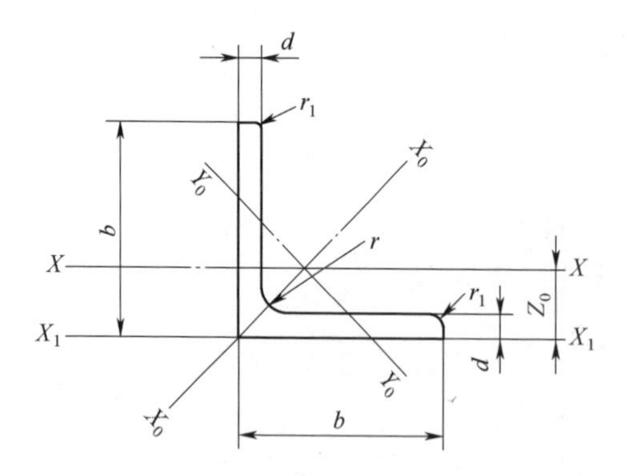

图Ⅱ-3　等边角钢截面图

b—边宽度；*d*—边厚度；*r*—内圆弧半径；r_1—边端圆弧半径；Z_0—重心距离

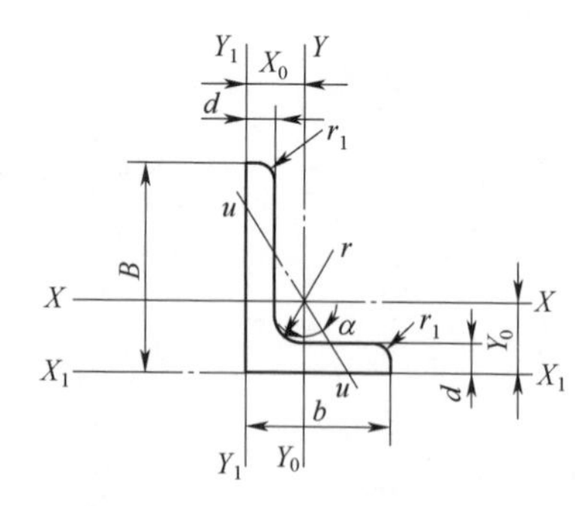

图Ⅱ-4　不等边角钢截面图

B—长边宽度；*b*—短边宽度；*d*—边厚度；*r*—内圆弧半径；r_1—边端圆弧半径；X_0—重心距离；Y_0—重心距离

（规范性附录）

型钢截面尺寸、截面面积、理论重量及截面特性

表Ⅱ-1　工字钢截面尺寸、截面面积、理论重量及截面特性

型号	截面尺寸/mm						截面面积	理论重量/	外表面积/	惯性矩/cm^4		惯性半径/cm		截面模数/cm^3	
	h	b	d	t	r	r_1	/cm^2	(kg/cm)	(m^2/m)	I_x	I_y	i_x	i_y	W_x	W_y
10	100	68	4.5	7.6	6.5	3.3	14.33	11.3	0.432	245	33.0	4.14	1.52	49.0	9.72
12	120	74	5.0	8.4	7.0	3.5	17.80	14.0	0.493	436	46.9	4.95	1.62	72.7	12.7
12.6	126	74	5.0	8.4	7.0	3.5	18.10	14.2	0.505	488	46.9	5.20	1.61	77.5	12.7
14	140	80	5.5	9.1	7.5	3.8	21.50	16.9	0.553	712	64.4	5.76	1.73	102	16.1
16	160	88	6.0	9.9	8.0	4.0	26.11	20.5	0.621	1130	93.1	6.58	1.89	141	21.2
18	180	94	6.5	10.7	8.5	4.3	30.74	24.1	0.681	1660	122	7.36	2.00	185	26.0
20a	200	100	7.0	11.4	9.0	4.5	35.55	27.9	0.742	2370	158	8.15	2.12	237	31.5
20b		102	9.0				39.55	31.1	0.746	2500	169	7.96	2.06	250	33.1
22a	220	110	7.5	12.3	9.5	4.8	42.10	33.1	0.817	3400	225	8.99	2.31	309	40.9
22b		112	9.5				46.50	36.5	0.821	3570	239	8.78	2.27	325	42.7
24a	240	116	8.0	13.0	10.0	5.0	47.71	37.5	0.878	4570	280	9.77	2.42	381	48.4
24b		118	10.0				52.51	41.2	0.882	4800	297	9.57	2.38	400	50.4
25a	250	116	8.0				48.51	38.1	0.898	5020	280	10.2	2.40	402	48.3
25b		118	10.0				53.51	42.0	0.902	5280	309	9.94	2.40	423	52.4
27a	270	122	8.5	13.7	10.5	5.3	54.52	42.8	0.958	6550	345	10.9	2.51	485	56.6
27b		124	10.5				59.92	47.0	0.962	6870	366	10.7	2.47	509	58.9
28a	280	122	8.5				55.37	43.5	0.978	7110	345	11.3	2.50	508	56.6
28b		124	10.5				60.97	47.9	0.982	7480	379	11.1	2.49	534	61.2
30a	300	126	9.0	14.4	11.0	5.5	61.22	48.1	1.031	8950	400	12.1	2.55	597	63.5
30b		128	11,0				67.22	52.8	1.035	9400	422	11.8	2.50	627	65.9
30c		130	13.0				73.22	57.5	1.039	9850	445	11.6	2.46	657	68.5
32a	320	130	9.5	15.0	11.5	5.8	67.12	52.7	1.084	11100	460	12.8	2.62	692	70.8
32b		132	11.5				73.52	57.7	1.088	11600	502	12.6	2.61	726	76.0
32c		134	13.5				79.92	62.7	1.092	12200	544	12.3	2.61	760	81.2
36a	360	136	10.0	15.8	12.0	6.0	76.44	60.0	1.185	15800	552	14.4	2.69	875	81.2
36b		138	12.0				83.64	65.7	1.189	16500	582	14.1	2.64	919	84.3
36c		140	14.0				90.84	71.3	1.193	17300	612	13.8	2.60	962	87.4

（续表）

型号	截面尺寸/mm						截面面积/cm²	理论重量/(kg/cm)	外表面积/(m²/m)	惯性矩/cm⁴		惯性半径/cm		截面模数/cm³	
	h	b	d	t	r	r_1				I_x	I_y	i_x	i_y	W_x	W_y
40a		142	10.5				86.07	67.6	1.285	21700	660	15.9	2.77	1090	93.2
40b	400	144	12.5	16.5	12.5	6.3	94.07	73.8	1.289	22800	692	15.6	2.71	1140	96.2
40c		146	14.5				102.1	80.1	1.293	23900	727	15.2	2.65	1190	99.6
45a		150	11.5				102.4	80.4	1.411	32200	855	17.7	2.89	1430	114
45b	450	152	13.5	18.0	13.5	6.8	111.4	87.4	1.415	33800	894	17.4	2.84	1500	118
45c		154	15.5				120.4	94.5	1.419	35300	938	17.1	2.79	1570	122
50a		158	12.0				119.2	93.6	1.539	46500	1120	19.7	3.07	1860	142
50b	500	160	14.0	20.0	14.0	7.0	129.2	101	1.543	48600	1170	19.4	3.01	1940	146
50c		162	16.0				139.2	109	1.547	50600	1220	19.0	2.96	2080	151
55a		166	12.5				134.1	105	1.667	62900	1370	21.6	3.19	2290	164
55b	550	168	14.5				145.1	114	1.671	65600	1420	21.2	3.14	2390	170
55c		170	16.5	21.0	14.5	7.3	156.1	123	1.675	68400	1480	20.9	3.08	2490	175
56a		166	12.5				135.4	106	1.687	65600	1370	22.0	3.18	2340	165
56b	560	168	14.5				146.6	115	1.691	68500	1490	21.6	3.16	2450	174
56c		170	16.5				157.8	124	1.695	71400	1560	21.3	3.16	2550	183
63a		176	13.0				154.6	121	1.862	93900	1700	24.5	3.31	2980	193
63b	630	178	15.0	22.0	15.0	7.5	167.2	131	1.866	98100	1810	24.2	3.29	3160	204
63c		180	17.0				179.8	141	1.870	102000	1920	23.8	3.27	3300	214

注：表中 r、r_1 的数据用于孔型设计，不做交货条件。

表Ⅱ-2　槽钢截面尺寸、截面面积、理论重量及截面特性

型号	截面尺寸/mm						截面面积/cm²	理论重量/(kg/cm)	外表面积/(m²/m)	惯性矩/cm⁴			惯性半径/cm		截面模数/cm³		重心距离/cm
	h	b	d	t	r	r_1				I_x	I_y	I_{y1}	i_x	i_y	W_x	W_y	Z_0
5	50	37	4.5	7.0	7.0	3.5	6.925	5.44	0.226	26.0	8.30	20.9	1.94	1.10	10.4	3.55	1.35
6.3	63	40	4.8	7.5	7.5	3.8	8.446	6.63	0.262	50.8	11.9	28.4	2.45	1.19	16.1	4.50	1.36
6.5	65	40	4.3	7.5	7.5	3.8	8.292	6.51	0.267	55.2	12.0	28.3	2.54	1.19	17.0	4.59	1.38
8	80	43	5.0	8.0	8.0	4.0	10.24	8.04	0.307	101	16.6	37.4	3.15	1.27	25.3	5.79	1.43
10	100	48	5.3	8.5	8.5	4.2	12.74	10.0	0.365	198	25.6	54.9	3.95	1.41	39.7	7.80	1.52
12	120	53	5.5	9.0	9.0	4.5	15.36	12.1	0.423	346	37.4	77.7	4.75	1.56	57.7	10.2	1.62
12.6	126	53	5.5	9.0	9.0	4.5	15.69	12.3	0.435	391	38.0	77.1	4.95	1.57	62.1	10.2	1.59
14a	140	58	6.0	9.5	9.5	4.8	18.51	14.5	0.480	564	53.2	107	5.52	1.70	80.5	13.0	1.71
14b		60	8.0				21.31	16.7	0.484	609	61.1	121	5.35	1.69	87.1	14.1	1.67

（续表）

型号	截面尺寸/mm						截面面积/cm²	理论重量/(kg/cm)	外表面积/(m²/m)	惯性矩/cm⁴			惯性半径/cm		截面模数/cm³		重心距离/cm
	h	b	d	t	r	r_1				I_x	I_y	I_{y1}	i_x	i_y	W_x	W_y	Z_0
16a	160	63	6.5	10.0	10.0	5.0	21.95	17.2	0.538	866	73.3	144	6.28	1.83	108	16.3	1.80
16b		65	8.5				25.15	19.8	0.542	935	83.4	161	6.10	1.82	117	17.6	1.75
18a	180	68	7.0	10.5	10.5	5.2	25.69	20.2	0.596	1270	98.6	190	7.04	1.96	141	20.0	1.88
18b		70	9.0				29.29	23.0	0.600	1370	111	210	6.84	1.95	152	21.5	1.84
20a	200	73	7.0	11.0	11.0	5.5	28.83	22.6	0.654	1780	128	244	7.86	2.11	178	24.2	2.01
20b		75	9.0				32.83	25.8	0.658	1910	144	268	7.64	2.09	191	25.9	1.95
22a	220	77	7.0	11.5	11.5	5.8	31.83	25.0	0.709	2390	158	298	8.67	2.23	218	28.2	2.10
22b		79	9.0				36.23	28.5	0.713	2570	176	326	8.42	2.21	234	30.1	2.03
24a	240	78	7.0	12.0	12.0	6.0	34.21	26.9	0.752	3050	174	325	9.45	2.25	254	30.5	2.10
24b		80	9.0				39.01	30.6	0.756	3280	194	355	9.17	2.23	274	32.5	2.03
24c		82	11.0				43.81	34.4	0.760	3510	213	388	8.96	2.21	293	34.4	2.00
25a	250	78	7.0				34.91	27.4	0.722	3370	176	322	9.82	2.24	270	30.6	2.07
25b		80	9.0				39.91	31.3	0.776	3530	196	353	9.41	2.22	282	32.7	1.98
25c		82	11.0				44.91	35.3	0.780	3690	218	384	9.07	2.21	295	35.9	1.92
27a	270	82	7.5	12.5	12.5	6.2	39.27	30.8	0.826	4360	216	393	10.5	2.34	323	35.5	2.13
27b		84	9.5				44.67	35.1	0.830	4690	239	428	10.3	2.31	347	37.7	2.06
27c		86	11.5				50.07	39.3	0.834	5020	261	467	10.1	2.28	372	39.8	2.03
28a	280	82	7.5				40.02	31.4	0.846	4760	218	388	10.9	2.33	340	35.7	2.10
28b		84	9.5				45.62	35.8	0.850	5130	242	428	10.6	2.30	366	37.9	2.02
28c		86	11.5				51.22	40.2	0.854	5500	268	463	10.4	2.29	393	40.3	1.95
30a	300	85	7.5	13.5	13.5	6.8	43.89	34.5	0.897	6050	260	467	11.7	2.43	403	41.1	2.17
30b		87	9.5				49.89	39.2	0.901	6500	289	515	11.4	2.41	433	44.0	2.13
30c		89	11.5				55.89	43.9	0.905	6950	316	560	11.2	2.38	453	46.4	2.09
32a	320	88	8.0	14.0	14.0	7.0	48.50	38.1	0.947	7600	305	552	12.5	2.50	475	46.5	2.24
32b		90	10.0				54.90	43.1	0.951	8140	336	593	12.2	2.47	509	49.2	2.16
32c		92	12.0				61.30	48.1	0.955	8690	374	643	11.9	2.47	543	52.6	2.09
36a	360	96	9.0	16.0	16.0	8.0	60.89	47.8	1.053	11900	455	818	14.0	2.73	660	63.5	2.44
36b		98	11.0				68.09	53.5	1.057	12700	497	880	13.6	2.70	703	66.9	2.37
36c		100	13.0				75.29	59.1	1.061	13400	536	948	13.4	2.67	746	70.0	2.34
40a	400	100	10.5	18.0	18.0	9.0	75.04	58.9	1.144	17600	592	1070	15.3	2.81	879	78.8	2.49
40b		102	12.5				83.04	65.2	1.148	18600	640	1140	15.0	2.78	932	82.5	2.44
40c		104	14.5				91.04	71.5	1.152	19700	688	1220	14.7	2.75	986	86.2	2.42

注：表中 r、r_1 的数据用于孔型设计，不做交货条件。

表Ⅱ-3　等边角钢截面尺寸、截面面积、理论重量及截面特性

型号	截面尺寸/mm			截面面积/cm²	理论重量/(kg/m)	外表面积/(m²/m)	惯性矩/cm⁴				惯性半径/cm			截面模数/cm³			重心距离/cm
	b	d	r				I_x	I_{x1}	I_{x0}	I_{y0}	i_x	i_{x0}	i_{y0}	W_x	W_{x0}	W_{y0}	Z_0
2	20	3	3.5	1.132	0.89	0.078	0.40	0.81	0.63	0.17	0.59	0.75	0.39	0.29	0.45	0.20	0.60
		4		1.459	1.15	0.077	0.50	1.09	0.78	0.22	0.58	0.73	0.38	0.36	0.55	0.24	0.64
2.5	25	3		1.432	1.12	0.098	0.82	1.57	1.29	0.34	0.76	0.95	0.49	0.46	0.73	0.33	0.73
		4		1.859	1.46	0.097	1.03	2.11	1.62	0.43	0.74	0.93	0.48	0.59	0.92	0.40	0.76
3.0	30	3	4.5	1.749	1.37	0.117	1.46	2.71	2.31	0.61	0.91	1.15	0.59	0.68	1.09	0.51	0.85
		4		2.276	1.79	0.117	1.84	3.63	2.92	0.77	0.90	1.13	0.58	0.87	1.37	0.62	0.89
3.6	36	3		2.109	1.66	0.141	2.58	4.68	4.09	1.07	1.11	1.39	0.71	0.99	1.61	0.76	1.00
		4		2.756	2.16	0.141	3.29	6.25	5.22	1.37	1.09	1.38	0.70	1.28	2.05	0.93	1.04
		5		3.382	2.65	0.141	3.95	7.84	6.24	1.65	1.08	1.36	0.70	1.56	2.45	1.00	1.07
4	40	3	5	2.359	1.85	0.157	3.59	6.41	5.69	1.49	1.23	1.55	0.79	1.23	2.01	0.96	1.09
		4		3.086	2.42	0.157	4.60	8.56	7.29	1.91	1.22	1.54	0.79	1.60	2.58	1.19	1.13
		5		3.792	2.98	0.156	5.53	10.7	8.76	2.30	1.21	1.52	0.78	1.96	3.10	1.39	1.17
4.5	45	3		2.659	2.09	0.177	5.17	9.12	8.20	2.14	1.40	1.76	0.89	1.58	2.58	1.24	1.22
		4		3.486	2.74	0.177	6.65	12.2	10.6	2.75	1.38	1.74	0.89	2.05	3.32	1.54	1.26
		5		4.292	3.37	0.176	8.04	15.2	12.7	3.33	1.37	1.72	0.88	2.51	4.00	1.81	1.30
		6		5.077	3.99	0.176	9.33	18.4	14.8	3.89	1.36	1.70	0.80	2.95	4.64	2.06	1.33
5	50	3	5.5	2.971	2.33	0.197	7.18	12.5	11.4	2.98	1.55	1.96	1.00	1.96	3.22	1.57	1.34
		4		3.897	3.06	0.197	9.26	16.7	14.7	3.82	1.54	1.94	0.99	2.56	4.16	1.96	1.38
		5		4.803	3.77	0.196	11.2	20.9	17.8	4.64	1.53	1.92	0.98	3.13	5.03	2.31	1.42
		6		5.688	4.46	0.196	13.1	25.1	20.7	5.42	1.52	1.91	0.98	3.68	5.85	2.63	1.46
5.6	56	3	6	3.343	2.62	0.221	10.2	17.6	16.1	4.24	1.75	2.20	1.13	2.48	4.08	2.02	1.48
		4		4.39	3.45	0.220	13.2	23.4	20.9	5.46	1.73	2.18	1.11	3.24	5.28	2.52	1.53
		5		5.415	4.25	0.220	16.0	29.3	25.4	6.61	1.72	2.17	1.10	3.97	6.42	2.98	1.57
		6		6.42	5.04	0.220	18.7	35.3	29.7	7.73	1.71	2.15	1.10	4.68	7.49	3.40	1.61
		7		7.404	5.81	0.219	21.2	41.2	33.6	8.82	1.69	2.13	1.09	5.36	8.49	3.80	1.64
		8		8.367	6.57	0.219	23.6	47.2	37.4	9.89	1.68	2.11	1.09	6.03	9.44	4.16	1.68
6	60	5	6.5	5.829	4.58	0.236	19.9	36.1	31.6	8.21	1.85	2.33	1.19	4.59	7.44	3.48	1.67
		6		6.914	5.43	0.235	23.4	43.3	36.9	9.60	1.83	2.31	1.18	5.41	8.70	3.98	1.70
		7		7.977	6.26	0.235	26.4	50.7	41.9	11.0	1.82	2.29	1.17	6.21	9.88	4.45	1.74
		8		9.02	7.08	0.235	29.5	58.0	46.7	12.3	1.81	2.27	1.17	6.98	11.0	4.88	1.78
6.3	63	4	7	4.978	3.91	0.248	19.0	33.4	30.2	7.89	1.96	2.46	1.26	4.13	6.78	3.29	1.70
		5		6.143	4.82	0.248	23.2	41.7	36.8	9.57	1.94	2.45	1.25	5.08	8.25	3.90	1.74

（续表）

型号	截面尺寸/mm			截面面积/cm²	理论重量/(kg/m)	外表面积/(m²/m)	惯性矩/cm⁴				惯性半径/cm			截面模数/cm³			重心距离/cm
	b	d	r				I_x	I_{x1}	I_{x0}	I_{y0}	i_x	i_{x0}	i_{y0}	W_x	W_{x0}	W_{y0}	Z_0
6.3	63	6	7	7.288	5.72	0.247	27.1	50.1	43.0	11.2	1.93	2.43	1.24	6.00	9.66	4.46	1.78
		7		8.412	6.60	0.247	30.9	58.6	49.0	12.8	1.92	2.11	1.23	6.88	11.0	4.98	1.82
		8		9.515	7.47	0.247	34.5	67.1	54.6	14.3	1.90	2.40	1.23	7.75	12.3	5.47	1.85
		10		11.66	9.15	0.246	41.1	84.3	64.9	17.3	1.88	2.36	1.22	9.39	14.6	6.36	1.93
7	70	4	8	5.570	4.37	0.275	26.4	45.7	41.8	11.0	2.18	2.74	1.40	5.14	8.44	4.17	1.86
		5		6.876	5.40	0.275	32.2	57.2	51.1	13.3	2.16	2.73	1.39	6.32	10.3	4.95	1.91
		6		8.160	6.41	0.275	37.8	68.7	59.9	15.6	2.15	2.71	1.38	7.48	12.1	5.67	1.95
		7		9.424	7.40	0.275	43.1	80.3	68.4	17.8	2.14	2.69	1.38	8.59	13.8	6.34	1.99
		8		10.67	8.37	0.274	48.2	91.9	76.4	20.0	2.12	2.68	1.37	9.68	15.4	6.98	2.03
7.5	75	5	9	7.412	5.82	0.295	40.0	70.6	63.3	16.6	2.33	2.92	1.50	7.32	11.9	5.77	2.04
		6		8.797	6.91	0.294	47.0	84.6	74.4	19.5	2.31	2.90	1.49	8.64	14.0	6.67	2.07
		7		10.16	7.98	0.294	53.6	98.7	85.0	22.2	2.30	2.89	1.48	9.93	16.0	7.44	2.11
		8		11.50	9.03	0.294	60.0	113	95.1	24.9	2.28	2.88	1.47	11.2	17.9	8.19	2.15
		9		12.83	10.1	0.294	66.1	127	105	27.5	2.27	2.86	1.46	12.4	19.8	8.89	2.18
		10		14.13	11.1	0.293	72.0	142	114	30.1	2.26	2.84	1.46	13.6	21.5	9.56	2.22
8	80	5		7.912	6.21	0.315	48.8	85.4	77.3	20.3	2.48	3.13	1.60	8.34	13.7	6.66	2.15
		6		9.397	7.38	0.314	57.4	103	91.0	23.7	2.47	3.11	1.59	9.87	16.1	7.65	2.19
		7		10.86	8.53	0.314	65.6	120	104	27.1	2.46	3.10	1.58	11.4	18.4	8.58	2.23
		8		12.30	9.66	0.314	73.5	137	117	30.4	2.44	3.08	1.57	12.8	20.6	9.46	2.27
		9		13.73	10.8	0.314	81.1	154	129	33.6	2.43	3.06	1.56	14.3	22.7	10.3	2.31
		10		15.13	11.9	0.313	88.4	172	140	36.8	2.42	3.04	1.56	15.6	24.8	11.1	2.35
9	90	6	10	10.64	8.35	0.354	82.8	146	131	34.3	2.79	3.51	1.80	12.6	20.6	9.95	2.44
		7		12.30	9.66	0.354	94.8	170	150	39.2	2.78	3.50	1.78	14.5	23.6	11.2	2.48
		8		13.94	10.9	0.353	106	195	169	44.0	2.76	3.48	1.78	16.4	26.6	12.4	2.52
		9		15.57	12.2	0.353	118	219	187	48.7	2.75	3.46	1.77	18.3	29.4	13.5	2.56
		10		17.17	13.5	0.353	129	244	204	53.3	2.74	3.45	1.76	20.1	32.0	14.5	2.59
		12		20.31	15.9	0.352	149	294	236	62.2	2.71	3.41	1.75	23.6	37.1	16.5	2.67
10	100	6	12	11.93	9.37	0.393	115	200	182	47.9	3.10	3.90	2.00	15.7	25.7	12.7	2.67
		7		13.80	10.8	0.393	132	234	209	54.7	3.09	3.89	1.99	18.1	29.6	14.3	2.71
		8		15.64	12.3	0.393	148	267	235	61.4	3.08	3.88	1.98	20.5	33.2	15.8	2.76
		9		17.46	13.7	0.392	164	300	260	68.0	3.07	3.86	1.97	22.8	36.8	17.2	2.80
		10		19.26	15.1	0.392	180	334	285	74.4	3.05	3.84	1.96	25.1	40.3	18.5	2.84

（续表）

型号	截面尺寸/mm			截面面积/cm²	理论重量/(kg/m)	外表面积/(m²/m)	惯性矩/cm⁴				惯性半径/cm			截面模数/cm³			重心距离/cm
	b	d	r				I_x	I_{x1}	I_{x0}	I_{y0}	i_x	i_{x0}	i_{y0}	W_x	W_{x0}	W_{y0}	Z_0
10	100	12	12	22.80	17.9	0.391	209	402	331	86.8	3.03	3.81	1.95	29.5	46.8	21.1	2.91
		14		26.26	20.6	0.391	237	471	374	99.0	3.00	3.77	1.94	33.7	52.9	23.4	2.99
		16		29.63	23.3	0.390	263	540	414	111	2.98	3.74	1.94	37.8	58.6	25.6	3.06
11	110	7	12	15.20	11.9	0.433	177	311	281	73.4	3.41	4.30	2.20	22.1	36.1	17.5	2.96
		8		17.24	13.5	0.433	199	355	316	82.4	3.40	4.28	2.19	25.0	40.7	19.4	3.01
		10		21.26	16.7	0.432	242	445	384	100	3.38	4.25	2.17	30.6	49.4	22.9	3.09
		12		25.20	19.8	0.431	283	535	448	117	3.35	4.22	2.15	36.1	57.6	26.2	3.16
		14		29.06	22.8	0.431	321	625	508	133	3.32	4.18	2.14	41.3	65.3	29.1	3.24
12.5	125	8	14	19.75	15.5	0.492	297	521	471	123	3.88	4.88	2.50	32.5	53.3	25.9	3.37
		10		24.37	19.1	0.491	362	652	574	149	3.85	4.85	2.48	40.0	64.9	30.6	3.45
		12		28.91	22.7	0.491	423	783	671	175	3.83	4.82	2.46	41.2	76.0	35.0	3.53
		14		33.37	26.2	0.490	482	916	764	200	3.80	4.78	2.45	54.2	86.4	39.1	3.61
		16		37.74	29.6	0.489	537	1050	851	224	3.77	4.75	2.43	60.9	96.3	43.0	3.68
14	140	10		27.37	21.5	0.551	515	915	817	212	4.34	5.46	2.78	50.6	82.6	39.2	3.82
		12		32.51	25.5	0.551	604	1100	959	249	4.31	5.43	2.76	59.8	96.9	45.0	3.90
		14		37.57	29.5	0.550	689	1280	1090	284	4.28	5.40	2.75	68.8	110	50.5	3.98
		16		42.54	33.4	0.549	770	1470	1220	319	4.26	5.36	2.74	77.5	123	55.6	4.06
15	150	8		23.75	18.6	0.592	521	900	827	215	4.69	5.90	3.01	47.4	78.0	38.1	3.99
		10		29.37	23.1	0.591	638	1130	1010	262	4.66	5.87	2.99	58.4	95.5	45.5	4.08
		12		34.91	27.4	0.591	749	1350	1190	308	4.63	5.84	2.97	69.0	112	52.4	4.15
		14		40.37	31.7	0.590	856	1580	1360	352	4.60	5.80	2.95	79.5	128	58.8	4.23
		15		13.06	33.8	0.590	907	1690	1440	374	4.59	5.78	2.95	84.6	136	61.9	4.27
		16		45.74	35.9	0.589	958	1810	1520	395	4.58	5.77	2.94	89.6	143	64.9	4.31
16	160	10	16	31.50	24.7	0.630	780	1370	1240	322	4.98	6.27	3.20	66.7	109	52.8	4.31
		12		37.44	29.4	0.630	917	1640	1460	377	4.95	6.24	3.18	79.0	129	60.7	4.39
		14		43.30	34.0	0.629	1050	1910	1670	432	4.92	6.20	3.16	91.0	147	68.2	4.47
		16		49.07	38.5	0.629	1180	2190	1870	485	4.89	6.17	3.14	103	165	75.3	4.55
18	180	12		42.24	33.2	0.710	1320	2330	2100	543	5.59	7.05	3.58	101	165	78.4	4.89
		14		48.90	38.4	0.709	1510	2720	2410	622	5.56	7.02	3.56	116	189	88.4	4.97
		16		55.47	43.5	0.709	1700	3120	2700	699	5.54	6.98	3.55	131	212	97.8	5.05
		18		61.96	48.6	0.708	1880	3500	2990	762	5.50	6.94	3.51	146	235	105	5.13

（续表）

型号	截面尺寸/mm			截面面积/cm^2	理论重量/(kg/m)	外表面积/(m^2/m)	惯性矩/cm^4				惯性半径/cm			截面模数/cm^3			重心距离/cm
	b	d	r				I_x	I_{x1}	I_{x0}	I_{y0}	i_x	i_{x0}	i_{y0}	W_x	W_{x0}	W_{y0}	Z_0
20	200	14	18	54. 64	42. 9	0. 788	2100	3730	3340	864	6. 20	7. 82	3. 98	145	236	112	5. 46
		16		62. 01	48. 7	0. 788	2370	4270	3760	971	6. 18	7. 79	3. 96	164	266	124	5. 54
		18		69. 30	54. 4	0. 787	2620	4810	4160	1080	6. 15	7. 75	3. 94	182	294	136	5. 62
		20		76. 51	60. 1	0. 787	2870	5350	4550	1180	6. 12	7. 72	3. 93	200	322	147	5. 69
		24		90. 66	71. 2	0. 785	3340	6460	5290	1380	6. 07	7. 64	3. 90	236	374	167	5. 87
22	220	16	21	68. 67	53. 9	0. 866	3190	6680	5060	1310	6. 81	8. 59	4. 37	200	326	154	6. 03
		18		76. 75	60. 3	0. 866	3540	6400	5620	1450	6. 79	8. 55	4. 35	223	361	168	6. 11
		20		84. 76	66. 5	0. 865	3870	7110	6150	1590	6. 76	8. 52	4. 34	245	395	182	6. 18
		22		92. 68	72. 8	0. 865	4200	7830	6670	1730	6. 73	8. 48	4. 32	267	429	195	6. 26
		24		100. 5	78. 9	0. 864	4520	8550	7170	1870	6. 71	8. 45	4. 31	289	461	208	6. 33
		26		108. 3	85. 0	0. 864	4830	9280	7690	2000	6. 68	8. 41	4. 30	310	492	221	6. 41
25	250	18	24	87. 84	69. 0	0. 985	5270	9380	8370	2170	7. 75	9. 76	4. 97	290	473	224	6. 84
		20		97. 05	76. 2	0. 984	5780	10400	9180	2380	7. 72	9. 73	4. 95	320	519	243	6. 92
		22		106. 2	83. 3	0. 983	6280	11500	9970	2580	7. 69	9. 69	4. 93	349	564	261	7. 00
		24		115. 2	90. 4	0. 983	6770	12500	10700	2790	7. 67	9. 66	4. 92	378	608	278	7. 07
		26		124. 2	97. 5	0. 982	7240	13600	11500	2980	7. 64	9. 62	4. 90	406	650	295	7. 15
		28		133. 0	104	0. 982	7700	14600	12200	3180	7. 61	9. 58	4. 89	433	691	311	7. 22
		30		141. 8	111	0. 981	8160	15700	12900	3380	7. 58	9. 55	4. 88	461	731	327	7. 30
		32		150. 5	118	0. 981	8600	16800	13600	3570	7. 56	9. 51	4. 87	488	770	342	7. 37
		35		163. 4	128	0. 980	9240	18400	14600	3850	7. 52	9. 46	4. 86	527	827	364	7. 48

注：截面图中的 $r_1 = 1/3d$ 及表中 r 的数据用于孔型设计，不做交货条件。

表 II-4　不等边角钢截面尺寸、截面面积、理论重量及截面特性

型号	截面尺寸/mm				截面面积/	理论重量/	外表面积/	惯性矩/cm^4					惯性半径/cm			截面模数/cm^3			tan α	重心距离/cm	
	B	b	d	r	cm^2	(kg/m)	(m^2/m)	I_x	I_{x1}	I_y	I_{y1}	I_u	i_x	i_y	i_u	W_x	W_y	W_u		X_0	Y_0
2.5/1.6	25	16	3	3.5	1.162	0.91	0.080	0.70	1.56	0.22	0.43	0.14	0.78	0.44	0.34	0.43	0.19	0.16	0.392	0.42	0.86
			4		1.499	1.18	0.079	0.88	2.09	0.27	0.59	0.17	0.77	0.43	0.34	0.55	0.24	0.20	0.381	0.46	0.90
3.2/2	32	20	3		1.492	1.17	0.102	1.53	3.27	0.46	0.82	0.28	1.01	0.55	0.43	0.72	0.30	0.25	0.382	0.49	1.08
			4		1.939	1.52	0.101	1.93	4.37	0.57	1.12	0.35	1.00	0.54	0.42	0.93	0.39	0.32	0.374	0.53	1.12
4/2.5	40	25	3	4	1.890	1.48	0.127	3.08	5.39	0.93	1.59	0.56	1.28	0.70	0.54	1.15	0.49	0.40	0.385	0.59	1.32
			4		2.467	1.94	0.127	3.93	8.53	1.18	2.14	0.71	1.36	0.69	0.54	1.49	0.63	0.52	0.381	0.63	1.37
4.5/2.8	45	28	3	5	2.149	1.69	0.143	4.45	9.10	1.34	2.23	0.80	1.44	0.79	0.61	1.47	0.62	0.51	0.383	0.64	1.47
			4		2.806	2.20	0.143	5.69	12.1	1.70	3.00	1.02	1.42	0.78	0.60	1.91	0.80	0.66	0.380	0.68	1.51
5/3.2	50	32	3	5.5	2.431	1.91	0.161	6.24	12.5	2.02	3.31	1.20	1.60	0.91	0.70	1.84	0.82	0.68	0.404	0.73	1.60
			4		3.177	2.49	0.160	8.02	16.7	2.58	4.45	1.53	1.59	0.90	0.69	2.39	1.06	0.87	0.402	0.77	1.65
5.6/3.6	56	36	3	6	2.743	2.15	0.181	8.88	17.5	2.92	4.7	1.73	1.80	1.03	0.79	2.32	1.05	0.87	0.408	0.80	1.78
			4		3.590	2.82	0.180	11.5	23.4	3.76	6.33	2.23	1.79	1.02	0.79	3.03	1.37	1.13	0.408	0.85	1.82
			5		4.415	3.47	0.180	13.9	29.3	4.49	7.94	2.67	1.77	1.01	0.78	3.71	1.65	1.36	0.404	0.88	1.87
6.3/4	63	40	4	7	4.058	3.19	0.202	16.5	33.3	5.23	8.63	3.12	2.02	1.14	0.88	3.87	1.70	1.40	0.398	0.92	2.04
			5		4.993	3.92	0.202	20.0	41.6	6.31	10.9	3.76	2.00	1.12	0.87	4.74	2.07	1.71	0.396	0.95	2.08
			6		5.908	4.64	0.201	23.4	50.0	7.29	13.1	4.34	1.96	1.11	0.86	5.59	2.43	1.99	0.393	0.99	2.12
			7		6.802	5.34	0.201	26.5	58.1	8.24	15.5	4.97	1.98	1.10	0.86	6.40	2.78	2.29	0.389	1.03	2.15
7/4.5	70	45	4	7.5	4.553	3.57	0.226	23.2	45.9	7.55	12.3	4.40	2.26	1.29	0.98	4.86	2.17	1.77	0.410	1.02	2.24
			5		5.609	4.40	0.225	28.0	57.1	9.13	15.4	5.40	2.23	1.28	0.98	5.92	2.65	2.19	0.407	1.06	2.28
			6		6.644	5.22	0.225	32.5	68.4	10.6	18.6	6.35	2.21	1.26	0.98	6.95	3.12	2.59	0.404	1.09	2.32
			7		7.658	6.01	0.225	37.2	80.0	12.0	21.8	7.16	2.20	1.25	0.97	8.03	3.57	2.94	0.402	1.13	2.36

（续表）

型号	截面尺寸/mm				截面面积/	理论重量/	外表面积/	惯性矩/cm^4					惯性半径/cm			截面模数/cm^3			tan α	重心距离/cm	
	B	b	d	r	cm^2	(kg/m)	(m^2/m)	I_x	I_{x1}	I_y	I_{y1}	I_u	i_x	i_y	i_u	W_x	W_y	W_u		X_0	Y_0
7.5/5	75	50	5	8	6.126	4.81	0.245	34.9	70.0	12.5	21.0	7.41	2.39	1.44	1.10	6.83	3.3	2.74	0.435	1.17	2.40
			6		7.260	5.70	0.245	41.1	84.3	14.7	25.4	8.54	2.38	1.42	1.08	8.12	3.88	3.19	0.435	1.21	2.44
			8		9.467	7.43	0.244	52.4	113	18.5	34.2	10.9	2.35	1.40	1.07	10.5	4.99	4.10	0.429	1.29	2.52
			10		11.59	9.10	0.244	62.7	141	22.0	43.4	13.1	2.33	1.38	1.06	12.8	6.04	4.99	0.423	1.36	2.60
8/5	80	50	5		6.376	5.00	0.255	42.0	85.2	12.8	21.1	7.66	2.56	1.42	1.10	7.78	3.32	2.74	0.388	1.14	2.60
			6		7.560	5.93	0.255	49.6	103	15.0	25.4	8.85	2.56	1.41	1.08	9.25	3.91	3.20	0.387	1.18	2.65
			7		8.724	6.85	0.255	56.2	119	17.0	29.8	10.2	2.54	1.39	1.08	10.6	4.48	3.70	0.384	1.21	2.69
			8		9.867	7.75	0.254	62.8	136	18.9	34.3	11.4	2.52	1.38	1.07	11.9	5.03	4.16	0.381	1.25	2.73
9/5.6	90	56	5	9	7.212	5.66	0.287	60.5	121	18.3	29.5	11.0	2.90	1.59	1.23	9.92	4.21	3.49	0.385	1.25	2.91
			6		8.557	6.72	0.286	71.0	146	21.4	35.6	12.9	2.88	1.58	1.23	11.7	4.96	4.13	0.384	1.29	2.95
			7		9.881	7.76	0.286	81.0	170	24.4	41.7	14.7	2.86	1.57	1.22	13.5	5.70	4.72	0.382	1.33	3.00
			8		11.18	8.78	0.286	91.0	194	27.2	47.9	16.3	2.85	1.56	1.21	15.3	6.41	5.29	0.380	1.36	3.04
10/6.3	100	63	6	10	9.618	7.55	0.320	99.1	200	30.9	50.5	18.4	3.21	1.79	1.38	14.6	6.35	5.25	0.394	1.43	3.24
			7		11.11	8.72	0.320	113	233	35.3	59.1	21.0	3.20	1.78	1.38	16.9	7.29	6.02	0.394	1.47	3.28
			8		12.58	9.88	0.319	127	266	39.4	67.9	23.5	3.18	1.77	1.37	19.1	8.21	6.78	0.391	1.50	3.32
			10		15.47	12.1	0.319	154	333	47.1	85.7	28.3	3.15	1.74	1.35	23.3	9.98	8.24	0.387	1.58	3.40
10/8	100	80	6	10	10.64	8.35	0.354	107	200	61.2	103	31.7	3.17	2.40	1.72	15.2	10.2	8.37	0.627	1.97	2.95
			7		12.30	9.66	0.354	123	233	70.1	120	36.2	3.16	2.39	1.72	17.5	11.7	9.60	0.626	2.01	3.00
			8		13.94	10.9	0.353	138	267	78.6	137	40.6	3.14	2.37	1.71	19.8	13.2	10.8	0.625	2.05	3.04
			10		17.17	13.5	0.353	167	334	94.7	172	49.1	3.12	2.35	1.69	24.2	16.1	13.1	0.622	2.13	3.12
11/7	110	70	6	10	10.64	8.35	0.354	133	266	42.9	69.1	25.4	3.54	2.01	1.54	17.9	7.90	6.53	0.403	1.57	3.53
			7		12.30	9.66	0.354	153	310	49.0	80.8	29.0	3.53	2.00	1.53	20.6	9.09	7.50	0.402	1.61	3.57

（续表）

型号	截面尺寸/mm				截面面积/	理论重量/	外表面积/	惯性矩/cm^4					惯性半径/cm			截面模数/cm^3			tan α	重心距离/cm	
	B	b	d	r	cm^2	(kg/m)	(m^2/m)	I_x	I_{x1}	I_y	I_{y1}	I_u	i_x	i_y	i_u	W_x	W_y	W_u		X_0	Y_0
11/7	110	70	8	10	13.94	10.9	0.353	172	354	54.9	92.7	32.5	3.51	1.98	1.53	23.3	10.3	8.45	0.401	1.65	3.62
			10		17.17	13.5	0.353	208	443	65.9	117	39.2	3.48	1.96	1.51	28.5	12.5	10.3	0.397	1.72	3.70
12.5/8	125	80	7	11	14.10	11.1	0.403	228	455	74.4	120	43.8	4.02	2.30	1.76	26.9	12.0	9.92	0.408	1.80	4.01
			8		15.99	12.6	0.403	257	520	83.5	138	49.2	4.01	2.28	1.75	30.4	13.6	11.2	0.407	1.84	4.06
			10		19.71	15.5	0.402	312	650	101	173	59.5	3.98	2.26	1.74	37.3	16.6	13.6	0.404	1.92	4.14
			12		23.35	18.3	0.402	364	780	117	210	69.4	3.95	2.24	1.72	44.0	19.4	16.0	0.400	2.00	4.22
14/9	140	90	8	12	18.04	14.2	0.453	366	731	121	196	70.8	4.50	2.59	1.98	38.5	17.3	14.3	0.411	2.04	4.50
			10		22.26	17.5	0.452	446	913	140	246	85.8	4.47	2.56	1.96	47.3	21.2	17.5	0.409	2.12	4.58
			12		26.40	20.7	0.451	522	1100	170	297	100	4.44	2.54	1.95	55.9	25.0	20.5	0.406	2.19	4.66
			14		30.46	23.9	0.451	594	1280	192	349	114	4.42	2.51	1.94	64.2	28.5	23.5	0.403	2.27	4.74
15/9	150	90	8		18.84	14.8	0.473	442	898	123	196	74.1	4.84	2.55	1.98	43.9	17.5	14.5	0.364	1.97	4.92
			10		23.26	18.3	0.472	539	1120	149	246	89.9	4.81	2.53	1.97	54.0	21.4	17.7	0.362	2.05	5.01
			12		27.60	21.7	0.471	632	1350	173	297	105	4.79	2.50	1.95	63.8	25.1	20.8	0.359	2.12	5.09
			14		31.86	25.0	0.471	721	1570	196	350	120	4.76	2.48	1.94	73.3	28.8	23.8	0.356	2.20	5.17
			15		33.95	26.7	0.471	764	1680	207	376	127	4.74	2.47	1.93	78.0	30.5	25.3	0.354	2.24	5.21
			16		36.03	28.3	0.470	806	1800	217	403	134	4.73	2.45	1.93	82.6	32.3	26.8	0.352	2.27	5.25
16/10	160	100	10	13	25.32	19.9	0.512	669	1360	205	337	122	5.14	2.85	2.19	62.1	26.6	21.9	0.390	2.28	5.24
			12		30.05	23.6	0.511	785	1640	239	406	142	5.11	2.82	2.17	73.5	31.3	25.8	0.388	2.36	5.32
			14		34.71	27.2	0.510	896	1910	271	476	162	5.08	2.80	2.16	84.6	35.8	29.6	0.385	2.43	5.40
			16		39.28	30.8	0.510	1000	2180	302	548	183	5.05	2.77	2.16	95.3	40.2	33.4	0.382	2.51	5.48
18/11	180	110	10	14	28.37	22.3	0.571	956	1940	278	447	167	5.80	3.13	2.42	79.0	32.5	26.9	0.376	2.44	5.89
			12		33.71	26.5	0.571	1120	2330	325	539	195	5.78	3.10	2.40	93.5	38.3	31.7	0.374	2.52	5.98

（续表）

型号	截面尺寸/mm				截面面积/	理论重量/	外表面积/	惯性矩/cm^4					惯性半径/cm			截面模数/cm^3			tan α	重心距离/cm	
	B	b	d	r	cm^2	(kg/m)	(m^2/m)	I_x	I_{x1}	I_y	I_{y1}	I_u	i_x	i_y	i_u	W_x	W_y	W_u		X_0	Y_0
18/11	180	110	14	14	38.97	30.6	0.570	1290	2720	370	632	222	5.75	3.08	2.39	108	44.0	36.3	0.372	2.59	6.06
			16		44.14	34.6	0.569	1440	3110	412	726	249	5.72	3.06	2.38	122	49.4	40.9	0.369	2.67	6.14
20/12.5	200	125	12		37.91	29.8	0.641	1570	3190	483	788	286	6.44	3.57	2.74	117	50.0	41.2	0.392	2.83	6.54
			14		43.87	34.4	0.640	1800	3730	551	922	327	6.41	3.54	2.73	135	57.4	47.3	0.390	2.91	6.62
			16		49.74	39.0	0.639	2020	4260	615	1060	366	6.38	3.52	2.71	152	64.9	53.3	0.388	2.99	6.70
			18		55.53	43.6	0.639	2240	4790	677	1200	405	6.35	3.49	2.70	169	71.7	59.2	0.385	3.06	6.78

注：截面图中的 $r_1=1/3d$ 及表中 r 的数据用于孔型设计，不做交货条件。

习题答案

第1章

1.1 （a）$F_{N1}=60kN$，$F_{N2}=10kN$，$F_{N3}=-20kN$；图略

（b）$F_{N1}=0$，$F_{N2}=5P$，$F_{N3}=4P$；图略

1.2 $\sigma_{max}=100MPa$（压应力），$\sigma_{min}=25MPa$（拉压力）

1.3 $\sigma_{0^\circ}=200MPa$，$\tau_{0^\circ}=0$；$\sigma_{30^\circ}=150MPa$，$\tau_{30^\circ}=50\sqrt{3}MPa$；

$\sigma_{45^\circ}=100MPa$，$\tau_{45^\circ}=100MPa$；$\sigma_{90^\circ}=0$，$\tau_{90^\circ}=0$

1.4 $\tau_{30^\circ}=\dfrac{\sigma}{2}\sin(2\times30^\circ)=0.95MPa$

1.5 $F\leqslant5.625kN$

1.6 $\Delta l=-0.1mm$

1.7 $\Delta l=-0.25mm$

1.8 $d_{max}=17.84mm$，$A_{CD}\geqslant833mm^2$，$N_{max}=15.7kN$

1.9 $b\geqslant116.4mm$，$h\geqslant162.9mm$

1.10 $d\geqslant27.9mm$，$a\geqslant100mm$

1.11 $[P]\leqslant420kN$

1.12 $\alpha=26.6^\circ$，$P\leqslant50kN$

1.13 $w_{水平}=0$

1.14 $\sigma_{AB}=40MPa$，$\sigma_{BC}=-110MPa$

1.15 $F_{N1}=\dfrac{5}{6}P$，$F_{N2}=\dfrac{1}{3}P$，$F_{N3}=-\dfrac{1}{6}P$

第2章

2.1 （a）$A_S=\pi dh$，$A_{bs}=\dfrac{\pi}{4}(D^2-d^2)$ （b）$A_S=ea$，$A_{bs}=at$

（c）$A_S=ab$，$A_{bs}=bt$

2.2 铜丝 $\tau=40.76MPa$，销钉 $\tau=19.9MPa$

2.3 $\tau_u=89.46MPa$，$n=1.12$

2.4 $d=35.39mm$

2.5 $\tau=19.1MPa$ 安全

2.6 $d = 15.4\text{mm}$

2.7 $d = 50\text{mm}$，$b = 100\text{mm}$

2.8 $[F] = 21.6\text{kN}$

2.9 $h = 48\text{mm}$，$l = 90\text{mm}$，$\delta = 9\text{mm}$

第3章

3.1 （a）$T_{\max} = M$　（b）$T_{\max} = M$

（c）$T_{\max} = 2\text{kN·m}$　（d）$T_{\max} = 3\text{kN·m}$

3.2 （1）$|T_{\max}| = 1273.2\text{N·m}$　（2）$|T_{\max}| = 954.9\text{N·m}$

（3）1、3 轮对调后，轴受力有利

3.3 $\tau_A = 63.7\text{MPa}$，$\tau_{\max} = 84.93\text{MPa}$，$\tau_{\min} = 42.46\text{MPa}$

3.4 $D_1 \geqslant 45\text{mm}$，$D_2 \geqslant 46\text{mm}$

3.5 $\tau_{\max} = \dfrac{16M}{\pi d_2^3}$（$BC$ 段），$\varphi_{CA} = \dfrac{38.75Ml}{G\pi d_2^4}$

3.6 （1）$\tau_{\max} = 47.66\text{MPa} < [\tau]$

（2）$D_1 = 50.3\text{mm}$

（3）$\dfrac{W_{空}}{W_{实}} = \dfrac{A_{空}}{A_{实}} = 34.5\%$

3.7 $d \geqslant 21.7\text{mm}$，$W_{\max} = 1120\text{N}$

3.8 $G = 81.52\text{GPa}$

3.9 $\tau_{\max空} = 41.2\text{MPa} > [\tau] = 40\text{MPa}$，$\tau_{\max实} = 23.8\text{MPa} < [\tau] = 40\text{MPa}$

$\tau_{键} = 199.0\text{MPa} > [\tau] = 100\text{MPa}$，$\sigma_{bs} = 398.0\text{MPa} > [\sigma_{bs}] = 280\text{MPa}$，不满足强度条件

3.10 $d \geqslant 63\text{mm}$

3.11 （1）$d_1 \geqslant 84.6\text{mm}$，$d_2 \geqslant 74.5\text{mm}$

（2）$d \geqslant 84.6\text{mm}$

（3）主动轮 A 放置在从动轮 B、C 之间

3.12 AB 段：$\tau_{\max} = 43.63\text{MPa} < [\tau]$；$\theta = 0.44° < [\theta]$

BC 段：$\tau_{\max} = 71.34\text{MPa} < [\tau]$；$\theta = 1.02° < [\theta]$

轴的强度、刚度均满足强度条件

第4章

4.1 （a）$F_{S1} = F$，$M_1 = 0$；$F_{S2} = F$，$M_2 = Fa$；$F_{S3} = -F$，$M_3 = 0$

（b）$F_{S1} = -75\,\text{kN}$，$M_1 = -75\,\text{kN·m}$；$F_{S2} = -75\,\text{kN}$，$M_2 = -75\,\text{kN·m}$；

$F_{S3} = -75\,\text{kN}$，$M_3 = -75\,\text{kN·m}$

（c）$F_{S1} = -\dfrac{4}{3}\text{kN}$，$M_1 = -\dfrac{4}{3}\text{kN·m}$；$F_{S2} = \dfrac{2}{3}\text{kN}$，$M_2 = \dfrac{1}{3}\text{kN·m}$

（d）$F_{S1}=-qa$，$M_1=-\frac{1}{2}$；$F_{S2}=-\frac{3}{2}qa$，$M_2=-2qa^2$；

$F_{S3}=qa$，$M_3=-qa^2$

4.3　（a）$|F_S|_{max}=F$，$|M|_{max}=Fa$

（b）$|F_S|_{max}=qa$，$|M|_{max}=qa^2$

（c）$|F_S|_{max}=2qa$，$|M|_{max}=2qa^2$

（d）$|F_S|_{max}=qa$，$|M|_{max}=\frac{1}{2}qa^2$

（e）$|F_S|_{max}=\frac{3}{2}qa$，$|M|_{max}=qa^2$

（f）$|F_S|_{max}=\frac{3}{4}qa$，$|M|_{max}=\frac{33}{32}qa^2$

（g）$|F_S|_{max}=\frac{3}{2}qa$，$|M|_{max}=qa^2$

（h）$|F_S|_{max}=\frac{3}{2}qa$，$|M|_{max}=qa^2$

（i）$|F_S|_{max}=\frac{20}{3}\text{kN}$，$|M|_{max}=\frac{64}{9}\text{kN·m}$

（j）$|F_S|_{max}=2\text{ kN}$，$|M|_{max}=2\text{ kN·m}$

（k）$|F_S|_{max}=qa$，$|M|_{max}=\frac{3}{4}qa^2$

（l）$|F_S|_{max}=11.2\text{ kN}$，$|M|=37.76\text{ kN·m}$

4.9　$a=\frac{\sqrt{2}-1}{2}l=0.207l$

第5章

5.1　（1）$\sigma_{max}=\frac{Ed}{D+d}$；（2）$D\geqslant\frac{d(E-\sigma_s)}{\sigma_s}$

5.2　$F=47.376\text{kN}$

5.3　$\sigma_{max}=101.2\text{MPa}$，$\tau_{max}=3.4\text{MPa}$

5.4　$\sigma_{max}=63.2\text{MPa}$

5.5　$\sigma_a=6.03\text{ MPa}$，$\tau_a=0.38\text{ MPa}$，$\sigma_b=-12.93\text{ MPa}$，$\tau_b=0$

5.6　（1）略；（2）$(\sigma_t)_{max}=107.93\text{MPa}$，$(\sigma_c)_{max}=125.85\text{MPa}$；

（3）$\tau_{max}=12.22\text{MPa}$

5.7　$h\geqslant416\text{mm}$，$b\geqslant277\text{mm}$

5.8　$[P]=57\text{kN}$

5.9　$(\sigma_t)_{max}=26.4\text{MPa}<[\sigma_t]$，$(\sigma_c)_{max}=52.8\text{MPa}<[\sigma_c]$，安全，不合理

5.10　$[F]=6.49\text{kN}$

5.11　No.28a 工字型钢

5.12　$a=\dfrac{W_{z2}}{W_{z1}+W_{z2}}l$

5.13　（1）$b=\dfrac{\sqrt{3}}{3}d$，$h=\dfrac{\sqrt{6}}{3}d$；（2）$b=\dfrac{\sqrt{3}}{2}d$，$h=\dfrac{d}{2}$

5.14　$[P]=3.75\text{kN}$

第 6 章

6.1　$w_B=\dfrac{41ql^4}{96EI}$，$\theta_B=\dfrac{5Fl^3}{24EI}$

6.2　挠度方程 $\begin{cases}EIw_1=-\dfrac{F}{6}x_1^3+\dfrac{5}{2}Fa^2x_1-\dfrac{7}{2}Fa^3\\EIw_2=-\dfrac{F}{6}x_2^3-\dfrac{F}{6}(x_2-a)^3+\dfrac{5}{2}Fa^2x_2-\dfrac{7}{2}Fa^3\end{cases}$

转角方程 $\begin{cases}EI\theta=-\dfrac{F}{2}x_1^2+\dfrac{5}{2}Fa^2\\EI\theta=-\dfrac{F}{2}x_2^2-\dfrac{F}{2}(x_2-a)^2+\dfrac{5}{2}Fa^2\end{cases}$

自由端的挠度和转角分别为 $w_B=\dfrac{7Fa^3}{2EI}$，$\theta_B=-\dfrac{5Fa^2}{2EI}$

6.3　最大挠度和最大转角发生在自由端：$w_B=\dfrac{3Fl^3}{16EI}$，$\theta_B=\dfrac{5Fl^2}{16EI}$

6.4　（a）$w_A=\dfrac{Fl^3}{6EI}$，$\theta_B=\dfrac{9Fl^2}{8EI}$

（b）$w_A=\dfrac{ql^4}{6EI}$，$\theta_B=-\dfrac{9ql^3}{16EI}$

6.5　（a）$\theta=\dfrac{F}{48EI}(-24a^2-16al+3l^2)$，$w=\dfrac{Fa}{48EI}(16a^2+16al-3l^2)$

（b）$\theta=\dfrac{ql^2}{24EI}(5l+12a)$，$w=-\dfrac{ql^2a}{24EI}(5l+6a)$

6.6　$\theta_B=\dfrac{qa^3}{4EI}$，$w_B=\dfrac{5qa^4}{24EI}$

6.7　$\delta_B=8.22\text{mm}$

6.8　$w_C=29.4\text{mm}$

6.9　$|w_{\max}|=0.0137\text{m}<[w]=\dfrac{l}{500}$，满足刚度要求

6.10　弹簧受力 $F_1=82.6\text{N}$

6.11　梁：$\sigma=156\text{MPa}$；杆：$\sigma=184.7\text{MPa}$

6.12　$w=\dfrac{Px^2(l-x)^2}{3EIl}$

6.13　略

第7章

7.1　略

7.2　A 点：$\sigma_A = 93.75\text{MPa}$，$\tau_A = 0$

B 点：$\sigma_B = 46.9\text{MPa}$，$\tau_B = 14.1\text{MPa}$

C 点：$\sigma_C = 0$，$\tau_C = 18.75\text{MPa}$

7.3　略

7.4　（a）$\sigma_\alpha = 35\text{MPa}$，$\tau_\alpha = 60.6\text{MPa}$

（b）$\sigma_\alpha = 62.5\text{MPa}$，$\tau_\alpha = 21.65\text{MPa}$

（c）$\sigma_\alpha = 52.32\text{MPa}$，$\tau_\alpha = -18.66\text{MPa}$

（d）$\sigma_\alpha = -10\text{MPa}$，$\tau_\alpha = -30\text{MPa}$

（e）$\sigma_\alpha = -27.3\text{MPa}$，$\tau_\alpha = -27.3\text{MPa}$

7.5　（a）$\sigma_1 = 11.2\text{MPa}$，$\sigma_2 = 0$，$\sigma_3 = -71.2\text{MPa}$，$\alpha_0 = -38°$ 或 $-128°$

（b）$\sigma_1 = 57\text{MPa}$，$\sigma_2 = 0$，$\sigma_3 = -7\text{MPa}$，$\alpha_0 = -19.3°$ 或 $-109.3°$

7.6　$\sigma_1 = 80\text{MPa}$，$\sigma_2 = 40\text{MPa}$，$\sigma_3 = 0$

7.7　（a）$\sigma_1 = 60\text{MPa}$，$\sigma_2 = 30\text{MPa}$，$\sigma_3 = -70\text{MPa}$，$\tau_{\max} = 65\text{MPa}$

（b）$\sigma_1 = 50\text{MPa}$，$\sigma_2 = 50\text{MPa}$，$\sigma_3 = -50\text{MPa}$，$\tau_{\max} = 50\text{MPa}$

（c）$\sigma_1 = 81.6\text{MPa}$，$\sigma_2 = 18.4\text{MPa}$，$\sigma_3 = -30\text{MPa}$，$\tau_{\max} = 55.8\text{MPa}$

7.8　$\varepsilon_{45°} = \dfrac{\sigma(1-\mu)}{2E}$，$\varepsilon_{135°} = \dfrac{\sigma(1-\mu)}{2E}$

7.9　$\sigma_x = 80\text{MPa}$，$\sigma_y = 0$

7.10　$F = 72.2\text{kN}$

7.11　$P = 110\text{kW}$

7.12　$\upsilon_d = 17.97\text{kN}\cdot\text{m/m}^3$

7.13　$\sigma_{r1} = 36\text{MPa}$；$\sigma_{r3} = 72\text{MPa}$；$\sigma_{r4} = 62.35\text{MPa}$

7.14　$\sigma_{r3} = 100\text{MPa} < [\sigma]$；$\sigma_{r4} = 91.65\text{MPa} < [\sigma]$；安全

7.15　$\sigma_{r3} = 300\text{MPa} = [\sigma]$；$\sigma_{r4} = 264.6\text{MPa} < [\sigma]$；安全

7.16　$\sigma_{r2} = 33\text{MPa} > [\sigma_t]$；$\sigma_{r\text{M}} = 35.5\text{MPa} > [\sigma_t]$；不安全

7.17　$\sigma_{r\text{M}} = 25.8\text{MPa} < [\sigma_t]$；安全

第8章

8.1　$h = 31\,\text{cm}$，$b = 19\,\text{cm}$

8.2　$[q] = 7.44\,\text{kN/m}$

8.3　16b 号工字钢

8.4　$\sigma_{max} = 92.8$ MPa

8.5　中性轴是过大圆的圆心、与 y 轴正向成 $63°93'$ 的一条直线（分布在二、四象限）

$[F] = 11.76$ kN

8.6　$\sigma_{max} = 20$ MPa，位于梁的后背面上

8.7　$\sigma_{max} = 163.3$ MPa$>[\sigma] = 140$MPa，强度不够

8.8　22b 号工字钢

8.9　$(\sigma_t)_{max} = 63.8$ MPa，$(\sigma_c)_{max} = 65.2$ MPa

8.10　略

8.11　$\sigma_{max} = 263.14\times10^3$ Pa$<[\sigma] = 3\times10^5$ Pa，基础的承载能力足够

8.12　$[Q] = 788$ N

8.13　$\delta = 2.64$ mm

8.14　$d = 51.9$ mm

8.15　单元体略。$\sigma_1 = 33.45$ MPa，$\sigma_2 = 0$，$\sigma_3 = -9.97$ MPa；$\tau_{max} = 21.71$ MPa

第 9 章

9.1　$F_{cr} = \dfrac{\pi^2 EI}{(2l)^2}$

9.2　矩形截面 $F_{cr} = 59.96$kN；正方形截面 $F_{cr} = 106.6$kN；圆形截面 $F_{cr} = 101.8$kN

9.3　$l/D = 65$

9.4　（a）图最容易失稳，（c）图的临界压力最大，其大小为 313.58N

9.5　$F_{cr1} = 177.65$kN，$F_{cr2} = 872.18$kN

9.6　$F_{max} = 26.66$kN

9.7　（1）$F_{cr} = 106$kN

（2）$F_{cr} = 456$kN

（3）（b）图截面布置较为合理

9.8　（1）$F_{cr} = 118.8$kN

（2）$n = 1.7$，不稳定

9.9　$F_{cr} = 36.1\dfrac{EI}{l^2}$

9.10　$\sigma_{cr} = 10.6$MPa

9.11　$n = 6.5 > n_{st}$，稳定

9.12　$l = 6.38$m

9.13　$F = 998$kN

9.14　$F = 7.49$kN

9.15 $F=15.5\text{kN}$

第10章

10.1 （a）$\dfrac{2Fl^2}{\pi Ed^2}$；（b）$\dfrac{5Fl^2}{8\pi Ed^2}$

10.2 $\dfrac{5F^2l^3}{162EI}$

10.3 38.48J

10.4 115.86N·mm

10.5 79.8J

10.6 （a）$\dfrac{2F^2l}{\pi Ed^2}$；（b）$\dfrac{F^2l}{\pi Ed^2}$

10.7 $\dfrac{M^2l}{18EI}$

10.8 （a）$\dfrac{Fl^3}{48EI}$；（b）0

10.9 $\dfrac{ql^3}{2EI}$；$\dfrac{3ql^4}{8EI}$

10.10 $\dfrac{5Fl^2}{6EI}$；$\dfrac{2Fl^3}{3EI}$

10.11 $\dfrac{(3+4\sqrt{2})Fa}{EA}$

10.12 $\dfrac{1}{12EI}$

10.13 $\dfrac{Fl^3}{3EI}$；$\dfrac{Fl^2}{2EI}$

10.14 $\dfrac{Fl^3}{108EI}(\uparrow)$

10.15 $\dfrac{5Fl^3}{48EI}$

10.16 36.5mm；0.045rad

10.17 $\dfrac{Fh^2(2h+3l)}{3EI}$

第11章

11.1 96.7kN

11.2 $\sigma_{\max}=107\text{MPa}$

11.3 $\sigma_{\mathrm{d\,max}}=\dfrac{4Ql}{3bh^2}\left(1+\sqrt{1+\dfrac{81Ebh^3H}{8Ql^3}}\right)$

$w_{\frac{l}{2}}=\dfrac{23Ql^3}{108Ebh^3}\left(1+\sqrt{1+\dfrac{81Ebh^3H}{8Ql^3}}\right)$

11.4 $w_A=74.3\mathrm{mm}$，$\sigma_{\max}=167.3\mathrm{MPa}$

11.5 $H=385\mathrm{mm}$

11.6 （a）$\sigma_{\mathrm{dmax}}=88.2\mathrm{MPa}<[\sigma]$，强度满足；（b）$\sigma_{\mathrm{dmax}}=34.2\mathrm{MPa}$

11.7 $\sigma_{\mathrm{dmax}}=\sqrt{\dfrac{3EIv^2Q}{gaW^2}}$

11.8 $n=3.08$大于n_{st}，杆BD稳定

11.9 （a）45；（b）45；（c）20；（d）35

11.10 $\sigma_m=549\mathrm{MPa}$，$\sigma_a=12\mathrm{MPa}$，$r=0.597$

11.11 $\tau_m=274\mathrm{MPa}$，$\tau_a=117\mathrm{MPa}$，$r=0.4$

附录I

I.1 （a）$z_C=\dfrac{a^2+ab+b^2}{3(a+b)}$，$y_C=\dfrac{ah+2bh}{3(a+b)}$；（b）$z_C=0.56r$，$y_C=0.424r$

I.2 （a）$z_C=\dfrac{a}{2}+c$，$y_C=\dfrac{3a+2c}{6(a+c)}h$；（b）$z_C=0$，$y_C=68\mathrm{mm}$

I.3 （a）$S_x=\dfrac{B(H^2-h^2)}{8}$；（b）$S_x=\dfrac{B(H^2-h^2)+h^2b}{8}$

I.4 （a）$I_{z_C}=1.24\times10^6\mathrm{mm}^4$；（b）$I_{z_C}=6.5142\times10^8\mathrm{mm}^4$

I.5 $a=8.14\mathrm{cm}$

I.6 $I_y=I_z=\dfrac{a^4}{12}$

I.7 $I_z=\dfrac{\pi d^4}{64}-\dfrac{1}{4}bt(d-t)^2$

I.8 （a）$I=1.6298\times10^7\mathrm{mm}^4$；（b）$I=5.3574\times10^7\mathrm{mm}^4$

I.9 $I_{xy}=\dfrac{b^2h^2}{24}$，$I_{x_Cy_C}=-\dfrac{b^2h^2}{72}$

I.10 $\alpha_0=18.5°$，$I_{x_0}=1.21\times10^7\mathrm{mm}^4$，$I_{y_0}=8.5\times10^5\mathrm{mm}^4$

参考文献

[1] 刘鸿文．材料力学 I [M]．5 版．北京：高等教育出版社，2011．

[2] 刘鸿文．材料力学 II [M]．5 版．北京：高等教育出版社，2011．

[3] 孙训方，方孝淑，关来泰等．材料力学 I [M]．5 版．北京：高等教育出版社，2012．

[4] 单辉祖．材料力学 I [M]．5 版．北京：高等教育出版社，2003．

[5] 单辉祖．材料力学 II [M]．5 版．北京：高等教育出版社，2003．

[6] 范钦珊等．材料力学[M]．北京：清华大学出版社，2006．

[7] 邹建奇等．材料力学[M]．北京：清华大学出版社，2007．

[8] 西南交通大学应用力学与工程系编．工程力学教程[M]．2 版．北京：高等教育出版社，2009．

[9] 周松鹤等．工程力学（教程篇）[M]．北京：机械工业出版社，2003．

[10] 王斌耀等．工程力学（导学篇）[M]．北京：机械工业出版社，2003．

[11] 同济大学航空航天与力学学院基础力学教学研究部编．材料力学[M]．上海：同济大学出版社，2005．

[12] 苟文选．材料力学教与学[M]．北京：高等教育出版社，2007．

[13] 金康宁，谢群丹．材料力学[M]．北京：北京大学出版社，2006．

[14] 陈丰．工程力学[M]．北京：中国水利水电出版社，2011．

[15] 粟一凡．材料力学[M]．2 版．北京：高等教育出版社，1984．

[16] 胡性侃，张平之．工程力学[M]．北京：高等教育出版社，2000．

[17] 顾玉林．材料力学[M]．北京：高等教育出版社，1993．